普通高等教育"十一五"系列教材 （高职高专教育）

PUTONG GAODENG JIAOYU SHIYIWU XILIE JIAOCAI

U0655585

FADIANCHANG DONGLISHEBEI

发电厂动力设备

（第二版）

主　编　易大贤

副主编　陶　玲

编　写　王　华

主　审　田金玉

中国电力出版社

CHINA ELECTRIC POWER PRESS

内 容 提 要

本书以 300、600MW 机组及热力系统为主，以发电厂能量转换过程为中心，着重介绍国产设备及其系统，并结合超临界和超超临界参数机组的设备和系统介绍了国内当前的一些新技术和新设备。主要内容包括水力学基本原理、热工学基本理论基础、锅炉设备、汽轮机设备、核电厂及水力发电厂的基本知识等。在编写过程中基本贯彻少而精的原则，在内容上注重理论联系实际，力求深入浅出，通俗易懂。

本书可作为高职高专电力技术类专业学生学习发电厂生产过程的基本原理和设备的必修教材，也可作为电厂运行人员培训教材，并可供相关科技人员参考使用。

图书在版编目(CIP)数据

发电厂动力设备/易大贤主编. —2 版. —北京：中国电力出版社，2008.5(2025.8 重印)
普通高等教育"十一五"规划教材. 高职高专教育
ISBN 978-7-5083-6799-6

Ⅰ. 发… Ⅱ. 易… Ⅲ. 发电厂-动力装置-高等学校：技术学校-教材 Ⅳ. TM621

中国版本图书馆 CIP 数据核字(2008)第 024960 号

中国电力出版社出版、发行
(北京市东城区北京站西街 19 号 100005 http://www.cepp.sgcc.com.cn)
北京雁林吉兆印刷有限公司印刷
各地新华书店经售

*

1995 年 5 月第一版
2008 年 5 月第二版 2025 年 8 月北京第二十四次印刷
787 毫米×1092 毫米 16 开本 17.5 印张 421 千字 1 插页
定价 42.00 元

前 言

为贯彻落实教育部《关于进一步加强高等学校本科教学工作的若干意见》和《教育部关于以就业为导向深化高等职业教育改革若干意见》的精神，加强教材建设，确保教材质量，中国电力教育协会组织制定了普通高等教育"十一五"教材规划。该规划强调适应不同层次、不同类型学校，满足学科发展和人才培养的需求，坚持专业基础教材与教学急需的专业教材并重、新编与修订相结合。本书为修订教材。

根据高职高专院校对发电厂动力设备课程的要求，结合编者多年的教学实践并广泛吸取国内外教材的优点，联系近年来我国电力工业的迅猛发展、设备更新换代快的实际情况，对第一版的内容进行了精选、重组。考虑到电力工业今后的发展前景，本书以 300、600MW 火力发电机组及热力系统为主，增加了电力技术最新的成果，例如：介绍了超临界和超超临界压力机组热力系统和有关设备；介绍了引进的 900MW 和 1000MW 核电厂二回路原则性热力系统；简述了世界上目前单机容量最大的 700MW 水力发电机组及其辅助设备的特点；推荐了一些治理环境污染的措施，如脱硫装置、脱氮方法和脱硝技术；新增加了第七章发电厂中的泵与风机；根据火电厂实际运行情况新绘制了制粉系统图，使系统图耳目一新；还在编写工程流体力学、热力学、传热学经典理论时，紧密结合电厂现场实际，介绍了这些理论在发电厂中的实际应用等。虽然是修订，但在内容上以新编为主，并将书的结构和系统作了较大的变动，增加了先进性，提高了可读性，加强了知识的应用性。在文字表达上，力求深入浅出，通俗易懂。

本书紧紧围绕培养电力高等技术型、应用型、实用型人才的目标，注重以应用为目的，以够用为适度，做到基本理论准确，基本概念清楚，密切联系电力工程实际，培养学生分析问题、解决问题的能力，立足广大学生知识面的扩宽和应用能力的培养。为了便于读者分阶段巩固所学知识，每章后都附有一定量的思考题及习题。

本书主要作为电力高职高专院校的学历教育教学用书，还可以作为电力类大、中专职业教育教材，也可作为技术人员和技术工人参考用书。由于在本书篇章的划分上，各章具有一定的独立性，编排模块化，可以根据培训需要任意组合，增强了教材使用的灵活性，因此本书亦可适用于发电厂订单式培训教材。

本书由安徽电气工程职业技术学院易大贤主编，并编写绪论，第二、五～八章；安徽电气工程职业技术学院陶玲副主编，并编写第一、九、十章；安徽电气工程职业技术学院王华编写第三、四章。全书由西安电力高等专科学校田金玉主审，编者由衷地感激主审在仔细审阅中提出的宝贵意见和建议。

感谢读者对本书的厚爱，虽然编者进行了艰苦的努力，但是书中仍难免有不妥之处。诚恳希望广大读者及时批评指正，或对其中某些内容进行探讨。

在此再版之际，对帮助过本书出版工作的老师和同志一并表示衷心感谢。

编 者

2007 年 11 月

目　　录

绪　　论

一、电力工业在国民经济中的地位与作用

电力工业是能源工业中的支柱产业，是国民经济的重要基础工业。电力工业的规模与发展水平是衡量国民经济发展和综合国力的一个重要标志。早在 20 世纪 50 年代初我国就确立了电力工业先行的地位。从新中国成立到现在已经五十多年了，凡是电力生产增长速度快的年代，国民经济发展速度就快。电力工业发展制约着工农业生产的发展。

我国 1949 年发电装机容量只有 184.9 万 kW，居世界第 21 位，年发电量 43.1 亿 kW·h，居世界第 25 位。经过几十年的迅速发展，特别是 1978 年以来，改革开放，使我国电力工业得到迅速发展，取得了辉煌的成就。到 2006 年末，全国发电设备装机容量已达到 6.22 亿 kW，是 1949 年的 336 倍；全国年发电量达 28344 亿 kW·h，是 1949 年的 658 倍。全国发电设备装机容量和年发电量都仅次于美国，跃居世界第二位。

二、火力发电厂的基本生产过程

图 0-1 为火力发电厂基本生产过程示意图。它的主要系统包括燃料系统、燃烧系统、汽水系统和电气系统。从能量转换的观点来看，在锅炉中燃料的化学能转变为蒸汽的热能；在汽轮机中蒸汽的热能转变为机械能；在发电机中机械能转变为电能。

燃料、燃烧系统包括输煤系统，煤粉制备系统，烟风系统和除尘、除灰系统等。由火车或轮船运到发电厂储煤场的煤，经过碎煤设备破碎后，再用皮带运输机送入锅炉房内的原煤仓。煤从原煤仓落入给煤机，由给煤机送入磨煤机，并将煤磨制成煤粉，同时送入热空气来干燥和输送煤粉。磨制好的煤粉经粗粉分离器将不合格的粗粉分离除去后再进入旋风分离器，在其中将空气和煤粉进行分离，旋风分离器中的空气由排粉机抽出。分离出来的细煤粉进入煤粉仓，再由给粉机送入输粉管，并在其中与空气混合，由燃烧器喷入炉膛内进行燃烧。由送风机送来的空气，先在空气预热器中进行预热，提高空气温度后再进入炉膛以改善燃烧过程。

炉膛内的燃烧产物——高温烟气在引风机的抽风作用下，依次流过炉膛、过热器、省煤器和空气预热器，将热量逐步传递给水、蒸汽和空气。降温后的烟气再流入除尘器进行净化，分离出来的灰粒通过灰沟排走，净化除尘后的烟气被引风机抽走，经烟囱排入大气。

燃料燃烧时从炉膛内落下的灰渣、从尾部烟道落入空气预热器下面灰斗中的飞灰，还有从除尘器分离下来的飞灰，可以用水冲入灰渣沟中流到灰渣泵房，再用灰渣泵将其送到贮灰场。

火力发电厂的汽水系统是由锅炉、汽轮机、凝汽器、水泵、加热器及其管道组成。锅炉给水先在省煤器中接受烟气的预热，然后引入在锅炉顶部的汽包，经容水空间沿下降管流到下联箱，再进入布置在炉膛四周的水冷壁管，水在其中吸热并部分汽化，形成汽水混合物上升到汽包内。水不断在下降管、水冷壁管及汽包内循环，不断汽化。将聚集在汽包上部的饱和蒸汽引入过热器继续加热变为过热蒸汽，通过主蒸汽管道进入汽轮机，推动汽轮机转子转动，将热能转变为机械能。

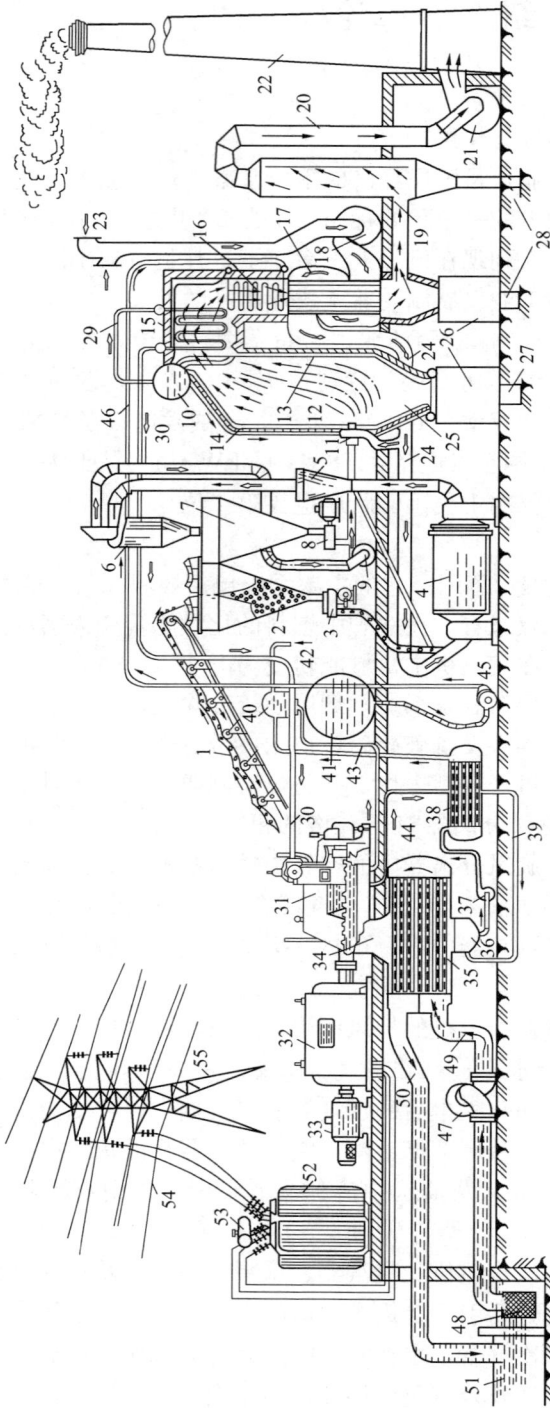

图 0-1　火力发电厂基本生产过程示意图

1—运煤皮带；2—原煤仓；3—圆盘给煤机；4—钢球磨煤机；5—粗粉分离器；6—旋风分离器；7—煤粉仓；8—给粉机；9—排粉机；10—汽包；11—燃烧器；12—炉膛；13—水冷壁；14—下降管；15—过热器；16—省煤器；17—空气预热器；18—送风机；19—除尘器；20—引风机；21—烟囱；22—烟道；23—送风机的吸风口；24—炉渣井；25—冷灰斗；26—冲渣沟；27—冲灰沟；28—除灰设备；29—饱和蒸汽管；30—主蒸汽管；31—主汽门；32—汽轮机；33—励磁机；34—无汽；35—热井；36—凝结水泵；37—低压加热器；38—给水泵；39—给水管道；40—除氧器；41—给水加热器疏水管；42—给水箱；43—汽轮机第一级抽汽；44—汽轮机第二级抽汽；45—给水泵；46—循环水进水管；47—循环水管道；48—吸水滤网；49—冷却水进水管；50—冷却水出水管；51—江河或冷却设备；52—主变压器；53—油枕；54—高压输电线；55—铁塔

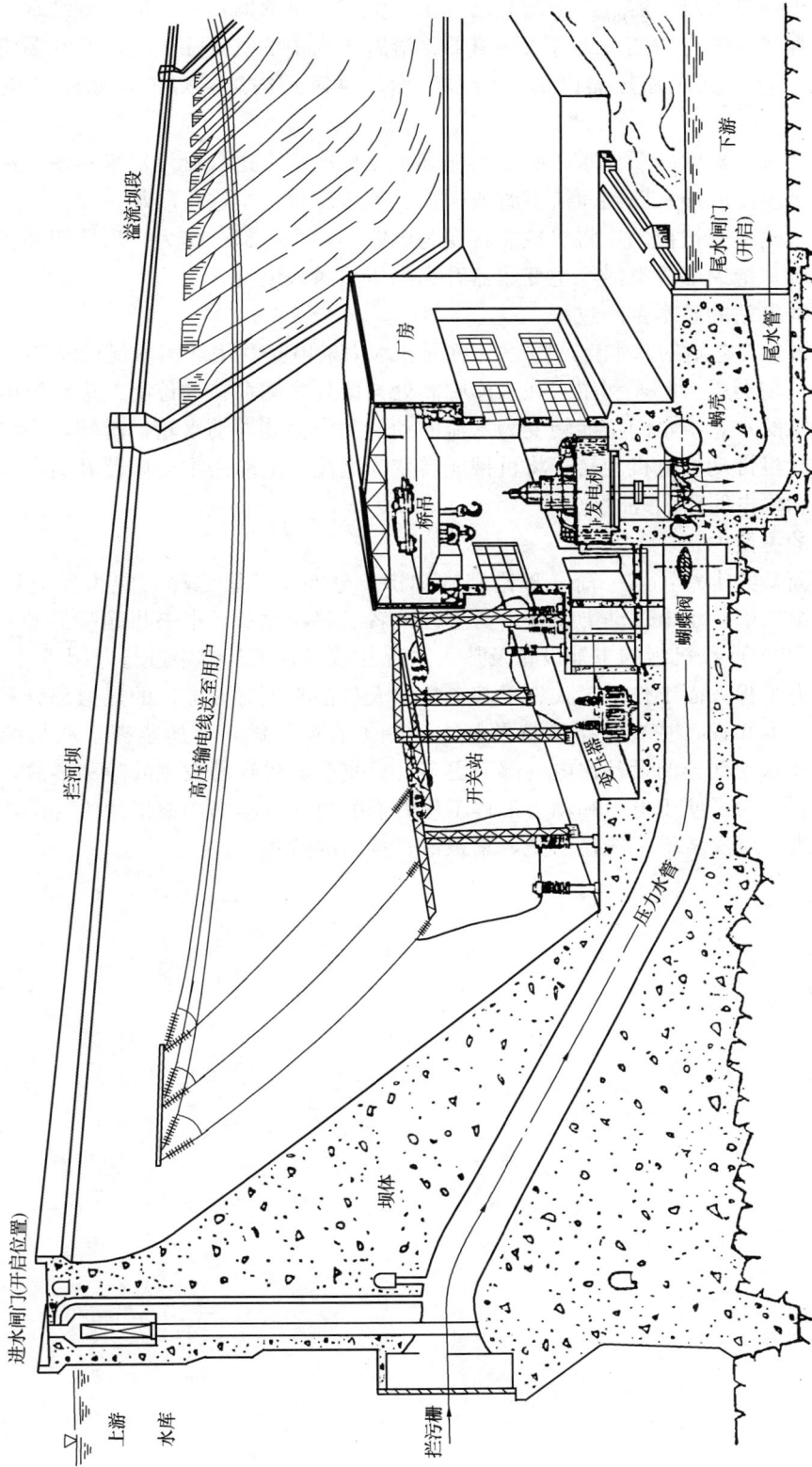

图 0-2　水力发电厂基本生产过程示意图

做功后的乏汽排入凝汽器，并冷却凝结成水。汇集在凝汽器热井中的主凝结水，用凝结水泵打入低压加热器进行加热，再进入除氧器将溶解于水中的氧气除去。用给水泵将主凝结水和化学补充水打入高压加热器以提高给水温度，再送到锅炉省煤器，如此又重复上述过程。

为使乏汽在凝汽器内冷凝成水，必须用循环水泵把冷却水送入凝汽器来实现。从凝汽器中出来的升高了温度的冷水回到河流下游或送入其他冷却设备中进行冷却。

发电机由汽轮机直接拖动，将机械能转变为电能，很小一部分作为厂房照明和各种辅助机械的厂用电源，绝大部分电能经主变压器升高电压后送入电网。

三、水力发电站的基本生产过程

图 0-2 为水力发电站的基本生产过程示意图。水力发电是利用江河水流的动能，一般是在河流中拦河筑坝形成水库，利用水在水库中高处与低处之间存在的位能差进行发电的。从水库引入水轮机的水，将水的位能转变为水流的动能和压力能冲动水轮机旋转，将水能转变为机械能。水轮机带动发电机旋转，将机械能转变为电能。电能由主变压器升高电压后，经高压配电装置和输电线路向外供电。

四、本书的主要内容

本书分三篇，共十章：第一篇　理论基础知识，分四章；第二篇　热力发电厂动力设备，分五章；第三篇　水电厂动力设备。为了使读者了解新设备，本书将超临界 600MW 机组和超超临界 1000MW 机组的主辅设备及热力系统分散在有关章节中进行介绍。

凡从事电力工程方面工作的工人、干部、技术人员都必须对火电厂的热力部分和水电厂的水动部分的基本知识、主要设备构造及基本原理等有所了解，有所掌握。从某种意义上说，热力部分和水动部分的设备比电气部分更多、更复杂、更容易发生故障和事故，因此阅读本书甚为重要。为了便于电力和动力工程工作者们的自学，本书用通俗的语言讲述深奥的技术，循序渐进、层次清晰、浅显易懂，紧跟最新技术的脚步。

第一篇　理 论 基 础 知 识

第一章　工程流体力学基本理论知识

第一节　流体的主要物理性质

一、惯性、质量和密度

惯性是物体保持原有运动状态的特性。

液体的惯性只有运动状态改变时才显示出来。惯性的大小与液体的质量成正比。质量越大的液体，改变其运动状态所需的外力越大，说明液体的惯性力越大。

惯性力是指改变物体运动状态时所遇到的反作用力，它与作用力的大小相等，但方向相反，即

$$F=-ma \tag{1-1}$$

式中　F——惯性力，N；

　　　m——质量，kg；

　　　a——加速度，m/s^2。

力的单位与质量和加速度的单位之间的关系是，力的单位为 N，以 1N 的力作用于质量为 1kg 的物质时，能获得 $1m/s^2$ 的加速度，即

$$1N=1kg \cdot m/s^2$$

液体的密度是单位体积的液体所具有的质量，即

$$\rho=m/V \tag{1-2}$$

式中　ρ——液体的密度，kg/m^3；

　　　V——液体的体积，m^3。

在标准大气压下，温度为 4℃ 时水的密度为 $\rho_{水}=1000kg/m^3$，水银的密度为 $\rho_{表}=13600kg/m^3$。

在实际工程中常采用工程单位，液体的主要物理参数单位换算见表 1-1。

表 1-1　　　　　　　　　　　　　液体参数单位换算表

参 数 名 称	国 际 单 位	工 程 单 位	国 际 单 位	工 程 单 位
力	1N	0.102kgf	9.8N	1kgf
质 量	1kg	$0.102kgf \cdot s^2/m$	9.8kg	$1kgf \cdot s^2/m$
密 度	$1kg/m^3$	$0.102kgf \cdot s^2/m^4$	$9.8kg/m^3$	$1kgf \cdot s^2/m^4$

二、万有引力特性、重量

万有引力是指任何物体之间具有的吸引力。万有引力特性是指任何物体对其他物体都具有吸引力的性质。

重力是地球对物体的吸引力，即

$$G = mg \tag{1-3}$$

式中　G——液体的重力，N；

　　　g——重力加速度，m/s^2。它与附近的纬度和海拔有关。

通常取 $g = 9.8 m/s^2$。

三、流体的流动性、黏滞性和黏度

物质的三种形态是固体、液体和气体，而液体和气体又统称为流体。流体和固体的主要区别是流体分子之间的内聚力很小。当流体受到很微小的切向力作用时，就会产生流动，流体具有的这个特性叫做流体的流动性。

当流体流动时，流体质点之间发生相对运动，在质点之间会产生内摩擦力阻滞相对运动，这种阻滞相对运动的特性叫做流体的黏滞性，它是流体的一个重要物理性质。

当流体运动时就表现出黏滞性，它所产生的阻滞力对运动的流体产生阻力，要维持运动必须克服阻滞力，就会发生能量损失。

黏度是表示流体黏滞性的大小，流体力学中通常用动力黏度 μ 表示。μ 与流体的种类、压力、温度等因素有关，如液体的黏度随温度的升高而减小；而气体的黏度随温度的升高而增加。

四、流体的压缩性

当温度不变时，作用在流体上的压力增加，使流体体积减小的特性，称为流体的压缩性。流体的压缩程度用体积压缩率 K 来表示。

液体的压缩率 K 很小，若压力增加 1 个大气压时，液体只缩小原有体积的两万分之一，一般情况下认为水是不可压缩的。只有在压力变化非常迅速的情况下，譬如说在研究压力管道中水击问题时就要考虑水的压缩性。

气体的压缩率 K 值很大，故而气体是可压缩的。

五、流体的膨胀性

当压力不变时，流体的温度增加使流体体积增加的特性，称为流体的膨胀性。流体受热膨胀程度用体积膨胀系数 a_V 来表示。

液体的 a_V 值很小。在温度变化较大的热水循环系统中一定要考虑水的膨胀性。值得指出的是，当水结冰时不能忽略膨胀性。

第二节　流体静力学基本理论知识

流体静力学的研究对象是处于静止状态下的流体的力学规律及其在工程实践中的应用。

一、流体静力学基本方程式

流体处于静止状态时，对与流体接触的壁面以及流体内部的质点之间都有压力作用，这种静止状态时的压力，称为流体静压力。

流体静压力就是作用在单位面积上的流体静压力，单位为 N/m^2 或 Pa。

流体静压力有两个特性：一是流体静压力的大小与作用面的方位无关；二是流体静压力的方向总是垂直并指向作用面。

1. 流体静力学基本方程的推导

以水作为不可压缩流体的例子来推导流体静力学基本方程。

如图 1-1 所示，在静水中任取一底为 dA、高为 h 的垂直水柱作为隔离体。分析这个隔离体的受力情况，列出平衡方程式。

作用在水柱上的力有四个。

（1）重力。水柱的自重 $G = mg = \rho g h dA$，方向垂直向下。

（2）自由表面压力。$P_0 = p_{amb} dA$，方向垂直向下，其中 p_{amb} 为自由表面压力。

（3）底面总压力。$P = p dA$，方向垂直向上，其中 p 为作用在底面上的压力。

（4）水柱四周表面上的静水压力。四周侧面上的水压力为水平力，由于水柱四周是对称的并且水柱平衡不动，故水平力相互平衡抵消。

水柱体垂直线上的平衡方程为

$$p_{amb} dA + \rho g h dA = p dA \qquad (1\text{-}4)$$

故静水压力基本方程式为

$$p = p_{amb} + \rho g h \qquad (1\text{-}5)$$

式中　p——静水压力；

p_{amb}——静水表面压力，是一个定值；

$\rho g h$——单位面积上的水柱重量。

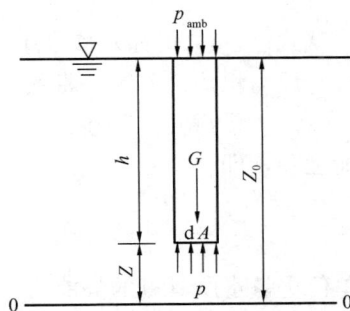

图 1-1　静水压力分析图

从静水压力基本方程式可知，静水压力产生的根本原因是水体所受到的重力作用，是上层水的重量压在下层水上面形成的，所以静水压力与水柱高度 h 成正比，即与水的深度成正比。

当式（1-5）中水的深度 h 用位置高度 Z 表示时，则 $h = Z_0 - Z$，将 $h = Z_0 - Z$ 代入式（1-5）中得

$$p = p_{amb} + \rho g (Z_0 - Z)$$

故

$$Z + \frac{p}{\rho g} = Z_0 + \frac{p_{amb}}{\rho g} \qquad (1\text{-}6)$$

式（1-6）为静水压力分布规律的另一种表达式。说明了在静止的水体中位置高度 Z 越大，静水压力越小；Z 越小，静水压力越大。当 Z 值相等时，静水压力相等，此面就是等压面。

2. 流体静力学基本方程的意义

为分析流体静压强的几何意义和物理意义，取一装有静止水体的容器，如图 1-2 所示。

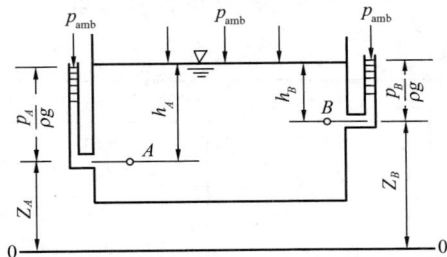

图 1-2　装有静止液体的容器

（1）几何意义。从图 1-2 可知，A、B 两点位置高分别为 Z_A 和 Z_B，水深为 h_A 和 h_B，水体表面压力为 p_{amb}。

根据静水压力基本方程可以得出 A、B 两点的压力分别为

$$p_A = p_{amb} + \rho g h_A$$

$$p_B = p_{amb} + \rho g h_B$$

若在 A、B 两点处安装测压管后，在静水压力

作用下，管中液柱升高，升高的高度叫做压力水头 $\dfrac{p}{\rho g}$，位置高度叫做位置水头 Z。两者之和成为测压管水头 H_p，即

$$H_p = Z + \frac{p}{\rho g} \tag{1-7}$$

A、B 两点的压差为

$$\frac{p_A}{\rho g} - \frac{p_B}{\rho g} = \frac{p_{amb} + \rho g h_A}{\rho g} - \frac{p_{amb} + \rho g h_B}{\rho g} = h_A - h_B = Z_B - Z_A$$

故

$$H_p = Z_A + \frac{p_A}{\rho g} = Z_B + \frac{p_B}{\rho g} = 常数 \tag{1-8}$$

从式（1-8）可知，静水压力基本方程的几何意义是：在静止状态的水中，各点的位置水头与压力水头之和为一常数。也就是说测压管水头为一常数。

（2）能量意义。若在 A、B 两处各取一微水质量 m 时，两处各具有的位置势能与压力势能之和，即

$$mg\left(Z_A + \frac{p_A}{\rho g}\right) = mg\left(Z_B + \frac{p_B}{\rho g}\right)$$

故单位重量水所具有的势能为

$$e = Z_A + \frac{p_A}{\rho g} = Z_B + \frac{p_B}{\rho g} = 常数 \tag{1-9}$$

从式（1-9）可知，静水压力基本方程的能量意义是：静止水体中各点的位置势能与压力势能之和为一常数。

二、流体静压力的单位、表示方法及测量

（一）流体静压力的单位

流体静压力的单位常用以下三种表示。

（1）用压力单位表示。用单位面积上的力来表示。国际单位制是 $Pa = N/m^2$（帕），$kPa = kN/m^2$，工程单位制是 kgf/cm^2。

（2）用液柱高度表示。一定的液柱高度对应一定的液体的压力。在工程中常用米水柱（mH_2O）和毫米汞（$mmHg$）表示。

（3）用大气压来表示。这种单位有两种，一种是工程大气压，用 at 表示，$1at = 98.0kPa = 1kgf/cm^2$；另一种是标准大气压，用 atm 表示，$1atm = 101325Pa$。

考虑到老的设备和阅读科技图书的方便，表 1-2 列出了压力单位之间的换算关系。

表 1-2　　　　　　　　　　　　　　压 力 单 位 换 算

法定单位	工程单位		液柱高度	
kPa	kgf/cm²	工程大气压（at）	mH₂O	mmHg
1	0.0102	0.0102	0.102	7.5
98	1	1	10	736
9.8	0.1	0.1	1	73.6
0.133	0.00136	0.00136	0.0136	1

（二）流体静压力的表示方法

静止流体中任意一点静压力的大小，根据度量的基准点不同，会有不同的压力数值。通常用绝对压力、相对压力和真空表示。

（1）绝对压力。以没有空气存在的绝对真空作为基准点计算的压力值，称为绝对压力，用 p' 表示。若自由表面压力 p_0 为大气压力 p_{amb}，则任一点的绝对压力为

$$p' = p_{amb} + \rho g h \tag{1-10}$$

（2）相对压力。以大气压力为基准点计算的压力值，称为相对压力、计示压力或表压力。通常用仪表测得的压力值为表压力，用 p 表示。若不加说明，流体静压力均指相对压力，即

$$p = \rho g h \tag{1-11}$$

相对压力与绝对压力的关系为

$$p = p' - p_{amb} \tag{1-12}$$

（3）真空。被测试流体的绝对压力低于大气压力部分，称为真空，也称负压。真空的大小用 p_v 表示，即

$$p_v = p_{amb} - p' \tag{1-13}$$

对于同一处的真空可以用该点的负压值 p 来表示，两者大小相等，符号相反，即

$$p_v = -p \tag{1-14}$$

三种计量表示法的关系如下：

当所测量的压力大于大气压力时，绝对压力＝大气压力＋相对压力；

当所测量的压力小于大气压力时，绝对压力＝大气压力－真空；

相对压力＝绝对压力－大气压力，真空＝大气压力－绝对压力。

三种计量表示法的关系也可用图 1-3 表示。

图中 0—0 表示绝对压力基准；图中 0′—0′ 表示相对压力基准。

图中 1、2、3 三点的绝对压力均为正值。相对压力有三种情况，1 点为正值，2 点为零，3 点为真空或负压，用真空表示时为正值。

（三）流体静压力的测量

两个以上的容器在装有液体的自由表面以下连通，称为连通器。任一点的压力值根据连通器的原理，选定等压面后进行计算。

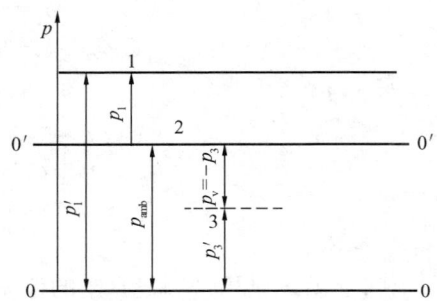

图 1-3　静水压力表示方法

流体静压力的测量方法较多，简单介绍如下。

1. 测压管

如图 1-4 所示是一种最简单的液体测压计。

【例 1-1】　如图 1-4 所示，已知 A 点测压管高度 $h_p=0.5$m，试求 A 点的绝对压力和相对压力。（已知 $\rho g=9.8$kN/m³，$p_{amb}=98$kPa）

解　连接 A、A′ 两点，取等压面 N—N。

绝对压力　　　　　　$p'_A = p_{amb} + \rho g h_p = 98 + 9.8 \times 0.5 = 102.9 \text{ kN/m}^2$

相对压力　　　　　　$p_A = \rho g h_p = 9.8 \times 0.5 = 4.9 \text{ kN/m}^2$

2. U 形水银压力计

图 1-5 所示为在 U 形管内装有水银对流体压力进行测量的测压计。

根据水银压力计可求出表面压力 p_0 和容器出口压力 p，首先取等压面 $N—N$，分别求出 1、2 两点的压力。

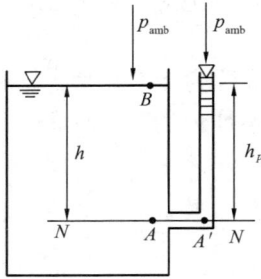

图 1-4　测压管

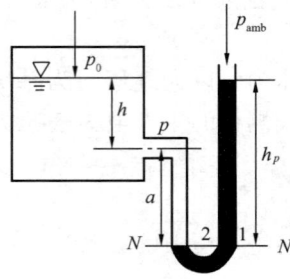

图 1-5　U 形测压计

$$p_1 = \rho_{汞} g h_p$$
$$p_2 = p_0 + \rho_{水} g(h+a)$$

因为 $p_1 = p_2$

$$\rho_{汞} g h_p = p_0 + \rho_{水} g(h+a)$$

故　　　　　　　　　$$p_0 = \rho_{汞} g h_p - \rho_{水} g(h+a) \tag{1-15}$$

容器出口压力　　　　$$p = \rho_{汞} g h_p - \rho_{水} g a \tag{1-16}$$

3. 压差计

如图 1-6 所示压差计用于测量两个容器或两点的压差。

为了求 A、B 两点的压差，取 $N—N$ 为等压面，求出 1、2 两点的静水压力。

$$p_1 = p_B + \rho_{水} g z_2 + \rho_{汞} g h_p$$
$$p_2 = p_A + \rho_{水} g z_1 + \rho_{汞} g h_p$$

因为 $p_1 = p_2$

$$p_B + \rho_{水} g z_2 + \rho_{汞} g h_p = p_A + \rho_{水} g z_1 + \rho_{汞} g h_p$$

故　　　　　$$p_A - p_B = \rho_{汞} g h_p - \rho_{水} g h_p + \rho_{水} g z_2 - \rho_{水} g z_1$$
$$= (\rho_{汞} - \rho_{水}) g h_p + (z_2 - z_1) \rho_{水} g \tag{1-17}$$

4. 真空计

图 1-7 所示是用来测量真空的仪器，叫做真空计。

水泵安装高度为 h_s，在水泵吸水管 k 点安装真空计，这样就可以测出吸水管的真空 p_v。

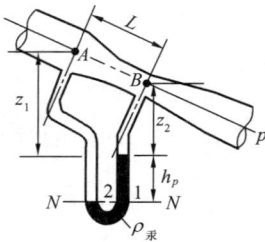

图 1-6　压差计

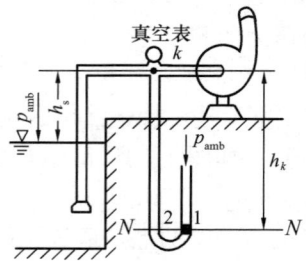

图 1-7　真空计

取 N—N 为等压面，列出 1、2 两点的压力：

$$p_1 = p_{amb}$$

$$p_2 = p'_k + \rho g h_k$$

因为 $p_1 = p_2$

$$p_{amb} = p'_k + \rho g h_k$$

故 k 点的真空

$$p_v = p_{amb} - p'_k = \rho g h_k \qquad (1\text{-}18)$$

三、流体静总压力

以水为流体来研究流体静总压力。

一般来说静水总压力有两种情况：一种是作用在平面壁上；另一种是作用在曲面壁上。本书只研究作用在平面壁上的静水总压力。

计算作用在平面壁上静水总压力的方法有两种：图解法和解析法。

图解法是利用平面壁上压力分布图来求得静水总压力。解析法是利用计算方式来求得静水总压力。

（一）静水压力分布图

静水压力分布图的绘制是用 $p = \rho g h$ 来确定静水内任一点压力的大小，根据静水压力的特性确定方向。因为静水压力是一个向量，总是垂直指向受压面的，故用箭头表示。箭头的方向表示 p 的作用方向，用箭杆的长度表示 p 的大小，如图 1-8 所示。

绘制受压面为平面的静水压力图时，先选受压面最上和最下两点，用静水压力公式 $p = \rho g h$ 计算出点压力的大小，再按一定的比例尺绘出箭杆长度，箭头指向受压面，表示压力方向，最后连接箭杆的尾部就绘得静水压力图。

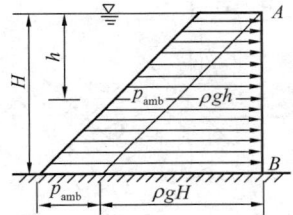

图 1-8　静水压力分布图

（二）图解法

如图 1-9 所示，这是水电厂水坝上的一个平面闸门的示意图。用图解法求作用在平面闸门上的静水总压力的步骤如下。

1. 静水总压力的计算

首先绘出静水压力分布图，如图 1-9(a)所示。因为压力分布沿闸门宽度不变，所以通常画成如图 1-9(b)的静水压力分布图，分布规律如△ABC 所示。

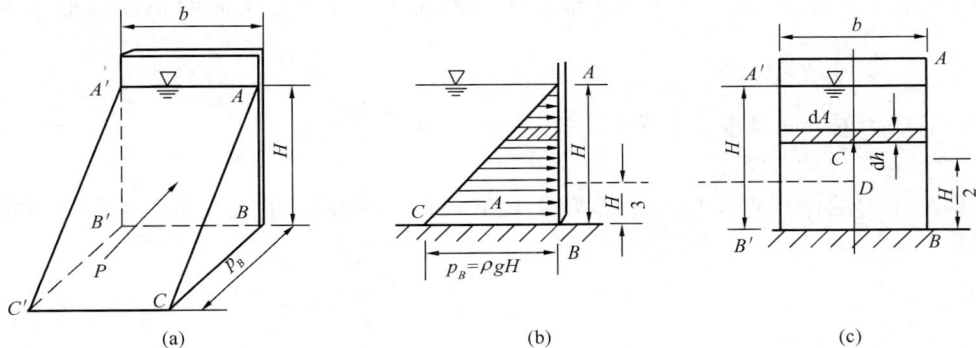

图 1-9　平面闸门静水压力图解法

若闸门面积为 A，作用在闸门单宽上的压力为

$$S=\frac{1}{2}\rho gH^2=\frac{AH}{2} \qquad (1-19)$$

所以作用在闸门上的总压力为单宽压力与闸门宽度 b 的乘积，即

$$p=Sb \qquad (1-20)$$

结论：作用在矩形平面壁上的静水总压力的大小 p，就是静水压力分布图的体积 Sb，常称为压力体。

2. 静水总压力的方向

静水总压力 p 的方向垂直指向受压面。

3. 静水总压力的作用点

总压力作用点是指总压力在受压面上的位置，即压力中心 D 的位置，如图 1-9(c)所示。

压力中心位于对称轴上。对于直角三角形的压力分布图，压力中心 D 点距底边距离为 $\frac{1}{3}H$。

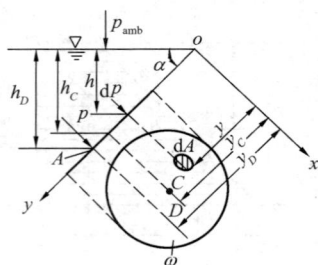

图 1-10　静水压力的解析法

（三）解析法

如图 1-10 所示，是一倾斜放置的圆形平板闸门，用解析法求作用在平板上的静水总压力的步骤如下。

1. 静水总压力的计算

假设闸门平面面积为 A，形心为 C，形心在水面下的深度为 h_C，闸门受压面与水平面倾斜角为 α，取坐标平面 xoy 与受压面重合，并将该平面放在纸面上使 xoy 平面绕 oy 轴转 90°。

第一步求出作用在闸门微小面积 dA 上的静水总压力 dp。

$$dp=\rho ghdA=\rho gy\sin\alpha dA$$

第二步用积分的方法求出作用在闸门全部面积 A 上的静水总压力 p。

$$p=\int dp=\int_A\rho gy\sin\alpha dA=\rho g\sin\alpha\int_A ydA$$

因为

$$\int_A ydA=y_C A$$

故

$$p=\rho g\sin\alpha y_C A=\rho gh_C A=p_C A \qquad (1-21)$$

式中　h_C——受压面形心 C 的淹没深度，$h_C=y_C\sin\alpha$；

$\quad\quad\ p_C$——受压面形心 C 的静水压力，$p_C=\rho gh_C$。

结论：任意形状平面壁上所受静水总压力的大小，等于受压面面积乘以形心处静水压力。

2. 静水总压力的方向

静水总压力的方向是垂直于受压面的。

3. 静水总压力的作用点

静水总压力的作用点是压力中心 D 的位置，用 y_D 表示，由工程力学中的力矩定理求得，即

$$\int_A ydp=py_D$$

因为

$$\int_A ydp=\int_A y\rho ghdA=\int_A y\rho gy\sin\alpha dA=\rho g\sin\alpha\int_A y^2dA$$

受压面对 ox 轴的惯性矩 $I_{ax} = \int_A y^2 \mathrm{d}A$

故
$$\int_A y\,\mathrm{d}p = \rho g \sin\alpha I_{ax}$$

$$p y_D = \rho g h_c A y_D = \rho g y_C \sin\alpha A y_D$$

则
$$\int_A y\,\mathrm{d}p = p y_D$$

$$\rho g \sin\alpha I_{ax} = \rho g y_C \sin\alpha A y_D$$

$$I_{ax} = y_C A y_D$$

所以
$$y_D = \frac{I_{ax}}{y_C A} \tag{1-22}$$

结论：静水总压力的作用点 D 的纵坐标 y_D 等于受压面面积 A 对 ox 轴的惯性矩 I_{ax} 与静面矩 $y_C A$ 之比。

由工程力学的惯性矩的平行移轴定理得 $I_{ax} = I_C + A y_C^2$

$$y_D = \frac{I_{ax}}{y_C A} = \frac{I_C + A y_C^2}{y_C A} = y_C + \frac{I_C}{y_C A} \tag{1-23}$$

式中　I_C——面积 A 时通过形心 C 并且与 ox 轴平行的轴的惯性矩。

对于圆形 $I_C = \dfrac{\pi d^4}{64}$，$y_C = \dfrac{d}{2}$，$A = \dfrac{\pi d^2}{4}$。故将式（1-23）简写为 $y_D = \dfrac{5}{8}d$。

【例 1-2】　已知某水电厂进水闸门高 $H=5\mathrm{m}$，宽 $b=3\mathrm{m}$。上游水深 H，下游无水。闸门自重力 $G=5\mathrm{kN}$。起动门时门与门槽的摩擦系数 $f=0.1$，求闸门起动力 T 为多大。

解　静水总压力 $p = \dfrac{1}{2}\rho g H^2 b = \dfrac{1}{2} \times 9.8 \times 5^2 \times 3 = 367.5\ \mathrm{kN}$

摩擦力　$F = pf = 367.5 \times 0.1 = 36.75\ \mathrm{kN}$

起动门力　$T = G + f = 5 + 36.75 = 41.75\ \mathrm{kN}$

四、流体静力学基本方程式的应用

1. 汽包上的水位计

如图 1-11 所示，左边是汽包示意图，右边是水位计示意图，用连接管连通。锅炉未升炉点火前，处于冷状态情况下，汽包内的水与水位计内的水温度相同，因此水的密度相同，故 $h_1 = h_2$。

锅炉升炉点火后，处于热状态，汽包内的水温高，安装在汽包外面的水位计及其连接附件散热，水温略低于汽包内的水温，因此水的密度不同，故 h_1 与 h_2 不

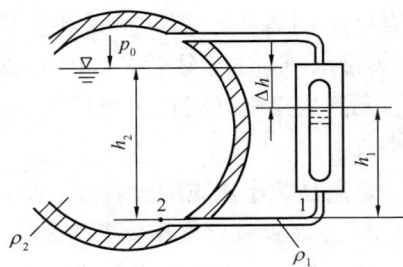

图 1-11　汽包上的水位计示意图

等。两者之间的水位差为 Δh。锅炉启动后，从水位计测得的水位不是汽包的实际水位。

如图 1-11 所示，水平面 1—2 为等压面，$p_1 = p_2$。

$$p_0 + \rho_1 g h_1 = p_0 + \rho_2 g h_2$$

故
$$h_2 = h_1 \frac{\rho_1}{\rho_2}$$

$$\Delta h = h_2 - h_1 = h_1 \frac{\rho_1}{\rho_2} - h_1 = h_1 \left(\frac{\rho_1}{\rho_2} - 1 \right)$$

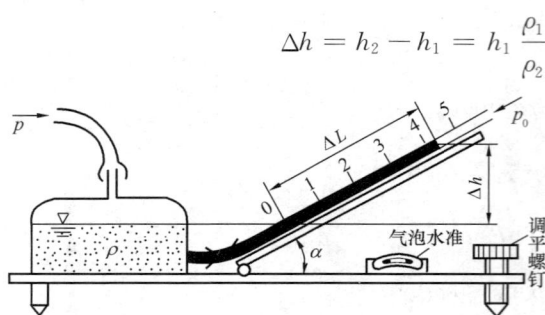

图 1-12　倾斜式微压计

2. 倾斜式微压计

如图 1-12 所示，其原理是将 U 形管差压计的玻璃管倾斜一个角度 α。

$$p = p_0 + \rho g \Delta h = p_0 + \rho g \Delta L \sin\alpha$$

因为 $\Delta L = \Delta h \dfrac{1}{\sin\alpha}$，利用倾角 α，将 Δh 测量转化成 ΔL 的测量，而长度增加 $\dfrac{1}{\sin\alpha}$ 倍，计量显示程度增大了，故倾斜式微压计提高了测量精确度。

第三节　流体动力学基本理论知识

本章以水为流体的特例分析水流运动的规律，并论述应用这些规律来解决生产实践中的问题。水流运动的基本原理是连续性原理、能量原理和动量原理等。

一、流体运动的基本概念

1. 迹线和流线

迹线是单个液体质点在某一管段内流动的轨迹线。

流线是在某一瞬时各空间点上液体质点流动方向的曲线。

流速是水质点在单位时间内移动的距离，也就是水质点的速度。流线上任一点的切线方向是该点的流速方向。流线是一条光滑的曲线，在同一瞬时的各流线不能相交。

2. 元流和总流

流管是在水流中取一微小面积 dA，由该面积的周界上的各点引流线，这些流线便形成一根以 dA 为过水断面的流线管，如图 1-13 所示。

元流是充满以流管为边界的一束液流，也称为微小流束。

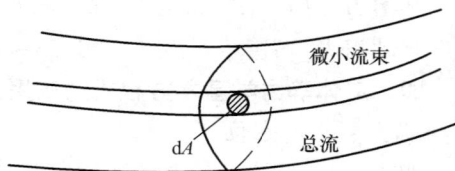

图 1-13　元流和总流

总流是微小流束的集合或者是各种周界所包围的液流的总体。

3. 过水断面、流量和平均流速

过水断面是在液流中与流速相垂直的横断面。过水断面是平面也可是曲面。

流量是单位时间内通过过水断面的液体的体积，用 Q 表示，单位 m^3/s。

如果元流过水断面面积为 dA，流速为 u，则元流流量为

$$dQ = u dA \tag{1-24}$$

故过水断面面积为 A 的总流流量为

$$Q = \int_A dQ = \int_A u \, dA \tag{1-25}$$

过流断面的平均流速是总流在过水断面上各点流速的平均值。

$$v = \frac{\int_A u \, \mathrm{d}A}{A} = \frac{Q}{A} \tag{1-26}$$

v 与 u 的关系如图 1-14 所示。

4. 水流运动的分类

（1）按与时间的关系分类，水流运动分为恒定流和非恒定流。

恒定流是水流运动要素不随时间而变化，只与空间位置有关的流动。

非恒定流是水流运动要素既随时间变化，又与空间位置有关的流动。

图 1-14　实际流速与平均流速

（2）按与沿程发生变化分类，水流运动分为均匀流和非均匀流。

均匀流是同一条流线上各点的流速（大小和方向）沿程不变并且流线彼此平行的水流运动。亦可叫做等速流。

非均匀流是各过水断面的流速沿程变化并且流线彼此不平行的水流运动。

（3）按分布图的几何形状分类，非均匀流分为渐变流和急变流。

渐变流是水流运动流线彼此近似平行或流线曲率半径很大的流动。

急变流是水流运动流线之间的夹角很大或流线曲率半径很小的流动。

（4）按受力来源分类，水流运动分为有压流和无压流。

有压流是在外界压力作用下而流动的水流。

无压流是在重力作用下而流动的水流。

（5）按运动形式分类，水流运动分为层流流动和紊流流动。

层流流动是水流运动时质点之间互不掺混，互不干扰，一层一层沿直线向前流动。

紊流流动是水流运动时质点之间横向彼此混杂，互相干扰，处于无规则运动的状态。

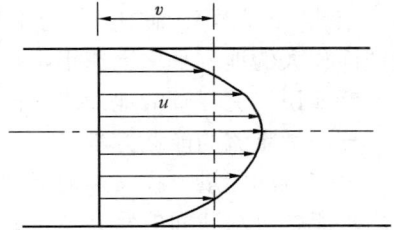

二、流体的连续性方程

流体与固体物质一样，水流运动和其他物质运动也一样，亦遵守质量守恒定律。

如图 1-15 所示，在恒定总流中任取两个过水断面 1 和 2，面积分别为 A_1 和 A_2。在总流中取一微小流束，过流断面分别为 $\mathrm{d}A_1$ 和 $\mathrm{d}A_2$，流速为 v_1 和 v_2。

图 1-15　连续性方程的推导图

因为水流是连续的并且保持质量守恒，故在 $\mathrm{d}t$ 时段内流入和流出过流断面的质量相等，即

$$\rho_1 v_1 \mathrm{d}A_1 \mathrm{d}t = \rho_2 v_2 \mathrm{d}A_2 \mathrm{d}t$$

因为 $\rho_1 = \rho_2$，上式简化为

$$v_1 \mathrm{d}A_1 = v_2 \mathrm{d}A_2 \tag{1-27}$$

两端积分

$$\int_{A_1} v_1 \mathrm{d}A_1 = \int_{A_2} v_2 \mathrm{d}A_2$$

则总流的连续性方程为

$$v_1 A_1 = v_2 A_2 = Q = 常数 \tag{1-28}$$

结论 1：在恒定流中，沿程各断面所通过的体积流量相同，并且等于平均流速乘以过流断面面积。

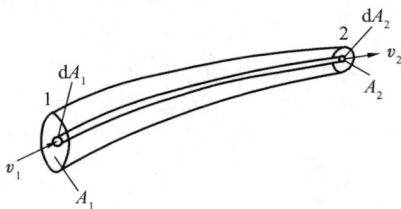

式（1-28）也可写成

$$\frac{v_1}{v_2} = \frac{A_2}{A_1} \tag{1-29}$$

结论 2：在恒定流中，任意两个断面平均流速之比与过水断面面积成反比。也可以说有效截面积大的地方平均流速小，有效截面积小的地方平均流速大。

譬如说河流开阔的地段流速慢，峡谷地带水流速度快。

三、恒定流的能量方程

恒定流的能量方程又称伯努利方程，是研究水流中势能和动能之间转换规律的方程，表示出水流各过水断面位置高度、流速和压强之间的关系。为了推导方程的方便，先研究微小流束的能量方程，再导出总流的能量方程。

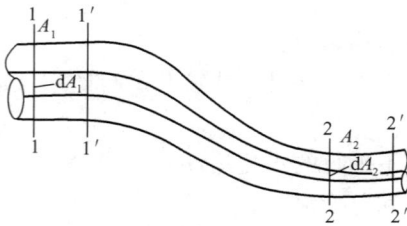

图 1-16 能量方程的推导图

1. 微小流束的能量方程

如图 1-16 所示，在恒定总流中取出 1—1 和 2—2 两段面之间的一段水流，再从总流中取出一股微小流束，过水断面面积分别为 dA_1 和 dA_2。1—1 和 2—2 断面的流速分别为 v_1 和 v_2，压强为 p_1 和 p_2，位置高度为 Z_1 和 Z_2。

当水流运动后经 dt 时间微小流束运动到 $1'$—$1'$ 和 $2'$—$2'$ 位置，移动距离为 $ds_1 = v_1 dt$，$ds_2 = v_2 dt$。流经过流断面的水体具有的质量为 m，重力为 $G=mg$。水流运动后具有两种形式的机械能，即势能（位置势能和压力势能）和动能。

1—1 断面具有的能量：①位置势能 mgZ_1；②压力势能 $mg\frac{p_1}{\rho g}$；③动能 $\frac{1}{2}mv_1^2$。

单位重力作用下水体所具有的能量：

（1）单位位能

$$Z_1 = \frac{mgZ_1}{mg} \tag{1-30}$$

（2）单位压能

$$\frac{p_1}{\rho g} = \frac{mg\frac{p_1}{\rho g}}{mg} \tag{1-31}$$

（3）单位动能

$$\frac{v_1^2}{2g} = \frac{\frac{1}{2}mv_1^2}{mg} \tag{1-32}$$

1—1 断面具有的总单位能量 $e_1 = Z_1 + \frac{p_1}{\rho g} + \frac{v_1^2}{2g}$ (1-33)

根据 1—1 断面的总单位能量计算法，也可得出 2—2 断面的总单位能量

$$e_2 = Z_2 + \frac{p_2}{\rho g} + \frac{v_2^2}{2g} \tag{1-34}$$

假设水是理想流体，暂时不考虑内摩擦力的影响，没有能量损失，根据能量守恒定理，两个断面的能量必须相等，即

$$e_1 = e_2 = 常数 \tag{1-35}$$

实际流体，考虑黏性作用产生内摩擦阻力的影响，水流从 1—1 流到 2—2 断面有能量损

失 h'_w。则实际流体

$$e_1 = e_2 + h'_w$$

微小流束能量方程　　　$Z_1 + \dfrac{p_1}{\rho g} + \dfrac{v_1^2}{2g} = Z_2 + \dfrac{p_2}{\rho g} + \dfrac{v_2^2}{2g} + h'_w$　　　　　(1-36)

式中　h'_w——单位流体因克服流动阻力而产生的能量损失。

2. 总流的能量方程

总流的能量方程是将微小流束的能量方程在过流断面上进行积分求得，即

$$Z_1 + \dfrac{p_1}{\rho g} + \dfrac{a_1 v_1^2}{2g} = Z_2 + \dfrac{p_2}{\rho g} + \dfrac{a_2 v_2^2}{2g} + h_w　　　　　(1-37)$$

式中　a_1、a_2——动能修正系数，一般取 1.05～1.10，因绝大多数是紊流，常取 1.0；

　　　h_w——总流的能量损失的平均值。

3. 能量方程的意义

(1) 物理意义。按能量的观点，方程的各项称为单位能量，按水力学观点，方程的各项称为水头，各项的物理意义如下：

　　　　Z——单位位能，位置水头；

　　　　$\dfrac{p}{\rho g}$——单位压能，压力水头；

　　　　$\dfrac{v^2}{2g}$——单位动能，流速水头；

　　　　$Z + \dfrac{p}{\rho g}$——单位势能，测压管水头；

　　$Z + \dfrac{p}{\rho g} + \dfrac{v^2}{2g}$——单位总机械能，总水头；

　　　　h_w——单位能量损失，水头损失。

从式 (1-37) 可得

$$e_1 - e_2 = h_w　　　　　(1-38)$$

式 (1-38) 说明：在实际流体中，任意两过水断面上总能量的差值等于两过水断面间单位重量流体的能量损失。从能量方程可以看出，流体流动时各项机械能之间可以相互转换。也可以说能量方程是流体在流动过程中遵守能量守恒与转换规律的表达式。

(2) 几何意义。如图 1-17 所示，把总流能量变化用几何线段表示就能明显地反映单位能量的转换情况。图 1-17 中，0—0 为基准线，位置水头的连线称为位置水头线；测压管水头的连线称为测压管水头线；总水头的连线称为总水头线。

位置水头线与基准线之间的距离为位置水

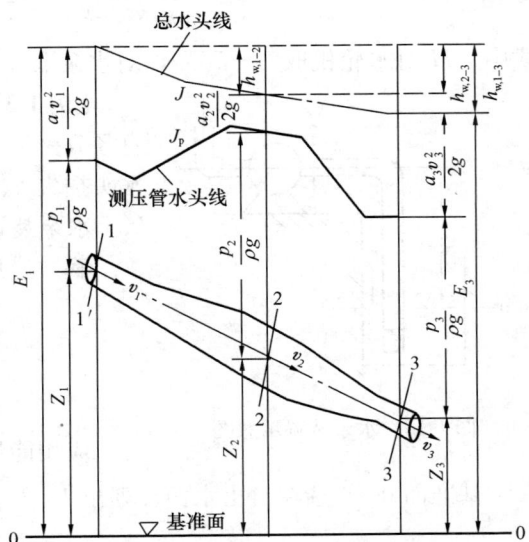

图 1-17　总流能量沿程变化示意图

头，可以看出管道高程的变化情况；测压管水头线与位置水头线之间的距离为压强水头，可以看出管道沿程压强的变化情况；总水头线与测压管水头线之间的距离为流速水头，可以看出管道沿程动能的变化情况。

从图 1-17 还可以看出，总水头线沿程是下降的，它与上面水平线间的垂直距离是水头损失 h_{w}。

水力坡度是表示单位长度的水头损失，也称为总水头的坡度，它等于水头损失 h_{w} 与两端面之间距离 L 的比值，即

$$J = \frac{h_{\mathrm{w}}}{L} \tag{1-39}$$

水力坡度表示出河段或管段上每米流程上水流能量的损失值。它的大小表明水流能量沿程减小的快慢程度。

4. 应用能量方程的条件

（1）必须是恒定流。

（2）作用于液面上的质量力只有重力。

（3）过流断面必须选在渐变流段。

（4）所选两断面之间的流量不变化。

（5）流体是不可压缩的，即 $\rho =$ 常数。

5. 应用能量方程的注意事项

（1）基准面只能选一个，力求位置水头 Z 的个数少，不能出现负值。

（2）过流断面代表点的位置选择要便于计算，一般对管道要选在断面中心点上，明渠流选在表面上。

（3）当能量方程中出现两个未知量时，利用连续性方程联合求解。

（4）当两个断面之间有机械能输入和输出时，能量方程应为

$$Z_1 + \frac{p_1}{\rho g} + \frac{a_1 v_1^2}{2g} \pm H = Z_2 + \frac{p_2}{\rho g} + \frac{a_2 v_2^2}{2g} + h_{\mathrm{w}} \tag{1-40}$$

式中，H 对水轮机取"－"号，对水泵取"＋"号。

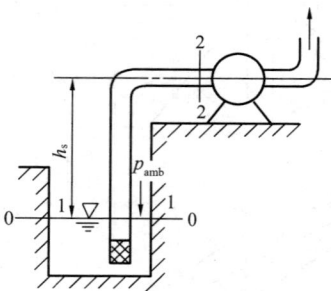

【例 1-3】 已知水泵的抽水量 $Q = 0.03\mathrm{m}^3/\mathrm{s}$，吸水管直径 $d = 0.15\mathrm{m}$，水泵进口真空值 $h_{\mathrm{v}} = 6.8\mathrm{mH_2O}$，吸水管水头损失 $h_{\mathrm{w}} = 1.0\mathrm{m}$。试求水泵中心至吸水水面的安装高度 h_{s}。水泵装置如图 1-18 所示。

解 应用连续方程求吸水管流速 v。

$$v = \frac{Q}{A} = \frac{Q}{\pi d^2/4} = \frac{4Q}{\pi d^2}$$

$$= \frac{4 \times 0.03}{3.14 \times 0.15^2} = 1.695 \approx 1.7 \ \mathrm{m/s}$$

图 1-18 水泵装置示意图

应用能量方程求安装高度 h_{s}。

基准面 0—0 选在自由水面，列出 1—1 和 2—2 断面的能量方程，即

$$0 + \frac{p_{\mathrm{amb}}}{\rho g} + \frac{a_1 v_1^2}{2g} = h_{\mathrm{s}} + \frac{p_2}{\rho g} + \frac{a_2 v_2^2}{2g} + h_{\mathrm{w}}$$

则
$$h_s = \frac{p_{amb} - p_2}{\rho g} + \frac{a_1 v_1^2 - a_2 v_2^2}{2g} - h_w$$

因为吸水面较大，v_1 忽略不计，故 $v_2 = v$。取 $a_1 = a_2 = 1.0$，可得

$$h_v = \frac{p_{amb} - p_2}{\rho g} = 6.8 \text{ m}$$

则
$$h_s = h_v - \frac{v_2^2}{2g} - h_w = 6.8 - \frac{1.7^2}{2 \times 9.8} - 1.0 = 5.653 \text{ m}$$

四、能量方程式的应用

能量方程式被广泛地应用在工程中的各个方面，现举两例。

1. 测量管道中的流速——皮托管

如图 1-19 所示，在管道中安装皮托管，能测出被测点的流速。

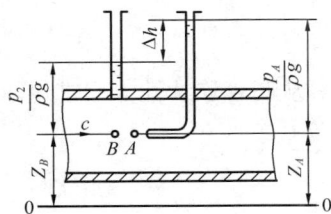

图 1-19　皮托管测量管道中液体流速的示意图

工作原理：将一根玻璃管弯成直角两端开口，一端开口垂直向上，把弯成直角另一端开口置于管道中间迎向来流，对 A 处液体运动的阻滞，使动能转变成压力势能，液体在玻璃管中上升的高度就是 A 点处液体具有的总能头。

离 A 点上游很近的 B 点处再安装一直立的玻璃测压管，对测点 B 处液体运动没有阻滞，那么管中液体上升的高度就是 B 点处液体具有的测压管能头。

由于 A、B 两点相距很近，其流动阻力可以忽略不计。选 0—0 为基准面，列出 A、B 两过流断面的能量方程

$$Z_A + \frac{p_A}{\rho g} + \frac{c_A^2}{2g} = Z_B + \frac{p_B}{\rho g} + \frac{c_B^2}{2g}$$

若 $Z_A = Z_B = 0$，$c_A = 0$

则
$$\frac{p_B}{\rho g} + \frac{c_B^2}{2g} = \frac{p_A}{\rho g}$$

整理得
$$c_B^2 = \frac{2(p_A - p_B)}{\rho}$$

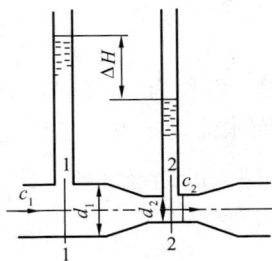

图 1-20　文丘里流量计原理图

则
$$c_B = \sqrt{\frac{2(p_A - p_B)}{\rho}}$$

因为
$$p_A - p_B = \rho g \Delta h$$

则
$$c_B = \sqrt{2g(\Delta h)}$$

式中　Δh——液柱差。

2. 测量管道中流动的流量——文丘里管

如图 1-20 所示，文丘里管由渐缩、渐扩管和喉管三段组成，把文丘里管安装在管道中测量流量，这种流量计叫做文丘里流量计。

工作原理：在流量计圆柱形管段截面 1—1、2—2 处，连接两

个测压管，列出两过流断面 1—1、2—2 的能量方程，即

$$Z_1 + \frac{p_1}{\rho g} + \frac{a_1 c_1^2}{2g} = Z_2 + \frac{p_2}{\rho g} + \frac{a_2 c_2^2}{2g} + h_w$$

若把基准面选在管道的中心轴线上，忽略两过流断面间的阻力损失，液流则处于紊流状态，$Z_1 = Z_2$；$h_w = 0$；$a_1 = a_2 = 1.0$。

将上述数值代入方程得

$$\frac{p_1}{\rho g} + \frac{c_1^2}{2g} = \frac{p_2}{\rho g} + \frac{c_2^2}{2g}$$

从圆管连续性方程求得

$$c_2 = c_1 \left(\frac{d_1}{d_2}\right)^2$$

$$\frac{p_1 - p_2}{\rho g} = \frac{c_1^2}{2g}\left[\left(\frac{d_1}{d_2}\right)^4 - 1\right]$$

因为

$$\Delta H = \frac{p_1 - p_2}{\rho g}$$

$$\Delta H = \frac{c_1^2}{2g}\left[\left(\frac{d_1}{d_2}\right)^4 - 1\right]$$

故

$$c_1 = \sqrt{\frac{2g\Delta H}{\left(\frac{d_1}{d_2}\right)^4 - 1}}$$

式中　ΔH——两测压管的液柱差。

则通过管道的流量为

$$Q = c_1 A_1 = \frac{\pi d_1^2}{4}\sqrt{\frac{2g\Delta H}{\left(\frac{d_1}{d_2}\right)^4 - 1}}$$

在实际应用中要考虑液体流动阻力损失，其平均流速要小一些，因此流量计算公式为

$$Q = \mu \frac{\pi d_1^2}{4}\sqrt{\frac{2g\Delta H}{\left(\frac{d_1}{d_2}\right)^4 - 1}}$$

式中　μ——考虑阻力损失影响的流量系数，由试验确定，一般在 0.96～0.99 之间。

五、恒定流的动量方程

（一）动量方程

如图 1-21 所示，在恒定管流中取一段，断面分别为 1—1 和 2—2，面积为 A_1 和 A_2，平均流速为 v_1 和 v_2，经 dt 时间后，水流由原位移到 1′—1′ 和 2′—2′，而水流动量发生了变化，其变化量 $d\vec{k}$ 等于在 dt 时段内由 2—2 断面流出的动量与由断面 1—1 流入的动量之差，即

$$d\vec{k} = \vec{k}_{2\text{-}2} - \vec{k}_{1\text{-}1}$$

因为

$$\vec{k}_{1\text{-}1} = a_1' \rho Q \vec{v}_1 dt$$

$$\vec{k}_{2\text{-}2} = a_2' \rho Q \vec{v}_2 dt$$

式中　　a'_1、a'_2——动量修正系数，其值通常为 1.02~1.05，一般取 1.0；

　　　　　ρ——水流的密度，ρ=常数；

　　　　　Q——过流断面的流量。

单位时间内的动量变化 $\dfrac{\mathrm{d}\vec{k}}{\mathrm{d}t}=\rho Q(a'_2\vec{v}_2-a'_1\vec{v}_1)$。

从物理学中的动量定理知，单位时间动量变化等于作用在物体上的外力的合力 $\sum\vec{F}$。故动量方程为

$$\sum\vec{F}=\rho Q(a'_2\vec{v}_2-a'_1\vec{v}_1) \qquad (1\text{-}41)$$

上式动量方程中外力与速度都为向量，为了计算方便应写成标量形式，则恒定流动量方程为

$$\sum F_x=\rho Q(a_2 v_{2x}-a_1 v_{1x}) \qquad (1\text{-}42a)$$

$$\sum F_y=\rho Q(a_2 v_{2y}-a_1 v_{1y}) \qquad (1\text{-}42b)$$

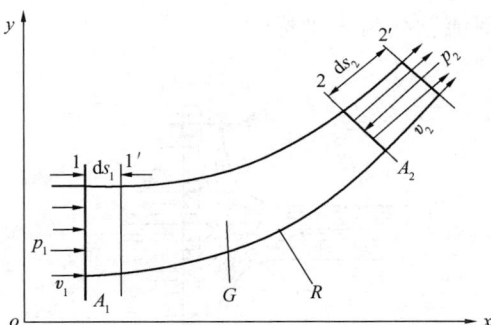

图 1-21　动量方程推导图

（二）动量方程的应用

应用动量方程解决实际问题时要注意以下事项。

（1）划定隔离体，选择两端控制过流断面，断面应符合渐变流的条件。

（2）选择坐标轴，分析隔离体的受力情况，如隔离体的液体重力、控制断面两端的动水压力和边壁的阻力，并且要标出各力和流速的方向。对未知量可以先假定方向。

（3）求动量的变化，必须是流出的动量减去流入的动量，二者不可颠倒。

（4）动量方程中在求合力时要确定各力和流速的正负值，凡与坐标轴方向一致的取正值，反之取负值。若求得的未知数量的数值为正时，说明假定的方向正确；若为负值时，说明实际方向与假定方向相反。

下面介绍应用动量方程的实际例子。

1. 作用在固定平板上的冲击力

如图 1-22 所示，有一流量为 Q 的射流，垂直地冲击一平板面后，沿板面向四周散开，求射流对平板的冲击力 F。

（1）取隔离体，在冲击区前取 1—1 断面，在冲击区后取 2—2 断面，取射流轴线为 x 坐标轴。

（2）分析隔离体受力情况：水体自重 G，控制面压力为大气压，平板反作用力 R 的方向，如图 1-22 所示。

（3）分析动量变化，流入的动量为 $m\vec{v}_1$，流出的动量为 $m\vec{v}_2$，$m=\rho Q\Delta t$。

（4）列出动量方程。先写出动量方程在 x 轴上的投影，即

$$\sum F_x=\rho Q(\vec{v}_{2x}-v_{1x})$$

因为重力在 x 轴上的投影为零，压力为大气压，相对压力为零，故外力的合力 $\sum F_x=-R$，则

$$-R=\rho Q(v_2\cos 90°-v_1)$$

故　　　　　　　　　　　　　$R=\rho Q v_1$ 　　　　　　　　　　　　　（1-43）

结论：射流对平板的冲击力 F 与 R 大小相等，方向相反。

2. 作用在固定凹板上的冲击力

如图 1-23 所示，射流冲击在凹面板上，散开后转一个 β 角流出，求射流对凹面板的冲击力 F。

（1）取隔离体，在冲击区前取 1—1 断面，在冲击区散开后转一个 β 角处取 2—2 断面，取射流轴线为 x 坐标轴。

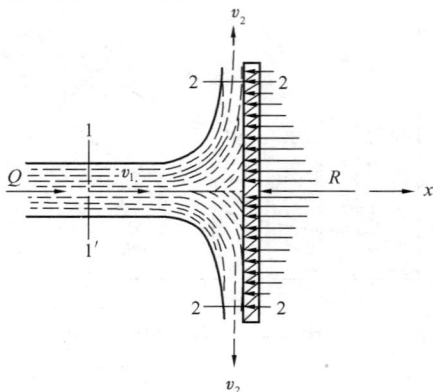

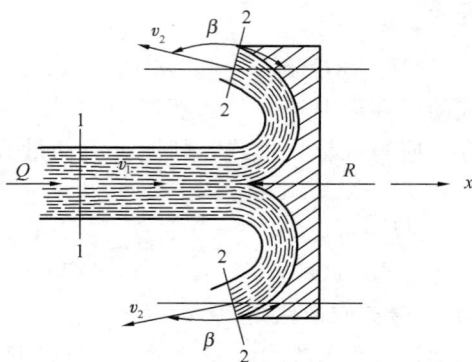

图 1-22　射流作用在平板上示意图　　　　　图 1-23　射流作用在凹面壁上

（2）分析隔离体受力情况：水体自重 G，控制面压力为大气压，凹面反作用力 R 的方向如图 1-23 所示。

（3）分析动量变化，流入的动量为 $m\vec{v}_1$，流出的动量为 $m\vec{v}_2$。

（4）列出动量方程在 x 轴上的投影，即

$$-R = \rho Q(v_2\cos\beta - v_1)$$

若忽略阻力，即 $v_2 = v_1$

则
$$R = \rho Q v_1(1 - \cos\beta) \tag{1-44}$$

结论：

（1）射流对凹板的冲击力 F 与 R 的大小相等，方向相反。

（2）β 角越大，冲击力越大。当 $\beta = 180°$ 时，冲击力为最大值。人们利用这一原理设计制造了冲击型水轮机。

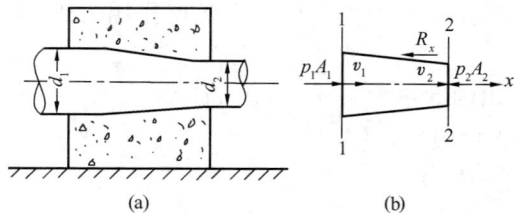

图 1-24　水压钢管渐变段

【例 1-4】　某水电厂水压钢管的渐变段如图 1-24 所示，大直径 $d_1 = 1.5\text{m}$，小直径 $d_2 = 1.0\text{m}$，管内流过的流量 $Q = 3.5\text{m}^3/\text{s}$，若 1—1 断面动水压力 $p_1 = 400\text{kN/m}^2$，求渐变支座承受的轴向力为多少？（忽略渐变段水头损失）

解　（1）取 1—1 断面与 2—2 断面间的渐变段水体为隔离体，取钢管轴线为 x 轴坐标。

（2）分析隔离体受力情况，在 x 轴方向的外力有水压力 p_1A_1 和 p_2A_2，渐变段反力为

R_x，流速为 v_1 和 v_2，其方向如图 1-24 所示。

（3）应用连续性方程求 v_1 和 v_2。

$$v_1 = \frac{Q}{A_1} = \frac{Q}{\frac{\pi d_1^2}{4}} = \frac{4Q}{\pi d_1^2} = \frac{4 \times 3.5}{3.14 \times 1.5^2} = 1.98 \text{ m/s}$$

$$v_2 = \frac{Q}{A_2} = \frac{Q}{\frac{\pi d_2^2}{4}} = \frac{4Q}{\pi d_2^2} = \frac{4 \times 3.5}{3.14 \times 1^2} = 4.458 \approx 4.46 \text{ m/s}$$

（4）应用能量方程求 p_2。列出 1—1 断面和 2—2 断面能量方程，即

$$\frac{p_1}{\rho g} + \frac{a_1 v_1^2}{2g} = \frac{p_2}{\rho g} + \frac{a_2 v_2^2}{2g}$$

取 $a_1 = a_2 = 1.0$，则

$$\frac{p_2}{\rho g} = \frac{p_1}{\rho g} + \frac{v_1^2 - v_2^2}{2g}$$

故　　　　　$p_2 = p_1 + \frac{\rho(v_1^2 - v_2^2)}{2} = 400 + \frac{1 \times (1.98^2 - 4.46^2)}{2} = 392.02 \text{ kN/m}^2$

（5）应用动量方程求 R_x，动量方程在 x 轴上的投影。

$$p_1 A_1 - p_2 A_2 - R_x = \rho Q(v_2 - v_1)$$

故　　　　$R_x = p_1 A_1 - p_2 A_2 - \rho Q(v_2 - v_1)$

$$= 400 \times \frac{3.14 \times 1.5^2}{4} - 392.02 \times \frac{3.14 \times 1^2}{4} - 1 \times 3.5 \times (4.46 - 1.98)$$

$$= 695 \text{ kN}$$

即渐变段支座轴向力为 695kN，方向与 R_x 相反。

第四节　流体的流动损失和有压流

一、流动损失的基本概念

流体运动时由于黏滞力和流动边界凹凸不平所受到的阻力而引起的能量损失就是流动损失。流动损失通常分为两种。

（1）沿程阻力损失。流体在全部流程中受到固体边壁的阻滞作用和流体内部存在的黏滞性叫做沿程阻力。为克服沿程阻力而消耗的能量损失，称为沿程阻力损失，用 h_f 表示。

（2）局部阻力损失。流体的边界在局部地区发生变化时，引起流速的大小和方向发生显著变化，形成漩涡，产生剧烈的碰撞、摩擦，对流体运动产生集中的阻力，叫做局部阻力。为克服局部阻力而消耗的能量，称为局部阻力损失，用 h_j 表示。

某一流体运动时的总阻力损失等于各流段的沿程阻力损失与局部阻力损失之和，用 h_w 表示，即

$$h_w = \sum h_f + \sum h_j \tag{1-45}$$

二、流动阻力损失的计算

1. 沿程阻力损失的计算

$$h_f = \lambda \frac{L}{d} \frac{v^2}{2g} \tag{1-46}$$

式中 L——液流管道长度;

$\quad\quad d$——液流管道直径;

$\quad\quad v$——管内液流速度;

$\quad\quad \lambda$——沿程阻力系数,与雷诺数和管壁相对粗糙度有关。

2. 局部阻力损失的计算

$$h_j = \zeta \frac{v^2}{2g} \tag{1-47}$$

式中 ζ——局部阻力系数,由试验确定。

三、有压流阻力损失计算

有压流是靠压力作用而流动的,没有自由表面,又叫管流。有压流分为长管和短管两类。一般自来水管按长管计算,而水电厂的引水管道和火电厂的水泵装置管道按短管计算。

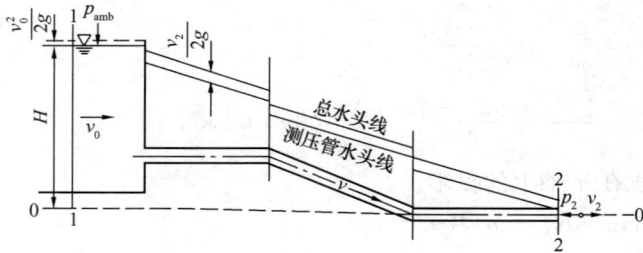

图 1-25 自由出流

本书只介绍短管的水力计算。短管的水力计算又可分为自由出流和淹没出流两种。

1. 自由出流

所谓自由出流就是在大气中的出流。图 1-25 是自由出流的例子。为了推导自由出流的计算公式,取断面 1—1 和断面 2—2,并列出能量方程,即

$$H + \frac{p_1}{\rho g} + \frac{a_1 v_0^2}{2g} = 0 + \frac{p_2}{\rho g} + \frac{a_2 v_2^2}{2g} + h_{w,1-2}$$

因为 $\quad p_1 = p_2 = p_{amb}$

故 $$h_{w,1-2} = \left(\lambda \frac{L}{d} + \Sigma \zeta \right) \frac{v^2}{2g}$$

若 $v_2 = v$, $a_1 = a_2 = 1.0$, $H_0 = H + \frac{v_0^2}{2g}$

则 $$H_0 = \left(1 + \lambda \frac{L}{d} + \Sigma \zeta \right) \frac{v^2}{2g} \tag{1-48}$$

式中 v——管中流速;

$\quad\quad H$——水头;

$\quad\quad H_0$——总水头。

故管中流速 $$v = \frac{1}{\sqrt{1 + \lambda \dfrac{L}{d} + \Sigma \zeta}} \sqrt{2gH_0} \tag{1-49}$$

若已知管道过水断面面积为 A 时,则通过管道的流量为

$$Q = Av = \frac{A}{\sqrt{1 + \lambda \dfrac{L}{d} + \Sigma \zeta}} \sqrt{2gH_0}$$

$$Q = \mu_c A \sqrt{2gH_0} \tag{1-50}$$

$$\mu_c = \frac{1}{\sqrt{1 + \lambda \dfrac{L}{d} + \Sigma \zeta}}$$

式中 μ_c——短管自由出流的流量系数。

通常 v_0^2 很小，$\dfrac{v_0^2}{2g}$ 可忽略不计，所以 $H_0 \approx H$，则

$$Q = \mu_c A \sqrt{2gH} \tag{1-51}$$

2. 淹没出流

淹没出流——管道出口在下游水面以下的流动，如图 1-26 所示。

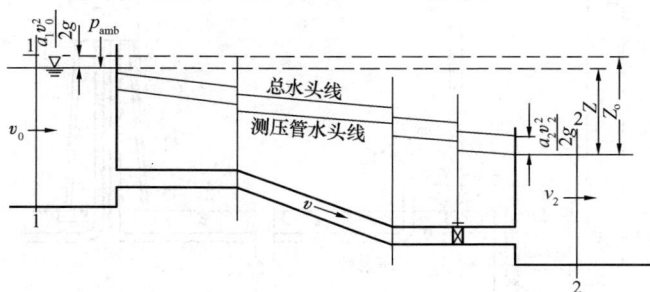

图 1-26 淹没出流

取断面 1—1 和断面 2—2，并列出能量方程，即

$$Z + \frac{p_1}{\rho g} + \frac{a_1 v_0^2}{2g} = 0 + \frac{p_2}{\rho g} + \frac{a_2 v_2^2}{2g} + h_{w,1-2}$$

因为 $p_1 = p_2 = p_{amb}$，若 2—2 断面面积很大，v_2 忽略不计，管中流速为 v，故

$$h_{w,1-2} = \left(\lambda \frac{L}{d} + \Sigma \zeta\right)\frac{v^2}{2g}$$

令

$$Z_0 = Z + \frac{a_1 v^2}{2g}$$

能量方程可简化为

$$Z_0 = \left(\lambda \frac{L}{d} + \Sigma \zeta\right)\frac{v^2}{2g} \tag{1-52}$$

式中 Z——上下游水位差；

Z_0——含有行进流速压头的总水位差。

与自由出流同理可推导出

$$v = \frac{1}{\sqrt{\lambda \dfrac{L}{d} + \Sigma \zeta}} \sqrt{2gZ_0} \tag{1-53}$$

$$Q = \mu_c A \sqrt{2gZ_0} \tag{1-54}$$

$$\mu_c = \frac{1}{\sqrt{\lambda \dfrac{L}{d} + \Sigma \zeta}}$$

式中 μ_c——短管淹没出流的流量系数。

因为通常 v_0 很小，$\dfrac{v_0^2}{2g}$ 可忽略不计。则通过管道的流量为

$$Q = \mu_c A\sqrt{2gZ} \tag{1-55}$$

【例 1-5】 已知一水泵装置如图 1-27 所示。水泵流量 $Q=0.05\text{m}^3/\text{s}$，吸水管长 $L_1=5\text{m}$，管径 $d=0.2\text{m}$，压水管长度 $L_2=20\text{m}$，提水高度 $Z=15\text{m}$，沿程阻力系数 $\lambda=0.05$，局部阻力系数 $\zeta_{弯}=0.30$、$\zeta_{网}=5.2$、$\zeta_{阀}=0.08$，水泵最大允许真空压头 $h_v=6\text{m}$。求水泵安装高度 h_s 和扬程 H。

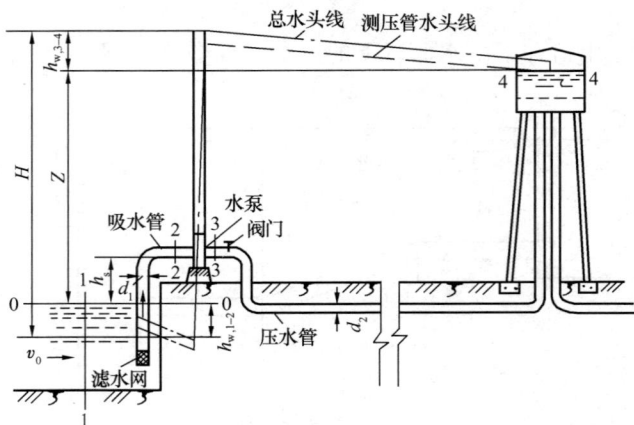

图 1-27 水泵装置图

解 （1）水泵的安装高度 h_s。先求出管内的流速

$$v = \frac{Q}{A} = \frac{Q}{\dfrac{\pi d^2}{4}} = \frac{0.05}{\dfrac{3.14 \times 0.2^2}{4}} = 1.592 \text{ m/s}$$

再求出水泵安装高度 h_s。取断面 1—1 和断面 2—2，并列出能量方程，即

$$0 + \frac{p_{\text{amb}}}{\rho g} + 0 = h_s + \frac{p_2}{\rho g} + \frac{v^2}{2g} + h_{\text{w,1-2}}$$

$$h_s = \frac{p_{\text{amb}} - p_2}{\rho g} - \frac{v^2}{2g} - h_{\text{w,1-2}} = h_v - \left(1 + \lambda\frac{L}{d} + \Sigma\zeta\right)\frac{v^2}{2g}$$

$$= 6 - \left(1 + 0.05 \times \frac{5}{0.2} + 0.3 + 5.2\right) \times \frac{1.592^2}{2 \times 9.8}$$

$$= 6 - 1 = 5 \text{ m}$$

水泵安装高度不得超出 5m。

（2）水泵扬程 H。取断面 1—1 和断面 4—4，并列出能量方程，即

$$H + 0 + \frac{p_{\text{amb}}}{\rho g} + 0 = Z + \frac{p_{\text{amb}}}{\rho g} + h_{\text{w,1-2}} + h_{\text{w,3-4}}$$

简化得

$$H = Z + h_{\text{w,1-2}} + h_{\text{w,3-4}}$$

$$h_{\text{w,3-4}} = \left(\lambda\frac{L}{d} + \Sigma\zeta\right)\frac{v^2}{2g}$$

$$= \left(0.05 \times \frac{20}{0.2} + 2 \times 0.3 + 0.08 + 1\right) \times \frac{1.592^2}{2 \times 9.8}$$

$$= 0.864 \ m$$

故水泵扬程

$$H = 15 + 1 + 0.864 = 16.864 \ m$$

四、压力管中的水击

压力管中的水击是发生在压力管道中，由于阀门突然关闭（或突然开启），水流的速度发生很大变化，水流动量亦将发生相应的变化，导致压力管道中的压力急剧升高（或降低）。在水电厂中，骤然开启或关闭水轮机导水机构或阀门就会发生水击。水击压力为

$$\Delta p = \rho c v_0 \tag{1-56}$$

式中　c——水击压力波波速；

v_0——阀门起始速度。

若 $c = 1000 \text{m/s}$，管中流速 $v_0 = 1 \text{ m/s}$。

当阀门突然关闭时　$\Delta p = 1000 \times 1000 = 1000 \text{ kPa}$。

当阀门突然关闭时发生压力升高的水击称为正水击；反之，当阀门开启时发生压力降低的水击称为负水击。当关闭阀门所用的时间小于压力波在管中传播一个往返所需的时间，称为直接水击；反之，当关闭阀门所用的时间大于压力波一个往返所需的时间，称为间接水击。

水击危害很大，当压力升高时能使钢管破裂，当压力降低时能将钢管压扁。防止水击的措施如下：

（1）减小压力水管长度；

（2）减小水管中的流速；

（3）修建调压室；

（4）在管道上安装调压阀；

（5）设置安全爆破膜或安全阀。

五、减小流动阻力损失的措施

实际流体存在黏性，流动时能量损失是不可避免的。减小流动阻力损失的主要措施是从如何改善流体与固体边界的接触状况着手。具体措施如下：

（1）增大管径，降低流动速度；

（2）选择局部阻力系数小的阀门、弯头、三通等局部管件结构；

（3）减小管道长度；

（4）减少局部管件，降低局部阻力损失；

（5）选择粗糙度小的管子，降低沿程阻力损失；

（6）定期清洗管子，除去污垢等。

六、虹吸管的应用

虹吸管是能量方程在工农业生产中的应用，能收到较好的经济效益。图 1-28 所示为两个装有液体的容器，位置一高一低，在两容器内液面上安装一个盛满液体的管道，在大气压力作用下，液体由高

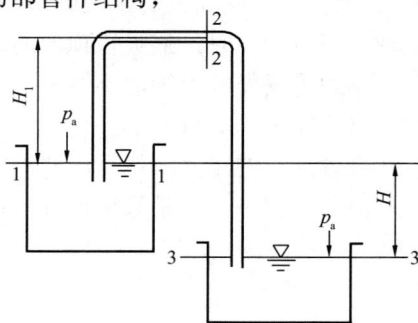

图 1-28　虹吸管示意图

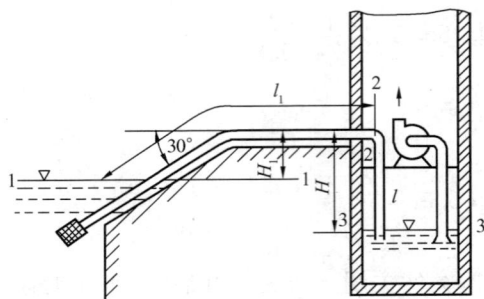

图 1-29　火电厂的循环水泵吸入管道示意图

处容器通过管子流向低处容器的现象，称为虹吸现象。连接两液面的这段充满液体的管道称为虹吸管。

在水库边或河流两岸，可以用虹吸管翻越坝顶引水，节省电力，作灌溉用。火电厂中循环水系统利用虹吸管来减少水泵的压头，节约电力。

现在以火电厂循环水系统中循环水泵吸入管道为例来说明虹吸管的工作原理。如图 1-29 所示，取断面 1—1、2—2、3—3，并以断面 3—3 为基准面。各断面的总能头为

$$e_1 = \frac{p_1}{\rho g} + Z_1 + \frac{c_1^2}{2g} = \frac{p_{amb}}{\rho g} + H$$

$$e_2 = \frac{p_2}{\rho g} + Z_2 + \frac{c_2^2}{2g} = \frac{p_2}{\rho g} + H + H_s + \frac{c_2^2}{2g}$$

$$e_3 = \frac{p_3}{\rho g} + Z_3 + \frac{c_3^2}{2g} = \frac{p_{amb}}{\rho g}$$

断面 1—1 和断面 3—3 的能量方程为

$$\frac{p_{amb}}{\rho g} + H = \frac{p_{amb}}{\rho g} + h_{w,1-3}$$

故
$$H = h_{w,1-3} = h_{w,1-2} + h_{w,2-3} \tag{1-57}$$

式（1-57）说明，上下游两断面的高差是虹吸管工作时为克服虹吸管吸水段流动损失 $h_{w,1-2}$ 和供水段流动损失 $h_{w,2-3}$ 所必须有的能头。

断面 1—1 和断面 2—2 的能量方程为

$$\frac{p_{amb}}{\rho g} + H = \frac{p_2}{\rho g} + H + H_s + \frac{c_2^2}{2g} + h_{w,1-2}$$

则虹吸管内的真空值
$$H_v = \frac{p_{amb} - p_2}{\rho g} = H_s + \frac{c_2^2}{2g} + h_{w,1-2} \tag{1-58}$$

式中　H_s——虹吸高度。

根据式（1-58）可以得出如下结论：

（1）当 $p_2 < p_{amb}$ 时，2—2 断面处于真空，在大气压力与 2—2 断面处的压力差作用下，虹吸管能将 1—1 断面处的水吸到最高 2—2 断面处；

（2）当 $p_2 = 0$ 时，虹吸管顶部的理论上的真空达到最大值 $H_{v,max} = 10.33 mH_2O$；

（3）为了确保虹吸管能连续工作，防止由于汽化发生液流中断事故，严格规定虹吸管顶部的真空值在 $7 \sim 8 mH_2O$ 以下。

虹吸管真空的建立一般采用两种方法，一是用灌水排出管内的空气后，快速将吸入段进口插入池中液体内；二是采用抽气器排出管内的空气。

因为
$$e_2 = e_1 - h_{w,1-2}$$
$$H = h_{w,1-2} + h_{w,2-3}$$

$$e_2 = \frac{p_{amb}}{\rho g} + H - h_{w,1-2} = \frac{p_{amb}}{\rho g} + h_{w,2-3} \tag{1-59}$$

故 $e_2 > e_3$ (1-60)

式（1-60）说明，2—2断面处水的总能头高于3—3断面处的总能头。所以，虹吸管能将处于真空状态的2—2断面的水，输送到低于2—2断面的3—3断面处。

虹吸管的工作原理是，利用管内顶部的真空吸入上游断面处的液体，再由上、下游断面的高度差来克服管内吸入段和压出段流动损失而连续地工作。也就是说，只要有上、下游断面间的高度差，并且确保虹吸管的真空，那么虹吸管就能连续不断地从高处吸入和向低处输出液体。

思 考 题 及 习 题

1-1　液体有哪些主要物理性质？黏滞性在什么情况下表现出来？黏滞性对液体的运动有何影响？

1-2　试述液体的质量和密度的单位名称和符号，各种单位之间有何关系？

1-3　什么叫单位能量？液体静止时有几种能量？它们之间有什么关系？

1-4　静水压力基本方程有几种形式？试说明其意义。

1-5　什么叫绝对压力、相对压力和真空？它们之间有何关系？

1-6　试述静水压力的单位名称和符号，各种单位之间有何关系？

1-7　什么叫等压面？哪些情况为等压面？静水压力有哪些测量方法？

1-8　连续性方程遵守什么基本定律？其方程有几种表达形式？能解决哪几类问题？

1-9　能量方程遵循什么基本原理？能量方程有几种表述形式？能量方程可以解决哪几类问题？

1-10　试分析能量方程的意义、应用条件及应该注意的问题。

1-11　动量方程遵循什么基本定理？动量方程有几种表述形式？应用动量方程应注意哪些问题？

1-12　水头损失产生的原因是什么？水头损失分几类？如何计算？

1-13　什么叫短管？短管的计算公式有几种形式？能解决哪几类问题？

1-14　求在一个大气压、4℃时，直径为0.2m、高为1m的容器内水的质量为多少？

1-15　试算出如图1-30所示的容器壁面上各点的静水压力的大小，并绘出压力方向。

1-16　如图1-31所示的水银测压计。已知 $h=25\text{cm}$，$a=30\text{cm}$，$h_A=15\text{cm}$，试计算 A 点的压力 p_A 和表面压力 p_0 各为多少？

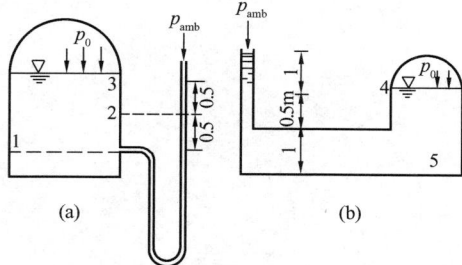

图1-30　习题1-15图

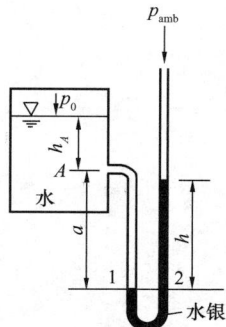

图1-31　习题1-16图

1-17 在取水口设置一平面闸门如图 1-32 所示。门高 2m，宽 3m，门自重为 2kN，门倾角为 60°，门与门槽间摩擦系数 $f=0.3$，水头 $H=10m$，求提升闸门的拉力。

1-18 有一水泵装置如图 1-33 所示，抽水量 $Q=0.2m^3/s$，吸水管长 $L_1=20m$，压水管长 $L_2=200m$，水管直径 $d=0.15m$，阻力系数 $\lambda=0.03$，$\zeta_弯=0.8$，$\zeta_1=0.1$，$\zeta_2=6$，水泵进口允许真空压头 $h_v=6m$，水泵效率 $\eta_p=0.75$，电动机效率 $\eta_D=0.9$，试计算：①水泵安装高程 h_s；②水泵扬程 H。

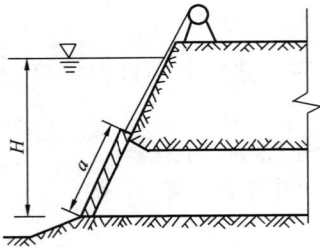

图 1-32 习题 1-17 图

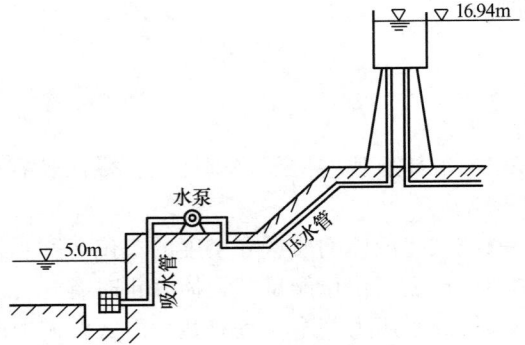

图 1-33 习题 1-18 图

1-19 减小流动阻力应采取哪些措施？

1-20 举例说明虹吸管的工作原理。

第二章　热力学基本定律

第一节　工质及其状态参数

热能转换成机械能必须借助于一套设备和某种媒介物质，这套设备叫做热机，而这种媒介物质称为工质。热机对外做功时，要求工质同时具有良好的膨胀性和流动性。常用的工质不是固体，也不是液体，而是气体（如空气、水蒸气、燃气等）。在火力发电厂汽轮机中做功的工质是水蒸气。描述工质在某一给定瞬间的物理特性的各个物理量称为状态参数。对于工质的每一个状态，其状态参数都有确定的数值。

在热工学中，常用的状态参数有六个：比体积（v）、温度（T）、压力（p）、比热力学能（u）、比焓（h）、比熵（s）。其中比体积、温度、压力这三个参数便于测量，也比较容易理解其物理意义，称为工质的基本状态参数。而比热力学能、比焓、比熵这三个状态参数，既不易测量，也不易理解其物理意义，称为导出状态参数。

一、比体积

单位质量的工质所占有的体积称为比体积，用符号 v 表示，单位是 m^3/kg，即

$$v = \frac{V}{m} \quad m^3/kg \tag{2-1}$$

式中　m——工质的质量，kg；

　　　V——工质的体积，m^3。

比体积的倒数，即单位体积内工质的质量，称为质量密度，简称为密度，用符号 ρ 表示，单位是 kg/m^3，即

$$\rho = \frac{m}{V} \quad kg/m^3 \tag{2-2}$$

二、温度

温度是表示物体冷热程度的参数。温度的高低与分子平均动能的大小有关。温度的数值表示方法称为温标。国际单位制中采用热力学温度（即绝对温标），符号为 T，单位为 K。按照国际单位制的规定，水的三相点为 273.16K。与绝对温标并用的还有摄氏温标，用符号 t 表示，单位为℃。摄氏温标与绝对温标之间的换算关系为

$$T[K] = t[℃] + 273.15 \tag{2-3}$$

这就是说，规定热力学温度（绝对温标）273.15K 为摄氏温标的零点（$t=0℃$），两种温标之间，每一度的间隔大小完全相同。在热力工程计算中，通常取 $T[K]=t[℃]+273$。

三、压力

气体的压力是气体分子对容器壁面频繁撞击的平均结果。压力用垂直作用在单位面积上的力来度量，在物理学中亦称为"压强"。

1. 压力单位

在国际单位制中，压力的基本单位为 N/m^2（即 $1m^2$ 面积上的作用力是 1N），也称为帕

斯卡（Pascal），简称帕，用符号 Pa 表示。实用中往往嫌"帕"太小，故工程上压力也常用兆帕（MPa）做单位。过去在工程中常用的压力单位还有巴（bar）、毫米汞柱（mmHg）、米水柱（mH_2O），这些单位间的换算关系为

$$0.1MPa = 1bar = 10^5 Pa = 750mmHg = 10.2\ mH_2O$$
$$1at = 1kgf/cm^2 = 10^4\ kgf/m^2$$
$$= 735.6mmHg = 10\ mH_2O$$
$$= 10^4 mmH_2O = 0.981\ bar$$
$$= 0.0981\ MPa$$

电厂锅炉中的蒸汽压力一般都很高，常用单位是 MPa；汽轮机凝汽器内乏汽压力和锅炉送风机、引风机所维持的出口压力或进出口压差通常均较低，常用单位为 kPa。

在物理学中，将纬度 45°海平面上的常年平均气压定为标准大气压或称物理大气压，用符号"atm"表示，$1atm = 760mmHg = 1.01325 \times 10^5 Pa$。

2. 表压力、绝对压力和真空

工质的压力可用弹簧管压力表和 U 形管压力表测量。由于压力计本身总处在大气压环境中，故而由压力计测得的读数所代表的是被测工质的真实压力与当地环境压力之间的差值。

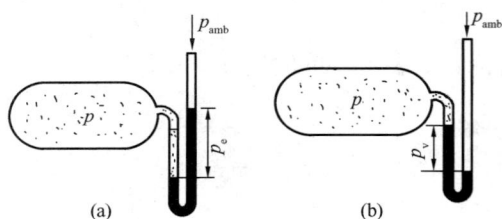

图 2-1 U 形管压力表

(a) $p > p_{amb}$；(b) $p < p_{amb}$

工质真实的压力通常称为绝对压力，用 p 表示。当地的大气压力用 p_{amb} 或 p_a 表示。当绝对压力高于大气压力时 [图 2-1 (a)]，如锅炉汽包内、汽轮机进口处压力计指示的数值，称为表压力，用 p_e 表示，即

$$p = p_e + p_{amb} \qquad (2-4)$$

当工质的绝对压力低于大气压力时 [图 2-1 (b)]，如凝汽器内、锅炉炉膛内测压仪表指示的读数，称为真空或负压，用 p_v 表示，则

$$p = p_{amb} - p_v \ \text{或} \ p_v = p_{amb} - p \qquad (2-5)$$

显然，真空是工质的绝对压力小于当地大气压时，当地大气压与工质绝对压力的差值。

应当指出，大气压力 p_{amb} 随所在地的纬度、海拔高度以及气候情况等条件而变化，可用气压计测定。因此，在一定的绝对压力下，因当地大气压力不同，表压力或真空的读数也将不同。显然，只有绝对压力 p 才能真正反映工质的热力状态。换句话说，只有绝对压力才能作为状态参数。在工程计算中，若被测工质压力较高时，通常可把当地大气压力 p_{amb} 近似取为 0.1MPa，其计算误差是微不足道的。

四、热力学能

热力学能是气体内部所具有的分子内动能与分子内位能总和。内动能包括分子直线运动的动能、分子旋转运动的动能、分子内部原子的振动能和原子内部电子的振动能。温度的高低是内动能大小的反映。内动能大，工质的温度就高。内位能是由于气体的分子之间存在着作用力而具有的能量。内位能的大小与分子间的距离有关，也就是说，与工质的比体积有关。

通常，用 U 表示 $m$kg 质量气体的热力学能，单位是 kJ 或 J；用 u 表示 1kg 质量气体的

比热力学能（习惯上也称为热力学能），单位是 kJ/kg 或 J/kg。

由于气体的内动能决定于气体的温度，内位能决定于气体的比体积，所以气体比热力学能是其温度和比体积的函数，即

$$u = f(T, v)$$

又因为 p、v、T 三者之间存在着一定的关系，故比热力学能也可以写成

$$u = f(T, p)$$

或

$$u = f(p, v)$$

既然比热力学能可用任意两个基本状态参数来描述，故比热力学能也是气体的状态参数。

工质的比热力学能是无法直接测定的，通常也没有必要去确定比热力学能的绝对数值，因为在工程计算中只需要计算工质由某一个状态到另一状态比热力学能的相对变化量 Δu。

五、比焓

比焓是一个组合的状态参数（本书遵从工程习惯，有时将比焓简称为焓）。比焓的定义式为

$$h = u + pv \tag{2-6}$$

式中　　h——比焓，kJ/kg；

u——比热力学能，kJ/kg；

p——压力，kPa；

v——比体积，m^3/kg。

比焓可以理解为比热力学能与压力位能之和。引入了比焓的概念，可使热力设备的分析计算大大简化，对借助于图解法来研究水蒸气的热力过程较为方便。

六、比熵

比熵是一个导出的状态参数，它通过其他可以直接测量的数值间接计算出来。比熵用符号 s 表示，单位是 kJ/(kg·K)。比熵的数学定义式为

$$ds = \frac{dq}{T} \quad J/(kg·K) \ 或 \ \Delta s = \int_1^2 dq/T \tag{2-7}$$

ds 为 1kg 工质在发生微小的可逆状态变化过程中，外界传给工质的微小热量 dq 除以工质的绝对温度 T 所得之商。当工质吸收热量时，比熵增加；当工质放出热量时，比熵减小。

在工程计算中，一般都只需要确定比熵的变化量 Δs，而不必知道其绝对值。比熵这一状态参数的物理意义比较抽象，不如其他一些状态参数那样易于理解，也不能用仪器来直接测量，但引入比熵能简化许多热工问题的分析研究，其实用意义较大。

【例 2-1】　锅炉中蒸汽压力表的读数 $p_e = 13.2MPa$。若当地大气压力 $p_{amb} = 754mmHg$，试求锅炉中蒸汽的绝对压力是多少？

解　锅炉中蒸汽绝对压力为

$$p = p_e + p_{amb} = 13.2 + \frac{754}{735.6} \times 0.0981$$

$$=13.2+0.10055=13.3 \text{ MPa}$$

【例 2-2】 汽轮机凝汽器内的真空根据真空表的读数 $p_v=705\text{mmHg}$。若当地大气压力 $p_{amb}=752\text{mmHg}$,试求凝汽器中的绝对压力是多少 kPa。

解 凝汽器中的绝对压力为

$$p = p_{amb} - p_v = \frac{752-705}{752} \times 0.1 = 0.0062666\text{MPa} = 6.2666\text{kPa}$$

第二节 理想气体及其状态方程式

一、理想气体

理想气体是一种假想气体,其气体分子是一些弹性的、不占有体积的质点,分子之间无相互作用力。这样的理想气体,既可以定性地分析气体的特性,又可以定量地导出状态参数之间的关系式。

根据大量的实验研究,气体在高温、低压下密度小、比体积大的状态时,就接近理想气体。也可以说理想气体实质上是实际气体压力趋近于零或者比体积趋近于无穷大时的极限状态。通常工程中常用的氧气、氢气、一氧化碳、二氧化碳、燃气和烟气等可以视为理想气体。

二、理想气体状态方程式

从物理学中可知,人们通过各种实验发现气体的基本状态参数压力、比体积、温度之间有一定变化关系。

当气体温度不变时,压力与比体积成反比,称为波义尔—马略特定律,即

$$p_1 v_1 = p_2 v_2 = \cdots = pv = 常数$$

当气体压力不变时,比体积与温度成正比,称为盖·吕萨克定律,即

$$\frac{v_1}{T_1} = \frac{v_2}{T_2} = \cdots = \frac{v}{T} = 常数$$

当气体的压力、温度、比体积都发生变化,即

$$\frac{p_1 v_1}{T_1} = \frac{p_2 v_2}{T_2} = \cdots = \frac{pv}{T} = 常数$$

则
$$pv = RT \tag{2-8}$$

式中 p——绝对压力,Pa;

v——比体积,m^3/kg;

T——热力学温标,K;

R——气体常数,与气体种类有关,$R=\dfrac{8314}{M}\text{J}/(\text{kg}\cdot\text{K})$;

M——气体的分子量或千摩尔质量,kg/kmol。

式(2-8)表明了气体基本状态参数 p、v、T 之间的关系,叫做理想气体状态方程式。

若气体质量为 m,将式(2-8)两边同乘以 m,即

$$pmv = mRT$$

则

$$pV = mRT \qquad (2-9)$$

式中 V——气体质量为 m kg 所占有的容积，m^3。

第三节 热力学第一定律

一、功与压容图(示功图)

设气缸中盛有 1kg 气体，缸内装有一个可移动的无摩擦的活塞，如图 2-2 所示。截面积为 A，若某一瞬间缸内气体的压力为 p，则气体的内力为 p_f 并稍大于外力 F，迫使活塞往右移动 ds 的距离，气体容积随之膨胀并对外做功，这就是膨胀功。气体在此微小膨胀过程中对活塞所做之功为

$$dw = pA ds = pdv \qquad (2-10)$$

1kg 气体从状态 1 变化到状态 2 时，整个膨胀过程所做的功为

$$w = \int_{v_1}^{v_2} pdv \quad \text{J/kg} \qquad (2-11)$$

该定积分值可由压容图（$p-v$ 图）上过程曲线 1—2 下面的面积 12nm1 表示。该面积表示了气体在膨胀过程中所做功的大小，因此，$p-v$ 图又称为示功图。可见，热工学上运用压容图来分析发动机的做功情况是十分方便的。

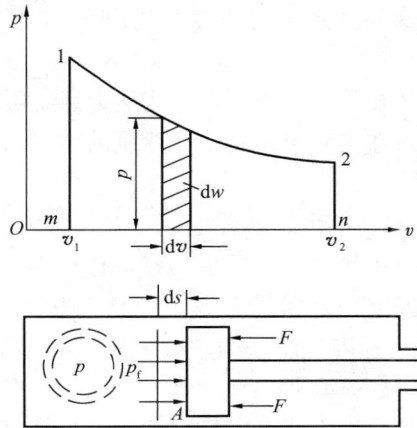

图 2-2 压容图

若气缸内的气体受到外力的压缩，比体积逐渐减小，压力相应增高，过程依反方向2—1进行，则

$$w = \int_{v_2}^{v_1} pdv \qquad (2-12)$$

此时，dv 为负值，故所得的功也是负值。热工学上规定，正值代表膨胀功，如蒸汽在汽轮机中所做的功是膨胀功。而负值代表压缩功，如压气机压缩空气所做的功就是压缩功。式(2-11) 是对 1kg 工质而言，如果气缸中的工质为 m kg，则所做的总功为

$$W = mw = m \int_{v_1}^{v_2} pdv \quad \text{J} \qquad (2-13)$$

气体与外界所交换的功量，借助于两个状态参数 p 和 v 来描述。其中压力 p 是促使功量发生传递的推动力，只要气体与外界之间有微小的压力差就有可能做功。比体积的改变与否标志着有无做功，例如，dv > 0 表示气体对外膨胀做功，dv < 0 表示气体被压缩获得功，dv = 0 表示气体既未做膨胀功，也未获得压缩功。在示功图上以过程曲线下面的面积表示其状态变化过程中功量的大小。

在国际单位制中，功的单位与热量和能量的单位相同，都用焦耳（符号为 J）来表示。如：容量为 1kW 的机组在 1h 所做的功为 1kW·h。而 1kW·h＝3600kJ；容量为 1PS 的机器在 1h 所做的功用 1 马力·时（符号为 PS·h）表示。而 1PS·h＝0.736×3600＝2649.6kJ。

马力与千瓦的换算关系为

$$1PS = 0.736kW$$

或

$$1kW = 1.36PS$$

二、热量与温熵图

1. 热量的定义

当温度不同的两个物体相互接触时，高温物体会逐渐变冷，低温物体会逐渐变热。显然，有一部分能量由高温物体传给了低温物体。但在热力学中，我们把"热量"的概念定义为：系统与外界之间由于温度不同而传递的能量称为热量。即热量是热能传递的量度。

在热力学中规定：当热力系统吸热时热量取正号；放热时取负号。

在国际单位制中，热量的单位和功的单位相同，均为焦耳（符号为 J），即

$$1J = 1N \cdot m = 1W \cdot s$$

2. 气体的比热容

比热容又称质量热容，它是物质的重要热力性质之一。所谓比热容，是指单位质量的物质温度每升高 1℃（或 1K）时所吸收的热量，用符号 c 表示，单位为 J/(kg·K)或 kJ/(kg·K)。标准状态(1.01325×10^5Pa，273.15K)下，$1m^3$ 物质的热容称为体积热容，单位为 J/(m³·K)或 kJ/(m³·K)。热力工程中较为常见的过程是保持压力不变或体积不变，相应的比热容称为比定压热容和比定容热容，分别用 c_p 和 c_V 表示。

理想气体的比热容是温度的单值函数，一般地说，气体的比热容随温度升高而增大。其函数关系呈曲线关系，即

$$c = a + bt + et^2 + \cdots \tag{2-14}$$

式中的 a、b、e 均为常数，其值可由实验确定。已知 $c = f(t)$ 的函数关系后，气体的温度由 t_1 升高到 t_2 所需加给的热量，可按 $q = \int_{t_1}^{t_2} c\mathrm{d}t$ 积分求得，但计算繁杂。在工程中，为了简化计算，实际上采用"平均比热容"的概念，也就是用温升值($t_2 - t_1$)与同一温升范围内的平均比热容的乘积表示热量，即

$$q = \int_{t_1}^{t_2} c\mathrm{d}t = c_{\mathrm{m}} \Big|_{t_1}^{t_2} (t_2 - t_1) \tag{2-15}$$

式中　$c_{\mathrm{m}} \Big|_{t_1}^{t_2}$——气体温度在 $t_1 \sim t_2$ 范围内的平均比热容。

由于不同的温度范围有不同的平均比热值，要在比热表上列出任意温度区间的平均比热容数据是很麻烦的。为了解决这个矛盾，在热工计算中通常只给出 0℃到某一温度范围内的平均比热容数值，利用以下公式便可求得 $t_1 \sim t_2$ 范围内的加热量，即

$$q = c_{\mathrm{m}} \Big|_0^{t_2} (t_2 - t_1) = c_{\mathrm{m}} \Big|_0^{t_0} t_2 - c_{\mathrm{m}} \Big|_0^{t_1} t_1 \tag{2-16}$$

表 2-1 和表 2-2 分别列有各种气体从 0℃～t℃范围内的平均比定压热容 $c_{p,\mathrm{m}}$ 和平均定压体积热容 $c'_{p,\mathrm{m}}$ 的数据。

表 2-1 　　　　　　　　　　气体的平均比定压热容 $c_{p,m}$ 　　　　　　　　　kJ/(kg·K)

温度(℃) ＼ 气体	He	H₂	O₂	N₂	CO	CO₂	H₂O	SO₂	空气
0	5.19	14.195	0.915	1.039	1.040	0.815	1.859	0.607	1.004
100	5.19	14.353	0.923	1.040	1.042	0.866	1.873	0.636	1.006
200	5.19	14.421	0.935	1.043	1.046	0.910	1.894	0.662	1.012
300	5.19	14.446	0.950	1.049	1.054	0.949	1.919	0.687	1.019
400	5.19	14.477	0.965	1.057	1.063	0.983	1.948	0.708	1.028
500	5.19	14.509	0.979	1.066	1.075	1.013	1.978	0.724	1.039
600	5.19	14.542	0.993	1.076	1.086	1.040	2.009	0.737	1.050
700	5.19	14.587	1.005	1.087	1.098	1.064	2.042	0.754	1.061
800	5.19	14.641	1.016	1.097	1.109	1.085	2.075	0.762	1.071
900	5.19	14.706	1.026	1.108	1.120	1.104	2.110	0.775	1.081
1000	5.19	14.776	1.035	1.118	1.130	1.122	2.144	0.783	1.091
1100		14.853	1.043	1.127	1.140	1.138	2.177	0.791	1.100
1200		14.934	1.051	1.136	1.149	1.153	2.211	0.795	1.108

表 2-2 　　　　　　　　　气体的平均定压体积热容 $c'_{p,m}$ 　　　　　　　标况下 kJ/(m³·K)

温度(℃) ＼ 气体	He	H₂	O₂	N₂	CO	CO₂	H₂O	SO₂	空气
0	0.9278	1.277	1.306	1.299	1.299	1.600	1.494	1.733	1.297
100	0.9278	1.291	1.318	1.300	1.302	1.700	1.505	1.813	1.300
200	0.9278	1.297	1.335	1.304	1.307	1.787	1.522	1.888	1.307
300	0.9278	1.299	1.356	1.311	1.317	1.863	1.542	1.955	1.317
400	0.9278	1.302	1.377	1.321	1.329	1.930	1.565	2.018	1.329
500	0.9278	1.305	1.398	1.332	1.343	1.989	1.590	2.068	1.343
600	0.9278	1.308	1.417	1.345	1.357	2.041	1.615	2.114	1.357
700	0.9278	1.312	1.434	1.359	1.372	2.088	1.641	2.152	1.371
800	0.9278	1.317	1.450	1.372	1.386	2.131	1.668	2.181	1.384
900	0.9278	1.323	1.465	1.385	1.400	2.169	1.696	2.215	1.398
1000	0.9278	1.329	1.478	1.397	1.413	2.204	1.723	2.236	1.410
1100		1.336	1.489	1.409	1.425	2.235	1.750	2.261	1.421
1200		1.343	1.501	1.420	1.436	2.264	1.777	2.278	1.433

请注意，虽然比热容 c 和比熵 s 的单位都是 kJ/(kg·K)，但其含义是完全不同的。比热容是一个与过程性质有关的物性参数；比熵是取决于状态的状态参数，与过程性质无关。

3. 温熵图（T-s 图，即示热图）

做功和传热是能量传递的两种基本方式。"功"是由压力差的作用而传递的能量；"热量"是由温度差的作用而传递的能量。两者都是能量在传递过程中的量度，而且是相互转换的，仅仅是传递方式有区别而已。与功量交换相似，热量的传递也可以用两个类似的状态参数来描述。在传热过程中，温度 T 就是使热量发生传递的推动力。只要气体与外界之间有温差存在，就有可能传热。状态参数熵改变与否标志着有无传热。传热量的数学表达式为

$$dq = Tds$$
$$q = \int_{s_1}^{s_2} Tds \qquad (2\text{-}17)$$

在热力学中，常用以热力学温度 T 为纵坐标、比熵 s 为横坐标的温熵图来分析热力过程。

在温熵图(图 2-3)上，每一点代表一个平衡状态，每一条曲线代表一个可逆过程，而过程曲线下面的面积，如图中的面积 12mn1，表示过程 1-2 中 1kg 工质与外界所交换的热量。即

$$q = \int_{s_1}^{s_2} Tds = 面积\ 12\ mn1 \qquad (2\text{-}18)$$

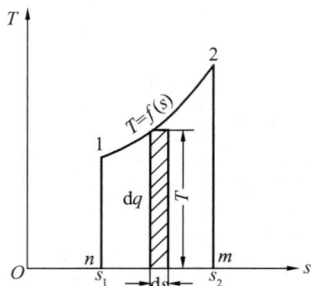
图 2-3　温熵图

例如 $ds>0$，q 为正值，表示气体从外界吸入热量；反之，$ds<0$，q 为负值，表示气体向外界放出热量；$ds=0$，则 $dq=0$，表示气体与外界没有发生热量交换，称为定熵过程或绝热过程，其状态变化过程在 T-s 图上表现为一垂直线。因此，在温熵图上不仅可以用过程曲线下面的面积来表示热量的大小，而且还可以判断气体在过程中是从外界吸入热量还是向外界放出热量。

三、热力学第一定律

热力学第一定律表达为："热可以变为功，功也可以变为热。一定量的热消失时，必产生数量与之相当的功；消耗一定量的功时，也必将出现相应数量的热"，即

$$Q = AW \qquad (2\text{-}19)$$

式中，A 是将功转换为热量的换算系数，叫做功的热当量。

在国际单位制中，热量和功都采用焦耳(J)作为基本单位，则 $A=1$，故

$$Q = W \qquad (2\text{-}20)$$

热力学第一定律是能量守恒与转换定律在热力学上的具体运用，阐明了"没有一种机器可以不消耗任何能量而做出功来"的这一基本概念，使人们知道了所谓"第一类永动机"的制造是不可能实现的。

热力学第一定律解析式为

$$q = \Delta u + w = (u_2 - u_1) + w \quad \text{kJ/kg} \qquad (2\text{-}21)$$

式中　q——外界向气缸内每 1kg 工质所加入的热量，kJ/kg；

　　　Δu——每 1kg 工质热力学能的变化量，kJ/kg；

　　　w——每 1kg 工质对外所做的功，kJ/kg。

工质质量为 m 时，则

$$Q = \Delta U + W = (U_2 - U_1) + W \quad \text{kJ} \qquad (2\text{-}22)$$

式(2-21)和式(2-22)可以表明：加给工质的热量，一部分用来改变工质的热力学能，另一部分使工质容积膨胀而对外做功。

【例 2-3】　锅炉的空气预热器每小时需加热标况下 $8 \times 10^4 \mathrm{m}^3$ 的空气。若空气进入空气预热器时的温度为 $30℃$，流出时的温度为 $200℃$，求空气预热器中每小时加给空气的热量是多少?

解　从表 2-2 中查得空气的平均定压容积比热容为

$$c_{p,\mathrm{m}}\Big|_0^{200} = 1.307, c_{p,\mathrm{m}}\Big|_0^{100} = 1.300, c_{p,\mathrm{m}}\Big|_0 = 1.297 \ \mathrm{kJ/(m^3 \cdot K)}$$

利用内插法计算

$$c_{p,\mathrm{m}}\Big|_0^{30} = c_{p,\mathrm{m}}\Big|_0 + \frac{30}{100}\left(c_{p,\mathrm{m}}\Big|_0^{100} - c_{pm}\Big|_0\right)$$

$$= 1.297 + \frac{30}{100} \times (1.300 - 1.297)$$

$$= 1.297 + 0.0009 = 1.2979 \ \mathrm{kJ/(m^3 \cdot K)}$$

故

$$q'_p = c'_{p,\mathrm{m}}\Big|_0^{200} \times 200 - c'_{p,\mathrm{m}}\Big|_0^{30} \times 30$$

$$= 1.307 \times 200 - 1.2979 \times 30$$

$$= 261.4 - 38.937$$

$$= 222.46 \ \mathrm{kJ/m^3}$$

所以

$$Q_p = V_0 q'_p = 8 \times 10^4 \times 222.46 = 1779.68 \ \mathrm{kJ/h}$$

第四节　稳定流动能量方程式及其应用

一、稳定流动能量方程式

在工质流动过程中，系统内部及边界上各点的状态参数和运动参数都不随时间变化，称为稳定流动。图 2-4 是工质在开口系的稳定流动示意图。将热力学第一定律解析式(2-21)和式(2-22)用于该开口系统，则有

对于 1kg 工质为

$$q = (h_2 - h_1) + \frac{1}{2}(c_2^2 - c_1^2)$$

$$+ g(Z_2 - Z_1) + w \quad \mathrm{kJ/kg} \qquad (2\text{-}23)$$

对于 m kg 工质为

$$Q = (H_2 - H_1) + \frac{1}{2}m(c_2^2 - c_1^2)$$

$$+ mg(Z_2 - Z_1) + W \quad \mathrm{kJ} \qquad (2\text{-}24)$$

图 2-4　开口热力系稳定流动

式中　$h_2 - h_1$ 或 $H_2 - H_1$——系统焓的变化值，kJ/kg 或 kJ；

$\quad\quad c_1$、c_2——系统进出口的流速，m/s；

$\quad\quad Z_1$、Z_2——断面 1—1 和断面 2—2 的位置高度，m；

$\quad\quad m$——质量，kg；

$\quad\quad w$——每 1kg 工质对外所做的功，kJ/kg；

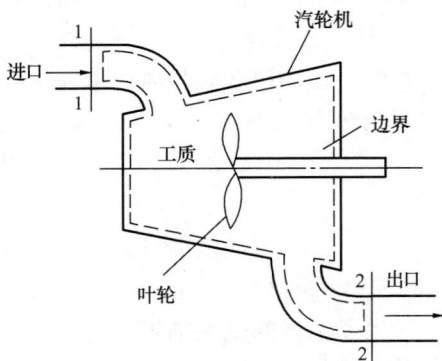

$\quad\quad W$——工质对外所做的功，kJ。

式(2-23)和式(2-24)是开口系稳定流动的热力学第一定律解析式，称为稳定流动的能量方程式。应用于任何工质、任何稳定的流动过程。

二、能量方程式的应用

能量方程式应用非常广泛，本节介绍应用在火电厂中几种大型热力设备的几个例子。

1. 汽轮机

汽轮机是火电厂的三大主力设备之一，是将热能转换为机械能的设备，因为汽轮机的汽缸绝热性能较好，工质向外的散热量很小，可以认为 $q \approx 0$；又由于进出汽轮机工质的动能差和位能差变化小，可以忽略不计，即 $1/2(c_2^2 - c_1^2) \approx 0, g(Z_2 - Z_1) \approx 0$，所以稳定流动的能量方程式可以简化为

$$w = h_1 - h_2 \quad \text{kJ/kg} \tag{2-25}$$

式中 h_1——汽轮机进口焓值，kJ/kg；

  h_2——汽轮机出口焓值，kJ/kg。

2. 换热设备

火电厂有很多换热设备，如锅炉、凝汽器、回热加热器、除氧器和冷却器等，其作用是将高温流体的热量传递给低温流体。

工质流过换热器时，因为对外界没有做功，即 $w=0$；由于进出换热器工质的动能差和位能差变化小，可以忽略不计，即 $1/2(c_2^2 - c_1^2) \approx 0, g(Z_2 - Z_1) \approx 0$，所以稳定流动的能量方程式可简化为

$$q = h_2 - h_1 \quad \text{kJ/kg} \tag{2-26}$$

式中 h_1——换热器进口工质的焓值，kJ/kg；

  h_2——换热器出口工质的焓值，kJ/kg。

3. 泵、风机和压气机

发电厂使用很多泵与风机来输送流体，以提高流体的压力。工质流经泵与风机时间短，几乎不与外界交换热量，即 $q=0$，进出口动能差和位能差变化小，可以忽略不计。即 $1/2(c_2^2 - c_1^2) \approx 0, g(Z_2 - Z_1) \approx 0$，所以，稳定流动的能量方程式可简化为

$$-w = h_2 - h_1 \quad \text{kJ/kg} \tag{2-27}$$

式中 h_1——泵与风机进口工质的焓值，kJ/kg；

  h_2——泵与风机出口工质的焓值，kJ/kg。

这里要指出的是亚临界压力以上大型火力发电厂，给水泵的焓升，在进行热力系统计算时，其焓升值是要进行计算的(即 $q \neq 0$)。

第五节 热 力 学 第 二 定 律

一、卡诺循环

卡诺循环是理想循环，它完全撇开了散热和摩擦等所有实际因素，因此组成卡诺循环的各过程必然是可逆过程。卡诺循环是由两个可逆的定温过程和两个可逆的绝热过程组成的。图 2-5 中，w_0 是膨胀功，过程 1-2 是可逆的定温膨胀过程，工质在温度 T_1 下自同温度的高

温热源吸入热量 q_1，在 $T\text{-}s$ 图中表示为面积 12561，即

$$q_1 = 面积\ 12561 = T_1(s_2 - s_1)$$

$$(2\text{-}28)$$

2—3 过程是可逆的绝热膨胀过程，在绝热膨胀过程中工质的温度自 T_1 降到 T_2；3—4 过程为可逆的定温压缩过程，工质在温度 T_2 下向同温度的低温热源放出热量 q_2，在 $T\text{-}s$ 坐标图中表示为面积 34653。即

$$q_2 = 面积\ 34653 = T_2(s_2 - s_1)$$

$$(2\text{-}29)$$

4—1 过程是可逆的绝热压缩过程，在压缩过程中工质的温度由 T_2 升高到 T_1，这样完成了一个可逆卡诺循环。则卡诺循环的热效率可写为

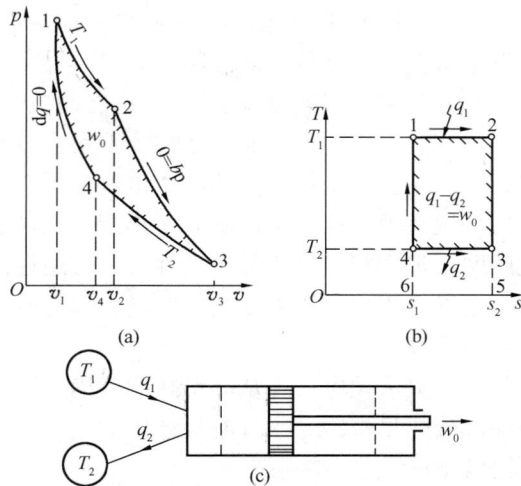

图 2-5 卡诺循环

(a) $p\text{-}v$ 图；(b) $T\text{-}s$ 图；(c) 示意图

$$\eta_1 = \frac{q_1 - q_2}{q_1} = 1 - \frac{q_2}{q_1} \qquad (2\text{-}30)$$

又知

$$q_1 = 面积\ 12561 = T_1(s_2 - s_1)$$

$$q_2 = 面积\ 34653 = T_2(s_2 - s_1)$$

故

$$\eta_1 = 1 - \frac{T_2(s_2 - s_1)}{T_1(s_2 - s_1)} = 1 - \frac{T_2}{T_1} \qquad (2\text{-}31)$$

式中　T_1——工质在等温吸热过程中的温度，即热源温度；

　　　　T_2——工质在等温放热过程中的温度，即冷源温度。

从卡诺循环热效率公式可得到以下结论：

（1）卡诺循环热效率取决于高、低温热源的温度 T_1 和 T_2，与工质的性质无关。提高 T_1 或降低 T_2 都可以提高循环的热效率；

（2）卡诺循环的热效率只能小于 1，因为 $T_1 \neq \infty$，$T_2 \neq 0$，所以 $\eta_1 < 1$，这说明在热机中不可能将从热源得到的热量全部转变为机械能，必然有一部分冷源损失；

（3）当 $T_1 = T_2$ 时，$\eta_1 = 0$，这就说明只有单一热源的热力发动机是不可能存在的。要利用热能产生动力，就一定要有温差。

因为在热机的热力过程中，实际上存在着摩擦、扰动、有温差的传热等损失，故其循环为不可逆循环，热效率必然低于理想的可逆卡诺循环的热效率。也就是说，卡诺循环是相同温度界限内所有动力循环中热效率最高的循环。

二、热力学第二定律

因为自然界涉及到热现象的过程很多，对于热力学第二定律有很多种表达方法，但其实质都是一致的。现列举两种最有代表性的说法。

（1）克劳修斯说法。"热不可能自发地、不付代价地从低温物体传至高温物体"，即热不能自发地从低温物体传至高温物体。

（2）开尔文—普朗克说法。"不可能制成一种循环动作的热机，只从一个热源吸取热量，使之完全变为有用的功，而其他物体不发生变化。"即使是实现热变功，也必须有两个以上的热源——高温热源和低温热源，也就是要有温差。

如果说热力学第一定律确立了热能和机械能相互转换时的数量关系，那么热力学第二定律就阐明了热功转换过程的方向性、不可逆性。它可以从不同方面来表达，都说明了功变为热这个自发过程总是沿着一定方向进行，它的反向过程，即热转换为功是不能自动进行的，必须要有条件。

例如，火力发电厂中从高温热源（锅炉）所吸收的热量只有一部分转变为功。没有变为功的那部分热量被冷却水（凝汽器中的循环水）带走，或者排入大气，这就是冷源损失，否则电厂就不能工作。

【例 2-4】   在蒸汽动力装置工作中，汽轮机的上限温度是金属材料可以长期工作时的许用温度，根据目前技术水平大致为 550～600℃；下限温度是自然环境温度，大约为 20℃。若蒸汽动力装置能够实现卡诺循环，求出卡诺循环热效率。

解   上限温度 $T_1=600+273=873$K，下限温度 $T_2=20+273=293$K。故

$$\eta = 1 - \frac{T_2}{T_1} = 1 - \frac{293}{873} = 66.4\%$$

现代大型凝汽式汽轮机组的实际工作循环的热效率即使在最有利的情况下也很少能达到40%，与理想的卡诺循环热效率数值相距甚远，如何提高汽轮机的实际工作循环的经济性将在下一章进行讲解。

思 考 题 及 习 题

2-1   什么叫工质？什么叫热机？

2-2   什么叫状态参数、基本状态参数和导出状态参数？分别有哪些？

2-3   表压力、真空与绝对压力之间的关系如何？为什么一切热工计算都必须以绝对压力作为计算的依据？

2-4   容器内的正压和负压如何判断？

2-5   比焓、比熵、比热力学能、膨胀功和热量是状态参数吗？为什么？

2-6 p-v 图和 T-s 图有什么用处？

2-7   什么叫理想气体？

2-8   理想气体状态方程式表明了哪几个状态参数的函数关系？

2-9   热力学第一定律和热力学第二定律的含意是什么？它们揭示了哪些规律性？

2-10   稳定流动能量方程式有何意义？

2-11   工质在回热加热器、汽轮机、泵与风机中流动时，各是怎样的能量方程？

2-12   卡诺循环由哪些热力过程组成？在 p-v 图和 T-s 图上如何表示？

2-13   卡诺循环热效率的计算公式如何？从该公式可以得出哪几个主要结论？

2-14   某电厂锅炉出口蒸汽压力表测得压力为 18.12MPa。若大气压力为 756mmHg，

试求锅炉出口蒸汽的绝对压力。

2-15　某电厂汽轮机凝汽器内真空为 712mmHg，若大气压力为 748mmHg，试求凝汽器内的绝对压力为多少千帕？

2-16　用水银真空表测得某密闭容器中气体的绝对压力为 10555Pa，如果大气压力变化为 765mmHg，那么真空表上的读数为多少毫米水柱？（如果容器中气体的绝对压力保持不变）

2-17　用 U 形管水银压力表测量容器中气体的压力，通常都在管内水银柱上加上一段水（防止水银蒸气对人体的毒害）。测得水柱高为 95mm，水银柱高为 460mm，大气压力为 751mmHg，试求容器内气体的绝对压力为多少毫米水柱和千帕？

2-18　某锅炉的空气预热器每小时需加热 $5 \times 10^4 m^3$ 的空气。如果空气进入预热器时的温度为 20℃，流出空气预热器时的温度为 280℃。求空气预热器每小时加给空气的热量是多少？

2-19　空调器将温度为 40℃、容积为标况下 2000m³ 的空气定压冷却到 22℃，求空气放出的热量为多少焦耳？

2-20　将 1000m³ 的水蒸气在定压下，从 200℃ 加热到 800℃ 时，需要多少热量？

2-21　某电厂在 2h 内烧煤 500t，已知每千克煤完全燃烧时可以发出 22356kJ 的热量。假定在煤完全燃烧所放出的热量中，仅有 31% 转变为电能，求该电厂的发电量为多少千瓦时？

2-22　某电厂总装机容量为 4×300MW，设 1kg 燃料的发热量为 23000kJ，在燃烧时的热量只有 35% 变化电能，求每小时燃料消耗为多少吨？

2-23　某电厂的装机容量为 2×600MW，已知煤的发热量为 29000kJ/kg，发电厂效率为 38%，试求：

（1）该电厂每昼夜要消耗多少吨煤？

（2）每发电 1kW·h 要消耗多少克煤？

2-24　一卡诺机工作于 1000℃ 及 150℃ 两个热源之间，若卡诺机从高温热源吸热 1000kJ，求：

（1）卡诺机的热效率；

（2）卡诺机排向冷源的热量。

2-25　在内燃机中，热量是在 1800℃ 时加入的，废热是在 920℃ 时排出的，如该内燃机按卡诺循环工作，求其热效率。

2-26　有一热机工作于 550℃ 的高温热源及 35℃ 的低温热源之间，试求该机可能达到的最高热效率。

第三章 热力学蒸汽动力循环

第一节 水蒸气的形成过程

一、概述

水蒸气在工程上用途非常广泛，不仅用作火力发电厂的工质，还当作传递热量的介质使用。

在研究水蒸气时，常会遇到一些基本概念，下面分别加以说明。

1. 汽化

物质从液态转变为气态的过程，称为汽化。汽化又分为蒸发和沸腾，蒸发是在液体表面进行比较缓慢的汽化现象，能够在任何温度下进行。而沸腾则是在液体内部和表面同时进行的剧烈的汽化现象。在一定的外部压力下，液体升高到一定温度时，才开始沸腾，这个温度就叫沸点。沸腾时气体和液体同时存在，而且它们的温度相等。在整个沸腾阶段，虽然吸收热量但是温度并不上升，始终保持沸点温度。

2. 凝结

物质从气态转变为液态的过程，称为凝结，也叫液化。一定压力下的蒸汽必须降到一定的温度才开始凝结成液体，这个温度就是该压力所对应的凝结温度。如果压力降低，则凝结温度也随之降低，压力升高，对应的凝结温度也升高。在火力发电厂中，汽轮机中做完功的乏气排到凝汽器中被冷却水所冷却，凝结成水。

3. 饱和状态

从微观分析汽化过程，其实质是由于液体各个分子的动能不相同，在液面的某些动能较大的分子克服邻近分子的引力，脱离液面而逸入液外的空间形成蒸气。温度越高，液面越大，则汽化越快；同样蒸气分子在杂乱运动中会撞回液面液化为液体，液面上蒸气的压力越大，液化越快。所以，液化速度取决于蒸气的压力，而汽化速度取决于液体的温度。当液体在有限的密闭空间中蒸发时，其蒸气分子处于紊乱的热运动之中，它们相互碰撞，并和容器壁以及液面发生碰撞时，有的分子则被液体分子所吸引，成为液体分子，因此在液体的表面会同时存在汽化和液化现象。当汽化速度等于凝结速度时，若不改变外界条件，气液两相将保持一定的相对数量而处于动态平衡，两相平衡的状态称为饱和状态。

饱和状态时的蒸气压力称为饱和压力，饱和状态时的蒸气温度称为饱和温度。改变饱和温度，饱和压力也会相应的变化。一定的饱和温度总是对应着一定的饱和压力，一定的饱和压力也总是对应着一定的饱和温度。饱和温度愈高，饱和压力也愈高。由试验可以测出饱和温度和饱和压力的关系。

二、水蒸气的定压形成过程

工程上用的水蒸气都是在各种型式的锅炉中产生的，水蒸气的产生过程接近于定压加热过程。如图 3-1 所示，假定在汽缸内盛有 1kg 温度为 0℃ 的水，汽缸一端装有一个完全无摩擦的活塞，活塞上置以重物，假设施加于水面的压力为 p，在定压下加热水并使之变为过热

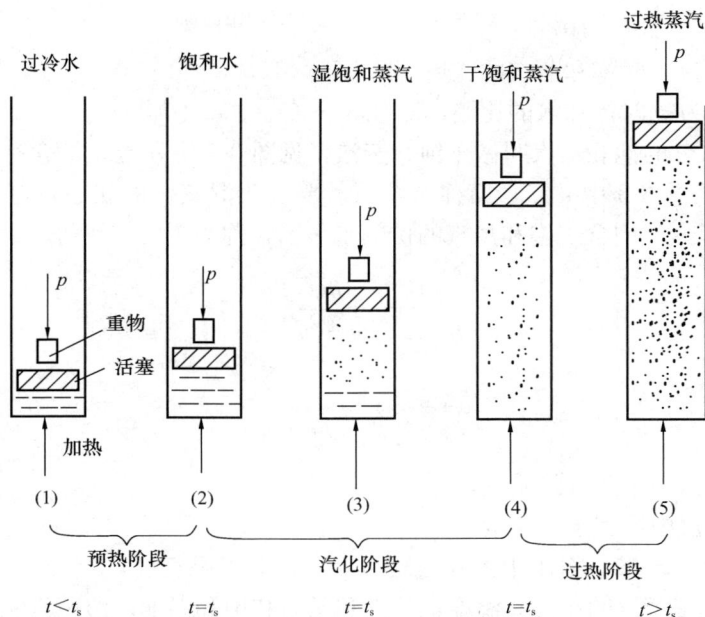

图 3-1　水蒸气在定压下的形成过程示意图

蒸汽的过程可分为预热、汽化和过热三个阶段，也称为三个过程。

1. 水的定压预热过程

将 1kg 未饱和水由 0℃定压加热到该压力下的饱和温度 t_s 的预热过程，如图 3-2 和图 3-3 中的过程 $a \to b$。所需加入的热量称为水的液体热 q'，其计算公式为

$$q' = h' - h_0 \quad \text{kJ/kg} \tag{3-1}$$

式中　h'——压力为 p 时的饱和水的比焓，kJ/kg；

h_0——压力为 p、温度为 0℃时未饱和水的比焓，kJ/kg。

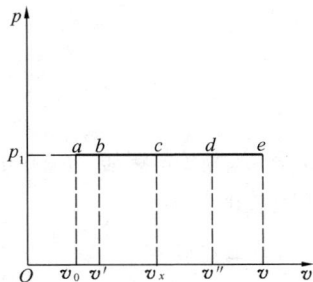

图 3-2　p-v 图上表示法

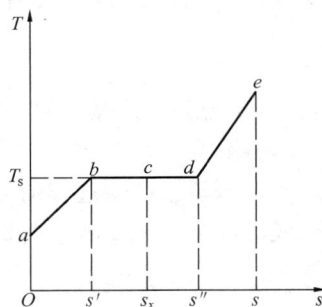

图 3-3　T-s 图上表示法

2. 饱和水的定压汽化过程

当水定压预热到饱和温度以后，继续加热，饱和水开始汽化。这个定压汽化过程同时又是在定温下进行的。汽化过程在 p-v 图（见图 3-2）中和 T-s 图（见图 3-3）中为过程 $b \to d$。将 1kg 饱和水在一定的压力下完全变为相同温度的饱和水蒸气所需加入的热量叫做水的汽化潜热，用 r 表示，单位是 kJ/kg。其计算式为

$$r = T(s'' - s') \quad \text{kJ/kg}$$

式中　s''——压力为 p 时饱和蒸汽的比熵，kJ/(kg·K)；

　　　s'——压力为 p 时饱和水的比熵，kJ/(kg·K)。

通常把不含水分的饱和蒸汽叫做干饱和蒸汽，见图 3-3 中 d 点，把含有水分的饱和蒸汽叫做湿饱和蒸汽见图 3-3 中 c 点，简称湿蒸汽。要表明湿蒸汽的状态，还需要引入一个参数，一般用 1kg 湿蒸汽中含干饱和蒸汽的份额来表示，称为干度，用符号 x 表示。

$$x = \frac{m}{m+n} \tag{3-2}$$

湿度
$$(1-x) = \frac{n}{m+n} \tag{3-3}$$

式中　m——湿蒸汽中干蒸汽的质量；

　　　n——湿蒸汽中饱和水的质量。

显然，对于饱和水，$x=0$；对于干饱和蒸汽，$x=1$；对于湿蒸汽，$0<x<1$。

这里要指出，湿蒸汽的压力和温度也是饱和压力和饱和温度。湿蒸汽实质上是干饱和蒸汽与饱和水的混合物，因此焓、熵、体积及比参数可以根据干度以及相应压力下的饱和水与饱和蒸汽的比参数计算，即

$$\left.\begin{array}{l} v_x = (1-x)v' + xv'' = v' + x(v''-v') \\ h_x = (1-x)h' + xh'' = h' + x(h''-h') \\ s_x = (1-x)s' + xs'' = s' + x(s''-s') \end{array}\right\} \tag{3-4}$$

3. 干饱和蒸汽的定压过热过程

将干饱和蒸汽继续加热，便得到过热蒸汽，见图 3-3 中 e 点。假定过热过程终了时过热蒸汽的温度为 t（图 3-2 和图 3-3 中过程 $d\to e$），那么在这个定压过热过程中的过热热为

$$q'' = h - h'' \quad \text{kJ/kg} \tag{3-5}$$

式中　h——压力为 p、温度为 t 时过热蒸汽的比焓，kJ/kg；

　　　h''——压力为 p 时干饱和蒸汽的比焓，kJ/kg。

将定压下水蒸气产生过程的三个阶段串起来，也就是 1kg 压力为 p、温度为 0℃ 的未饱和水加热成温度为 t 的过热蒸汽的过程，在整个加热过程中所吸收的热量为

$$q = q' + r + q'' = (h'-h_0) + (h''-h') + (h-h'')$$
$$= h - h_0 \quad \text{kJ/kg}$$

在整个蒸汽的定压形成过程中不断加热，熵始终是增加，$s_0 < s' < s_x < s'' < s$；$T\text{-}s$ 图中过程 $a\to b$、$b\to d$、$d\to e$ 以下的面积分别表示液体热 q'、汽化潜热 r 和过热热 q''。

火电厂中，给水在锅炉内的总热量就是由前述的液体热、汽化热和过热热三部分组成。其中液体热主要在省煤器内吸收，汽化热主要在水冷壁内吸收，过热热在过热器内吸收。当锅炉压力升高时，液体热和过热热所占的比例增大，汽化热所占的比例缩小，则锅炉的蒸发

受热面积将减小，而预热受热面和过热受热面将增大。

水的汽化潜热由实验测定。在不同的压力下，汽化潜热的数值也不相同。

汽化潜热也可用焓值差表示，即

$$r = h'' - h' \quad \text{kJ/kg} \tag{3-6}$$

式中　h''——压力为 p 时干饱和蒸汽的比焓，kJ/kg；

　　　h'——压力为 p 时饱和水的比焓，kJ/kg。

三、水蒸气的 p-v 图和 T-s 图

如果水蒸气的定压形成过程在不同的压力下进行，同样经历五个状态、三个阶段。图 3-4 所示为不同压力（$p < p_1 < p_2$）时水在定压下形成水蒸气的加热过程。图中的 C 点称为临界点，该状态下饱和水状态与干饱和蒸汽状态重合，成为水、汽不分的状态，即临界点 C。临界点 C 上压力、温度和比体积分别成为临界压力、临界温度、临界比体积，用 p_c、t_c 和 v_c 表示。在临界点时没有汽化过程，汽化潜热为零。

水蒸气的临界参数为：$t_c = 374.15℃$，$p_c = 22.129\text{MPa}$，$v_c = 0.00326\text{m}^3/\text{kg}$。

由不同压力下的干饱和水蒸气状态（d、d_1、d_2···）所连成的曲线，即干饱和水蒸气线，也称为上界线（CN 线）。由不同压力下的饱和水状态（b、b_1、b_2···）连成的曲线，即饱和水线，也称为下界线（MC 线）。上界线和下界线在临界点 C 相交，表明了水汽化的始末。上界线和下界线把 p-v 图和 T-s 图分成了三个区：未饱和水区（下界线左侧）、饱和湿蒸汽区（饱和曲线内）、过热蒸汽区（上界线右侧）。

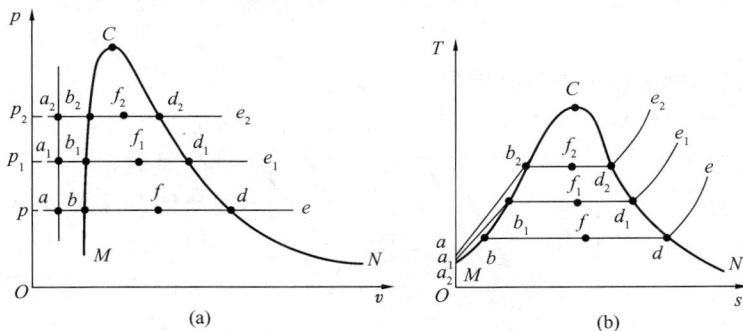

图 3-4　水蒸气 p-v 图和 T-s 图

饱和水的比体积因其相应的饱和温度的增加而逐渐增大。在干饱和蒸汽状态点，压力对蒸汽体积的影响比温度大，所以虽然饱和温度随压力增大而升高，但饱和水与干饱和蒸汽的比体积的差值随压力的增加而减小。由于水的压缩性很小，压缩后升温极微，所以在 T-s 图上的等压加热线与等温加热线很接近，作图时可以近似认为两线重合。水受热膨胀的影响大于压缩的影响，故饱和水线向右方向倾斜，温度和压力升高时比体积和比熵都增大。对于蒸汽，受热膨胀的影响小于压缩的影响，故饱和蒸汽线向左上方倾斜，表示压力升高时比体积和比熵均减小。所以，随着饱和压力和饱和温度的提高，汽化过程的饱和蒸汽和饱和水的比熵差值逐渐减小，汽化潜热也逐渐减小，到临界点时为零。

饱和水线 MC 与干饱和蒸汽线 NC 把 p-v 图和 T-s 图划分为三个区域：在 MC 线左侧为未饱和水区，MC 线与 NC 线之间为湿饱和蒸汽区，NC 线右侧为过热蒸汽区。

综上所述，水蒸气相变过程在图上所表示的规律可以归结为一点(临界点)、两线(饱和水线和干饱和蒸汽线)、三区(未饱和水区、湿蒸汽区、过热蒸汽区)、五态(未饱和水状态、饱和水状态、湿蒸汽状态、干饱和蒸汽状态、过热蒸汽状态)。

第二节 水蒸气表及 h-s 图

水蒸气的状态方程相当复杂，而且饱和蒸汽和过热蒸汽有各自的变化规律。因此，一般的工程计算是按预先编制的水蒸气图表来确定水蒸气的状态参数。国际上规定以水的三相点 C(即273.16K)为基准点，其液相水的比热力学能和比熵值为零，任意状态下的 u、s 等数值实际上都是指相对于基准点的数值。

一、水蒸气表

水蒸气表一共有三个:

(1) 按温度排列的饱和水和干饱和蒸汽表(见书后附表3);

(2) 按压力排列的饱和水和干饱和蒸汽表(见书后附表4);

(3) 未饱和水与过热蒸汽表(见书后附表5)。

用附表3、附表4，可以根据给出的温度或压力，查得饱和水与饱和蒸汽的各参数值。用附表5，可以根据 p、t 查得 v、h、s。在表中粗黑线的上方代表未饱和水的参数，粗黑线的下方是过热蒸汽的参数。

在使用上述各表时，表上没有列出的某些中间压力或中间温度下的各种参数可以采用内插法求得。

二、水蒸气的焓熵图(h-s 图)(详图见书后插页)

由于水蒸气表给出的数据是不连续的，在求间隔中的状态参数时，必须用内插法。如果把水蒸气的各个状态参数制成图线使用起来将更为简便。水蒸气的焓—熵图就是以 h 为纵轴、s 为横轴的直角坐标图(如图3-5所示)。曲线 CA 为饱和水线($x=0$)，饱和水线 CA 左侧为未饱和区，饱和曲线 ACB 以下为湿蒸汽区，CB 线的右上方是过热蒸汽区。在湿蒸汽区内按一定间隔作出等干度线，如 $x=1.0$, 0.9, 0.8, 0.7…

定压线是一束分散的倾斜曲线，在湿蒸汽区为倾斜的直线，在过热蒸汽区为曲线；定温线在过热蒸汽区是由左向右弯曲后趋于水平的曲线，在湿蒸汽区与定压线重合；定容线是一簇比定压线稍陡峭的自左下方向右上方延伸的曲线(见书后插页)。

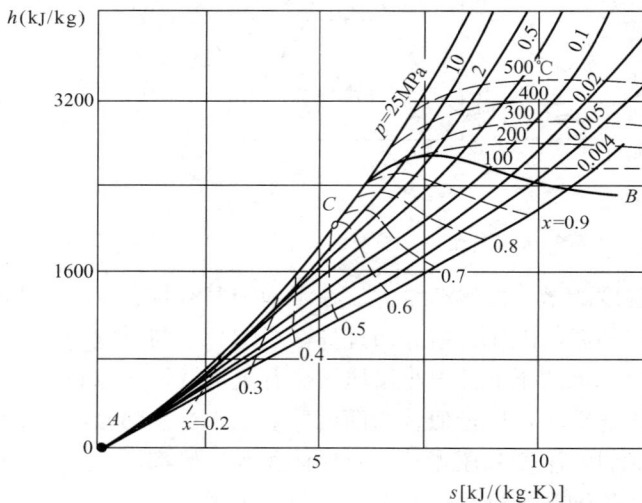

图3-5 水蒸气的焓—熵示意图

【例3-1】 某高压锅所产生的水蒸气的绝对压力 $p=10$MPa，温度 $t=500$℃。试分别应用水蒸气表和焓—熵图确定水蒸气的其他状态参数。

解　（1）先用水蒸气表求解。根据 $p=10\text{MPa}$，查饱和蒸汽表得水蒸气相应的饱和温度 $t_s=310.96℃$。由于 $t>t_s$，故该水蒸气为过热蒸汽。

再查未饱和水与过热蒸汽表，得 $v=0.03277\text{m}^3/\text{kg}$，$h=3374.1\text{kJ/kg}$，$s=6.5984\text{kJ/}$ $(\text{kg}\cdot\text{K})$。从而算得比热力学能

$$u=h-pv=3374.1-10000\times0.03277=3046.4\ \text{kJ/kg}$$

（2）用焓—熵图求解。从 $h\text{-}s$ 图上找到 10MPa 定压线与 500℃ 定温线，两线的交点即代表该过热蒸汽的状态点，于是查得 $h=3380\text{kJ/kg}$，$v=0.0327\text{m}^3/\text{kg}$，$s=6.6\text{kJ/(kg}\cdot\text{K})$。再计算比热力学能得

$$u=h-pv=3380-10000\times0.0327=3053\ \text{kJ/kg}$$

【例 3-2】　试确定① $p=0.8\text{MPa}$，$t=190℃$；② $p=1.2\text{MPa}$，$t=179.88℃$，两种情况下水蒸气所处的状态。

解　（1）查水蒸气表，$p=0.8\text{MPa}$ 的饱和温度 $t_s=170.42℃$。因为 $t>t_s$，故第一种情况是过热蒸汽。

（2）查水蒸气表，$p=1.2\text{MPa}$ 的饱和温度 $t_s=187.96℃$。因为 $t_s>t$，故第二种情况是未饱和水。

第三节　水 蒸 气 的 流 动

一、稳定流动的基本方程式

稳定流动是指工质在流动中的状态参数、质量流量以及对外界的热量和功量的交换都不随时间变化。对于工程上常见的热力设备，工质是连续不断地进出系统的，其流动状况基本上接近稳定流动。

1. 连续性方程式

设有一任意流道，其截面 1—1 和 2—2 和任意截面的各参数如图 3-6 所示。单位时间流过流道中任意截面的容积（即体积流量 V）等于质量流量 m 和比体积 v 的乘积，也等于截面积 A 和流速 c 的乘积。即

$$V=mv=Ac \qquad (3\text{-}7)$$

由式（3-7）也可得质量流量

$$m=\frac{Ac}{v} \qquad (3\text{-}8)$$

对截面 1—1 可得

$$m_1=\frac{A_1c_1}{v_1}$$

对截面 2—2 可得

$$m_2=\frac{A_2C_2}{v_2}$$

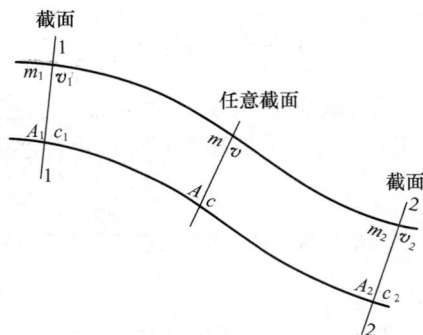

图 3-6　连续性方程推导图

对于稳定流动，根据质量守恒原理可知，流过流道任何一个截面质量流量必定相等，即

$$m_1 = m_2 = \cdots = m = 常数$$

或

$$\frac{A_1 c_1}{v_1} = \frac{A_2 c_2}{v_2} = \cdots \frac{Ac}{v} = 常数 \tag{3-9}$$

式（3-9）为稳定流动的连续性方程式。它说明了任何时刻流过流道任意截面的流量都是常数。

【例 3-3】　气体流经管道，如图 3-7 所示，1—1 截面的面积为 0.04m^2，流速为 30m/s，比体积为 $0.6\text{m}^3/\text{kg}$，求气体的流量。若 2-2 截面积为 0.02m^2，该处气体比体积为 $0.45\text{m}^3/\text{kg}$，求 2-2 截面处的流速。

解　根据连续性方程式得 $m_1 = \dfrac{A_1 c_1}{v_1} = \dfrac{0.04 \times 30}{0.6} = 2\text{kg/s}$；因为是连续流动，所以 $m_1 = m_2$，在 2—2 截面应用式（3-9）得 $c_2 = \dfrac{m_2 v_2}{A_2} = \dfrac{2 \times 0.45}{0.02} = 45\text{m/s}$。

2. 能量方程式

如图 3-8 所示，设有 1kg 工质以稳定状态流进截面 1—1，其参数为 p_1、v_1、u_1、A_1、h_1、c_1、z_1。外界对流动工质加入热量 q，工质对外界做功（推动叶轮做轴功）w_{L}。工质又以稳定状态流出截面 2—2，其参数为 p_2、v_2、u_2、A_2、h_2、c_2、z_2 等。

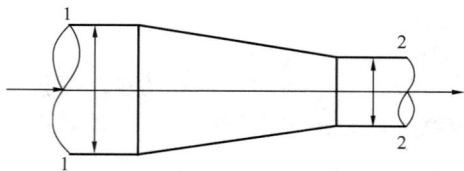

图 3-7　气体流经管道

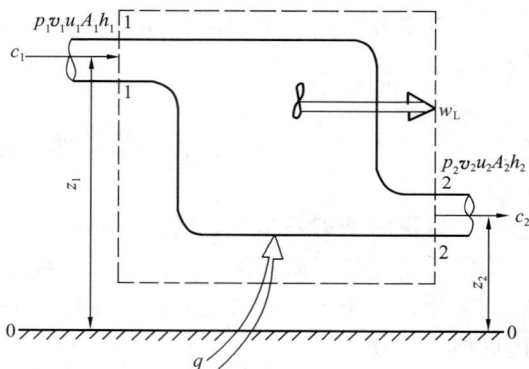

图 3-8　概括性热力设备示意图

进口截面 1—1 处，工质带入的能量为：比热力学能 u_1、宏观动能 $1/2 c_1^2$、宏观位能 gz_1（这里，g 为重力加速度）和外界传递进来的推动功（流动功）$p_1 v_1$，即加入系统的总能量为

$$u_1 + \frac{1}{2}c_1^2 + gz_1 + p_1 v_1$$

同理，在出口截面 2—2 处，工质带走的总能量为

$$u_2 + \frac{1}{2}c_2^2 + gz_2 + p_2 v_2$$

考虑到 1kg 工质流过热力设备时，外界加给它的热量为 q，工质对外做功 w_{L}。根据热力学第一定律，流动工质的能量平衡方程式可写为

$$u_1 + \frac{1}{2}c_1^2 + gz_1 + p_1 v_1 + q = u_2 + \frac{1}{2}c_2^2 + gz_2 + p_2 v_2 + w_{\text{L}} \tag{3-10}$$

因为 $h_1 = u_1 + p_1 v_1, h_2 = u_2 + p_2 v_2$，所以

$$h_1 + \frac{1}{2}c_1^2 + gz_1 + q = h_2 + \frac{1}{2}c_2^2 + gz_2 + w_{\text{L}} \tag{3-11a}$$

或

$$q = (h_2 - h_1) + \frac{1}{2}(c_2^2 - c_1^2) + g(z_2 - z_1) + w_{\text{L}} \tag{3-11b}$$

式（3-11）为稳定流动的能量方程式。它表示了工质在稳定流动过程中加入的热量，不仅使工质的焓、动能和位能增加，并且还对外输出轴功。因此，能量方程式用于分析各种热力设备能量平衡和流动工质的计算。

3. 绝热过程方程式

当蒸汽在汽轮机或在喷管内的稳定流动可近似看成是可逆的绝热流动，即等熵流动时，其状态参数变化符合理想气体等熵过程方程式。即

$$pv^{\kappa} = 常数 \tag{3-12}$$

对于理想气体，绝热指数 $\kappa = \dfrac{c_p}{c_V}$；对于水蒸气，$\kappa$ 为经验数据，且为变量。通常情况下，κ 取值如下：

过热蒸汽：$\kappa = 1.30$；

干饱和蒸汽：$\kappa = 1.135$；

湿蒸汽：$\kappa = 1.035 + 0.1x$。

式（3-10）和式（3-11）描述了工质在稳定流动时的状态参数的变化、能量的变化、速度的变化和流道截面变化的规律，为分析稳定流动提供理论依据。

二、水蒸气的典型热力过程

（一）定压流动过程

水在锅炉中的加热过程、汽化过程，饱和蒸汽在过热器中的过热过程，乏汽在凝汽器中的凝结过程，以及给水在高、低压加热器中的加热过程，均可近似地看作是工质在定压下进行的流动过程。图 3-9 所示为水在锅炉内定压流动时的加热过程。

定压流动的热力过程特点是：如果工质流经上述热力设备时没有对外界做功，即 $w_L = 0$；工质流进流出热力设备时流速相差不大，宏观动能近似相等，即 $1/2c_1^2 \approx 1/2c_2^2$；宏观位能基本上无变化，即 $g(z_2 - z_1) \approx 0$。则应用能量方程式可得

$$q = h_2 - h_1 \tag{3-13}$$

式（3-13）表明，工质在热力设备中进行定压流动过程时吸入（或放出）的热量等于焓的增加（或减少）。

（二）绝热流动的做功过程

当水蒸气流经汽轮机时，汽流发生膨胀，其压力降低，对外做功，见图 3-10。

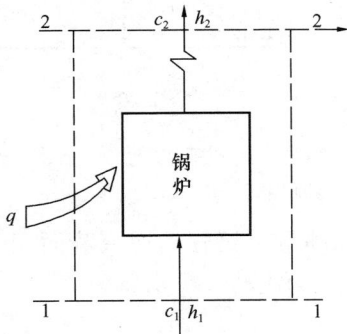

图 3-9　锅炉热量计算示意图　　　　　图 3-10　汽轮机做轴功示意图

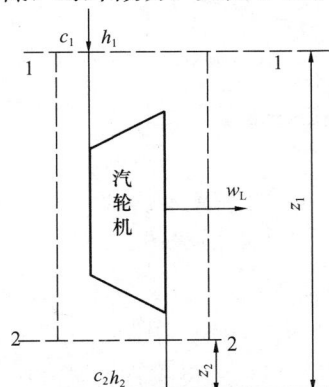

若汽缸壁保温情况良好，可近似地认为工质与外界无热量交换，即 $q = 0$。进出口动能相差很小，即 $1/2c_1^2 \approx 1/2c_2^2$。宏观位能基本上无变化，即 $g(z_2 - z_1) \approx 0$。应用能量方程式可得

$$w_L = h_1 - h_2 \tag{3-14}$$

式中 $(h_1 - h_2)$ 称为"绝热焓降"，简称"焓降"。上式表明，水蒸气在绝热情况下流经汽轮机时是依靠它的焓降转变为机械功的。

（三）通过喷管的绝热流动

凡是用来使气流降压增速的管道，都称为喷管。工质先在喷管中进行绝热膨胀，将热能转变为汽流的动能，然后再使汽流的动能进一步转变为机械能。工质在图 3-11 所示的喷管内流动时，速度很高，流经喷管的时间又极短，几乎来不及与外界交换热量，可以近似地认为是绝热流动过程，即 $q \approx 0$。

在喷管中，工质对设备不做功，即 $w_L \approx 0$；而宏观位能基本上无变化，即 $g(z_2 - z_1) \approx 0$，根据能量方程式可得

$$\frac{1}{2}(c_2^2 - c_1^2) = h_1 - h_2 \tag{3-15}$$

式（3-15）表明，工质流经喷管时，如果发生绝热膨胀（压力降低、比焓减小），则动能必将增大。

工程上常用的喷管有两种型式。

（1）渐缩喷管 ［如图 3-12（a）所示］。又称"短喷管"，喷管的通流截面积是逐渐缩小的。出口压力只能降到临界压力，即 $p_2 = \beta_c p_1$。β_c 是临界压力比，对于过热蒸汽 $\beta_c = 0.546$，对于饱和蒸汽 $\beta_c = 0.577$。所以该喷管用于获得出口流速小于音速的流动。

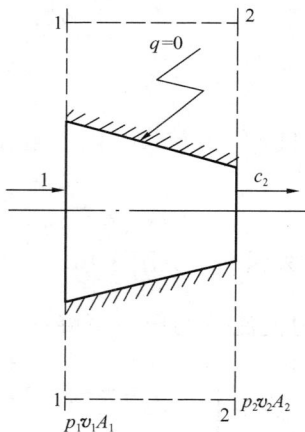

图 3-11　工质通过喷管的
绝热流动示意图

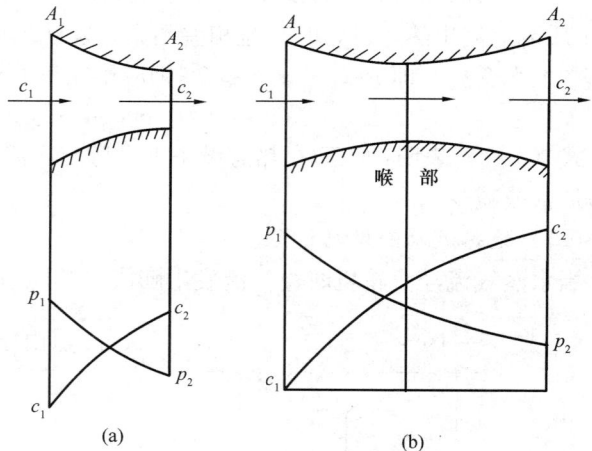

图 3-12　喷管的两种基本类型示意图
（a）渐缩喷管；（b）缩放喷管

（2）缩放喷管 ［如图 3-12（b）所示］。又称拉伐尔喷管，喷管的通流截面积先缩小再扩大，其降压能力不受限制，用于获得出口流速大于音速的流动。

由式（3-14）可得喷管出口流速

$$c_2 = \sqrt{2(h_1 - h_2) + c_1^2} \quad \text{m/s} \tag{3-16}$$

当 $c_1 \ll c_2$ 时，c_1 可忽略不计，则

$$c_2 = \sqrt{2(h_1 - h_2)} = 1.414\sqrt{\Delta h} \quad \text{m/s} \tag{3-17}$$

式中　Δh——喷管的"理想焓降"或"绝热焓降"，由给定参数在 $h\text{-}s$ 图中查出（如图 3-13 所示），$\Delta h = h_1 - h_2$。

由式（3-9）可得喷管流量

$$G = \frac{A_2 c_2}{v_2} \quad \text{kg/s}$$

式中　A_2——喷管出口截面积，m^2；

v_2——喷管出口处蒸汽的比体积，v_2 数值可由焓—熵图查得（如图 3-13 中 2 点所示），m^3/kg。

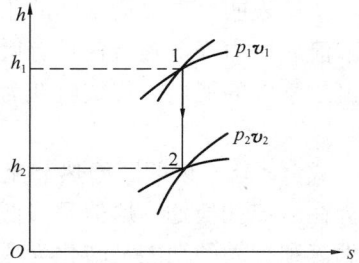

【例 3-4】　若 $p_1 = 1.8\text{MPa}$、$t_1 = 300℃$ 的蒸汽流经一喷管，要求膨胀至 $p_2 = 0.2\text{MPa}$，问应选用哪一种喷管？

图 3-13　绝热流动过程

解　从水蒸气表查得：$p_1 = 1.8\text{MPa}$ 时，$t_s = 207.10℃$。因为 $t_1 > t_s$，故该蒸汽为过热蒸汽，临界压力比 $\beta_c = 0.546$，故

$$p_c = p_1 \beta_c = 1.8 \times 0.546 = 0.9828\text{MPa}$$

因为 $p_2 = 0.2\text{MPa} < p_c = 0.9828\text{MPa}$，故应选取缩放喷管。

【例 3-5】　蒸汽流入渐缩喷管时，进出口参数为 $p_1 = 1.2\text{MPa}$，$t_1 = 400℃$，$p_2 = 0.7\text{MPa}$，$A_2 = 30\text{cm}^2$，求出口流速及质量流量。

解　根据进出口参数从 $h\text{-}s$ 图查得：$h_1 = 3260\text{kJ/kg}$，$h_2 = 3108\text{kJ/kg}$，$v_2 = 0.41\text{m}^3/\text{kg}$。则

$$c_2 = 1.414\sqrt{\Delta h} = 1.414 \times \sqrt{(3260 - 3108) \times 10^3} = 551.3 \quad \text{m/s}$$

$$G = \frac{A_2 c_2}{v_2} = \frac{30 \times 10^{-4} \times 551.3}{0.41} = 4.03 \quad \text{kg/s}$$

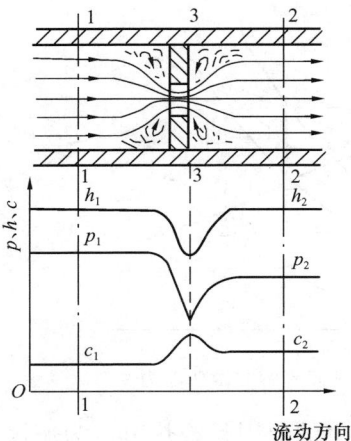

图 3-14　气流流经孔口时节流过程示意图

（四）绝热节流过程及其应用

1. 绝热节流的概念

工质在管内流动时，遇到突然缩小的狭窄通路（如阀门、孔板等），由于局部阻力使流体的压力下降的现象叫做节流。如果流体与外界没有热交换，则称为绝热节流。

由于电厂的蒸汽管道都有保温层，而且蒸汽流过节流孔时流速较大，来不及与外界进行热交换，因此电厂中的节流都可看作是绝热节流。

2. 节流过程的一般分析

（1）过程的基本特性。绝热节流过程是不可逆过程。如图 3-14 的所示，工质在缩孔附近的流动很不稳定，工质处于非平衡状态，没有确定的状态参数。选取节流前后的两个稳定流动截面 1—1 截面和 2—2 截面进行分析，这两

个截面上工质处于平衡状态，其参数分别为 p_1、h_1、c_1 和 p_2、h_2、c_2。

因为上述两截面均为稳定的绝热流动，应满足稳定绝热流动能量方程式。根据式（3-11b），因为 $q=0,\Delta z=0,w_L=0$，所以

$$h_1+\frac{c_1^2}{2}=h_2+\frac{c_2^2}{2}$$

实验表明：节流后气体的压力降低了，但节流前后气体的流速基本不变（严格地说，由于节流后压力降低，流速稍有增加）且工质的动能与焓值相比很小，可以忽略不计，则绝热节流过程中的能量方程式就变为

$$h_1=h_2 \tag{3-18}$$

式（3-18）说明，绝热节流前后蒸汽的焓值相等。但应注意，节流过程不是等焓过程。因为在节流孔板处，焓值是降低的，此焓降用来增加蒸汽的动能，并使它变成涡流和扰动。而涡流和扰动的动能又转化为热能，重新被蒸汽吸收，使焓值又恢复到节流前的数值。

（2）水蒸气的绝热节流。对水蒸气的绝热过程，如已知节流前的状态（p_1、t_1）及节流后的压力 p_2，根据绝热节流前后蒸汽的焓值相等的特点，可以很方便地在 h-s 图上确定节流后状态参数的变化情况。由图 3-15 中绝热节流过程 1-2，可以明显看出，水蒸气绝热节流后，状态参数的变化规律为 $\Delta p<0,\Delta h=0,\Delta s>0$，一般情况下，$\Delta t<0$。从图中还可以看出，过热蒸汽经节流后温度虽然降低了，但过热度却增加了（如过程 1-2）；湿蒸汽绝热节流后，除靠近临界点的上界线下面一小块区域内的干度减小外，大多数情况下的干度均增加，可以变为干蒸汽（如过程 3-4），进一步节流后甚至会变为过热蒸汽（如过程 4-5）。

（3）绝热节流后蒸汽能量的变化。蒸汽经绝热节流后，虽然焓值没变，即 1kg 蒸汽所具有总能量的数量没变，但质量却发生了变化，表现为蒸汽的做功能力降低了。

如图 3-16 所示，蒸汽不经绝热节流而进入了汽轮机绝热膨胀做功时，过程按 1-2 线进行。所做机械功为 $w_L=h_1-h_2$。若蒸汽经绝热节流过程 1-1' 后进入汽轮机绝热膨胀做功，过程按 1'-2' 线进行，所做机械功为 $w'_L=h'_1-h'_2$。虽然 $h_1=h'_1$，但 $h'_2>h_2$，则 $(h'_1-h'_2)<(h_1-h_2)$，即水蒸气经绝热节流后做功能力降低了。

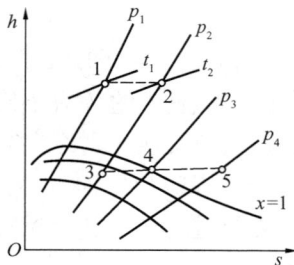

图 3-15　水蒸气绝热节流
前后的参数变化

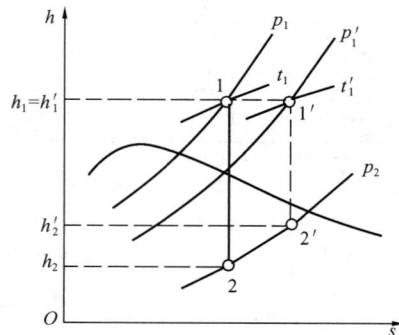

图 3-16　绝热节流后的做功能力

绝热节流使能量损失了 (h'_2-h_2)，称为节流损失。其产生的原因是绝热节流为熵增过程，该过程中能的数量虽然没变，但蒸汽经绝热节流后，焓值相同时，熵值较大的蒸汽做功能力较差。由此可知，在焓值相同时，由于高压蒸汽的熵值比低压蒸汽的熵值小，所以高压

蒸汽的做功能力比低压蒸汽的做功能力大。绝热节流使蒸汽的做功能力下降，这是不经济的，应尽量避免不必要的节流。

3. 绝热节流的实际应用

（1）利用节流减少汽轮机汽封系统的蒸汽泄漏量。汽轮机高压端动、静结合处为避免摩擦留有缝隙，高压蒸汽容易由此向外泄漏。为此，常常采用梳齿形汽封以减少蒸汽泄漏量。如图 3-17 所示，压力为 p_1 的蒸汽通过每个汽封齿时都经历一次节流，使蒸汽的压力逐渐下降至汽封后压力 p_2。由于漏汽量的大小取决于每一汽封齿前后的压差，所以当汽封齿数增加时，在总压力差（$p_1 - p_2$）不变的条件下，每一汽封齿前后的压力差减少，因此增加汽封齿数就能减少蒸汽泄漏量。

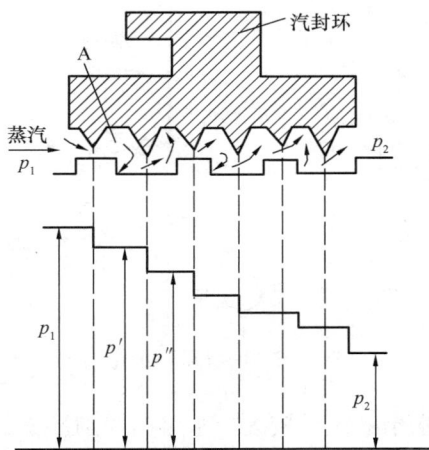

图 3-17　蒸汽通过汽封的节流过程示意图

（2）利用节流测定蒸汽流量。蒸汽流过节流孔板时，在其前后产生压力差，当节流孔板的型式和截面尺寸一定时，蒸汽的容积流量与该压力差成正比。所以，只要测量孔板前后的压力差，就可间接测出流量。

（3）利用节流调节汽轮机的功率。目前，一些小容量机组和特大容量机组多采用节流来调节汽轮机的功率。当主蒸汽参数不变时，通过改变调速汽门的开度来控制进入汽轮机的蒸汽参数和汽量，以调节汽轮机功率。当电网用户电负荷减少时，通过汽轮机调速器关小调节汽门，使进入汽轮机的蒸汽压力降低，做功能力降低，同时蒸汽的流量减小，做功量也减少，从而达到降低电负荷的目的；反之，当电负荷增大时，可开大调节汽门，蒸汽压力增大（最大可至主蒸汽压力），流量增大，达到增加电负荷的目的。

（4）利用节流降低工质的压力。工程上利用节流降低压力这个特性，例如在电厂蒸汽管道上装有节流阀，就是为了降低蒸汽的压力，使蒸汽参数满足热力设备或用户的需要，如减压减温器等。

第四节　水蒸气的动力循环

前面在讲热力学第二定律时，我们研究了卡诺循环及其热效率的计算。但在生产实际中卡诺循环是很难实现的。热机的效率要尽量提高，只能接近于卡诺循环热效率，而不能等于卡诺循环热效率。当我们从热工学的角度去研究如何提高热效率时，蒸汽所经历的过程与所选用的热机型式无关。就是说，不管是蒸汽机还是汽轮机，蒸汽所经历的状态变化过程是一样的，也就是蒸汽的循环是一样的。蒸汽机和汽轮机都是将水蒸气的热能转变为机械能的热力原动机，水蒸气在这些动力设备中的状态变化过程是按朗肯循环进行的。

一、朗肯循环

图 3-18 所示为一个简单的动力循环工作原理图。主要热力设备有锅炉、汽轮机、凝汽器及水泵等。循环过程是：从锅炉过热器出来的过热蒸汽通过管道进入汽轮机，蒸汽在其中膨胀做功，只有部分热能转换为机械能，这个过程是绝热膨胀过程。做了功的低压乏汽进入

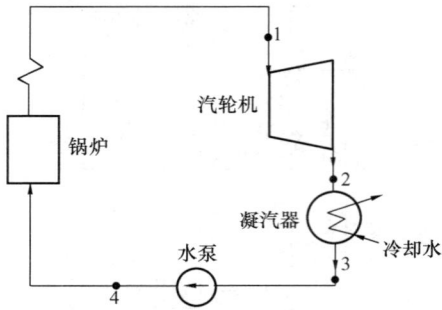

图 3-18 朗肯循环示意图

凝汽器，放出汽化潜热后凝结成水。这个过程是等压、等温的放热过程。凝结水则由凝结水泵和锅炉给水泵送入锅炉，这个过程是绝热压缩过程。送入锅炉的水在锅炉中吸收燃料的热量变成过热蒸汽，这个过程是等压吸热过程。至此，工质完成了一个封闭过程，即朗肯循环。

实际蒸汽动力循环由四个热力过程组成。为了突出主要矛盾，这里仅分析主要参数对循环的影响，对实际循环进行简化和理想化。

3-4 过程：水在水泵中被压缩升压的过程中流经水泵的流量较大，水泵向周围环境的散热量可以忽略。因此，此过程忽略不可逆因素的影响可简化为可逆绝热压缩过程，即等熵压缩过程。

4-1 过程：水在锅炉内等压加热过程。此过程没有考虑工质压力的降低以及传热温差的影响，简化为等压可逆吸热过程。可以分为三个阶段：未饱和水在省煤器内预热阶段，在水冷壁中等压等温汽化阶段，在过热器中等压过热阶段。

1-2 过程：蒸汽在汽轮机中膨胀做功也因其流量大，散热量相对较小，当不考虑摩擦等不可逆因素时，简化为可逆绝热膨胀过程，即等熵膨胀过程。

2-3 过程：蒸汽在冷凝器中被冷却成饱和水，没有考虑不可逆因素的影响，简化为可逆等压冷却过程。因过程在饱和区内进行，此过程又为等温过程。

综上所述，蒸汽动力装置的实际工作循环可以理想化为由两个可逆等压过程和两个可逆绝热过程组成的理想循环，即朗肯循环，也称为简单蒸汽动力装置循环，是复杂蒸汽循环的基础。朗肯循环的 T-s 图如图 3-19 所示。

1. 朗肯循环的热效率

锅炉中每千克蒸汽的等压吸热量为

$$q_1 = h_1 - h_4 \quad \text{kJ/kg}$$

凝汽器中，每千克蒸汽的等压放热量为

$$q_2 = h_2 - h_3 = h_2 - h'_2 \quad \text{kJ/kg}$$

式中　h'_2——凝汽器压力下饱和水的焓值。

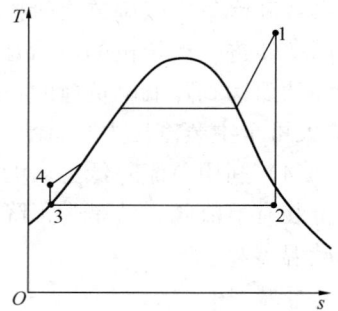

图 3-19 朗肯循环 T-s 图

在汽轮机中，每千克蒸汽膨胀做功为

$$(w_{s,T})_{1-2} = h_1 - h_2 \quad \text{kJ/kg}$$

水泵压缩升压每千克水所消耗的功为

$$(w_{s,P})_{3-4} = h_4 - h_3 \quad \text{kJ/kg}$$

过程的循环净功为

$$w_{net} = (w_{s,T}) - (w_{s,P}) = (h_1 - h_2) - (h_4 - h_3) = q_1 - q_2 \quad \text{kJ/kg}$$

朗肯循环的热效率可表示为

$$\eta_t = \frac{w_{net}}{q_1} = 1 - \frac{q_2}{q_1} = \frac{(h_1 - h_2) - (h_4 - h_3)}{(h_1 - h_4)} \tag{3-19}$$

若忽略给水泵消耗的轴功，图 3-19 中，4 点和 3 点重合，则朗肯循环的热效率公式可近

似地表示为

$$\eta_t = \frac{q_1 - q_2}{q_1} = \frac{(h_1 - h_2') - (h_2 - h_2')}{h_1 - h_2'} = \frac{h_1 - h_2}{h_1 - h_2'} \qquad (3\text{-}20)$$

式中　h_1——过热蒸汽的比焓，kJ/kg；

　　　h_2'——凝结水的比焓，kJ/kg。

h_1、h_2、h_2' 可以根据给定的锅炉和汽轮机的进出口状态从水蒸气表或 h-s 图中查出。

2. 蒸汽循环的汽耗率和热耗率

（1）汽耗率。蒸汽动力循环每输出 3600kJ（即 1kW·h）功量所消耗的蒸汽量称为汽耗率，用符号 d 表示。

$$d = \frac{3600}{w_{\text{net}}} = \frac{3600}{(h_1 - h_2) - (h_4 - h_3)} \approx \frac{3600}{h_1 - h_2} \quad \text{kg/(kW·h)} \qquad (3\text{-}21)$$

（2）热耗率。蒸汽动力循环每输出 3600kJ（即 1kW·h）功量所消耗的热量称为热耗率，用符号 q_t 表示。

$$q_t = d(h_1 - h_2') = \frac{3600}{h_1 - h_2}(h_1 - h_2') = \frac{3600}{\eta_t} \quad \text{kJ/(kW·h)} \qquad (3\text{-}22)$$

朗肯循环是火力发电厂所有热力循环的最基本的循环。其他循环都是以此为基础，不断完善、改进而发展起来的。

二、提高循环热效率的途径

第二章讲过，要提高卡诺循环的热效率，可以采取提高工质的吸热温度和降低其放热温度的方法。在朗肯循环中，也可以通过类似的途径来提高循环的热效率。

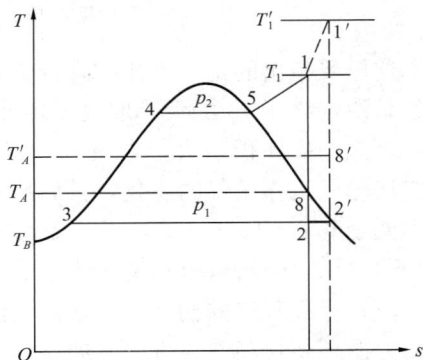

图 3-20　提高初温的 T-s 图

1. 提高初参数

当蒸汽初压力 p_1 和终压力 p_2 不变时，将初温由 T_1 提高到 T_1'。我们用 T-s 图来分析说明循环热效率是否提高了。

如图 3-20 所示，设初温 T_1 时的朗肯循环是 3-4-5-1-2-3，平均吸热温度为 T_A，放热温度为 T_B。设初温提高到 T_1' 时的新循环为 3-4-5-1'-2'-3，平均吸热温度为 T_A'，放热温度为 T_B。显然 $T_A' > T_A$，其热效率的计算可按照等效卡诺循环热效率的公式写出，即

初温为 T_1 时　　　　　　　　　　$\eta_t = 1 - \dfrac{T_B}{T_A}$

初温为 T_1' 时　　　　　　　　　　$\eta_t = 1 - \dfrac{T_B}{T_A'}$

因为 $T_A' > T_A$，所以 $\eta_t' > \eta_t$。由此可知，初温提高，其循环热效率亦提高。

但应指出，提高蒸汽的初温受到金属材料强度的限制。在高温下，钢材的强度极限、屈服点及蠕变度极限都会降低得很快；在非常高的温度下，即使高级耐热合金钢也无法应用，目前国产机组最高蒸汽温度也不得超过 600℃。

当初温 T_1 及终压 p_2 不变时，将初压 p_1 提高到 p_1'，如图 3-21 所示：

初压为 p_1 时，朗肯循环是 3-4-5-1-2-3，平均吸热温度为 T_A；

初压为 p'_1 时，新的朗肯循环是 3-4'-5'-1'-2'-3，平均吸热温度为 T'_A。显然 $T'_A > T_A$，如同前面所述一样，初压提高时，其循环热效率亦提高。

2. 降低终参数

当初参数不变时，将终压 p_2 降到 p'_2，如图 3-22 所示，这时的平均放热温度降低了，也就是减少了冷源损失提高了循环热效率。

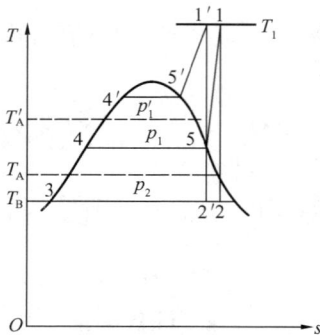

图 3-21　提高初压的 T-s 　　　　　图 3-22　降低终压的 T-s 图

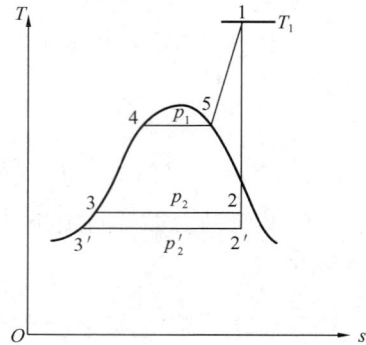

这里要指出的是，终压的降低也是受到限制的。因为终压 p_2 的值取决于冷却水的温度，也就是说，终压 p_2 的大小取决于环境的温度，是不能无限制降低的。另外，随着终压的降低，乏汽的比体积增大，末级叶片尺寸加大，使汽轮机的尾部尺寸加大，干度 x 也降低，造成汽轮机工作条件的恶化，其后果将会给汽轮机的制造和运行带来很大的困难，故终压一般不低于 0.0034。

通过以上分析可以知道，为了提高朗肯循环的热效率，可以采取以下措施。

(1) 提高蒸汽的初参数（新蒸汽温度、压力），可以提高循环的热效率。因而，现代蒸汽动力循环朝着高参数方向发展。

(2) 降低乏汽压力可以提高循环的效率，但乏汽压力是受环境温度制约的。

虽然提高蒸汽的初参数可以提高朗肯循环的效率，可是由于受到金属材料发展的限制，且采用耐高温的合金会增加设备的制造成本，蒸汽初参数的选定必须从投资和效益等方面综合考虑确定。降低乏汽压力也可以提高循环效率，但受到环境温度的限制。因此，为了进一步提高循环的效率，经过广大热工研究者的共同努力，在朗肯循环的基础上加以改进，形成了一系列新的蒸汽动力循环，使循环热效率得以很大的提高。

三、改进热力循环

1. 再热循环

提高初压 p_1 能提高朗肯循环的热效率，但是会导致乏汽干度 x 的降低，即蒸汽湿度增加。一方面会使汽轮机的效率降低，另一方面会使最后几级叶片受到腐蚀。因此，采取蒸汽中间再热的办法，就是将汽轮机高压缸已经做了部分功的蒸汽，再引入到锅炉的中间再热器重新加热到初温，然后引回到汽轮机低压缸内继续做功，这样的循环叫做再热循环。再热循环的工作原理如图 3-23 所示。主要热力设备有锅炉、汽轮机、凝汽器、凝结水泵及再热器等。

从图 3-24 中可以看出，再热部分实际上相当于在原来朗肯循环 3-4-5-1-2-3 的基础上又增加了一个新的循环 6-1′-2′-2-6，其再热循环为 3-4-5-1-6-1′-2′-2-3，即

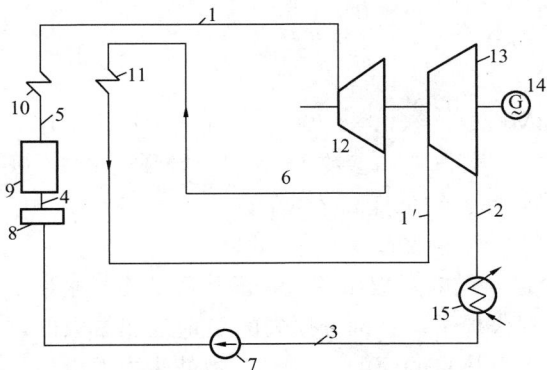

图 3-23 再热循环示意图
1—主蒸汽管；1′—热再热蒸汽管；2—排汽管；3—凝结水管；4—省煤器出口水管；5—饱和蒸汽引出管；6—冷再热蒸汽管；7—凝结水泵；8—省煤器；9—锅炉；10—过热器；11—再热器；12—汽轮机高压缸；13—汽轮机低压缸；14—发电机；15—凝汽器

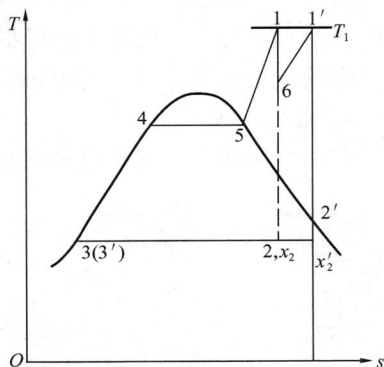

图 3-24 再热循环 T-s 图

3-1　锅炉内给水的等压加热过程；

1-6　汽轮机高压缸内的绝热膨胀过程；

6-1′　中间再热器中的等压回热过程；

1′-2′　汽轮机低压缸内的绝热膨胀过程；

2′-3　凝汽器内的等压放热过程；

3-3′　凝结水泵的绝热压缩过程，可近似认为 3 和 3′ 重合为一点。

如果不经过中间再热，蒸汽膨胀过程将按 1-2 进行，排汽干度为 x_2。蒸汽经过中间再热后，低压缸的膨胀过程按 1′-2′ 进行，排汽干度为 x_2'。显然，排汽压力不变，而排汽干度增加了，即 $x_2' > x_2$。

在中间再热循环中，蒸汽在整个循环中获得的总热量等于在锅炉中吸收的热量与再热器中吸收的热量之和，即

$$q_1 = (h_1 - h_2') + (h_1' - h_6) \quad \text{kJ/kg} \tag{3-23}$$

式中　h_1——新蒸汽的比焓，kJ/kg；

h_2'——锅炉给水的比焓，kJ/kg；

h_6——中间再热器入口蒸汽的比焓，kJ/kg；

h_1'——中间再热器出口蒸汽的比焓，kJ/kg。

凝汽器中排汽放出的热量为

$$q_2 = h_2 - h_2' \quad \text{kJ/kg} \tag{3-24}$$

式中　h_2——低压缸排汽的比焓，kJ/kg。

一次中间再热循环的热效率为

$$\eta_1 = \frac{q_1 - q_2}{q_1} = \frac{(h_1 - h'_2) + (h'_1 - h_6) - (h_2 - h'_2)}{(h_1 - h'_2) + (h'_1 - h_6)}$$

$$= \frac{(h_1 - h_6) + (h'_1 - h_2)}{(h_1 - h_6) + (h'_1 - h'_2)} \tag{3-25}$$

式中各点的比焓可从水蒸气表或 h-s 图中查得。

目前，当蒸汽的初参数 $p_1 = 9.8 \sim 24.52\text{MPa}$、$t_1 = 500 \sim 600℃$ 的大容量机组采用一次中间再热时，循环热效率大约可提高 5% 左右。当蒸汽的初参数 $p_1 > 24.52\text{MPa}$、$t_1 > 600℃$ 的大容量机组采用二次中间再热时，其循环热效率大约可提高 7% 左右。

2. 回热循环

在朗肯循环中，汽轮机排汽在凝汽器内全部凝结时所放出的汽化潜热都被冷却水带走而损失掉了。这部分损失的热量是非常大的，约占总热量的 $60\% \sim 70\%$，致使火力发电厂效率很低。因为凝结水的温度太低，不能直接作为锅炉的给水，所以，从汽轮机中间抽出一部分蒸汽，导入到回热加热器中，用它来加热从凝汽器来的凝结水。这一部分蒸汽的热量（包括它的汽化潜热）被通过加热器的凝结水所吸收，从而提高了给水温度，节省了燃料，提高了循环热效率。抽出的蒸汽在放出热之后，变为凝结水，再回到凝结水管路中。由于抽出这一部分蒸汽不在凝汽器中凝结，又可以减少冷却水带走的热量损失，提高了循环的热经济性。这种利用从汽轮机中间抽出部分蒸汽来加热锅炉给水的循环叫做回热循环。

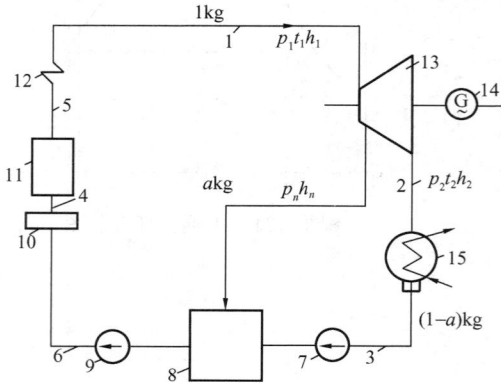

图 3-25　一次抽汽回热循环示意图

1—主蒸汽管；2—排汽管；2—凝结水管；4—省煤器出水管；5—饱和蒸汽引出管；6—给水管；7—凝结水泵；8—回热加热器；9—给水泵；10—省煤器；11—锅炉；12—过热器；13—汽轮机；14—发电机；15—凝汽器

如图 3-25 所示，具有一次抽汽回热循环装置的主要热力设备有锅炉、汽轮机、凝汽器、凝结水泵、给水泵及回热加热器。

1kg 蒸汽进入汽轮机绝热膨胀到 p_n 压力时，从汽轮机中间某处抽出 $a$kg 蒸汽引到加热器加热给水。而剩下的 $(1-a)$kg 蒸汽，继续在汽轮机内绝热膨胀做功，最后排入凝汽器，凝结成 $(1-a)$kg 饱和水，再由凝结水泵送入加热器与 $a$kg 蒸汽混合。两者汇合成为 1kg 具有较高温度的给水，再由给水泵打入锅炉重新加热。

图 3-26 所示是一次抽汽回热循环的 T-s 图。将一次抽汽回热循环分解成两个朗肯循环：一个是 $a$kg 抽汽的 1-n-n'-4-5-1 循环，另一个是 $(1-a)$ kg 蒸汽的 1-2-3-4-5-1 循环。

在图 3-26 中，n-n' 表示 $a$kg 抽汽在回热加热器中的等压 (p_n) 放热过程；2-3 表示 $(1-a)$ kg 排汽在凝汽器中的等压 (p_2) 放热过程；3-n' 表示 $(1-a)$ kg 凝结水在回热加热器中的等压加热过程。

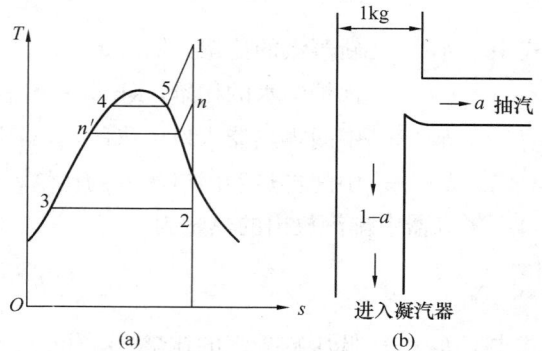

图 3-26　一次抽汽回热循环的 T-s 图

回热循环中，锅炉对给水加入的热量为

$$q_1 = h_1 - h'_n \quad \text{kJ/kg} \tag{3-26}$$

式中　h_1——进入汽轮机前蒸汽的比焓，kJ/kg；

　　　h'_n——锅炉给水的比焓，kJ/kg。

1kg 蒸汽在回热循环所做的功 L 可分为两部分：一部分是 a kg 蒸汽从初压 p_1 绝热膨胀到抽汽压力 p_n 所做的功 $a(h_1-h_n)$；另一部分是 $(1-a)$ kg 蒸汽由初压 p_1 绝热膨胀到凝汽器压力 p_2 所做的功 $(1-a)(h_1-h_2)$，即

$$L = a(h_1 - h_n) + (1-a)(h_1 - h_2)$$

$$= (h_1 - h_2) - a(h_n - h_2) \quad \text{kJ/kg} \tag{3-27}$$

式中　h_2——汽轮机排汽的比焓，kJ/kg；

　　　h_n——抽汽压力 p_n 下的抽汽比焓，kJ/kg；

　　　a——从进入汽轮机的 1kg 蒸汽中所抽出的蒸汽量，也称为抽汽率。

因此，回热循环的效率为

$$\eta_{t回} = \frac{L}{q_1} = \frac{(h_1 - h_2) - a(h_n - h_2)}{h_1 - h'_n} \tag{3-28}$$

采用回热循环后，1kg 蒸汽在汽轮机内所做的有用功虽然比朗肯循环要少，但是抽汽加热了给水，使给水的焓加大了，减少了锅炉的吸热量 q_1。同时抽出的蒸汽不进入凝汽器，又减少了冷源损失。因此，回热循环的热效率比朗肯循环的热效率高。这里需要指出的是，通常在火力发电厂中多不采用单级抽汽，而采用多级抽汽。从理论上讲，在一定的锅炉给水温度下，抽汽级数愈多，循环热效率就愈高。但是，抽汽级数愈多，热效率增加的速度将减慢，每增加一级抽汽的获益愈来愈少。考虑到设备投资费用增大，管路的复杂性和运行维护的困难等，所以一般中压电厂多采用 2～5 级回热抽汽系统，高压以上电厂多采用 5～8 级回热抽汽系统。

3. 热电联合循环

从利用燃料热能而言，蒸汽动力设备并不完善。如普通蒸汽机的热效率只有 8%～10% 左右；高参数大容量汽轮发电机组的热效率也只有 40% 左右。从热能转化为机械能的角度来看，大部分（约 50%～65%）热能没有得到利用，被凝汽器的冷却水带走而损失掉了。这部分热量虽然数量很大，但因温度不高，如排汽压力是 0.004MPa 时，其饱和温度只有 28.979℃，难以利用。通常火力发电厂都将这些热量作为"废热"抛弃了。另一方面，在日常生活中供暖和供应热水只用 0.35MPa 以下的蒸汽作为热源。在一些厂矿企业也只需要压力为 1.3MPa 以下的生产用汽。为了获得这些热能，热用户就需要建立各自的小型锅炉房，而这些小型锅炉的热效率总是大大地低于发电厂的大型锅炉。如能利用在发电厂做了一定数量的功的蒸汽余热来满足取暖和厂矿企业用热的需要，那么就能提高燃料的利用率，提高发电厂的经济性。这种既发电又供热的动力循环称为热电联合循环，这种既发电又供热的电厂称为热电厂。在这里介绍的是背压式热电循环和调节抽汽式热电循环。

（1）背压式热电循环。排汽压力高于 0.1MPa 的汽轮机称为背压式汽轮机，如图 3-27

所示。这种汽轮机的蒸汽在做功后，还具有一定的压力。排汽不再进入凝汽器进行凝结，而是通过管路直接送到热用户作为热源，放热后全部或部分凝结成水，由给水泵送入锅炉。

由于提高了汽轮机的排汽压力，蒸汽用于做功（即发电）的热能相应减少，从图 3-28 可以看出，背压式热电循环 1-2'-3'-4-5-1 的热效率比单纯供电的凝汽式朗肯循环 1-2-3-4-5-1 有所降低。背压越高，蒸汽在汽轮机中所做的功越少，循环热效率就越低。由于热电循环中排汽的热量得到了利用，其热能利用率 K 提高了。

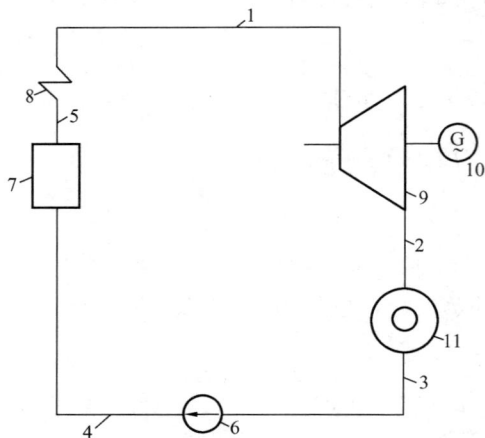

图 3-27 背压式热电循环示意图
1—主蒸汽管；2—排汽管；3—凝结水管；4—给水管；
5—饱和蒸汽引出管；6—给水泵；7—锅炉；8—过热器；9—汽轮机；10—发电机；11—热用户

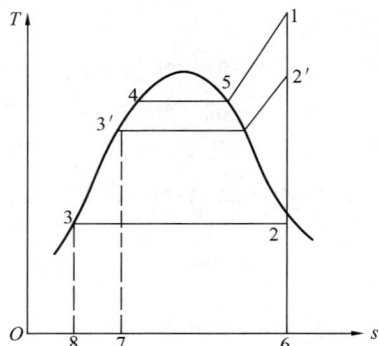

图 3-28 背压式热电循环 T-s 图

所谓热能利用率 K 就是蒸汽的热能中已被利用的热量与外热源提供给蒸汽的总热量之比，即

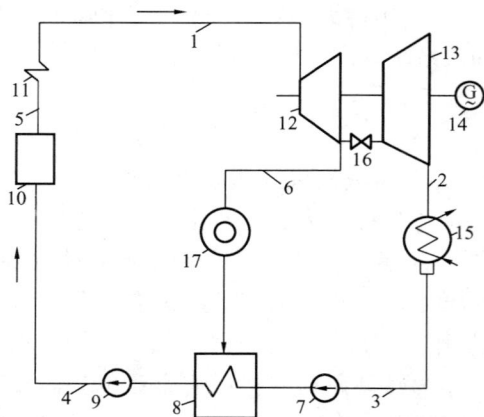

图 3-29 调节抽汽式热电循环示意图
1—主蒸汽管；2—排汽管；3—凝结水管；4—给水管；5—饱和蒸汽引出管；6—抽汽管；7—凝结水泵；8—加热器；9—给水泵；10—锅炉；11—过热器；12—汽轮机高压缸；13—汽轮机低压缸；14—发电机；15—凝汽器；16—调节阀；17—热用户

$$K = \frac{已被利用的蒸汽热量}{蒸汽从外热源吸收的热量}$$

对于背压式机组则有

$$K = \frac{转变的机械功的热量＋供给热用户的热量}{蒸汽从外热源吸收的热量}$$
$$= 1$$

从上式可以看出，背压式热电循环的热能利用率为1。实际上，由于热负荷和电负荷不能完全配合，两者是互相牵制的，另一方面还存在着各项损失（如管道散热损失和泄漏损失等），因此 K 总是小于1，一般仅有 $0.65 \sim 0.70$。为了克服背压式热电循环中供电、供热的矛盾，能同时满足用户对热能和电能的各自需要，可以采用调节抽汽式热电循环。

（2）调节抽汽式热电循环。如图 3-29 所示，蒸汽在调节抽汽式汽轮机的高压缸中膨胀做功到一定压力时，抽出一部分送给热用户，其余蒸汽经过调节阀继续在汽轮机的低压缸中做功后排入凝汽器。凝结水由水泵送入加热器，然后与来自热用户的回水一起送入锅炉。

当热负荷增大而电负荷不变时，即热用户蒸汽量增大，要求进入汽轮机高压缸的蒸汽量增加，会使高压缸发电量增加。为了使发电量维持不变，就要关小调节阀，使进入低压缸减少的热量必须与高压缸发电量增加的数量相抵消，这样才能保证电负荷不变而热负荷增加的工况。其他工况，如热负荷减少电负荷不变的工况、热负荷不变电负荷增大的工况、热负荷不变电负荷减小的工况等，也可以进行调节。

这种热电循环是由两个循环组成，一个是通过汽轮机高压缸及热用户那部分蒸汽组成的背压式热电循环，热量利用率 $K=1$。另一个是通过汽轮机低压缸后排入凝汽器那部分蒸汽所组成的朗肯循环。显然后一个循环的热量利用率很低。因此，就整个调节抽汽式热电循环而言，其热能利用率 K 介于背压式热电循环和朗肯循环之间。

【例 3-6】 某凝汽式火力发电厂，蒸汽初参数为 $p_1 = 13\text{MPa}, t_1 = 535℃$，排汽压力为 $p_2 = 0.005\text{MPa}$。若该电厂按简单朗肯循环工作，求朗肯循环的热效率。

解 据蒸汽初、终参数查水蒸气，得 $h_1 = 3432\text{kJ/kg}, h_2 = 2003\text{kJ/kg}$。

查水蒸气表，得 $h_2' = 138.2\text{kJ/kg}$。故

$$\eta_1 = \frac{h_1 - h_2}{h_1 - h_2'} = \frac{3432 - 2003}{3432 - 1382} = \frac{1429}{3298.8} = 0.4338 = 43.38\% = 0.4338 = 43.38\%$$

思 考 题 及 习 题

3-1　水蒸气的产生分为哪几个阶段？各个阶段都有什么特点？

3-2　水蒸气的 $p\text{-}v$ 图及 $T\text{-}s$ 图有"一点、两线、三区域"的说法，它们各有什么意义？

3-3　什么叫未饱和水、饱和水、湿蒸汽、干饱和蒸汽和过热蒸汽？

3-4　什么叫水蒸气的干度和湿度？

3-5　水蒸气表一共有哪几个？各有什么特点？

3-6　水蒸气的 $h\text{-}s$ 图上有哪些线簇？各有什么特点？

3-7　什么叫流体运动的连续性方程式？

3-8　举例说明稳定流动能量方程式在发电厂主要热力设备中的应用。

3-9　什么叫喷管？喷管有哪些型式？各有什么特点？

3-10　怎样计算水蒸气绝热流经喷管时的出口流速和质量流量？

3-11　朗肯循环由哪几个热力过程组成？这些热力过程分别在哪些热力设备中完成？这些热力过程在 $T\text{-}s$ 图上如何表示？

3-12　水蒸气的初压、初温和终压对朗肯循环热效率各有哪些影响？

3-13　为什么高参数大容量机组要采用中间再热循环？

3-14　为什么在火力发电厂普遍采用回热循环？

3-15　热电联合循环有哪几种型式？各有什么特点？

3-16　当蒸汽压力分别为 0.6、0.3、0.05MPa 时，其饱和温度各是多少？

3-17　给水泵进口水温为 106℃，问在什么压力下才会发生汽化？

3-18　试确定下述三种情况下蒸汽所处的状态：①$p=0.8\text{MPa}, v=0.22\text{m}^3/\text{kg}$；②$p_2=$

0.6MPa，$t=190℃$；③$p=1\text{MPa}$；$t=179.88℃$。

3-19 锅炉给水压力为 9.8MPa，温度为 $140℃$，请问在锅炉内还要升高多少℃才能达饱和温度？要得到 1kg 干饱和蒸汽需要加入多少热量？要得到 $500℃$ 的过热蒸汽需要加入多少热量？

3-20 试求压力 $p=14\text{MPa}$、温度 $t=540℃$ 的过热蒸汽的比焓和比体积。

3-21 水蒸气流入渐缩喷管时的参数为 $p_1=4\text{MPa}$、$t_1=450℃$，绝热膨胀至终压（$p_2=0.006\text{MPa}$），试用焓—熵图确定初始状态及终了状态的各个状态参数。

3-22 过热蒸汽流入渐缩喷管时的参数为 $p_1=4\text{MPa}$，$t_1=435℃$，$p_2=1.5\text{MPa}$，$A_2=15\text{cm}^2$，求喷管出口流速和流量。

3-23 某电厂原采用 $p_1=4\text{MPa}$、$t_1=400℃$ 的蒸汽按朗肯循环运行时，凝汽器内的压力 $p_2=4\text{kPa}$。经技术革新后，$p_1'=5\text{MPa}$，$t_1=450℃$，而凝汽器内压力不变。试问热效率提高了多少？乏汽干度如何变化？

3-24 朗肯循环初温 $t_1=500℃$，排汽压力 $p_2=0.004\text{MPa}$。试计算不同初压 $p_1=4\text{MPa}$、14MPa 时循环的热效率。

3-25 朗肯循环初压 $p_1=14\text{MPa}$，排汽压力 $p_2=0.004\text{MPa}$，试计算不同初温 $t_1=540℃$、$555℃$ 时循环的热效率。

3-26 朗肯循环初压 $p_1=14\text{MPa}$，初温 $t_1=555℃$。试计算不同排汽压力 $p_2=0.005\text{MPa}$、0.003MPa 时循环的热效率。

3-27 某电厂 200MW 汽轮发电机组，其初参数：$p_1=13.7\text{MPa}$、$t_1=550℃$，排汽压力 $p_2'=0.004\text{MPa}$，再热蒸汽平均压力 $p_1'=2.8\text{MPa}$，再热蒸汽温度为 $550℃$。求再热循环热效率，并与同参数的朗肯循环相比较。

3-28 某电厂 600MW 汽轮发电机组，初参数为 $p_1=18.32\text{MPa}$、$t_1=540℃$，排汽压力 $p_2=0.005\text{MPa}$，再热蒸汽压力 $p_1'=3.36\text{MPa}$，再热蒸汽温度 $t_1=540℃$。试比较中间再热循环和朗肯循环的热效率及干度。

第四章 传热学基本理论知识

火力发电厂的各种管道、锅炉、汽轮机、发电机、变压器及电动机等设备中都有热传递现象。一类是增强热传递，如设计传热效率高、材料消耗少、结构紧凑的换热器；另一类是削弱热传递，如管道、汽轮机外壳等设备的保温问题。要掌握增强或削弱传热的方法，必须学习传热基础知识，分析和认识传热规律，有效地控制热量传递。传热是一种十分复杂的物理过程，根据热量传递的物理本质的不同，传热方式可分为导热、对流换热和辐射换热三种。

第一节 导 热

一、概述

所谓导热，是指接触物体之间或固体内部在温度差的作用下进行的热量传递现象，是热量传递的基本方式之一。在导热过程中，物体各部分之间不发生相对位移，也没有能量形式的转换。

二、平壁导热

所谓平壁，就是板状物体，也可以俗称为大平板。它的长度和宽度都远大于其厚度，当平板两侧表面分别维持均匀恒定的温度时，稳态导热就可以归纳为一维稳态导热问题。从平板的结构可分为单层壁、多层壁和复合壁等类型，如图4-1所示。

1. 单层平壁导热

如图4-2所示。设平壁的表面积为 A，厚度为 δ，两侧外表面的温度各为 t_1 和 t_2，导热量的计算公式为

$$Q = \lambda \frac{t_1 - t_2}{\delta} A \qquad \text{W} \qquad (4\text{-}1)$$

式中 Q——导热量，W 或 J/s；

δ——平壁厚度，m；

A——平壁导热面积；m²；

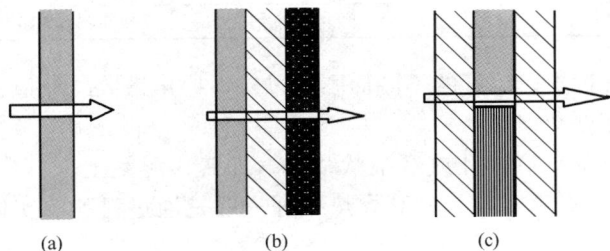

图 4-1 一维平壁导热示意图

(a) 单层壁导热；(b) 多层壁导热；(c) 复合壁导热

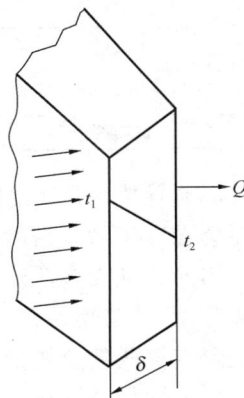

图 4-2 单层平壁导热

$t_1 - t_2$——温差，℃；

　　λ——热导率（或称导热系数），W/(m·℃)。

　　导热系数是物质的重要热物性参数，表示该物质导热能力的大小。绝大多数材料的导热系数值都是根据上式通过实验测出的。

　　导热系数是衡量物质导热能力大小的一个指标。不同物质的导热系数相差很大。一般说，金属的导热系数较大，其次是非金属材料和液体，气体的导热系数最小，参见表4-1。

　　按照国家标准（GB 4272—1992）的规定，在平均温度不高于350℃时，导热系数 λ 的数值不大于0.12W/(m·℃)的材料称为绝热保温材料（隔热材料或热绝缘材料），如矿渣棉、膨胀珍珠岩、珠光砂等。

　　为了增强导热，可选用导热系数大的材料，如凝汽器采用了铜管作为传热面。发电机采用氢冷的效果较空冷好，采用水冷的效果又较氢冷好。为了削弱传热，如蒸汽管道、汽缸外壳则采用导热系数小的石棉制品进行保温。

表 4-1　　　　　　　　固体材料在20℃时的导热系数　　　　　　[W/(m·℃)]

材料名称	λ	材料名称	λ
银	427	泡沫塑料	0.04~0.06
纯铜	398	矿渣棉	0.05~0.058
青铜（89%Cu，11%Zn）	24.8	软木板	0.044~0.079
黄铜（70%Cu，30%Zn）	109	甘蔗板	0.067~0.072
纯铝	236	蛭石	0.10~0.13
碳钢（0.5%C）	49.8	锯木屑	0.083
碳钢（1.5%C）	36.7	耐火砖	1.0~1.3
铬钢（26%Cr）	22.6	红砖（建筑用砖）	0.7~0.8
镍钢（35%Ni）	13.8	瓷砖	1.32
不锈钢（18%Cr，8%Ni）	17	混凝土	1.28
硅钢（1%Si）	42	玻璃	0.76
灰铸铁	39.2	松木	0.15~0.35
锌	121	干黄砂	0.28~0.34
钛	22	锅炉水垢	0.6~2.4
石棉板	0.10~0.12	烟煤	0.12~0.24
玻璃纤维	0.035~0.05	烟炱	0.58~0.116

　　影响导热系数 λ 的因素较多，除因其种类、温度的不同而不同以外，导热系数的数值往往还会随着压力、密度和湿度等的改变而变化。

　　当前，绝大多数建筑材料和绝热材料都具有多孔或纤维状结构（如砖、混凝土、石棉、炉渣等），不是均匀介质，其内部孔隙部分充满着空气。其导热机理一般是通过材料的实体和孔隙空气两部分热量传递综合作用的结果。

　　多孔性材料导热系数受湿度、密度的影响较大。多孔性材料的湿度越大，λ 也越大。由于水分的渗入，替代了多孔材料空隙中的空气，水的导热系数远大于空气，产生热量传递。

例如干砖的导热系数为 $0.35 \text{W}/(\text{m} \cdot \text{℃})$，而湿砖的导热系数为 $1.0 \text{W}/(\text{m} \cdot \text{℃})$。多孔材料密度越小，即孔隙中空气量越多，材料导热系数越小。但密度也不能过小，否则由于对流换热强度的增大，材料导热系数反而增加。

单位时间内通过单位面积的热量叫做热流密度，即

$$q = \frac{Q}{A} = \lambda \frac{\Delta t}{\delta} = \frac{\Delta t}{\frac{\delta}{\lambda}} = \frac{\Delta t}{R_\lambda} \quad \text{W}/\text{m}^2 \tag{4-2}$$

式（4-2）与电学中的欧姆定律 $I = \frac{U}{r}$ 相似：热流密度相当于电流 I；温度差也叫温压，Δt 相当于电压 U；而 R_λ 则相当于电阻 r，因此将 R_λ 称为热阻。故电学中的串联、并联电路的概念也可用于导热计算；与欧姆定律相比较，导热过程也可绘出模拟热路图（如图 4-3 所示），引入热阻概念，简化导热的分析和计算。

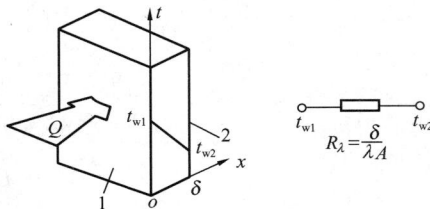

图 4-3 欧姆定律与平壁导热

【例 4-1】 一普通砖平壁，厚度 δ 为 500mm，一侧温度为 300℃，另一侧温度为 30℃，已知平壁的平均导热系数 λ 为 $0.9 \text{W}/(\text{m} \cdot \text{℃})$，试求：

（1）单位面积平壁的导热量；

（2）平壁内距离高温侧 300mm 处的温度。

解 （1）

$$q = \frac{Q}{A} = \lambda \frac{t_{w1} - t_{w2}}{\delta} = \frac{0.9 \times (300 - 30)}{0.5} = 486 \quad \text{W}/\text{m}^2$$

（2）在稳态导热过程中，q 保持不变，得

$$q = \lambda \frac{t_{w1} - t}{\delta} = \frac{0.9 \times (300 - t)}{0.3} = 486 \quad \text{W}/\text{m}^2$$

$$t = 138℃$$

2. 多层平壁导热

在电厂中，锅炉的炉墙是由耐火砖、保温材料和铁板等几层材料组成的多层平壁。当热流连续通过多层平壁时，如图 4-4 所示，热阻与电阻的串联相类似，是可以相加的，即通过几层平壁的总导热热阻为

$$R = R_1 + R_2 + \cdots + R_n$$

$$= \left(\frac{\delta_1}{\lambda_1} \right) + \left(\frac{\delta_2}{\lambda_2} \right) + \cdots + \sum_{i=1}^{n} \frac{\delta_i}{\lambda_i} \tag{4-3}$$

多层平壁的热流量为

$$q = \frac{\Delta t}{\sum_{i=1}^{n} R_i} = \frac{\Delta t}{\sum_{i=1}^{n} \frac{\delta_i}{\lambda_i}} \quad \text{W}/\text{m}^2 \tag{4-4}$$

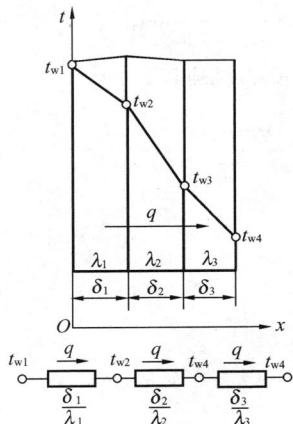

图 4-4 多层平壁导热

【例 4-2】 由三层材料组成的加热炉炉墙，第一层为耐火砖，第二层为硅藻土绝热层，第三层为红砖。各层的厚度及导热系数分别为 $\delta_1 = 240\text{mm}$，$\lambda_1 = 1.04 \text{W}/(\text{m} \cdot \text{℃})$，$\delta_2 = 50\text{mm}$，

$\lambda_2 = 0.15\,\mathrm{W/(m \cdot ℃)}$，$\delta_3 = 115\,\mathrm{mm}$，$\lambda_3 = 0.63\,\mathrm{W/(m \cdot ℃)}$。炉墙内侧耐火砖的表面温度为 $1000℃$。炉墙外侧红砖的表面温度为 $60℃$。试计算通过炉墙的热流密度及硅藻土层的平均温度。

解　此题为三层平壁导热问题。

由题知

$$\delta_1 = 0.24\,\mathrm{m}, \lambda_1 = 1.04\ \mathrm{W/(m \cdot ℃)}$$

$$\delta_2 = 0.05\,\mathrm{m}, \lambda_2 = 0.15\ \mathrm{W/(m \cdot ℃)}$$

$$\delta_3 = 0.115\,\mathrm{m}, \lambda_3 = 0.63\ \mathrm{W/(m \cdot ℃)}$$

$$t_1 = 1000℃, t_2 = 60℃$$

$$q = \frac{t_1 - t_2}{\dfrac{\delta_1}{\lambda_1} + \dfrac{\delta_2}{\lambda_2} + \dfrac{\delta_3}{\lambda_3}} = 1259\ \mathrm{W/m^2}$$

$$t_2 = t_1 - q\frac{\delta_1}{\lambda_1} = 700℃$$

$$t_3 = t_2 - q\frac{\delta_2}{\lambda_2} = 289℃$$

硅藻土层的平均温度为

$$\frac{t_2 + t_3}{2} = 499℃$$

三、圆筒壁导热

1. 单层圆筒壁导热

在火力发电厂中的锅炉汽包、水冷壁管、过热器管、各种联箱以及汽轮机凝汽器的冷却水管等，都是圆筒壁结构的实例。

一单层长圆筒，其内外半径分别为 r_1 和 r_2，长为 L，内外表面分别维持均匀不变的温度 t_{w1} 和 t_{w2}，材料的导热系数为 λ，且为常数。当圆筒壁很长时，忽略端部的散热，认为温度只沿径向变化，采用圆柱坐标，看成是一维稳态导热。

通过圆筒壁的导热量为

$$Q = \frac{2\pi\lambda L}{\ln\dfrac{r_2}{r_1}}(t_{w1} - t_{w2}) = \frac{t_{w1} - t_{w2}}{\dfrac{1}{2\pi\lambda L}\ln\dfrac{r_2}{r_1}} = \frac{t_{w1} - t_{w2}}{\dfrac{1}{2\pi\lambda L}\ln\dfrac{d_2}{d_1}} \qquad (4\text{-}5)$$

在实际工作中常需计算通过每米管长的热流量，即

$$q_l = \frac{Q}{L} = \frac{t_{w1} - t_{w2}}{\dfrac{1}{2\pi\lambda}\ln\dfrac{d_2}{d_1}}\quad \mathrm{W/m}$$

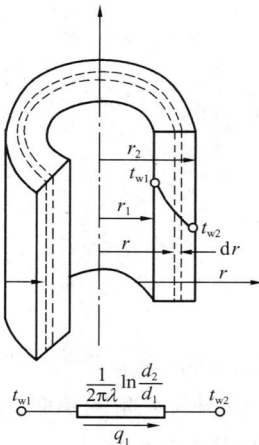

图 4-5　单层圆筒壁的导热

$$R_L = \frac{1}{2\pi\lambda}\ln\frac{d_2}{d_1} \qquad (4\text{-}6)$$

式中　　$t_{w1} - t_{w2}$——圆筒壁内外壁的温度差，℃；

R_L——每米管长圆筒壁的导热热阻，$\mathrm{m \cdot ℃/W}$；

d_1、d_2——圆筒壁内外直径，m。

2. 多层圆筒壁导热

在工程上，多层圆筒壁的导热情况比较常见。例如，在高温或低温管道的外部包上一层

乃至多层保温材料，以减少热量（或冷量）损失；在反应器或其他容器内衬以工程塑料或其他材料，以减小腐蚀；在换热器内换热管的内、外表面形成污垢等。

如图 4-6 所示为一由不同材料组成的三层圆筒壁。已知由内到外，管壁的直径分别为 d_1、d_2、d_3 和 d_4，各层材料的热导率分别为 λ_1、λ_2 和 λ_3，假定各层接触良好，接触面具有相同的温度。管壁内外表面温度分别为 t_{w1}、t_{w4}，且 $t_{w1} > t_{w4}$。稳定传热时，单位时间内通过圆筒壁各层的热量 Q 相同。

根据串联热阻叠加原则，三层管壁的总热阻等于各层管壁热阻之和。则通过三层圆筒壁的热量为

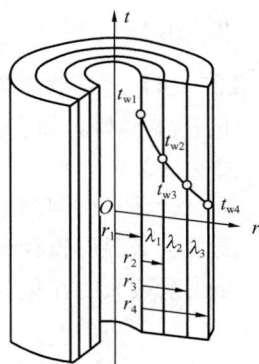

图 4-6　多层圆筒壁的导热

$$Q = \frac{t_{w1} - t_{w4}}{\dfrac{1}{2\pi\lambda_1 L}\ln\dfrac{d_2}{d_1} + \dfrac{1}{2\pi\lambda_2 L}\ln\dfrac{d_3}{d_2} + \dfrac{1}{2\pi\lambda_3 L}\ln\dfrac{d_4}{d_3}} \quad \text{W} \quad (4\text{-}7)$$

同理，对于通过 n 层圆筒壁的热量 Q 的计算式为

$$Q = \frac{t_{w1} - t_{w,n+1}}{\displaystyle\sum_{i=1}^{n} \frac{1}{2\pi\lambda_i L}\ln\frac{d_{i+1}}{d_i}} \quad \text{W} \quad (4\text{-}8)$$

相应的单位长度上圆筒壁的热流密度 q_l 为

$$q_L = \frac{Q}{L} = \frac{t_{w1} - t_{w,n+1}}{\displaystyle\sum_{i=1}^{n} \frac{1}{2\pi\lambda_i}\ln\frac{d_{i+1}}{d_i}} \quad \text{W/m} \quad (4\text{-}9)$$

【例 4-3】　蒸汽管道的内表面温度 $t_1 = 300℃$，内径为 160mm，外径为 170mm。管外包有两层保温材料，厚度分别为 $\delta_2 = 30mm$、$\delta_3 = 50mm$，其外表温度 $t_4 = 50℃$，钢管和两层保温材料的导热系数分别为 $\lambda_1 = 50\text{W/(m·℃)}$、$\lambda_2 = 0.15\text{W/(m·℃)}$ 和 $\lambda_3 = 0.08/\text{(m·℃)}$，试求蒸汽管道散热损失及温度 t_2 和 t_3。

解　已知 $d_1 = 0.16\text{m}$，$d_2 = 0.17\text{m}$，则

$$d_3 = d_2 + 2\delta_2 = 0.23 \text{ m}$$

$$d_4 = d_3 + 2\delta_3 = 0.23 + 2 \times 0.05 = 0.33 \text{ m}$$

热流量

$$q_L = \frac{t_1 - t_4}{\dfrac{1}{2\pi\lambda_1}\ln\dfrac{d_2}{d_1} + \dfrac{1}{2\pi\lambda_2}\ln\dfrac{d_3}{d_2} + \dfrac{1}{2\pi\lambda_3}\ln\dfrac{d_4}{d_3}}$$

$$= \frac{300 - 50}{\dfrac{1}{3.14 \times 2 \times 50} \times \ln\dfrac{0.17}{0.16} + \dfrac{1}{2 \times 3.14 \times 0.15} \times \ln\dfrac{0.23}{0.17} + \dfrac{1}{2 \times 3.14 \times 0.08} \times \ln\dfrac{0.33}{0.23}}$$

$$= 240\text{W/m}$$

因为　$q_L = \dfrac{t_1 - t_2}{\dfrac{1}{2\pi\lambda_1}\ln\dfrac{d_2}{d_1}}$，　所以

$$t_2 = t_1 - \frac{q_L}{2\pi\lambda_1}\ln\frac{d_2}{d_1} = 300 - \frac{240}{2 \times 3.14 \times 50} \times \ln\frac{0.17}{0.16}$$

$$= 300 - 0.046 = 299.954℃$$

同理可写出 $t_3 = t_2 - \dfrac{q_L}{2\pi\lambda_2}\ln\dfrac{d_3}{d_2} = 300 - \dfrac{240}{2\times3.14\times0.15}\times\ln\dfrac{0.23}{0.17} = 223℃$

【例 4-4】　某管道外径为 $2r$，如外包两层厚度均为 r、导热系数分别为 λ_2 和 λ_3（$\lambda_2 = 2\lambda_3$）的保温材料。如将两层保温材料的位置对调，其他条件不变，单位长度管道的热损失将如何变化？

解　这是双层圆筒壁的导热问题。

设两层保温层直径分别为 d_2、d_3 和 d_4，则 $d_3/d_2 = 2$，$d_4/d_3 = 3/2$。

导热系数大的在里面：

$$q_l = \frac{\Delta t}{\dfrac{1}{2\pi\lambda_2}\ln\dfrac{d_3}{d_2} + \dfrac{1}{2\pi\lambda_3}\ln\dfrac{d_4}{d_3}} = \frac{\Delta t}{\dfrac{1}{2\pi\cdot2\lambda_3}\ln2 + \dfrac{1}{2\pi\lambda_3}\ln\dfrac{3}{2}} = \frac{\lambda_3\Delta t}{0.11969}$$

导热系数大的在外面：

$$q'_l = \frac{\Delta t}{\dfrac{1}{2\pi\lambda_3}\ln2 + \dfrac{1}{2\pi\cdot2\lambda_3}\ln\dfrac{3}{2}} = \frac{\lambda_3\Delta t}{0.1426}$$

两种情况散热量之比为 $\dfrac{q_l}{q'_l} = \dfrac{0.1426}{0.11969} = 1.19$，由此可以看出：导热系数大的材料在外层，导热系数小的材料放在里层对保温更有利。

第二节　对　流　换　热

一、概述

对流换热是指流动着的流体和固体表面接触时，相互间的换热现象。它既包括流体各部分因发生相对位移所引起的热量转移（对流作用），同时也包括流体分子间的导热作用，其总的结果就是对流换热。例如，锅炉管式空气预热器中，烟气、空气和管子内、外表面间的热交换；高温烟气同过热器、省煤器外表面的热交换以及双水内冷发电机的冷却水与管子表面之间的热交换等都是对流换热过程。

二、对流换热

如图 4-7 所示，对流换热热量计算公式为

$$Q = aA(t_w - t_f)\quad\text{W}\qquad(4\text{-}10a)$$

或

$$q = a(t_w - t_f) = \frac{\Delta t}{1/a}\quad\text{W/m}^2\qquad(4\text{-}10b)$$

式中　Q——对流换热量，J/s 或 W；

　　　q——热流密度，W/m²；

　　　A——换热面积，m²；

　　　t_w——壁面温度，℃；

　　　t_f——流体平均温度，℃；

　　　a——对流换热系数，W/(m²·℃)，见表 4-2；

　　　$1/a$——对流换热热阻，(m²·℃)/W。

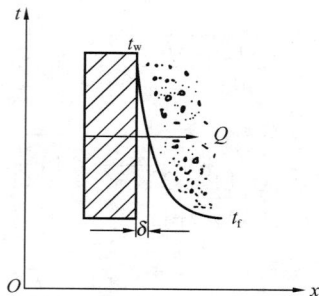

图 4-7　对流换热示意图

表 4-2　　　　　　　　　　几种对流换热情况下放热系数的大致数值

对流换热情况	$a[\text{W}/(\text{m}^2 \cdot \text{℃})]$	对流换热情况	$a[\text{W}/(\text{m}^2 \cdot \text{℃})]$
空气作自由流动	5～50	润滑油在管内作受迫流动	60～1800
空气在管内作受迫流动	25～500	水发生沸腾	2500～25000
水作自由流动	100～500		
水在管内作受迫流动	250～15000	水蒸气发生凝结	5000～100000

【例 4-5】　一根外径为 0.3m、壁厚为 3mm、长为 10m 的圆管，入口温度为 80℃的水以 0.1m/s 的平均速度在管内流动，管道外部横向流过温度为 20℃的空气，实验测得管道外壁面的平均温度为 75℃，水的出口温度为 78℃。已知水的定压比热容为 4187J/(kg·℃)，密度为 980kg/m³，试确定空气与管道之间的对流换热系数。

解　根据热量传递过程中能量守恒的定理，管内水的散热量必然等于管道外壁与空气之间的对流换热量。

（1）管内水的散热量为

$$Q = \rho u A_c c_p (T_{\text{in}} - T_{\text{out}})$$

式中　A_c——管道流通截面积。

$$A_c = \frac{\pi}{4} d_i^2 = \frac{\pi}{4}(d_0 - 2\delta)^2 = \frac{\pi}{4} \times (0.3 - 2 \times 0.003)^2 = 0.0679 \text{ m}^2$$

$$Q = 980 \times 0.1 \times 0.0679 \times 4187 \times (80 - 78) = 55722.27 \text{ W}$$

（2）管道外壁与空气之间的对流换热量为

$$Q = \alpha A (t_\text{w} - t_\text{f}) = \pi d_0 l (t_\text{w} - t_\text{f}) \alpha = \pi \times 0.3 \times 10 \times (75 - 20)\alpha = 518.1\alpha (\text{W})$$

（3）管内水的散热量等于管道外壁与空气之间的对流换热量：

$$518.1\alpha = 55722.27$$

$$\alpha = 107.55 \text{W}/(\text{m}^2 \cdot \text{℃})$$

【例 4-6】　有一外径 d=200mm、长 L=5m 的横管，外壁温度 t_w=80℃，大气温度 t_{amb}=30℃，空气自然对流换热系数 a=3.5W/(m²·℃)，求散热损失。

　　解　　　　　　　　　$A = \pi d L = 3.14 \times 0.2 \times 5 = 3.14 \text{ m}^2$

$$Q = a A (t_\text{w} - t_{\text{amb}}) = 3.5 \times (80 - 30) \times 3.14 = 549.5 \text{ W}$$

三、影响对流换热强度的因素

（1）流体流动发生的原因。流体运动分为自由运动和受迫运动两种。自由运动的速度较低，扰动性较差，对流换热过程较弱。受迫运动的流速较高，扰动性也比较大，对流换热过程比较强烈。电厂锅炉炉墙、蒸汽管道以及发电机汇流排的外表面等对周围环境的散热，就是自由运动放热的实例。在锅炉设备的管式空气预热器中，烟气在引风机的作用下在管内作受迫流动，流动过程中将热量传给管子内壁，空气通过送风机的作用在管外作受迫流动并从管外壁面获得热量。水在给水泵的作用下在锅炉的省煤器管内作受迫流动，在流动过程中吸收烟气在管外作受迫流动时放出的热量。

（2）流体流动状况。流体的流动状况有层流和紊流（湍流）两种。在层流情况下，传热主要靠流体本身的导热作用，导热系数小，即热阻较大，传热量较小。在紊流情况下，流动较为剧烈，扰动和混合十分强烈，总热阻较小，传热量较大。

（3）流体的物理性质。流体的物理性质如流体导热系数 λ、定压比热容 c_p、流体密度 ρ 和动力黏度 μ 等对对流换热强弱有影响。

（4）流体是否有相变。在对流换热过程中，流体发生相变与无相变有很大区别。无论在沸腾或是凝结的过程中，流体的温度总是等于相应压力下的饱和温度，这时热量的传递是由于流体吸收或放出汽化潜热所造成的。流体在相变时的运动也与单相流动时有所不同。例如液体在受热时产生汽泡，那么汽泡的运动可以增加液体内部的扰动作用。一般地说，对同一种流体，有相变时的对流换热比无相变时来得强烈。在火力发电厂中，锅炉水冷壁、沸腾式省煤器以及凝汽器中蒸汽侧的换热等都属于有相变时的对流换热。

（5）几何因素的影响。所谓几何因素主要指流体所触及的固体表面的几何形状、大小以及流体与固体表面间的相对位置等。

不同的壁面形状、尺寸影响流型，会造成边界层分离，产生漩涡，增加湍动，使 α 增大。

例如，比较流体在直管内流动和流体在管外绕流，见图 4-8（a）、（b），若流体为层流流动，管内流动就不会产生漩涡，而管外绕流时会在管子背面形成漩涡，因而后者换热比前者强。又如热平板表面加热空气时的情况，见图 4-8（c），热表面向上时空气的扰动较强烈，而图 4-8（d）热表面朝下时空气流动较平稳，气流扰动也不如热表面向上时激烈，其换热系数比热表面朝上时小一些。

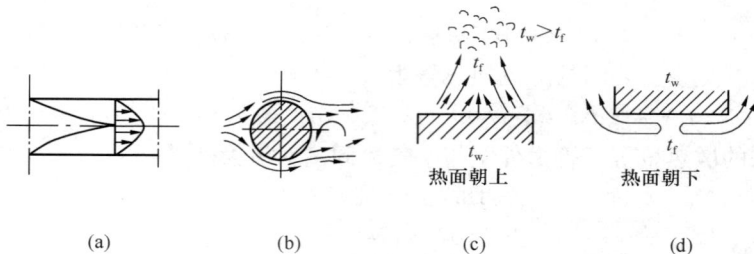

图 4-8　换热面几何因素的影响

第三节　辐 射 换 热

一、概述

物体对外发射电磁波的过程叫做辐射。只有波长为 $0.4\sim1000\mu m$ 的电磁波才具有较显著的热效应，通常称这些电磁波为"热射线"。热量通过辐射的方式由高温物体传向低温物体的过程叫做辐射换热。辐射换热与导热和对流换热有所不同，它的参与换热物体相互间不需要接触。

受热、电子撞击、光的照射以及发生化学反应等都会造成物体内分子、原子或电子的受激或振动并产生各种能级的跃迁，这种振动和跃迁的结果导致物体以电磁波的形式释放能量，这种现象称为辐射。辐射能依靠电磁波在真空或介质中传播，传播速度等于光速。

如图 4-9 所示，波长为 $0.38\sim1000\mu m(1\mu m=10^{-6}m)$ 范围内的电磁波称为热射线。它投射到物体上能被物体吸收并转变成热能，这种由于热的原因而发生的辐射现象称为热辐射。

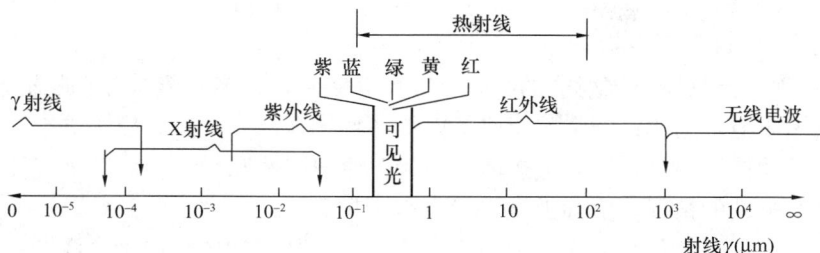

图 4-9　电磁波波谱

二、辐射换热

热辐射的本质决定了热辐射过程有如下特点。

(1) 辐射换热与导热、对流换热不同，它不需要物体之间的直接接触，也不需要任何中间介质就能进行热量传递。而导热和对流换热都必须由冷、热物体直接接触或通过中间介质相接触才能进行。

(2) 辐射换热不仅产生能量的转移，而且还伴随着能量的转换。即物体的部分热力学能转化为电磁波能发射出去，当波能射到另一物体表面而被吸收时，电磁波能又转化为热力学能。

(3) 辐射换热与导热和对流换热的另一个不同点在于导热量或对流换热量只和物体温度的一次方之差成正比，而辐射换热量是与两物体绝对温度的四次方之差成正比，因此，两个物体的温度差对于辐射换热量的影响更强烈。例如，有两个相互平行的无限大黑体表面，当其表面温度分别为 300K 和 400K 时或温度分别为 1000K 和 1100K 时，两个物体的温差均为 100K，但后者辐射换热量几乎是前者的 26 倍。这说明辐射换热只有在高温时才具有重要的地位，因此锅炉炉膛内热量传递的主要方式是辐射换热。

(4) 热辐射是一切物体的固有属性，只要其温度 $T > 0$K，都会不断地发射热射线。当物体间有温差时，高温物体辐射给低温物体的能量大于低温物体辐射给高温物体的能量，因此总的结果是高温物体把能量传给低温物体。即使各个物体的温度相同，辐射换热仍在不断进行，只是每一物体辐射出去的能量等于吸收的能量，从而处于动平衡的状态。

热辐射和可见光的光辐射一样，当来自外界的辐射能投射到物体表面上，也会发生吸收、反射和透射的现象。服从光的反射和折射定律，在均一介质中作直线传播，在真空和大多数气体中可以完全透过，但热射线不能透过工业上常见的大多数固体和液体。当热辐射能

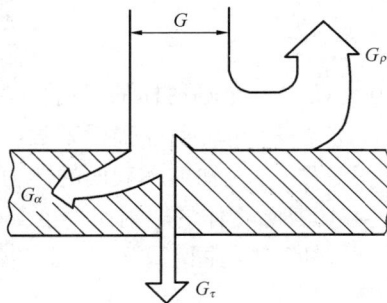

图 4-10　辐射能的吸收、反射和透射

$G(\mathrm{W/m^2})$ 投射到物体表面时，其中被物体吸收的部分为 G_α，被物体表面反射的部分为 G_ρ，G_τ 为透过物体的部分。如图 4-10 所示。

由能量守恒定律，得

$$G = G_\alpha + G_\rho + G_\tau \qquad (4-11)$$

或

$$\alpha + \rho + \tau = 1 \qquad (4-12)$$

式中 $\alpha = \dfrac{G_a}{G}, \rho = \dfrac{G_\rho}{G}, \tau = \dfrac{G_\tau}{G}$。

α、ρ、τ 分别称为该物体对辐射能的吸收率、反射率和透射率。能全部吸收辐射能的物体，$\alpha = 1$，称为黑体或绝对黑体；能全部反射辐射能的物体，$\rho = 1$，称为镜体或绝对白体；能透过全部辐射能的物体，$\tau = 1$，称为透热体。一般单原子气体和对称的双原子气体均可视为透热体。上述这些极端的情况，实际上在自然界很少见到。

黑体和镜体都是理想物体，实际上并不存在。但是某些物体，如无光泽的黑煤，其吸收率约为 0.97，接近于黑体；磨光的金属表面的反射率约等于 0.97，接近于镜体；而常温下空气对热射线呈现透明的性质。

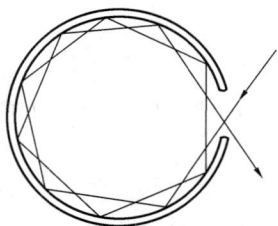

图 4-11   人工黑体模型

为了研究方便，建立起人工黑体的模型（如图 4-11 所示），人工黑体是具有一个小孔的等温空腔表面。若有外部投射辐射从小孔进入空腔内，必将在其内表面经历无数次的吸收和反射，最后能够从小孔重新散射出去的辐射能量近乎为零。从这个意义上讲，小孔非常接近黑体的性质。

实际物体，如一般的固体能部分地吸收由 $0 \sim \infty$ 的所有波长范围的辐射能，其反射率、吸收率和透射率都介于 $0 \sim 1$ 之间。吸收率除了与物体的性质有关外，还与投入辐射的波长有关。为了研究和计算的方便，我们引入灰体这一概念。凡能以相同的吸收率且部分地吸收由 $0 \sim \infty$ 的所有波长范围的辐射能的物体，即单色吸收率与波长无关的物体定义为灰体。大多数的工程材料，在波长 $0.76 \sim 20\,\mu\mathrm{m}$ 范围内的辐射能，其吸收率随波长变化不大，可把这些物体视为灰体。

关于全辐射体（黑体）的辐射出射度与温度的关系早在百多年前就从实验和理论的角度确定下来了，即

$$M_0 = C_0 \left(\frac{T}{100}\right)^4 \quad \mathrm{W/m^2} \tag{4-13}$$

式中 M_0——全辐射体的辐射出射度（亦称辐射发射率），$\mathrm{W/m^2}$；
          C_0——全辐射体辐射系数，$C_0 = 5.67\mathrm{W/(m^2 \cdot K^4)}$；
          T——全辐射体表面的热力学温度，K。

一切实际物体的辐射出射度都小于同温度下全辐射体的辐射出射度，我们把一般物体的辐射出射度 M 与同温度下全辐射体的辐射出射度 M_0 之比称为该物体的发射率，亦称黑度 ε，即

$$\varepsilon = M/M_0 \tag{4-14}$$

表 4-3 列出了工程上某些常用材料的黑度。

一般物体的辐射出射度

$$M = \varepsilon M_0 = \varepsilon C_0 \left(\frac{T}{100}\right)^4 \quad \mathrm{W/m^2} \tag{4-15}$$

固体表面之间的辐射换热现象在电厂中是很普遍的，锅炉炉墙、蒸汽管道、电流母线及一些电气设备的外表面与周围物体间的辐射换热都属于这种类型。

表 4-3　　　　　　　　　　　　　　　某些常用材料的黑度

材料类别和表面状况	温度（℃）	黑度 ε	材料类别和表面状况	温度（℃）	黑度 ε
磨光的纯银	200～600	0.02～0.03	经车床加工过的铸铁	880～1000	0.60～0.70
粗糙的黄铜	38	0.74	红砖	20	0.93
无光泽的黄铜	50～350	0.22	耐火砖	500～1000	0.80～0.90
稍加磨光的黄铜	40～250	0.12	磨光的玻璃	38	0.90
磨光的紫铜	20	0.03	平滑的玻璃	38	0.94
氧化了的紫铜	20	0.78	石棉	20～300	0.93～0.96
磨光的铝	225～575	0.04～0.06	木材	20	0.80～0.92
灰色、氧化的铝	38	0.11～0.20	各种颜色的油漆	100	0.92～0.96
具有很粗糙的氧化层的钢板	20～600	0.80	烟炱	95～270	0.95～0.97
磨光的铸铁	425～1020	0.15～0.38	水（厚度大于 0.1mm）	0～100	0.96

如图 4-12 所示，两块全辐射体平行板的辐射换热量为

$$Q = A(M_{01} - M_{02}) = AC_0\left[\left(\frac{T_1}{100}\right)^4 - \left(\frac{T_2}{100}\right)^4\right]\ \text{W}$$

(4-16)

式中　A——平行板的换热面积，m^2。

两块表面积都很大而又基本相等的一般物体平行板的辐射换热量为

$$Q = \varepsilon A_1 C_0\left[\left(\frac{T_1}{100}\right)^4 - \left(\frac{T_2}{100}\right)^4\right]\ \text{W} \quad (4\text{-}17)$$

$$\varepsilon = \frac{1}{\frac{1}{\varepsilon_1} + \frac{1}{\varepsilon_2} - 1} \quad (4\text{-}18)$$

图 4-12　两块全辐射体平行板间的换热

上两式中　ε——系统黑度；

C_0——全辐射体辐射系数，$C_0 = 5.67\text{W}/(\text{m}^2 \cdot \text{K}^4)$。

式（4-17）亦可写为

$$Q = \frac{5.67}{\frac{1}{\varepsilon_1} + \frac{1}{\varepsilon_2} - 1}A\left[\left(\frac{T_1}{100}\right)^4 - \left(\frac{T_2}{100}\right)^4\right]\ \text{W} \quad (4\text{-}19)$$

当物体表面积 A_1 比 A_2 小得多，即 $A_1/A_2 \approx 0$ 时，上式可简化为

$$Q = 5.67\varepsilon_1 A_1\left[\left(\frac{T_1}{100}\right)^4 - \left(\frac{T_2}{100}\right)^4\right]\ \text{W} \quad (4\text{-}20)$$

式（4-20）很有实用意义，如电厂中埋设在管沟中的高温管道和电缆沟中的电缆的辐射散热计算以及气体管道内热电偶测温结果的辐射误差计算等都可采用此式。

【例 4-7】　计算蒸汽管道外表面的辐射散热损失。已知管道绝热层外径 $d_1 = 500\text{mm}$，长 $L_1 = 30\text{m}$，外壁温度 $t_1 = 60℃$，室温 $t_2 = 20℃$，绝热层外表黑度 $\varepsilon_1 = 0.8$。

解
$$A_1 = \pi dL = 3.14 \times 0.5 \times 30 = 47.1\text{m}^2$$
$$T_1 = 273 + t_1 = 273 + 60 = 333\text{K}$$

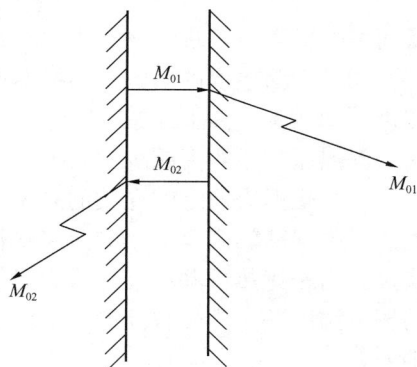

$$T_2 = 273 + t_2 = 273 + 20 = 293\text{K}$$

$$Q = 5.67\varepsilon_1 A_1 \left[\left(\frac{T_1}{100} \right)^4 - \left(\frac{T_2}{100} \right)^4 \right]$$

$$= 5.67 \times 0.8 \times 47.1 \times \left[\left(\frac{333}{100} \right)^4 - \left(\frac{293}{100} \right)^4 \right]$$

$$= 5.67 \times 0.8 \times 47.1 \times (122.96 - 73.7)$$

$$= 10524\text{W}$$

三、影响辐射换热的主要因素

（1）温度的影响。由式（4-19）中 Q 的计算式可知，辐射热流量正比于温度四次方之差，而不是正比于温度差。所以，同样的温差在高温时的热流量将远大于低温时的热流量。

在低温传热时，辐射的影响总是可以忽略；在高温传热时，热辐射则往往占据主要地位。

（2）几何位置的影响。几何位置反映的是辐射物体的大小、形状、空间位置关系等，如图 4-13 所示。几何位置的变化不仅影响到换热面积 A，而且也会影响到辐射热阻的大小，从而影响辐射传热量。物体表面积越小，从外界投射过来的辐射传热就越小。

（3）表面黑度的影响。当换热面积和表面温度一定时，改变系统黑度，就将改变辐射换热量。如在暖气片上涂银灰色漆，不但能防腐，而且能提高表面黑度，增强它的散热效能；又如保温瓶的瓶胆为减少辐射换热，则在其表面镀以黑度较小的银铝涂料。

（4）辐射表面之间介质的影响。在工程中常采用遮热板用于减少辐射换热。遮热板通常是热导率很高、高反射率的金属薄板，放置在辐射物体的表面，以减少或削弱表面间的辐射换热。由于遮热板并不发热或带走热量，它仅在热量传递过程中附加了阻力，使原来两板间的辐射温度差变为热板间的两个温度差。这两个温度差都较原温差小，所以才能使辐射换热削弱。

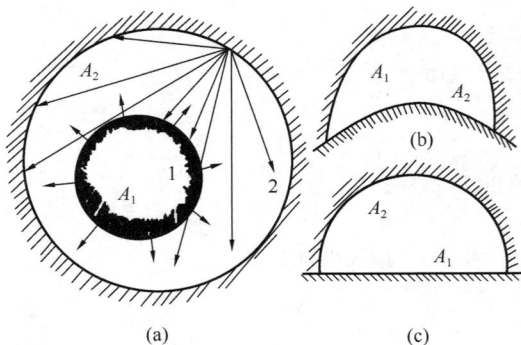

图 4-13　辐射物体的几何位置关系

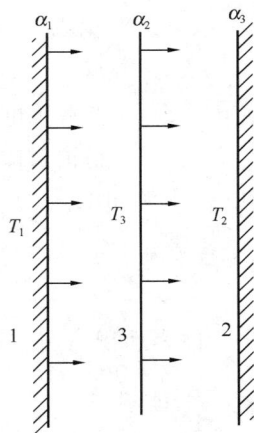

图 4-14　遮热板

由图 4-14 可知，加入遮热板后，表面 1 和表面 2 的辐射换热量仅为无遮热板时换热量的 $1/2$。同样可以证明，在 T_1、T_2 保持不变的情况下，遮热板增设 n 块后，换热量将会减少至无遮热板时换热量的 $\dfrac{1}{n+1}$。

理论和实践证明，若选用表面黑度很小的材料做遮热板时，会使遮热效果更好。例如，在 $\varepsilon_1=\varepsilon_2=0.8$ 的两块平行平板之间插入一块 $\varepsilon_3=0.05$ 的磨光镍片后，辐射换热量将减为原来换热量的 $\frac{1}{27}$。电厂为了测量高温烟气温度、减少测量误差而采用的遮热抽气式热电偶也是这样的工程实例。

第四节 传　　热

一、传热

在电厂所遇到的热交换过程中，经常是几种基本换热方式同时起作用。如各类热力设备和电气设备表面的散热，既有热表面与空气间的自然对流，又有与四周冷表面间的辐射换热。多层绝热装置中是辐射换热与导热同时起作用的，我们把几种热量传递方式同时起作用的换热过程叫做复合换热。

现在以锅炉中的高温过热器为例来分析热量传递的过程。如图 4-15 所示，在高温过热器中，管子外面流过的是高温烟气，管子里面流过的是过热蒸汽。先由高温烟气把热量传给管子外壁面，外壁面又将热量通过管壁传给管子内壁面，然后再由内壁面传给过热蒸汽。在热力工程上把热量由一种流体（如高温烟气）穿过固体壁面传递给另一种流体（如过热蒸汽）的过程叫做传热过程。

二、传热方程式

传热即热量由热流体通过固体壁面传递给冷流体的过程。如图 4-16 所示的稳定传热过程中，单位时间内通过单位面积所传递的热量与固体壁面两侧热、冷流体的温差成正比，即

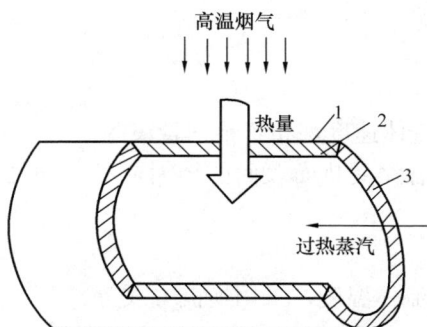

图 4-15　穿过高温过热器管子的
传热过程示意图

1—外壁面；2—内壁面；3—管壁

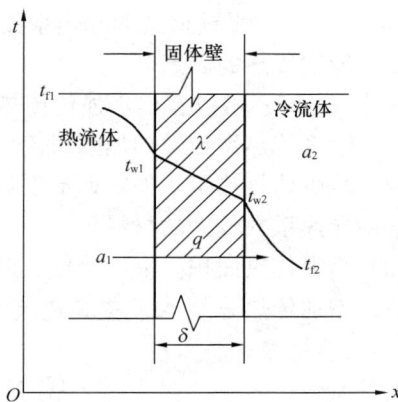

图 4-16　传热过程

$$q = K(t_{f1} - t_{f2}) = \frac{t_{f1} - t_{f2}}{R_0} \quad \text{W/m}^2 \tag{4-21}$$

式中　t_{f1}、t_{f2}——热流体与冷流体的温度，℃；

K——传热系数，$\text{W/(m}^2 \cdot ℃)$；

R_0——传热过程的总热阻，$R_0 = \frac{1}{K}$，$(\text{m}^2 \cdot ℃)/\text{W}$。

稳定传热的热流密度 q 为常量，可以将整个传热过程看成稳定电流流过一个串联电路。因此传热过程的总热阻应等于三个局部热阻之和，即

$$R_0 = R_{a1} + R_\lambda + R_{a2} = \frac{1}{a_1} + \frac{\delta}{\lambda} + \frac{1}{a_2} \quad (\text{m}^2 \cdot ℃)/\text{W} \qquad (4\text{-}22)$$

热流密度可以写成

$$q = \frac{t_{f1} - t_{f2}}{R_0} = \frac{t_{f1} - t_{f2}}{\dfrac{1}{a_1} + \dfrac{\delta}{\lambda} + \dfrac{1}{a_2}} \quad \text{W/m}^2 \qquad (4\text{-}23)$$

同理，多层圆筒壁的总热阻可写为

$$R_L = \frac{1}{K_L} = \frac{1}{a_1 \pi d_1} + \sum_{i=1}^{n} \frac{1}{2\pi\lambda_i} \ln \frac{d_{i+1}}{d_i} + \frac{1}{a_2 \pi d_{n+1}} \quad (\text{m}^2 \cdot ℃)/\text{W} \qquad (4\text{-}24)$$

热流密度为

$$q_L = K_L(t_{f1} - t_{f2}) = \frac{t_{f1} - t_{f2}}{R_L}$$

$$= \frac{t_{f1} - t_{f2}}{\dfrac{1}{a_1 \pi d_1} + \sum\limits_{i=1}^{n} \dfrac{1}{2\pi\lambda_1} \ln \dfrac{d_{i+1}}{d_i} + \dfrac{1}{a_2 \pi d_{n+1}}} \quad \text{W/m}^2 \qquad (4\text{-}25)$$

式中　 a_1、a_2——热、冷流体与固体壁面之间的放热系数，$\text{W}/(\text{m}^2 \cdot ℃)$；

$\qquad$ λ——平壁材料的导热系数，$\text{W}/(\text{m}^2 \cdot ℃)$。

三、影响传热的因素

从式（4-25）可以看出，强化传热的措施有。

（1）增大传热系数。如加强对流体的扰动，增大流体速度，布置错列管束等。

（2）减少传热热阻。如定期清洗传热设备，及时清除受热面表面的结垢或积灰和结渣，以及采用导热系数较大的材料等。

（3）增大传热面积。采用肋壁、鳍片管等。

（4）增加传热温差 Δt。提高热流体温度、降低冷流体温度、采用逆流方式等。

第五节　换　热　器

换热器广泛应用于能源、化工、石油、制药等工业生产中，常常把低温流体加热或把高温流体冷却，把液体汽化成蒸汽或蒸汽冷凝成液体，作为两种或两种以上温度不同的流体实现热量传递的设备。

换热器可以按不同的方式分类。按换热器的工作原理可将其分为表面式、混合式及蓄热式（又称回热式）三大类，其中以表面式换热器应用最普遍。

1. 表面式换热器

在换热器中，热流体通过固体壁面将热量传给流体，而热流体与冷流体互不接触。如火力发电厂的蒸汽过热器、再热器、省煤器、管式空气预热器、表面式蒸汽减温器、冷油器、汽轮机的各级抽汽回热加热器以及凝汽器等。

表面式换热器是指冷热流体被壁面隔开进行换热的热交换器。如暖风机、燃气加热器、冷凝器、蒸发器等。表面式换热器种类很多，从构造上主要可分为：套管式、管壳式、肋片管式、板式、板翅式、螺旋板式等，其中以前两种用得最为广泛。

(1) 套管式换热器。这是最简单的一种表面式换热器，如图 4-17 所示。它是由直径不同的两根管子同心套在一起组成的。冷、热流体分别流经内管和环隙，进行热交换。还可根据换热要求，将几段套管用 U 形管连接，目的是增加传热面积。这种换热器的特点是：结构简单，能承受高压，应用方便，但存在结构不紧凑、金属消耗量大、接头多而易漏、占地面积大等问题。常用于传热量不大或流体流量不大的情况。

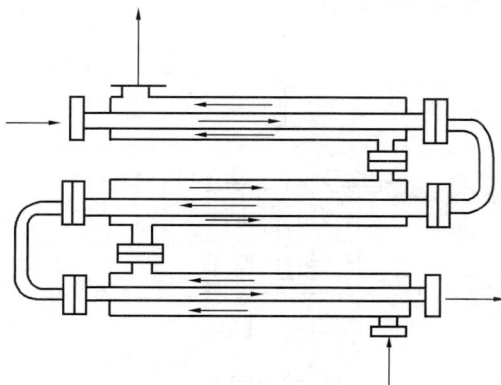

图 4-17 套管式换热器

(2) 管壳式换热器。管壳式换热器是目前应用最为广泛的一种换热器，如图 4-18 所示。由壳体、管束、管板、折流挡板和封头等组成。管子的两端固定在管板上，管束与管板再封装在外壳内，外壳两端有封头，一种流体从封头进口进入管子里，在管内流动，再从封头流出，其行程称为管程；另一种流体从外壳上的连接管进入换热器，在管外流动，其行程称为壳程。管束的壁面即为传热面。为提高壳程流体流速，往往在壳体内安装一定数目与管束相互垂直的折流挡板。折流挡板不仅可防止流体短路、增加流体流速，还迫使流体按规定路径多次错流通过管束，使流体能横向掠过管束壁面，使扰动程度大为增加，强化了换热。

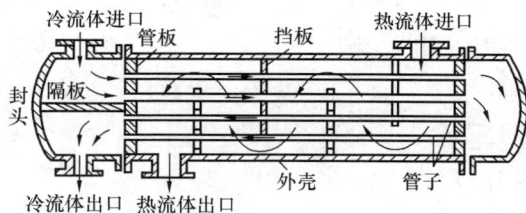

图 4-18 管壳式换热器

2. 混合式换热器

在混合式换热器中，热量的交换是依靠热、冷流体的直接接触和相互混合来实现的，热冷流体在进行热量传递的同时还伴随着质量的交换，且混合的结果可使冷、热流体最终达到相同的温度，传热效果好。如火力发电厂中的除氧器、冷水塔、空调工程中的喷淋冷却塔、蒸汽喷射泵和喷水式蒸汽减温器等都属于混合式换热器（如图 4-19 所示）。如在喷水减温器中，低温的给水喷入高温的过热蒸汽中，通过直接混合传热来降低过热蒸汽的温度。在冷却水塔中，从凝汽器来的热循环水被分解成水滴后，与冷的大气充分混合，将热量传递给空气，从而达到了冷却循环水的目的。

混合式换热器具有传热速度快、传热效率高、结构简单、造价低等优点，但当不允许冷、热流体直接混合时就不能使用，所以其使用范围是有限的。

3. 蓄热式换热器

在这种换热器中，热流体和冷流体先后交替地流过同一换热面。热流体流过时热量被换热表面吸收并储存在其内部，待冷流体流过换热表面时，再将储存的热量传递给冷流体。这样冷流体被加热而热流体被冷却。锅炉中的回转式空气预热器如图 4-20 所示，它由蓄热材料构成，并分成两半，冷热流体轮换通过它的一半通道，从而交替式地吸收和放出热量，即热流体流过换热器时，蓄热材料吸收并储蓄热量，温度升高，经过一段时间后切换为冷流体，蓄热材料放出热量加热冷流体。此类换热器结构简单，可耐高温。缺点是设备体积庞大，传热效率低且两流体有部分混合，常用于高温气体热量的回收或冷却。

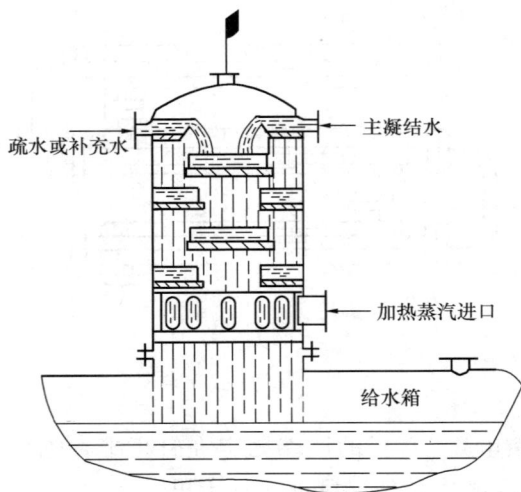

图 4-19　淋水盘式除氧器　　　　　图 4-20　蓄热式换热器

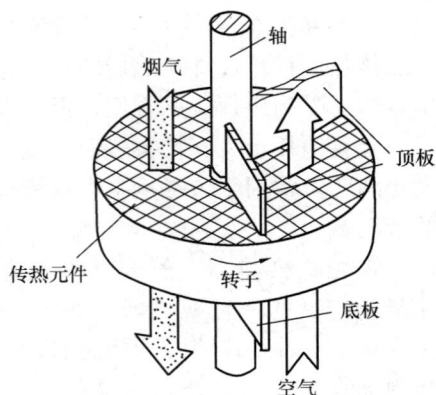

【例 4-8】 电厂中某冷油器中油和水按逆流方式布置。已知：冷却水进出口温度 $t''_2=75℃$，$t'_2=39℃$，换热系数 $a_2=4200W/(m^2 \cdot ℃)$；热流体油进出口温度 $t'_1=90℃$，$t''_1=54℃$，换热系数 $a_1=380W/(m^2 \cdot ℃)$；传热平均温差 $\Delta t=18.74℃$。冷油器内用 $\phi20×1.5$ 的黄铜管，其导热系数 $\lambda=120W/(m \cdot ℃)$，传热面积 $A=84m^2$，求传热量 Q。

解 $\phi20×1.5$ 的黄铜管的管壁厚 $\delta=1.5mm=0.0015m$，则

$$K = \frac{1}{\frac{1}{a_1}+\frac{\delta}{\lambda}+\frac{1}{a_2}} = \frac{1}{\frac{1}{380}+\frac{0.0015}{120}+\frac{1}{4200}} = 347.16 \ W/(m^2 \cdot ℃)$$

$$Q = KA\Delta t = 347.16 × 84 × 18.74 = 546485.4 \ W$$

第六节　发电厂电气设备中的传热现象

在火力发电厂中各类电气设备的散热，有热表面与空间的自然对流换热，有热表面与四周冷表面间的辐射换热，还有两种以上热量传递的方式同时起作用的换热过程。电气设备中最多的是对流和辐射同时存在的复合换热。现就几种典型传热现象说明如下。

一、电动机的冷却

电动机在转动过程中，定子和转子绕组及铁芯中的损耗转变为热能，使电动机的温度升

高。电动机输出功率越大，内部损耗越大，产生的热量就越多。要及时地把这些热量排走，保证这些部件的温度不会超过绝缘材料的温度，才能确保电动机安全运行。

电动机冷却有通风式冷却和封闭式冷却两种。现以封闭式冷却电动机为例来说明。这种电动机适用于多灰的锅炉环境中，采用封闭式冷却系统。一方面，在转子两端装设风扇，使内部气流作强制对流；另一方面，在机壳外面装有风扇，迫使空气流动，加强对机壳外表面的冷却。为了增强散热，在机壳外表面上还铸有散热肋片。这种传热是对流换热和辐射换热同时存在的复合换热方式，如图 4-21 所示。

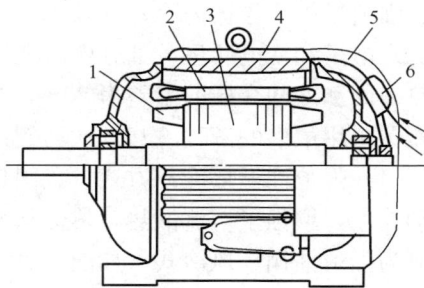

图 4-21　表面冷却封闭式电动机
1—内风扇；2—定子；3—转子；
4—散热肋片；5—风罩；6—风扇

二、发电机的冷却

随着汽轮发电机容量增大，空气冷却发电机已经不适应了。人们于是采用氢气和水来冷却发电机。由于氢气的导热系数比空气大 6～7 倍，氢气的放热系数要比空气约高 50%。对同一发电机来说，氢气冷却与空气冷却比较，可使发电机的出力提高 25%。

随着汽轮发电机容量的不断提高，要保证在较高的电流密度下使线圈的温度低于允许值，要求更进一步增大散热面积。采用空心导体，冷却流体直接通过导体内部，将导体产生的热量不必经过绝缘层而直接散发到冷却介质中去。这种内冷的方法不仅使散热面积增大，而且还提高了对流换热的温差，从而大大改善了冷却效果。人们又采用水作为冷却介质。水的导热系数比氢气大 3～4 倍，从而强化了传热，增大了传热量。

目前大机组的发电机冷却系统大多采用双水内冷系统和水—氢—氢冷却系统。双水内冷系统是指定子线圈和转子线圈均用水作为冷却介质，定子和转子表面为空气冷却。水—氢—氢冷却系统是指定子线圈为水冷却，转子线圈为氢气冷却，定子和转子表面为氢气冷却。

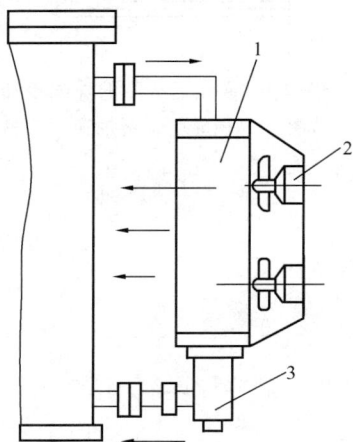

图 4-22　强迫油循环风冷式示意图
1—冷却器；2—风扇；3—油泵

三、变压器的冷却

1. 变压器的传热过程

变压器在运行时，存在着导线损耗、铁芯损耗、附加损耗等。这些损耗都以热量的形式向四周的空气散发出去。其热量传递过程如下：

（1）热量由线圈或铁芯内部以热传导的方式传到外表面，再传到变压器油中，使冷油变为热油；

（2）热油以对流散热方式把热量传到油箱或散热器的内表面，再以热传导的方式传到外表面；

（3）散热器外表面的热量以对流和辐射的方式传到周围的空气中去。

2. 变压器的冷却方式

变压器的冷却介质有空气、变压器油和六氟化硫（SF_6）气体等。冷却介质的循环方式有自然循环、强迫循环、强迫导向、导体内冷却介质蒸发冷却等。变压器的散热方式有对流散热和辐射换热两种。发电厂和变电所里大部分电力变压器是油浸的,这样可以大大提高散热效率。例如,当散热表面和冷却介质的温差为 20～30℃时,油的散热效率要比空气高 15 倍左右。现以电力变压器采用最多的两种冷却方式为例进行说明。

(1) 强迫油循环冷却方式。我国目前制造的大型变压器,用油泵迫使油循环,加快油的流动速度,增强了对流散热。热油从变压器油箱中出来后需要冷却。因为冷却介质不同,又可分为强迫油循环风冷式(如图 4-22 所示)和强迫油循环水冷式(如图 4-23 所示)。

(2) 强迫油循环导向冷却方式。在巨型变压器中,采用了强迫油循环导向冷却。因为变压器中,线圈发热量与铁芯发热量相比较,前者占的比例大,改善线圈的散热情况是必要的。所以,在结构上采取了一定的措施后使油按一定的路径流动。用油泵送出的冷油,被送入线圈之间和线饼之间的油道中,或者是铁芯油道中。其铁芯与线圈中产生的热量被具有一定流速的冷油带走,再经冷却器把热量传到空气或水中。图 4-24 所示为变压器线圈的导向冷却结构简图。

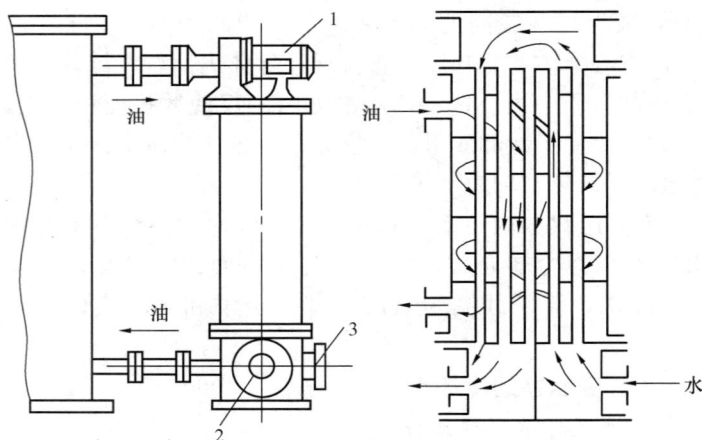

图 4-23 强迫油循环水冷式示意图
1—油泵;2—水入口;3—水出口

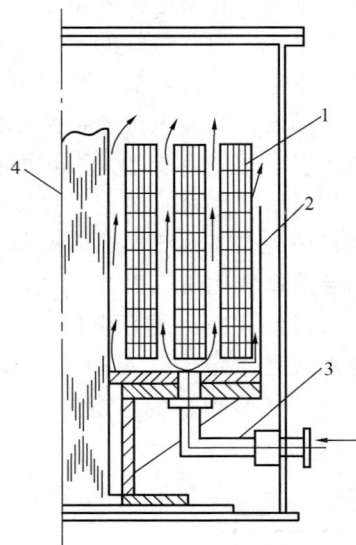

图 4-24 变压器线圈的导向冷却
1—线圈;2—围屏;3—导油管;4—铁芯

思 考 题 及 习 题

4-1 热传递有哪几种基本方式?

4-2 何谓导热?平壁导热的热量如何计算?

4-3 何谓热流密度?如何计算热流密度?多层平壁热流密度又怎样计算?

4-4 何谓对流换热?对流换热量如何计算?

4-5 影响对流换热强度有哪几个主要因素?举例说明之。

4-6 何谓辐射换热?如何计算辐射换热量?

4-7　什么叫发射率（黑度）？系统黑度如何计算？

4-8　何谓传热？强化传热有哪些措施？

4-9　火力发电厂有哪几种换热器？广泛使用的又是哪一种换热器？

4-10　为什么发电机采用水冷效果好？

4-11　大型电力变压器的冷却方式有哪两种？各有什么特点？

4-12　直径为 180mm 的蒸汽管，在管外包着厚度为 85mm 的石棉保温层，其导热系数 $\lambda=0.12W/(m\cdot℃)$。管内表面温度为 350℃，保温层外表面温度为 50℃，求每米管长的导热损失为多少？

4-13　某台锅炉过热器铬钼合金钢管的内、外径为 32mm 和 42mm，导热系数 $\lambda_i=34W/(m\cdot℃)$，过热器钢管内、外壁温度各为 $t_1=560℃$，$t_2=580℃$。求：

(1) 不积灰时每米管长的热流密度 q_L；

(2) 如果管外积有 1mm 厚的烟炱，其导热系数 $\lambda_2=0.07W/(m\cdot℃)$，求此时每米管长的热流量 q'_L。

4-14　试计算温度处于 800℃、发射率（黑度）$\varepsilon=0.80$ 的耐火砖的辐射出射度。

4-15　某锅炉炉膛出口烟气的温度 $t_1=1100℃$，黑度 $\varepsilon_1=0.08$。烟道壁温 $t_2=500℃$，黑度 $\varepsilon_2=0.95$。求面积 $A=1m^2$ 时，烟气与烟道壁之间的辐射换热量是多少？

4-16　蒸汽管的内、外直径为 300mm 和 320mm。管外敷有 120mm 厚的石棉绝热层，石棉 $\lambda_2=0.11W/(m\cdot℃)$，钢管 $\lambda_1=50W/(m\cdot℃)$，管内蒸汽的温度 $t_{f1}=400℃$，管外周围空气的温度 $t_{f2}=20℃$，管子内、外两侧的对流放热系数各为 $a_1=150W/(m^2\cdot℃)$，$a_2=10W/(m^2\cdot℃)$。求：①每米管长的热损失 q_L；②石棉绝热层内外表面温度 t_{w2} 和 t_{w3}。

第二篇 热力发电厂动力设备

第五章 电 厂 锅 炉

第一节 概 述

一、锅炉设备的作用及组成

锅炉设备是火力发电厂中三大主要设备之一。它的作用是将燃料的化学能转变为烟气热能，同时用烟气加热给水使之变成蒸汽。现代火力发电厂的锅炉容量大、参数高、技术复杂以及机械的自动化水平高。概括地说，锅炉的主要工作过程是燃料的燃烧、热量的传递、水的汽化和蒸汽的过热等。

锅炉设备由锅炉本体和辅助设备组成。锅炉本体包括汽水系统（省煤器、汽包、下降管、水冷壁、过热器和再热器等）和燃烧系统（炉膛、燃烧器、空气预热器、烟风道及炉墙、构架等）。辅助设备包括通风设备（送、引风机）、燃料运输设备、制粉设备、给水设备、除灰及除尘设备等。

现在以一台煤粉炉（如图 5-1 所示）来简要说明其工作过程。

1. 风煤烟工作流程

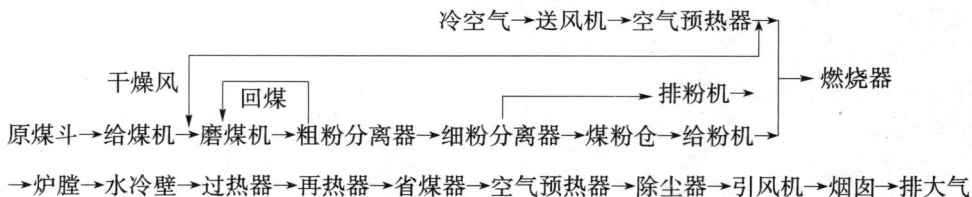

冷空气→送风机→空气预热器┐

干燥风　回煤　　　　　　　　　　　　　　　　　　→排粉机→　燃烧器

原煤斗→给煤机→磨煤机→粗粉分离器→细粉分离器→煤粉仓→给粉机┘

→炉膛→水冷壁→过热器→再热器→省煤器→空气预热器→除尘器→引风机→烟囱→排大气

2. 汽水工作流程

（水）　　　　　　　　　　　　　（汽）

给水泵→高压加热器→省煤器 → 汽包→下降管→下联箱→水冷壁（上升管） → 汽包→过热器→汽轮机

二、锅炉的主要特性

1. 蒸发量

蒸发量是指锅炉每小时所能生产的最大连续蒸汽量，用符号 D 表示，单位为 t/h。

2. 蒸汽参数

电厂锅炉的蒸汽参数是指过热器出口处的蒸汽额定压力和额定温度。蒸汽压力用符号 p 表示，单位为 MPa；蒸汽温度用符号 t 表示，单位为℃。

3. 锅炉热效率

锅炉热效率是表征锅炉运行热经济性的指标，是指锅炉生产蒸汽时有效利用的热量与输

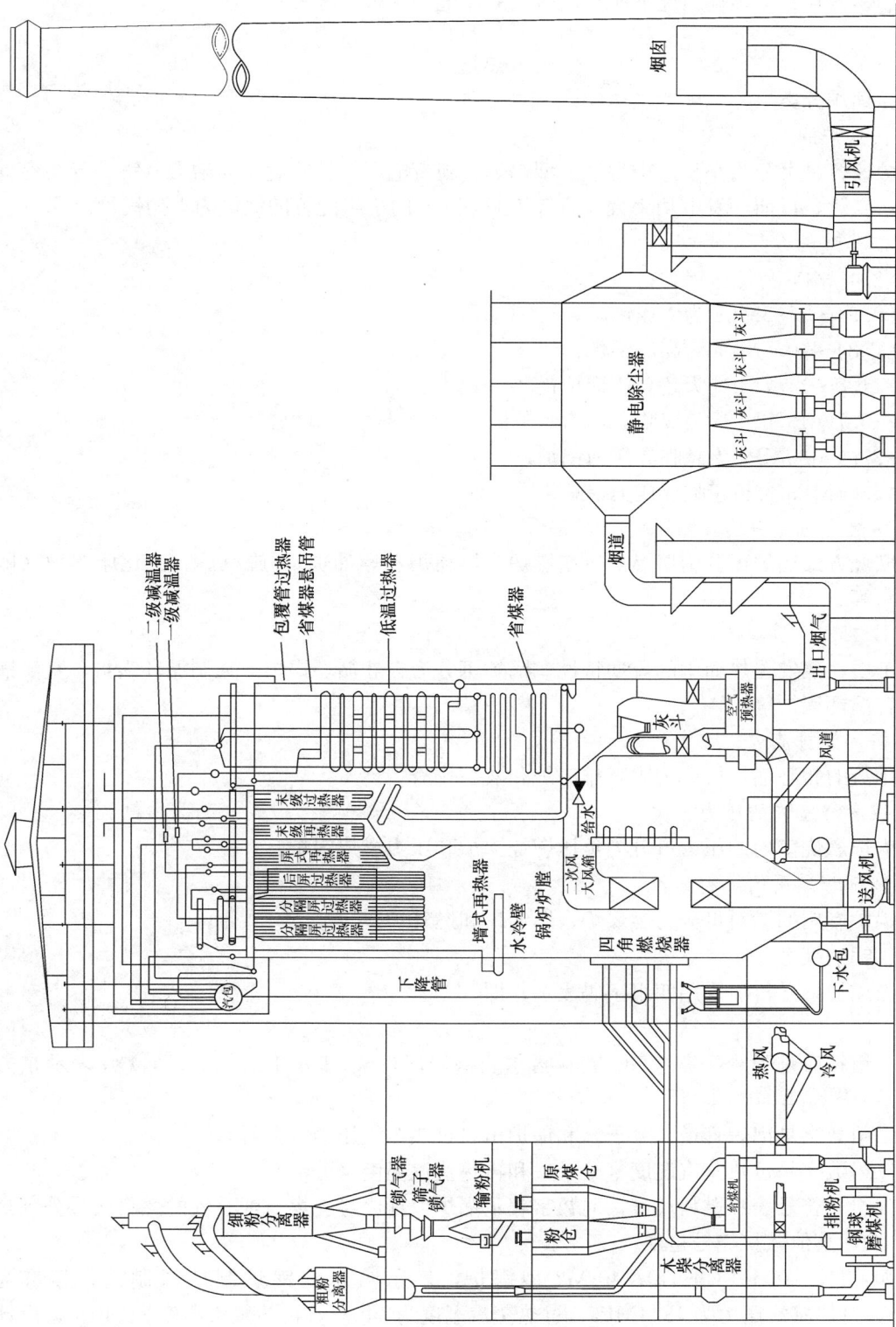

图 5-1 煤粉锅炉及辅助设备示意图

入炉内的燃料在完全燃烧情况下所放出热量的比值，用符号 η 表示。即

$$\eta = \frac{\text{有效利用热量}}{\text{输入热量}} \times 100\% \qquad (5\text{-}1)$$

三、锅炉分类

1. 按锅炉的容量分类

锅炉按容量可分为小型、中型、大型锅炉。随着电厂锅炉容量不断增大，锅炉分类容量也在不断变化，目前，发电功率大于或等于 600MW 的机组配置的锅炉为大型锅炉。

2. 按蒸汽压力分类

$p \leqslant 2.45$MPa 为低压锅炉；

$p = 2.94 \sim 4.92$MPa 为中压锅炉；

$p = 7.84 \sim 10.8$MPa 为高压锅炉；

$p = 11.8 \sim 14.7$MPa 为超高压锅炉；

$p = 15.7 \sim 19.6$MPa 为亚临界压力锅炉；

$p = 22.1 \sim 30$MPa 为超临界压力锅炉；

$p \geqslant 32.0$MPa 为超超临界压力锅炉。

3. 按燃烧方式分类

按燃烧方式锅炉可分为层燃炉、室燃炉（煤粉炉和燃油炉）、旋风炉、流化床锅炉（即沸腾炉）等。

4. 按工质流动特性分类

按工质在蒸发受热面中的流动特性，锅炉可分为自然循环锅炉、强制循环锅炉、直流锅炉、复合循环锅炉等。

5. 按锅炉排渣方式分类

按排渣的相态锅炉可分为固态排渣炉和液态排渣炉。

6. 按燃烧室内的压力分类

按锅炉燃烧室内的压力可分为负压燃烧锅炉和压力燃烧锅炉。

7. 按锅炉燃用的燃料分类

按锅炉燃用的燃料可分为燃煤炉、燃油炉和燃气炉。

四、锅炉型号

我国锅炉型号目前采用四组字码表示，即

$$\triangle\triangle\text{-}\times\times\times/\times\times\times\text{-}\times\times\times/\times\times\times\text{-}\triangle\times$$

第一组符号是制造厂家（HG 表示哈尔滨锅炉厂，SG 表示上海锅炉厂，DG 表示东方锅炉厂）；

第二组数字是锅炉容量（分子）和锅炉出口过热蒸汽压力（分母）；

第三组数字是过热蒸汽温度（分子）和再热蒸汽温度（分母）；

第四组，符号表示燃料代号，而数字表示锅炉设计序号。煤、油、气的燃料代号分别是 M、Y、Q，其他燃料代号是 T。

例如：HG-2005/18.4-540/540-M2 型锅炉，表示哈尔滨锅炉制造厂制造，容量为 2005t/h，过热蒸汽压力为 18.4MPa，过热蒸汽温度为 540℃，再热蒸汽温度为 540℃，设计燃料为煤，设计序号为 2（该型号锅炉为第二次设计）。

第二节 锅炉燃烧系统及其设备

一、锅炉燃料

燃料是指用来燃烧以取得热量的物质。锅炉工作的安全性、经济性都与燃料的性质有密切关系。锅炉可以燃用固体燃料、液体燃料和气体燃料。根据我国的能源政策，电力工业部门要尽可能多地燃用劣质煤。所谓劣质煤，是指水分、灰分或硫分含量较多，发热量较低，在其他方面没有多大经济价值的煤。应尽可能采用当地燃料，尽可能提高燃料的使用经济效果，综合利用，节约能源。尽可能减少燃料燃烧产物对环境的污染。

目前，我国电厂锅炉大多数是烧煤，故本节只介绍煤的性质及其燃烧情况。

（一）煤的组成成分及性质

1. 煤的元素分析

煤的元素分析成分是碳（C）、氢（H）、硫（S）、氧（O）、氮（N）、水分（M）和灰分（A）。其中碳、氢和硫中的一部分是可燃成分，其余都是不可燃的。

（1）碳（C）。碳是煤中的主要可燃元素，1kg 纯碳完全燃烧生成 CO_2 能放出 32866kJ 热量，如果氧气不足形成不完全燃烧将生成 CO，只能放出 9270kJ 的热量。碳的燃烧特点是不易着火，燃烧缓慢，火苗短。

（2）氢（H）。氢是煤中发热量最高的元素。1kg 氢完全燃烧能放出 143100kJ 热量，同时生成 H_2O。氢的燃烧特点是极易着火，燃烧迅速，火苗长。

（3）氧（O）。氧是煤中杂质。其含量增多就会使煤中的可燃元素含量相对减少。

（4）氮（N）。氮是煤中杂质。氮和氧在高温下形成氮氧化合物 NO_x，对人体和植物都十分有害。

（5）硫（S）。硫既是可燃元素又是有害元素，1kg 硫完全燃烧虽然能放出 9050kJ 热量，但是燃烧生成的 SO_2 或 SO_3 与水蒸气结合在一起生成亚硫酸或硫酸蒸气，不仅造成环境污染，而且造成尾部受热面的腐蚀。

（6）水分（M）。水分是煤中杂质。水分对锅炉工作的主要危害是：水分增加会使煤的发热量降低；水分增加降低了燃烧室的温度，使着火困难，燃烧过程延长；水分多造成烟气体积增大，使排烟热损失和引风机电耗量增加；水分增加，使尾部受热面积灰和腐蚀的可能性增大；水分大，对煤的输送和制粉系统的可靠运行将带来更大的困难。

（7）灰分（A）。灰分是煤中主要杂质。对锅炉工作的主要危害是：灰分多，使煤的发热量降低，使煤的着火和燃尽困难；灰分多，会使炉膛结渣、受热面积灰和磨损的可能性增大；灰分多，锅炉热损失增大；灰分随烟气排出还会造成对大气和环境的污染。

2. 煤的工业分析

煤的元素分析比较复杂。目前电厂常采用工业分析方法来确定水分（M）、挥发分（V）、固定碳（FC）和灰分（A）的含量，从而了解煤在燃烧方面的某些特性，以便正确地进行锅炉燃烧调整。发电厂每班都要测定炉前煤的水分、灰分和挥发分，以便及时地改进锅炉的运行方式。

煤在隔绝空气的条件下加热，首先是水分蒸发。当温度超过 100℃时，煤中有机物质分解成各种气体挥发出来，这些挥发出来的气体叫挥发分。

挥发分主要是由可燃气体组成，如氢（H_2）、甲烷（CH_4）、一氧化碳（CO）、硫化氢（H_2S）及其他碳氢化合物 C_mH_n 等，还有少量不可燃气体，如氧（O_2）、氮（N_2）、二氧化碳（CO_2）等。挥发分的特点是易着火、燃烧迅速、火焰长。因此煤中的挥发分含量愈多，愈易着火和燃尽。挥发分还是对煤进行分类的重要依据。

（二）煤的主要特性

1. 发热量

煤的发热量是指 1kg 煤完全燃烧时放出的热量，用 Q_{ar} 表示，单位是 kJ/kg。

煤的发热量有高位与低位之分，收到基高位发热量 $Q_{ar,gr}$ 是 1kg 煤完全燃烧时所放出的最大可能发热量，它包括燃烧生成的水蒸气凝结成水所放出的汽化潜热。收到基低位发热量 $Q_{ar,net}$ 是从高位发热量中扣除了水蒸气的汽化潜热后的发热量。实际上，煤在电厂锅炉中燃烧后，排烟温度大约在 110～160℃ 之间，烟气中水蒸气仍处于蒸汽状态，不可能凝结成水而放出汽化潜热。因此，在我国锅炉技术中一般用低位发热量作为计算依据。

不同种类的煤具有不同的发热量。在锅炉负荷不变的情况下燃用发热量低的煤时，煤耗量大，而燃用发热量高的煤时，煤耗量小。不能简单地按煤耗量大小来说明设备运行的经济性和运行人员的操作技术水平。为了正确地制订生产计划，便于比较不同锅炉设备或同一设备在不同运行工况下的煤耗量，引用了"标准煤"的概念。世界各国标准煤的收到基定压低位发热量为 29270kJ/kg 或 29.27MJ/kg（即 7000kcal/kg）。这样，不同发热量煤的消耗量都可以通过下面的公式折算成标准煤耗量，即

$$B_b = \frac{BQ_{ar,net}}{29270} \qquad (5-2)$$

式中　B_b——标准煤耗量，kg/h；

　　　B——实际煤耗量，kg/h；

　$Q_{ar,net}$——实际煤的收到基低位发热量，kJ/kg。

2. 灰的熔融性

灰熔点对锅炉工作有较大的影响。如果灰熔点低，容易引起受热面结渣，不仅影响传热，而且还会影响锅炉安全运行。

通常用变形温度（DT）、软化温度（ST）、熔化温度（FT）来表示灰渣的熔融特性。当灰渣温度达到软化温度（ST）时，就有结渣的可能性。习惯上将 ST 作为灰的熔点，并根据 ST 的高低将灰分类：ST>1400℃ 称为难熔灰；ST＝1200～1400℃ 称为中熔灰；ST<1200℃ 称为易熔灰。对于固态排渣煤粉炉，为了防止结渣，要求炉膛出口烟温比软化温度 ST 低 50～150℃。

3. 挥发分

挥发分的高低对燃烧过程有很大的影响。挥发分高的煤易着火，燃烧较稳定，易于燃烧完全。挥发分低的煤着火较困难，燃烧不够稳定，必须采取一定的措施来改善燃烧条件才能使燃烧完全。

4. 煤的可磨性系数

煤的可磨性系数又叫可磨度，它表示煤破碎的难易程度。

煤的可磨性系数是指在风干状态下，将同一重量的标准煤和试验煤由相同粒度磨碎到相同的细度时所消耗的能量之比，即

$$K_{km} = \frac{E_{bz}}{E_s} \tag{5-3}$$

式中　E_{bz}——磨标准煤的电耗量，（$kW \cdot h$）/t；

　　　E_s——磨试验煤的电耗量，（$kW \cdot h$）/t。

标准煤是一种比较难磨的无烟煤，其可磨性系数定为 1。煤越容易磨，则 E_s 越小，K_{km} 越大。

（三）煤的分类

煤的干燥无灰基挥发分 V_{daf} 能反映燃烧的难易程度，故用它对煤进行分类：

无烟煤　　　　　　　$V_{daf}<10\%$

贫煤　　　　　　　　$V_{daf}=10\%\sim20\%$

烟煤　　　　　　　　$V_{daf}=20\%\sim40\%$

褐煤　　　　　　　　$V_{daf}>40\%$

二、燃烧过程

炉内煤的燃烧是否良好，对发电成本影响很大。因此，要求锅炉运行人员合理组织煤的燃烧过程，保证良好的燃烧条件，使煤粉能迅速完全地燃烧。

燃料的燃烧是指燃料中的可燃成分（C、H、S）同空气中的氧发生剧烈的化学反应，并放出热量的过程。

（一）煤粉的燃烧过程

煤粉从进入炉膛到烧完，大体上分为三个阶段：着火前的准备阶段、燃烧阶段和燃尽阶段。

1. 着火前的准备阶段

煤粉被加热后，水分蒸发、挥发分析出。煤粉温度逐渐升高到着火温度时，煤粉就会起焰着火。所谓煤粉的着火点（即着火温度）是指煤粉开始发生剧烈氧化所需要的最低温度。其热量主要来源于高温烟气与煤的接触传热，以及火焰、炉墙和熔化灰对煤粉的热辐射。就固态排渣煤粉炉而言，高温烟气与煤粉的接触传热是主要的，要使煤粉着火快，必须提高炉膛温度，降低煤粉所含水分，以及使新的煤粉与高温烟气强烈混合。

2. 燃烧阶段

包括挥发分和焦炭的燃烧。焦炭的燃烧需要的时间长，又不易燃烧完全。煤燃烧的关键在于如何组织焦炭的燃烧，这时需要既集中又迅速地供给足够数量的空气，并使之强烈混合，以保证燃烧进行得迅速、强烈和完全。

3. 燃尽阶段

在燃尽阶段中，未燃尽而被灰包围的少量固定碳在燃尽阶段继续燃烧，直到燃尽。在此阶段中，炭粒不能很好地与空气接触，故燃尽阶段进行得缓慢。为了减少灰渣中的可燃物，降低热损失，应适当延长燃尽阶段的时间，并加强扰动使灰渣中的可燃物烧透烧尽。

由上面所述，燃烧的产生要具备三个主要因素，即燃料、足够高的温度和充分的氧气。

（二）煤粉完全燃烧的条件

1. 完全燃烧与不完全燃烧

煤粉中的可燃成分在燃烧后全部生成不能再进行氧化的燃烧产物，如 CO_2、SO_2、H_2O 等，称为完全燃烧。

煤粉中的可燃成分在燃烧后尚有部分没有燃尽的可燃气体，如CO、H_2、CH_4等，称为不完全燃烧。

2. 煤粉完全燃烧的条件

（1）保持足够高的炉膛温度，不仅利于煤粉的着火，而且还可以加速燃烧反应的进行。

（2）供给适量的空气，便于煤粉中的可燃成分与空气中的氧发生化学反应，降低不完全燃烧热损失，提高锅炉热效率。

（3）有良好的燃烧设备保证空气与燃料能很好地接触和混合，加速煤粉的完全燃烧。

（4）保证煤粉燃烧有足够的时间并提供一定的空间环境，以降低不完全燃烧热损失。

（三）过量空气系数

1. 理论空气量

根据燃烧反应计算，1kg煤完全燃烧所需要的空气量（标准状态下）称为理论空气量，用符号V^0表示，单位为m^3/kg。其计算式为

$$V^0 = 0.0889(C_{ar} + 0.375S_{ar}) + 0.265H_{ar} - 0.0333O_{ar} \quad m^3/kg \quad (5-4)$$

2. 实际空气量

在锅炉实际运行中，为了使煤粉完全燃烧减少不完全燃烧热损失，实际供入炉内的空气量比理论空气量大些，这一空气量称为实际空气量，用符号V_k表示，单位为m^3/kg。

3. 过量空气系数

实际空气量与理论空气量之比称为过量空气系数，用符号a表示。即

$$a = \frac{V_k}{V^0} \quad (5-5)$$

式中　V^0——理论空气量，m^3/kg（标况下）；

　　　V_k——实际空气量，m^3/kg（标况下）。

过量空气系数a反映了燃料与空气的配合情况。a过大，表示送风量过多，这样不仅增加了排烟热损失，而且势必会降低炉膛温度，对燃烧不利。a过小，表示送风量太小，这样会增加机械不完全燃烧热损失和化学不完全燃烧热损失。a的大小既能在一定程度上说明运行操作技术水平的高低，又能反映燃烧过程的经济性。

炉中过量空气系数a通常是指炉膛出口处的过量空气系数a_L''。其最佳值与煤的种类、燃烧方式和燃烧设备的完善程度有关，应通过实验确定。对于固态排渣煤粉炉而言，炉膛出口处的最佳过量空气系数a_L''应保持在$1.15 \sim 1.25$之间。

（四）炉内过量空气系数的近似计算

过量空气系数直接影响炉内燃烧的好坏和各项热损失的大小。在锅炉运行中，一般用烟气分析仪或用CO_2表计以及氧量表的指示值，由下面的近似计算公式确定，即

$$a \approx \frac{RO_2^{max}}{CO_2} \quad (5-6)$$

$$a \approx \frac{21}{21 - O_2} \quad (5-7)$$

RO_2^{max}是假定$a=1$、煤粉完全燃烧时烟气中RO_2的百分含量。随着煤的成分不同，RO_2^{max}也不同，常用各种煤的RO_2^{max}见表5-1。

表 5-1 　　　　　　　　　　　　　常用各种煤的 RO_2^{max}

煤的种类	RO_2^{max}	煤的种类	RO_2^{max}
无烟煤	19.3～20.2	烟　煤	18.4～18.7
贫　煤	18.9～19.3	褐　煤	18.9～19.8

从式（5-6）可以看出，对于一定的煤，在锅炉运行中用 CO_2 表测出烟气中的 CO_2 含量，就能近似地算出过量空气系数的大小。CO_2 含量大时，a 就小，CO_2 含量小时，a 就大。

从式（5-7）中可以看出，只要用氧量表测出烟气的含氧量，就可以近似地算出过量空气系数的大小。O_2 含量大时，a 就大；O_2 含量小时，a 就小。在锅炉运行时，通过氧量表的读数来监视送入炉内的空气量大小。因为测定烟气中 O_2 的含量，可以不受煤种变化的影响，所以现在多用氧量表来监视和测量炉内过量空气系数。

过量空气系数总是沿着烟气的流动方向，即从锅炉炉膛到后面的各段烟道逐步增大的，这是因为电厂锅炉多为负压运行（炉内压力略低于大气压力），在炉膛及烟道的结构不十分严密的情况下，会有空气漏入炉膛和烟道内。由于漏进去的冷空气非但不能参与燃烧，反而会吸走一部分热量，使尾部受热面上的热交换恶化，从而增大了排烟热损失，另外还使引风机的电耗增加。因此，在锅炉运行时，必须采取措施把各段烟道中的漏风量或漏风系数 Δa 严格控制在一定范围内。

三、煤粉制备系统的主要设备

（一）磨煤机的分类

磨煤机是制粉系统的主要设备，其作用是将原煤磨制成煤粉。磨煤机的磨煤原理主要是受到撞击、挤压、研磨三种力综合作用的结果。

根据磨煤机部件的工作转速，电厂用的磨煤机分为三种类型。

低速磨煤机：转速为 16～25r/min，如筒型钢球磨煤机。

中速磨煤机：转速为 50～300r/min，如中速平盘式磨煤机、中速球式磨煤机（E 型磨煤机）、中速碗式磨煤机及 MPS 磨煤机等。

高速磨煤机：转速为 500～1500r/min，如风扇式磨煤机、捶击式磨煤机等。

我国燃煤电厂目前应用最多的是筒形钢球磨煤机和中速磨煤机。

（二）筒形钢球磨煤机

筒形钢球磨煤机可分为单进单出筒形钢球磨煤机和双进双出筒形钢球磨煤机两种。

1. 单进单出筒形钢球磨煤机

如图 5-2 所示，是单进单出筒形钢球磨煤机示意图。它的磨煤主体部件是一个直径为 2～4m、长度为 3～10m 的钢制圆形大转筒，筒内壁衬有波浪形锰钢护甲，护甲与筒体之间有一层绝热石棉垫，筒体外包有一层隔音毛毡，毡外用铁皮包裹。筒内装有直径为 25～60mm 的钢球，钢球所占容积约为圆

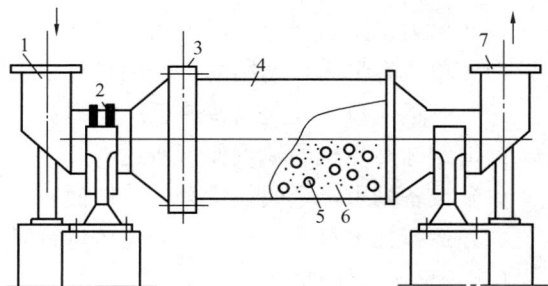

图 5-2　单进单出筒形钢球磨煤机示意图

1—进煤管；2—主轴承；3—传动齿轮；4—转筒；

5—钢球；6—煤；7—风粉混合物出口

筒体积的 20%～30%。原煤和干燥剂（热空气）由进口管进入，气粉混合物从出口管排出。它的工作原理是电动机经减速装置带动圆筒转动，球被提升到一定高度，然后落下将煤击碎。主要是靠撞击作用将煤磨制成煤粉，同时也有挤压、研磨作用。

2. 双进双出筒形钢球磨煤机

图 5-3 所示为双进双出筒形钢球磨煤机系统示意图。双进双出筒形钢球磨煤机的工作原理与单进单出筒形钢球磨煤机基本相同，所不同的是原煤和热风从钢球磨煤机的两端进入，而细煤粉又由热风从钢球磨煤机的两端带出，由此得名"双进双出"。原煤由内进煤管进入，煤粉由风从外套管携带到粗粉分离器。双进双出筒形钢球磨煤机外形见图 5-4。

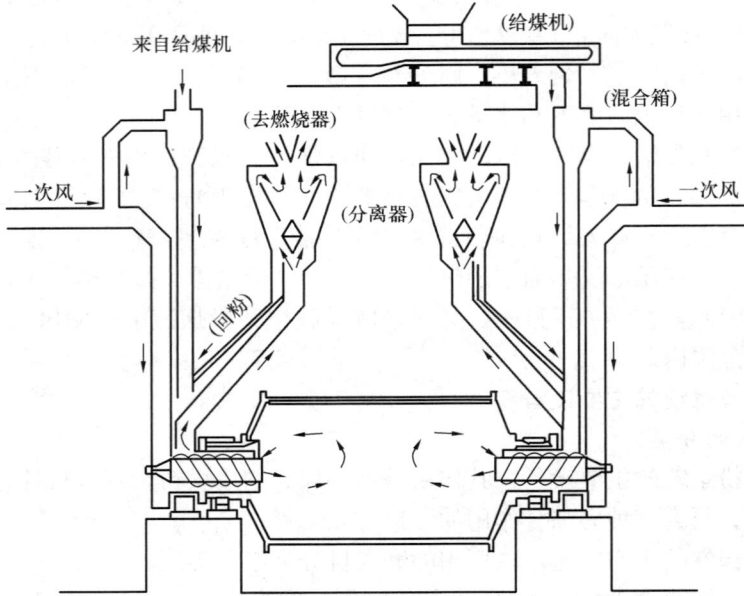

图 5-3　双进双出筒形钢球磨煤机示意图

3. 筒形钢球磨煤机的特点

筒形钢球磨煤机的优点如下所述。

（1）对煤种适应性广，有较强的磨煤能力，如硬度大的煤。

（2）工作可靠性高，灵活性好，维护最简便，维护费用低。

（3）出力稳定，能保持恒定的煤粉细度，能保持一定的风煤比。

（4）单机容量大，磨制的煤粉细，有较大的储粉能力。

（5）有适应负荷变化的快速反应能力。

筒形钢球磨煤机的缺点如下所述。

（1）设备笨重，金属耗量大，占地面积大。

（2）运行耗电量大，特别是低负荷运行时，单位电耗高。

（三）中速磨煤机

1. 中速磨煤机的类型

中速磨煤机的工作原理是以研磨和挤压将煤磨成煤粉。目前，常用的中速磨煤机有平盘式中速磨煤机、碗式中速磨煤机、E 型中速磨煤机和 MPS 中速磨煤机。

2. 中速磨煤机的结构和工作原理

（1）平盘式磨煤机的结构如图5-5所示。其主要工作部件由平盘式的转盘和磨辊组成。平盘的转盘由电动机通过减速器带动旋转，转动的转盘又带动磨辊转动。煤在转盘与磨辊之间被碾压、挤碎成煤粉，其碾压煤的压力主要靠调节弹簧拉紧所产生的压力。

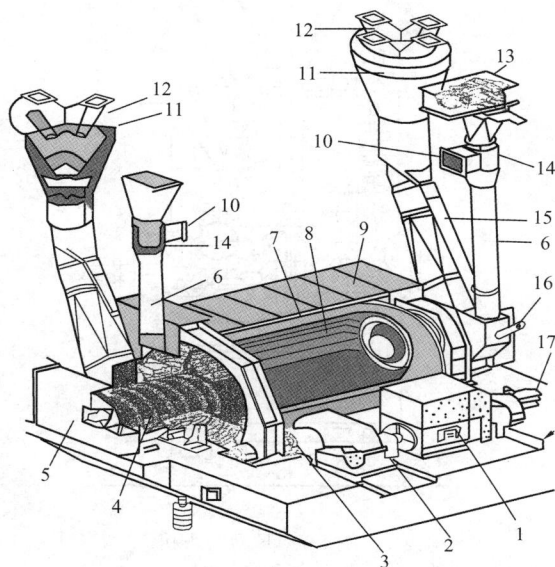

图 5-4 双进双出筒形钢球磨煤机外形图

1—电动机；2—减速机；3—大齿轮罩；4—螺旋输送器；5—一次风管；6—落煤管；7—筒体；8—护甲；9—隔音罩；10—旁路风；11—分离器；12—分离器出口煤粉管（pc管）；13—给煤机；14—混料箱；15—回粉管；16—加球落入口；17—辅助电动机

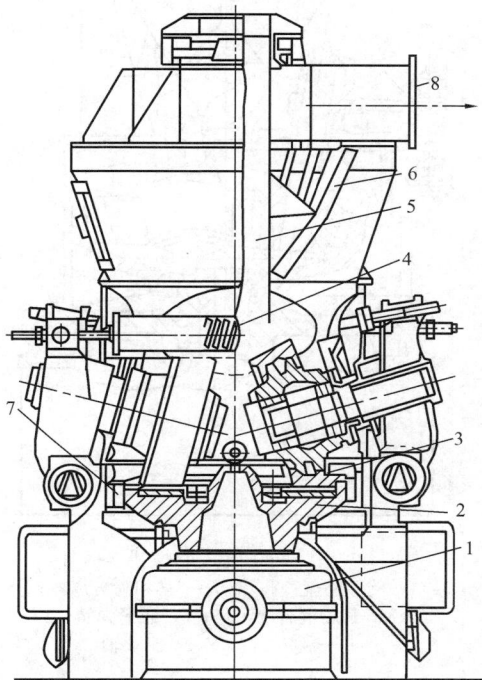

图 5-5 平盘式磨煤机

1—减速器；2—磨盘；3—磨棍；4—加压弹簧；5—下煤管；6—分离器；7—风环；8—气粉混合物出口管

（2）碗式磨煤机结构如图5-6所示。其主要工作部件由碗式的转盘和磨辊组成。碗式的磨盘作水平旋转，被压紧在磨盘上的磨辊绕自己的固定轴在磨盘上滚动，煤在磨辊与转盘间被碾压、挤碎成煤粉。

（3）E型磨煤机结构如图5-7所示。其主要工作部件由钢球和上、下磨环组成。下磨环由电动机通过减速器带动转动，下磨环又带动钢球转动，煤在钢球与磨环之间被碾压、挤碎成煤粉，其碾压煤的压力主要靠不转动的上磨环的弹簧来实现。

（4）MPS磨煤机的结构如图5-8所示。其主要工作部件由具有凹槽的磨盘和三个凸形磨辊组成。磨盘转动，磨辊靠摩擦力绕自身的轴旋转，煤在凸形磨辊与磨盘之间被碾压、挤碎成煤粉，其碾压煤的压力主要靠调节弹簧和液压气动装置来实现。

3. 中速磨煤机的特点

中速磨煤机的优点如下所述。

（1）结构紧凑，体积小，占地面积少。

（2）金属消耗量少，投资低。

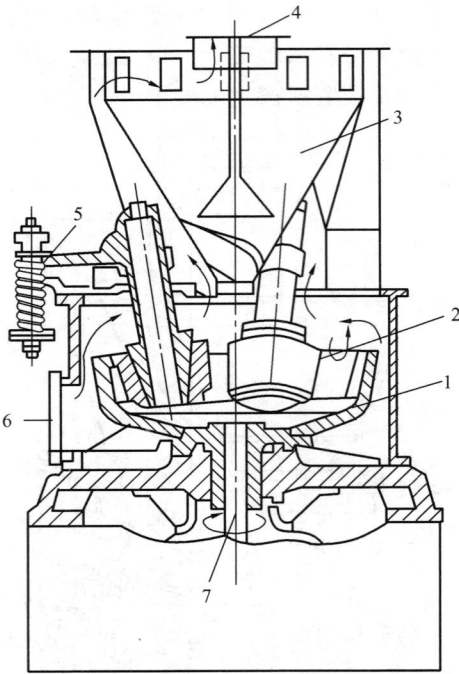

图 5-6　碗式磨煤机
1—碗形磨盘；2—辊子；3—粗粉分离器；
4—气粉混合物出口；5—压紧弹簧；
6—热空气进口；7—驱动轴

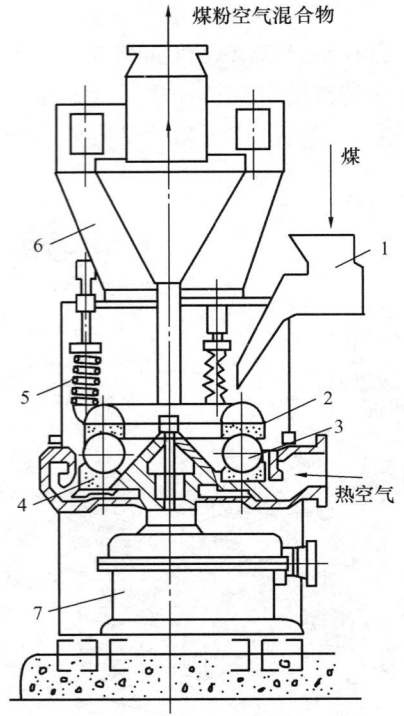

图 5-7　E 型磨煤机
1—给煤机；2—不转动的上磨环；3—钢球；
4—旋转的下磨环；5—压紧弹簧；
6—粗粉分离器；7—减速器

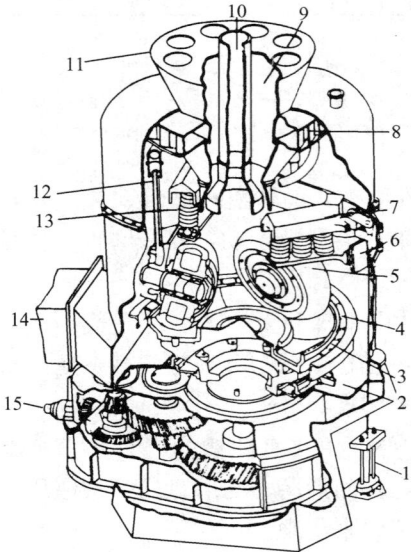

图 5-8　MPS 磨煤机
1—液压缸；2—杂物刮板；3—风环；4—磨盘；
5—鼓形磨辊；6—下压盘；7—上压盘；8—粗粉
分离器导叶；9—气粉混合物出口；10—原煤入
口；11—煤粉分配器；12—密封空气管路；13—
加压弹簧；14—一次热风进口；15—传动轴

（3）磨煤电耗低，启动快，调节灵活。

（4）煤粉均匀性好，空载功率小，适于变负荷运行。

（5）运行噪声小。

中速磨煤机的缺点如下所述。

（1）煤种适应性差，不宜磨硬煤、水分多和灰分大的煤。

（2）磨煤部件易磨损，需定期检修。

（四）给煤机

给煤机的作用是把原煤均匀地按一定数量送入磨煤机。给煤机的型式很多，最常用的有圆盘式给煤机、振动式给煤机、刮板式给煤机和电子称重皮带式给煤机。

1. 圆盘式给煤机

如图 5-9 所示，原煤从进煤管落到圆盘的中部并向四周散开，刮板把煤从圆盘刮下落入磨煤机中。

这种给煤机调节给煤量的方法有三个：一是调整刮板位置来调节给煤量；二是调节套筒来调节给煤量；三是调节圆盘转速来调节给煤量。

2. 电磁振动式给煤机

如图 5-10 所示的是目前应用广泛的电磁振动式给煤机示意图。其结构主要由给煤槽与电磁振动器组成。原煤由煤斗落入给煤槽，在振动器作用下，给煤槽以每秒 50 的频率振动（即振动频率为 50Hz）。由于振动器与给煤槽平面之间有一夹角 α，因此给煤槽上的煤就以 α 角抛起，并沿着抛物线轨道向前跳动。振动频率高，煤就像流水一样，均匀地落到落煤管中。

图 5-11 所示为电磁振动器工作原理。振动器中有一个电磁线圈，通过电磁线圈的电流是半波整流的脉冲电流。在正半波时，电流通过，电磁铁有吸力，吸引振动板靠近；在负半波时，无电流通过，电磁铁吸力消失，因为弹簧的作用，振动板又回到原来的位置。给煤槽是与振动板连成一体的。这样在电磁振动器作用下，给煤槽不断地振动。

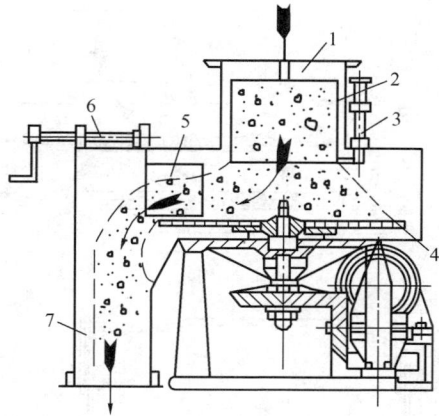

图 5-9　圆盘式给煤机

1—进煤管；2—调节套筒；3—调节套筒的操纵杆；4—圆盘；5—调节刮板；6—刮板位置调整杆；7—出煤管

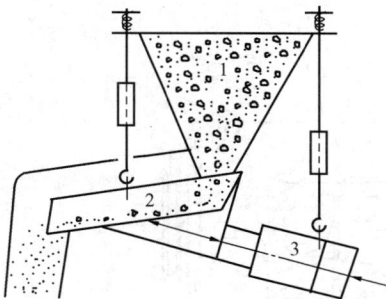

图 5-10　电磁振动给煤机示意图

1—煤斗；2—给煤槽；3—电磁振动器

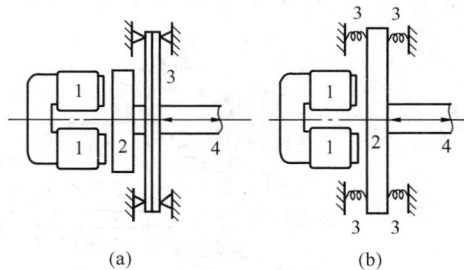

图 5-11　电磁振动器工作原理图

(a) 弹簧板式振动器；(b) 螺旋弹簧式振动器

1—马蹄形电磁铁；2—振动板；3—弹簧；4—振动板与给煤槽的连接杆

这种给煤机调节给煤量的方法有三：一是通过调节给煤闸门的位置来调节给煤量；二是用调节器来调节电压以实现给煤量的调节；三是用晶闸管（也称可控硅）改变电路中的电流量来调节给煤量。

该型式给煤机的优点是无转动部分，所以维护简单，检修方便，给煤均匀，耗电量少，易于调节，体积小，重量轻。缺点是煤太潮湿时煤量调节困难。

3. 刮板式给煤机

如图 5-12 所示，刮板式给煤机主要由链轮、链条、刮板、上下台板及转动装置等组成。煤由进煤管落到上台板，由链条上的刮板将煤带到左边并落在下台板上，再将煤刮至右侧落入出煤管送到磨煤机。

调节给煤量的方法有两种：一种是用挡板来调节煤层厚度；另外一种是调节链条转动速度。

刮板式给煤机调节范围大，适应煤种广，不易堵煤，密闭性能好，应用广泛。但是煤块过大或有杂物时，易卡住。

4. 电子称重皮带式给煤机

如图 5-13 所示，电子称重皮带式给煤机主要由输煤皮带、称重托辊、负荷传感器、清洁刮板链、皮带张紧螺杆、刮板链张紧螺丝、堵煤及断煤信号装置、电子控制柜和电源动力柜等组成。原煤由给煤机进料口落到皮带上之后，经过三个称重托辊、一对负荷传感器以及电子装置，对煤量进行称重，皮带上的重量由负荷传感器发出信号。根据锅炉所需给煤量信号，控制驱动无级电机转速，使实际给煤量与需要的给煤量相一致。

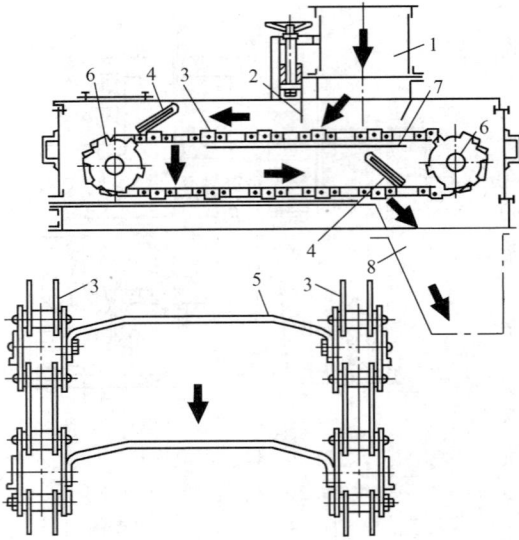

图 5-12　刮板式给煤机

1—原煤进口管；2—煤层厚度调节板；3—链条；4—挡板；
5—刮板；6—链轮；7—平板；8—出煤管

电子称重皮带式给煤机是一种带有电子称重装置和微机控制装置的皮带式给煤机，由自动调速装置将煤定量送入磨煤机。通过一些火电厂的采用，计量精确度在±1%左右。

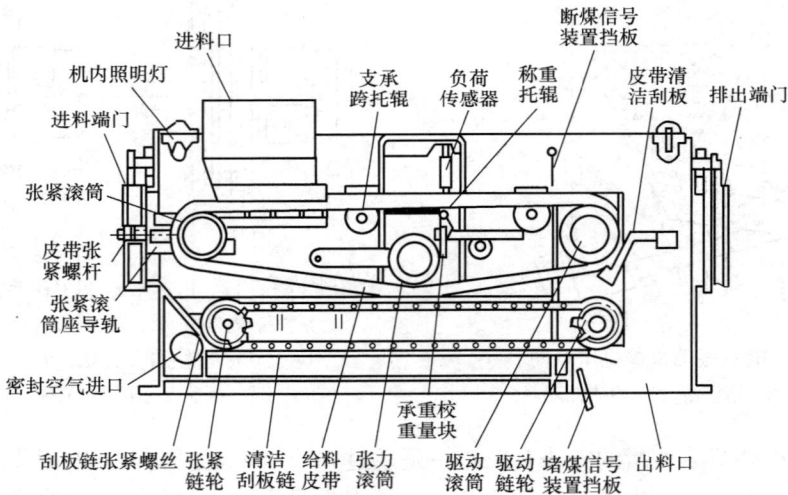

图 5-13　电子称重皮带式给煤机

（五）粗粉分离器

1. 粗粉分离器的工作原理

粗粉分离器的作用是将不合格的粗粉分离出来再回到磨煤机进行碾磨，细粉气流进入细粉分离器。

粗粉分离器的工作原理有四种。

（1）重力分离。利用重力作用将粗颗粒煤粉从煤粉气流中分离出来。

（2）惯性分离。利用惯性力作用，当煤粉气流改变方向时，粗颗粒煤粉受较大惯性力的作用被分离出来。

（3）离心分离。利用离心力的作用，当煤粉气流作旋转运动时，粗颗粒煤粉受较大的离心力作用被分离出来。

（4）撞击分离。利用撞击力的作用，当煤粉气流流动时，受到其他物体的撞击，粗颗粒煤粉失去大的动能而被分离出来。

2. 离心式粗粉分离器

图 5-14（a）是普通型分离器，图 5-14（b）是改进型分离器。粗粉分离器主要由两个内外空心锥体和调节挡板组成。从磨煤机流动来的气粉混合物进入分离器外锥体下部的环形空间时，因为截面扩大速度降低，气流中较大颗粒的煤粉在重力作用下分离出来，沿回粉管返回磨煤机。进入分离器上部的煤粉气流经过切向调节挡板产生旋转运动，在离心力作用下，较粗的煤粉被甩到器壁滑下，由另一回粉管返回磨煤机。当煤粉气流进入出口管时，由于急转弯，惯性力的作用又将一部分粗粉分离出来。

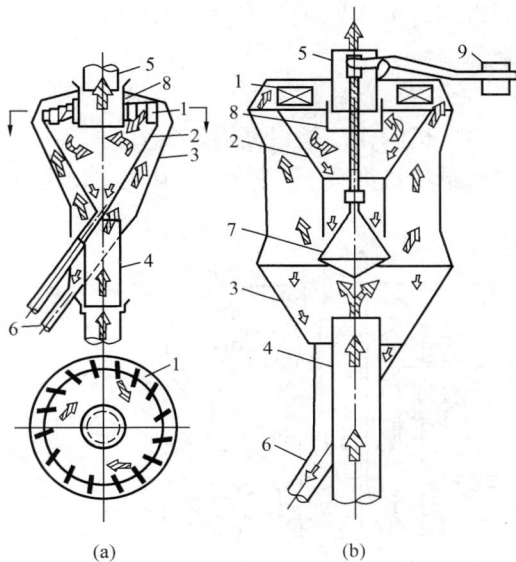

图 5-14 离心式粗粉分离器
（a）普通型；（b）改进型
1—折向挡板；2—内锥；3—外锥；4—进口管；
5—出口管；6—回粉管；7—锁气器；
8—出口调节筒；9—平衡重锤

这种粗粉分离器的煤粉细度的调节方法有三个：改变折向挡板的角度；调节磨煤通风量；调节活动套筒位置。

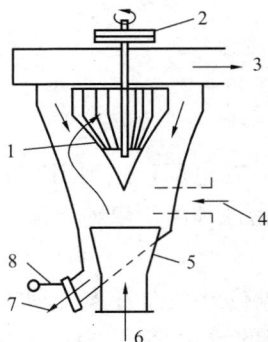

图 5-15 回转式粗粉分离器
1—转子；2—皮带轮；3—细粉空气混合物切向引出口；4—二次风切向引入口；5—进粉管；6—煤粉空气混合物进口；7—粗粉出口；8—锁气器

3. 回转式粗粉分离器

如图 5-15 所示，回转式粗粉分离器由空心锥体、带叶片的转子、皮带轮电动机等组成。煤粉气流由下部引入，在锥体内进行初步分离，气流进入锥体上部，在转子叶片带动下作旋转运动，受离心力作用粗粉被分离出来。

调节煤粉细度可以通过改变转子转速进行调节，转子转速越高，离心作用和撞击作用越强，煤粉越细。

与离心式粗粉分离器相比，回转式粗粉分离器结构紧凑，通风阻力较小，分离效率较高，煤粉细度调节方便，适应负荷能力强。但是结构复杂，工作部件易磨损，维护和检修工作量大。

（六）细粉分离器（旋风分离器）

细粉分离器的作用是将风、粉分离开，煤粉可以储存在煤粉仓中，如图 5-16 所示。主要由内、外圆锥体、导向叶片和拉杆等组成。工作原理是利用气流旋转所产生的离心力使气粉混合物中的煤粉与空气分离出来。

（七）给粉机

给粉机的作用是根据锅炉负荷的需要，把煤粉仓中的煤粉均匀地送至一次风管。常用的叶轮式给粉机如图 5-17 所示。其主要由上叶轮、下叶轮、外壳、搅拌器等组成。

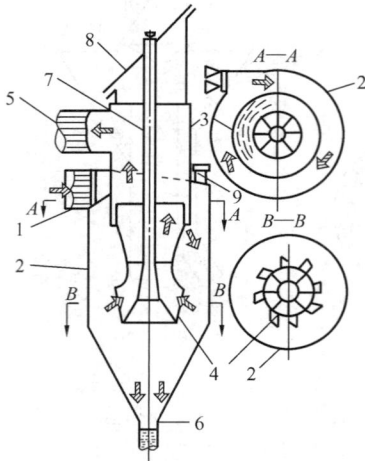

图 5-16　细粉分离器

1—入口管；2—外圆筒；3—中心管；
4—导向叶片；5—出口管；6—煤粉
出口；7—拉杆；8—中部防爆门；
9—外圆筒上的防爆门

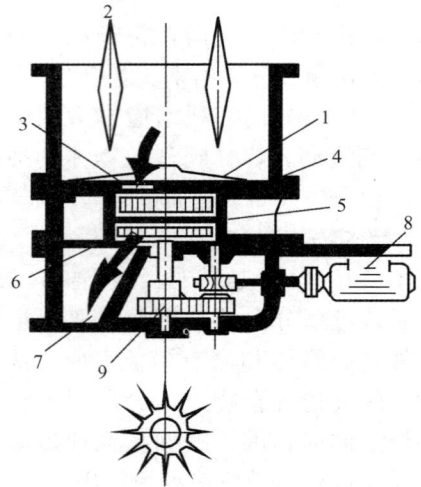

图 5-17　叶轮式给粉机

1—搅拌器；2—遮断挡板；3—上板孔；
4—上叶轮；5—下板孔；6—下叶轮；
7—给粉管；8—电动机；9—减速器齿轮

给粉机的工作原理是电动机经减速器带动上、下叶轮及搅拌器转动，煤粉在给粉机中由固定盘上左侧的下粉孔落入上叶轮的槽道内，再由上叶轮拨送至右侧下板孔，落入下叶轮的槽道内，最后由下叶轮拨至左侧送入一次风管。

给粉量的调节方法是改变叶轮转速。

四、煤粉制备系统

（一）煤粉的特性

做为煤粉炉燃料的煤粉常被磨得很细。煤粉具有良好的流动性，在电厂正是利用这个特性将煤粉用气力输送的。因为煤粉的流动性好，所以对于系统的严密性和由于煤粉自流可能给运行带来的事故，应予以特别的注意。

长期储存的煤粉因为缓慢氧化逐渐放出一些热量，煤粉温度自行升高而着火的现象叫自燃。制粉系统中的煤粉自燃或因其他火源引燃后，造成大面积的着火燃烧，使压力骤然升高而发生巨大响声的现象，叫煤粉爆炸。这将危及人身设备安全而影响锅炉正常运行。因此，在锅炉运行中要防止管道内积粉，保证气粉混合物有一定的流速，严格控制磨煤机出口温度，还在制粉系统中装设了一定数量的防爆门，防止煤粉爆炸造成设备的严重损坏。

煤粉细度是衡量煤粉品质的重要指标。煤粉过细，会使制粉的电耗和金属磨损量增加；

煤粉过粗，在炉膛中不易燃尽，增加了不完全燃烧热损失。

煤粉用专门的筛子进行筛分，残留在筛子上的煤粉重量占筛前煤粉总量的百分数叫做煤粉细度，用符号 R_x 表示，即

$$R_x = \frac{a}{a+b} \times 100\% \tag{5-8}$$

式中　a——筛子上面剩余的煤粉重量；

　　　b——穿过筛子的煤粉重量；

　　　x——筛子的规格一般用筛孔的宽度表示，μm。

目前，电厂中对于烟煤和无烟煤的煤粉常用 R_{200} 和 R_{90} 来表示煤粉细度；对于褐煤煤粉则用 R_{200} 和 R_{500} 来表示煤粉细度。如果说只用一个数值来表示煤粉细度，则是 R_{90}。高挥发分的煤着火容易，煤粉可磨得粗些，R_{90} 可以大一些；低挥发分的煤着火困难，煤粉可以磨得细些，R_{90} 可以小一些。

（二）中间储仓式制粉系统

中间储仓式制粉系统是将磨制好的煤粉先储存在煤粉仓中，根据锅炉负荷的需要再由给粉机将煤粉送入炉膛燃烧。因为钢球磨煤机有两种型式，所以分为单进单出钢球磨煤机中间储仓式制粉系统和双进双出钢球磨煤机中间储仓式制粉系统。

1. 单进单出钢球磨煤机中间储仓式制粉系统

这种中间储仓式制粉系磨煤机磨制出来的煤粉经粗粉分离器、细粉分离器将风粉分开，细煤粉送入煤粉仓储存，再根据锅炉的需要向炉膛送粉。向炉膛送粉可分为乏气送粉和热风送粉两种系统，如图 5-18。

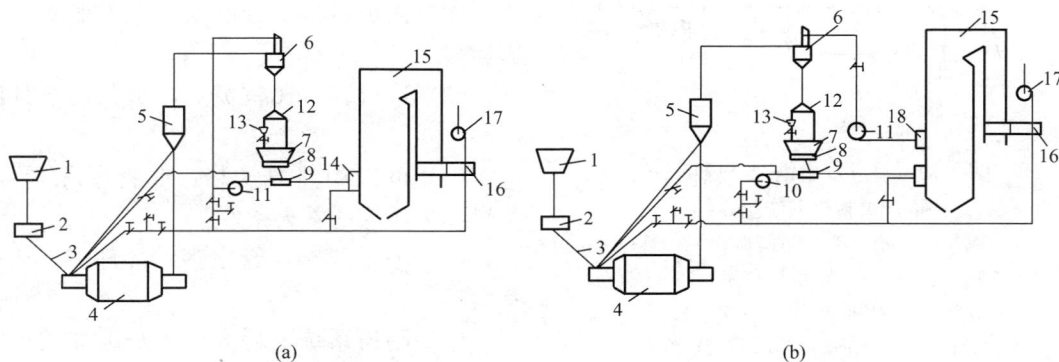

图 5-18　单进单出钢球磨煤机中间储仓式制粉系统
（a）乏气送粉系统；（b）热风送粉系统
1—原煤斗；2—给煤机；3—落煤管；4—磨煤机；5—粗粉分离器；6—细粉分离器；7—煤粉仓；
8—给粉机；9—混和器；10——次风机；11—排粉机；12—换向阀；13—螺旋输粉机；
14—燃烧器；15—锅炉；16—空气预热器；17—送风机；18—乏气喷嘴

现以乏气送粉（亦称干燥剂送粉）中间储仓式制粉系统 [见图 5-18（a）] 为例，说明其系统的工作流程，即

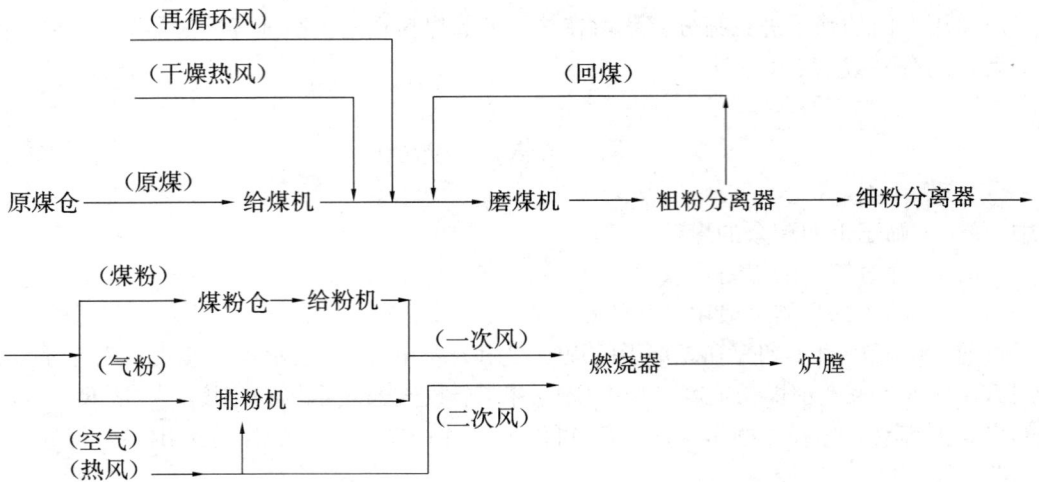

2. 双进双出钢球磨煤机中间储仓式制粉系统

如图 5-19 所示，是双进双出钢球磨煤机中间储仓式制粉系统，从正面来看是一个对称的单进单出钢球磨煤机中间储仓式制粉系统，因此工作流程这里就不必再介绍了。

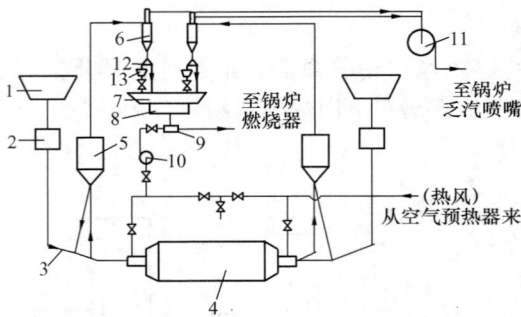

图 5-19　双进双出钢球磨煤机中间
储仓式制粉系统示意图

1—原煤斗；2—给煤机；3—落煤管；4—磨煤机；
5—粗粉分离器；6—细粉分离器；7—煤粉仓；
8—给粉机；9—混和器；10—一次风机；11—排
粉机；12—换向阀；13—螺旋输粉机

3. 中间储仓式制粉系统的特点

(1) 有煤粉仓储粉，磨煤机可以在经济负荷下运行。

(2) 锅炉运行不受磨煤机工作影响，可靠性高。

(3) 运行调节比较灵活，负荷调节延滞性小。

(4) 可以用热风送粉，改善了无烟煤、贫煤和劣质煤的着火条件。

(5) 系统复杂，管道多，部件多，初投资大。

(6) 制粉系统电耗大，煤粉爆炸的可能性比较大。

(三) 直吹式制粉系统

1. 中速磨煤机直吹式制粉系统

直吹式制粉系统是将磨煤机磨制的煤粉全部直接吹进炉膛燃烧。磨煤机出力是随锅炉负荷变化而变化。直吹式制粉系统中，若排粉机装在磨煤机之后，叫负压直吹式制粉系统，如图 5-20（a）所示。若排粉机装在磨煤机之前，叫正压直吹式制粉系统，如图 5-20（b）所示。由于磨煤机处于正压下工作，密封不好时容易向外喷粉，影响环境卫生和设备安全，所以目前仍以负压直吹式系统为主。

负压直吹式制粉系统的工作流程为

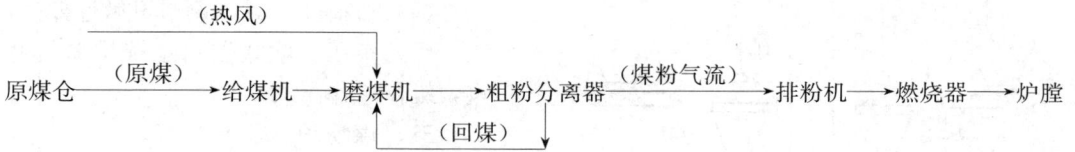

（热风）

原煤仓 ——（原煤）→ 给煤机 → 磨煤机 → 粗粉分离器 ——（煤粉气流）→ 排粉机 → 燃烧器 → 炉膛

（回煤）

正压直吹式制粉系统的工作流程为

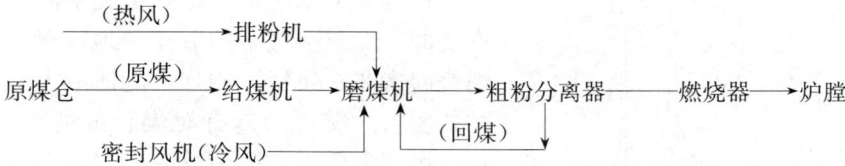

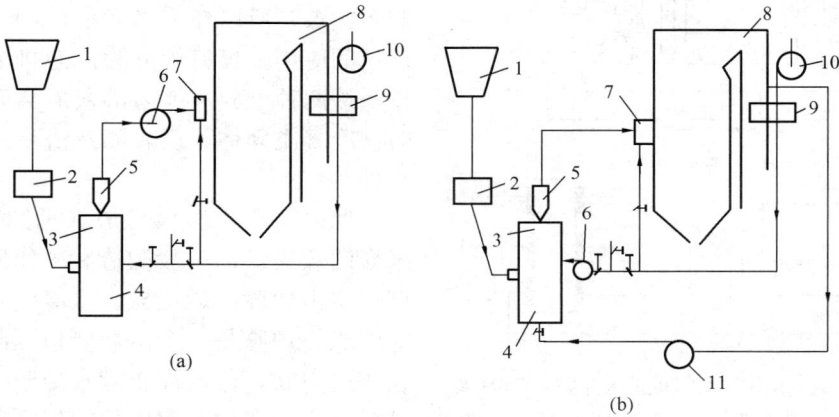

（热风）→ 排粉机

原煤仓 ——（原煤）→ 给煤机 → 磨煤机 → 粗粉分离器 → 燃烧器 → 炉膛

密封风机(冷风)

（回煤）

图 5-20　中速磨煤机直吹式制粉系统

（a）负压系统；（b）正压系统

1—原煤斗；2—给煤机；3—落煤管；4—磨煤机；5—粗粉分离器；6—排粉机；

7—燃烧器；8—锅炉；9—空气预热器；10—送风机；11—密封风机

2. 双进双出钢球磨煤机正压直吹式制粉系统

图 5-21 所示为采用冷一次风机的双进双出钢球磨煤机正压直吹式制粉系统。系统由两个相互对称又彼此独立的系统组合在一起组成。独立系统的工作流程为

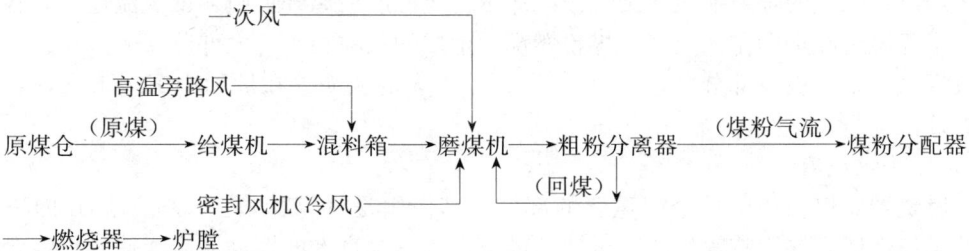

一次风

高温旁路风

原煤仓 ——（原煤）→ 给煤机 → 混料箱 → 磨煤机 → 粗粉分离器 ——（煤粉气流）→ 煤粉分配器

密封风机(冷风)

（回煤）

→ 燃烧器 → 炉膛

3. 直吹式制粉系统的特点

（1）制粉系统简单，设备部件少，布置紧凑，初投资少。

（2）运行电耗较低。

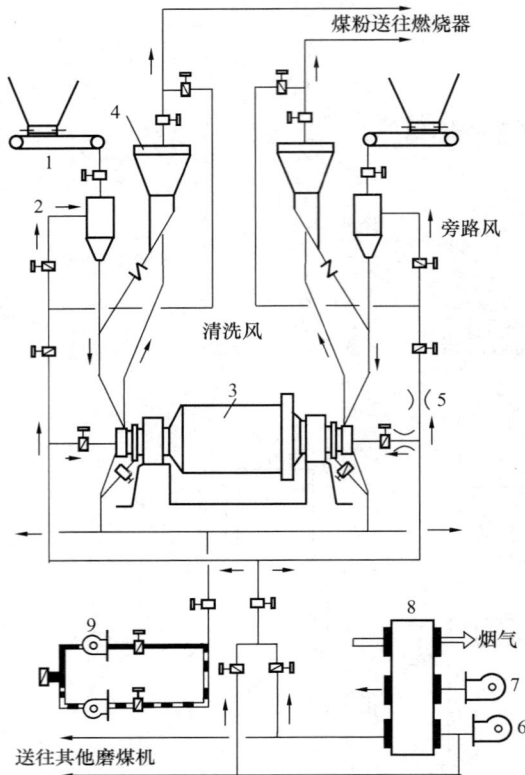

图 5-21　双进双出钢球磨煤机正压直吹式制粉系统
1—给煤机；2—混料箱；3—双进双出钢球磨煤机；
4—粗粉分离器；5—风量测量装置；6—一次风机；
7—二次风机；8—空气预热器；9—密封风机

（3）运行可靠程度差。

（4）负荷变化时，调节灵敏性差。

（5）负压直吹式制粉系统排粉机磨损严重，维修工作量大。

五、煤粉炉

（一）概述

在煤粉炉中，煤粉是在炉膛空间中悬浮燃烧的，能与空气中的氧充分地接触，因此燃烧起来非常迅猛、剧烈，能适应大容量锅炉的要求。煤粉炉具有对煤种的适应性广、可以燃用劣质煤、锅炉效率高和易于调节控制等优点，所以在火力发电厂中获得了十分广泛的应用。煤粉炉分为固态排渣炉和液态排渣炉两种型式。前者的灰渣离开炉膛底部时已冷凝成固体，后者的灰渣呈熔融状排出炉外。

现以固态排渣煤粉炉（见图 5-1）为例来介绍煤粉炉的一般构造和工作原理。煤粉燃烧室由炉膛、燃烧器、水冷壁及点火装置等组成。炉膛是一个由炉墙包围起来供煤粉燃烧的空间，其四周布满水冷壁。炉底是由前后水冷壁管弯曲而成的倾斜冷灰斗。炉顶一般采用平炉顶结构，大容量、高参数的锅炉一般在平炉炉顶布置顶棚过热器。炉膛上部悬挂有屏式过热器，炉膛后上方为烟气出口。为了改善烟气对屏式过热器的冲刷，充分利用炉膛容积，并加强炉膛上部气流的扰动，因此在炉膛出口的下部设有由后墙水冷壁弯曲而成的折焰角。

一次风（即空气与煤粉的混合物）和二次风通过燃烧器引入炉膛。气粉混合物呈悬浮状况在炉膛空间内着火、燃烧。其特点是煤粉和烟气相混在一起，边燃烧边流动。高温烟气与水冷壁之间进行强烈的辐射换热，烟气被冷却至一定温度后离开炉膛，依次流过锅炉各受热面，进一步降温后经烟囱排入大气。煤粉燃烧后生成的灰粒很小，大部分（90%～95%）呈飞灰状被烟气带走，极少部分（5%～10%）颗粒较大的灰渣，在炉膛内沉降下来，经冷灰斗排出炉外。

（二）煤粉燃烧器

煤粉燃烧器是煤粉炉中一个很重要的部件，其作用是将煤粉和空气喷入炉膛内进行燃烧。它的工作性能直接影响锅炉的安全性和经济性。一个良好的燃烧器应能使气粉混合物浓度均匀，着火稳定，一、二次风混合良好，火焰能充满整个炉膛，阻力损失小，便于调节负荷等。

煤粉燃烧器分为旋流式和直流式两种基本类型。

1. 旋流燃烧器

如图 5-22 所示，气流在燃烧器内作旋转运动，在离心力的作用下，气流从燃烧器喷到炉膛内扩散成圆锥形的射流。在圆锥体内形成的负压能把炉内高温烟气吸入根部，形成热烟气回流区，可以把扩散圆锥形煤粉气流迅速加热点燃。旋转运动使煤粉和空气能强烈地混合。

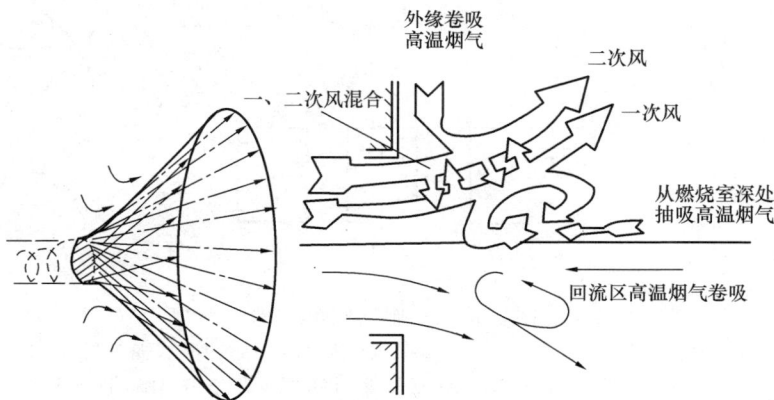

图 5-22　旋流燃烧器原理图

图 5-23 所示为东方锅炉厂开发的配 600MW 机组的新型旋流式煤粉燃烧器。其优点是供给燃烧器的风能多级化，可以将火焰外围富氧区形成的 NO_x 还原成氮气。

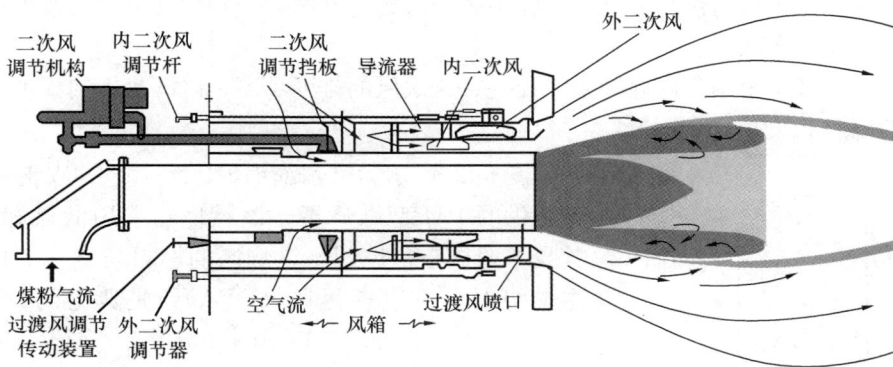

图 5-23　DG1900t/h 超临界压力锅炉旋流式煤粉燃烧器

旋流燃烧器的特点是着火快，火焰行程短，煤粉与空气初期混合强烈；但气流在炉内旋转扩展，动能衰减较快，则后期气粉混合不够强烈。

旋流燃烧器布置方式有：前墙、两侧墙、炉底和炉顶布置等，如图 5-24 所示。目前国内固态排渣煤粉炉大都采用前墙和两侧墙布置。燃烧器的布置方式对炉内空气动力工况和燃烧工况有很大影响。前墙布置时，火焰呈"L"形，火焰长度较长，充满程度较差，气流冲刷后墙水冷壁易引起结渣。两侧墙布置时，可以布置较多的燃烧器，火焰呈双"L"形，火焰在炉膛中心处相互碰撞，能改善燃烧的着火和燃烧条件。

2. 直流燃烧器

直流燃烧器的气流从圆形或矩形喷口喷出时，射流是不旋转的。其结构比较简单，一次

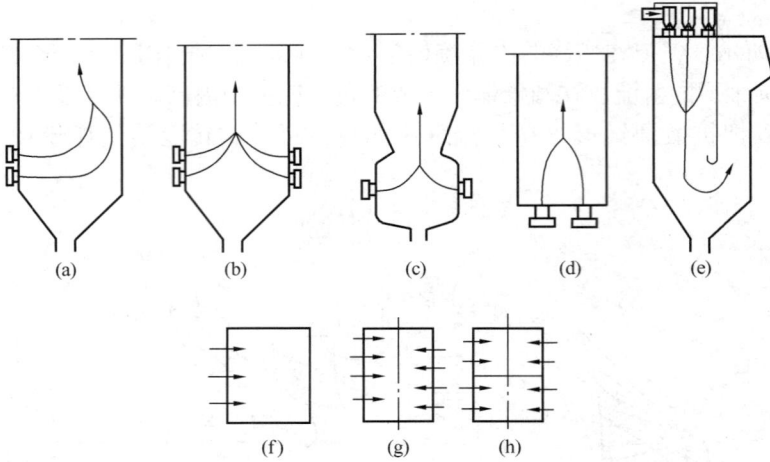

图 5-24　旋流燃烧器的布置

（a）前墙布置；（b）两侧墙布置；（c）半开式炉膛对冲布置；（d）炉底布置；（e）炉
顶布置；（f）前墙布置俯视图；（g）两侧墙交错相对布置；（h）两侧墙对冲布置

风和二次风相间地沿着狭长的缝隙喷入炉膛内，喷出的煤粉气流射程较长，但扩散程度较小，一、二次风的混合情况较差。因此，这种类型的燃烧器应布置在炉墙的四角上，如图 5-25 所示。这种布置可以喷出煤粉气流中心线共切于炉膛截面中心处的某一假想圆，火焰呈漩涡状，一、二次风与炽热的烟气能在炉膛中得到良好的混合和扰动，大大改善煤的着火和燃烧条件。

　　直流燃烧器可以根据不同煤种来设计一、二次风的排列顺序，以满足不同煤种对一、二次风混合的要求。

图 5-26 所示为哈尔滨锅炉厂为 1000MW 超超临界锅炉提供的 PM 型燃烧器。该燃烧器采用低氮燃烧技术，其技术的核心是控制主燃烧区的燃料与空气的比例。在主燃烧器上方有燃尽风（OFA），是典型的分级燃烧，PM 燃烧器布置如图 5-27 所示。

（三）防治污染环境的措施

燃煤电厂锅炉燃烧产物中有害气体，NO_x 和 SO_2 排放到大气会破坏臭氧层和形成酸雨等，对人类和动植物

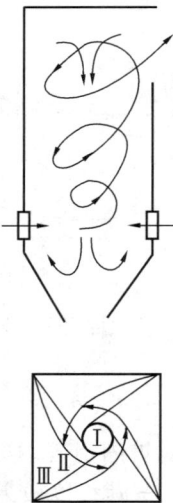

图 5-25　四角布置及
切圆燃烧示意图

Ⅰ—无风区；Ⅱ—强风压；
Ⅲ—弱风压

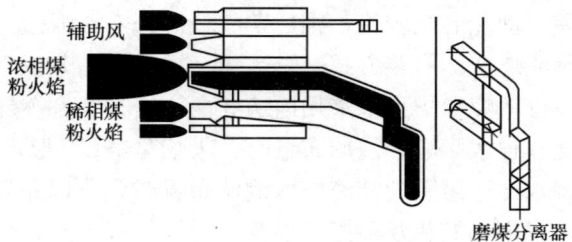

辅助风
浓相煤
粉火焰
稀相煤
粉火焰
磨煤分离器

图 5-26　HG1000MW 超超临界锅炉
PM 燃烧器结构

有极大的危害。目前各个电厂极为重视，采取了一些措施，如脱硫装置、脱氮方法和脱硝技术等，现作以简要介绍。

1. 脱硫装置

脱硫装置目前有十几种，本书仅介绍三种。

第一种脱硫装置是石灰石/石灰—石膏湿法脱硫装置。它是目前技术最为成熟、应用最为广泛的烟气脱硫装置。其工作过程是：烟气通过增压进入气—气热交换器降温后，进入脱硫塔底部由下而上与从上往下流动的石灰石水溶液相接触并发生反应生成亚硫酸（H_2SO_3），电离成氢离子（H^+）和亚硫酸根离子（HSO_3^-），并被氧化成硫酸根离子（SO_4^{2-}）。当石灰石离解出的钙离子（Ca^{2+}）与硫酸根离子（SO_4^{2-}）作用，生成 $CaSO_4$ 后生成石膏，从底部排出，净化后的烟气经除雾器除去烟气中携带液滴，再通过气—气热交换器升温后从烟囱排出。

石灰石/石灰—石膏湿法脱硫装置由烟气换热系统、脱硫塔脱硫系统、脱硫浆液制备系

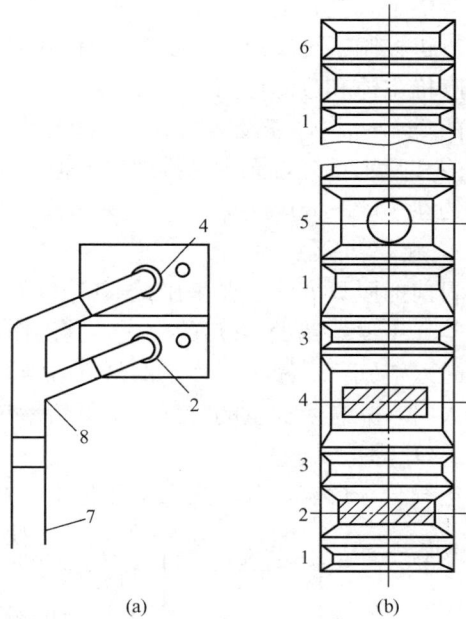

图 5-27 PM 燃烧器布置示意图

(a) 一次风入口弯头分离器；(b) 燃烧器喷口布置
1—二次风喷口；2—低浓度煤粉喷口；3—再循环烟气喷口；4—高浓度煤粉喷口；5—油枪；6—火上风（OFA）；7——次风煤粉管道；8—弯头分离器

统、石膏脱水系统和废水处理系统等组成。其特点是：脱硫效率高，能达到 95% 以上；脱硫剂利用率高，约大于 90%；烟气处理量大；煤种适应性强；能获得有价值的副产品——石膏。但是投资大，运行费用高，耗水量大。

第二种脱硫装置是烟气循环流化床脱硫装置。其工作过程是：烟气从脱硫塔底部进入到文丘里管喉部而加速，在渐扩段与加入的消石灰粉和喷入的雾水剧烈混合，$Ca(OH)_2$ 和烟气中的 SO_2、SO_3、HCl、HF 等发生化学反应，生成 $CaSO_3$、$CaSO_4$、$CaCl_2$、CaF_2 等。净化后的烟气依次进入百叶窗式分离器和静电除尘器从烟囱排出。从百叶窗分离器和静电除尘器下部分离出的干灰，一部分送回循环脱硫塔的再循环入口，另一部分送至灰库。

烟气循环流化床脱硫装置主要由石灰粉脱硫剂制备系统、脱硫塔系统和收尘及引风系统组成。其特点是：脱硫效率高达 90% 以上；石灰利用率高达 95%；适应锅炉负荷变化；初投资低；运行费用低；适于各种含硫煤种；流程简单，系统设备少等。但是缺点是，对石灰品质和颗粒粒径要求高；降低除尘器除尘效率；生成 $CaSO_3$ 比 $CaSO_4$ 多等。

第三种脱硫装置是荷电干式吸收剂喷射脱硫装置。其工作过程是：熟石灰吸收剂以高速流进喷射单元产生的高压静电电晕充电区，使吸收得到强大的静电荷。因为吸收剂带同种电荷而互相排斥，迅速在烟气中扩散，形成比较均匀的悬浮状态，使每个吸收粒子表面暴露在烟气中，与 SO_2 的反应几率大大增加，提高了脱硫效率。脱硫反应产物、未反应的吸收剂以及烟气中的飞灰都进到电气除尘器净化，捕集后送往灰场，净化后的烟气从烟囱排出。

荷电干式吸收剂喷射脱硫装置主要由吸收剂喷射系统、吸收剂给料系统及 SO_2 监测器和计算机控制系统组成。主要设备有预除尘装置、吸收给料装置、输送熟石灰风机、高压电源、喷枪主体和过滤分离装置等。其特点是：设备简单，占地面积小；投资费用低，约占总投资的 5%～6%，建设周期短；系统操作简单、维护方便；系统耗电量小，运行费用较低；无喷浆和喷水系统，无废水排放等。但是对熟石灰的品质要求高，吸收剂利用率低，脱硫效率大约在 75%～80% 左右；管道易堵塞；脱硫产物不能利用。

2. 脱氮方法

目前的脱氮方法主要采用低 NO_x 排放，如低 NO_x 燃烧器、低过量空气系数、空气分级燃烧等。主要是减少 NO_x 的生成，其工作原理是根据燃料燃烧三个阶段所需空气量的多少，分段送入空气量，减少了多余的氮气和氧气，即减少了生成 NO_x 的来源。譬如说，燃料开始着火时，先送入少量的空气。只供给燃料着火所需的氧气，这时因着火区内氧气不足，减少了 NO_x 的生成。

空气分级燃烧，分段送入空气量主要在设计新型燃烧器作了很大的努力。目前在许多大型锅炉中使用不少的新型旋流式燃烧器，如双调风燃烧器，将二次风分成内外两股气流，通过调风器和旋流叶片分别控制各自的风量和旋流强度，以调节一二次风的混合。

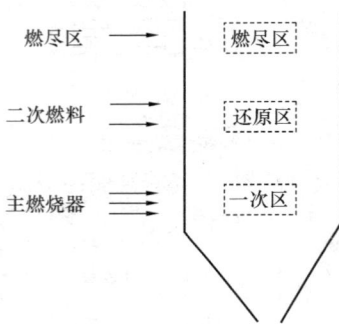

图 5-28 三级燃烧示意图

目前采用第三代低 NO_x 燃烧技术，如图 5-28 所示，是三级燃烧示意图，采用此技术，炉内形成三个区域，即一次区、还原区和燃烧区。在一次区内主燃料在稀相条件下燃烧还原。二次燃料投入后，形成缺氧的还原区，在高温和还原气氛下析出 NH_3、C_mH_n、HCN 等原子团与来自一次区已生成的 NO_x 反应，生成 N_2。燃尽风投入后，形成燃尽区，实现燃料完全燃烧。这种方法，可使 NO_x 排放量下降 80% 左右，是目前世界上认为最好的方法。

3. 脱硝技术

脱硝技术的种类较多，本书简单介绍最为成熟的选择性催化还原烟气脱硝技术。选择性催化还原法（SCR）是指在催化剂的作用下，以 NH_3 或 V_2O_5/TiO_2 作为还原剂，有"选择性"地与烟气中的 NO_x 反应并生成无毒无污染的 N_2 和 H_2O。从对锅炉烟气中的 NO_x 控制效果来看，它是目前世界上最好的、应用最多的、最有成效的一种烟气脱硝技术。如江苏太仓电厂 7 号机（600MW）烟气脱硝工程使用 SCR 技术于 2006 年 1 月成功地投入运行。

另外，目前电子束法（EBA）是一种脱硫脱硝新技术，其特点是干法处理过程不产生废水废渣还能同时脱硫脱硝达 90% 以上，这种方法前景看好。

六、循环流化床锅炉

(一) 概述

流化床燃烧是将一定粒度固体燃料颗粒均布在炉膛底部的布风板上，燃烧用的大部分空气从布风板下进入，燃料颗粒从布风板上送入。当风速增加到一定值时，布风板上的燃料粒子被气流"托起"，整个燃料层具有类似流体的特性。当风速继续增加，大量灰粒子和未燃尽的燃料粒子将被气流带出流化层。为了将这些燃料粒子燃尽，把它们从燃烧产物的气流中分离出来，再送入流化床继续燃烧，形成了循环流化床燃烧。

（二）循环流化床锅炉的主要结构及系统

图 5-29 所示为循环流化床锅炉系统。循环流化床锅炉主要由炉膛、气固分离器、灰回送系统、尾部受热面、辅助设备以及外置热交换器等组成。循环流化床锅炉的工作流程为

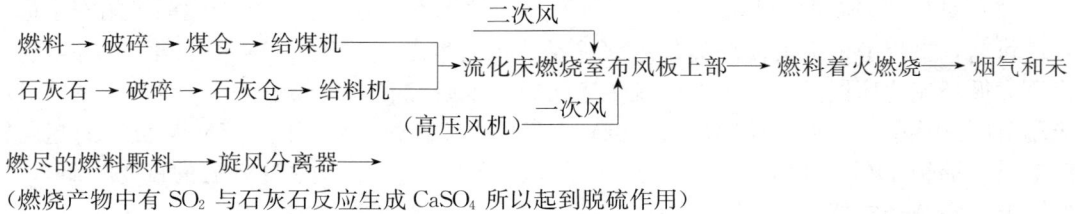

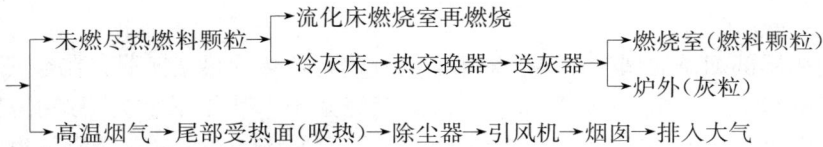

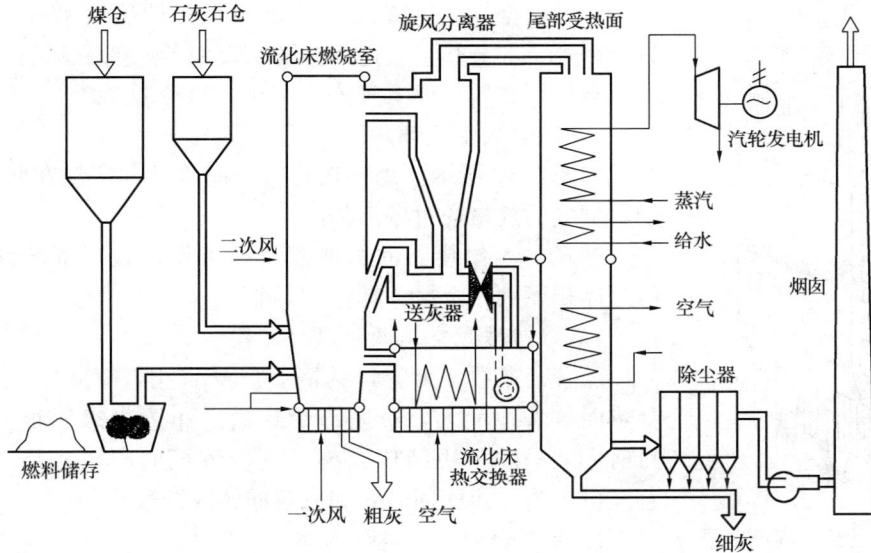

燃料 → 破碎 → 煤仓 → 给煤机
　　　　　　　　　　　　　　　┐　　　二次风
　　　　　　　　　　　　　　　├→ 流化床燃烧室布风板上部 ── 燃料着火燃烧 ── 烟气和未
石灰石 → 破碎 → 石灰仓 → 给料机 ┘
　　　　　　　　（高压风机）　一次风

燃尽的燃料颗料 ── 旋风分离器 ──
（燃烧产物中有 SO_2 与石灰石反应生成 $CaSO_4$ 所以起到脱硫作用）

　┌→ 未燃尽热燃料颗粒 → ┬→ 流化床燃烧室再燃烧
　│　　　　　　　　　　　└→ 冷灰床 → 热交换器 → 送灰器 → ┬→ 燃烧室（燃料颗粒）
→┤　　　　　　　　　　　　　　　　　　　　　　　　　　　　└→ 炉外（灰粒）
　└→ 高温烟气 → 尾部受热面（吸热）→ 除尘器 → 引风机 → 烟囱 → 排入大气

图 5-29　循环流化床锅炉系统示意图

（三）循环流化床锅炉的特点

1. 优点

（1）燃烧各种燃料（如泥煤、褐煤、烟煤、贫煤、无烟煤等）及煤矸石、洗矸等劣质煤。

（2）燃料制备系统简单。只有干燥和破碎装置，比有复杂制粉系统的煤粉炉简单。

（3）锅炉运行中负荷调节幅度比煤粉炉大，一般在 30%～110% 左右。

（4）降低了污染物排放量。一方面加入了石灰石等脱硫剂，脱硫效率高，故 SO_2 排放量减少；另一方面锅炉燃烧温度在 850～950℃ 之间并且采用分段送风，降低了 NO_x 的形成，故 NO_x 排放量减少。

（5）燃烧热强度大，炉内传热能力强，是煤粉炉的 8～10 倍，降低了炉膛容积，减少了金属消耗量。

2. 缺点

（1）烟风系统阻力较大，风机耗电量增加。

（2）燃料颗粒度较大，受热面磨损速度快。

（3）对某些辅助设备要求比较高，如高压风机的性能好坏直接影响到锅炉的安全运行。

目前，世界上最大的循环流化床锅炉是法国普罗旺电厂配 250MW 机组的 700t/h 亚临界压力循环流化床锅炉。国内循环流化床锅炉技术研究和开发较迟一些，近年来发展较快，应用范围已从中、小型工业锅炉发展到较大型的电厂锅炉，已有配 135MW 机组的超高压循环流化床锅炉 440t/h 建成投产，今后几年将是循环流化床锅炉飞速发展的重要时期。

七、空气预热器

（一）空气预热器的作用

空气预热器是利用尾部烟道的烟气对供燃烧用的空气进行预热的热交换器。在空气预热器中，加热后的空气温度在 $250\sim440℃$ 之间，送锅炉燃烧系统，其作用是提高炉膛温度，改善燃料着火和燃烧条件，以减少不完全燃烧热损失和提高锅炉热效率。空气温度每提高 $50℃$，可使排烟温度降低 $30\sim35℃$，锅炉热效率可提高 2% 左右。另外，部分热空气送入制粉系统作干燥剂用。

空气预热器主要有管式和回转式两种型式。

（二）管式空气预热器

如图 5-30 所示，烟气在管内纵向流动，空气在管外横向流动，烟气的热量通过壁面传给空气。

管式空气预热器的构造简单，工作比较可靠，漏风较少，但是体积庞大，金属消耗量大。

（三）回转式空气预热器

随着高参数、大容量的锅炉广泛采用，管式空气预热器的受热面显著地增大，给尾部受热面的布置带来了很大的困难。目前大型锅炉采用结构紧凑、重量较轻的回转式空气预热器。它又可分为受热面回转式和风罩回转式两种。

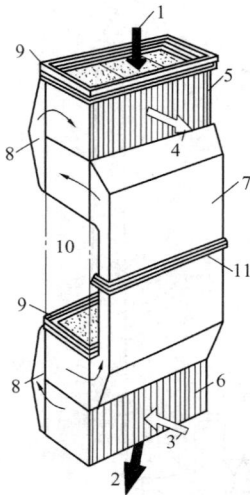

图 5-30　管式空气预热器
1—烟气入口；2—烟气出口；3—空气入口；4—空气出口；5、6—上、下方箱；7、8—连通箱；9、11—膨胀接头；10—装省煤器处

1. 受热面回转式空气预热器

如图 5-31 所示。主要由圆筒形转子和固定的圆筒形外壳以及传动装置所组成。工作原理是当受热面转子通过减速装置由电动机带动转动时，转子中的传热元件（蓄热板）便交替地被烟气加热和被空气冷却，烟气的热量也就传给了空气，使冷空气的温度得到了提高。受热面转子每转一圈，传热元件吸热、放热一次。

2. 风罩回转式空气预热器

如图 5-32 所示，风罩回转式空气预热器主要由装有蓄热板的静子、旋转的风罩子、烟道及减速装置所组成。工作原理是上、下风罩通过减速装置由电动机带动转动，而静子中的传热元件交替地被烟气加热和被空气冷却。风罩每旋转一次，传热元件吸热、放热两次。

回转式空气预热器结构紧凑、重量轻、金属消耗量小、传热效果好。但是漏风量较大，易堵灰。

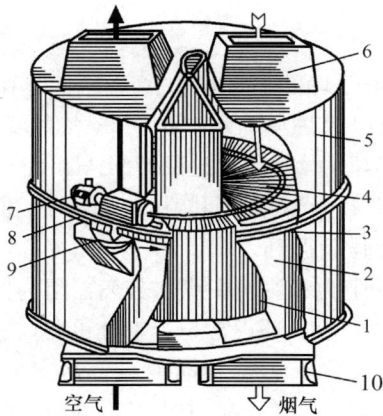

图 5-31　回转式空气预热器

1—波形蓄热板；2—转子外壳；3—转子齿圈；
4—扇形隔板；5—外壳；6—烟气入口接头；
7—电动机；8—减速装置；9—传动齿轮；
10—底座

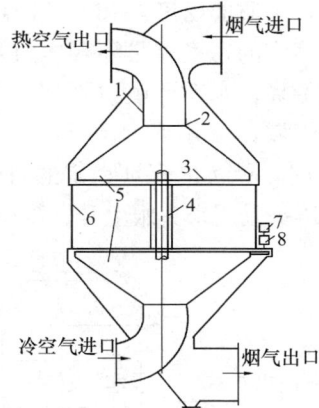

图 5-32　风罩转动的回转式空气预热器

1—固定网管；2—密封环；3—密封面；4—轴；
5—转动风罩；6—转子；7—电动机；8—减速器

第三节　锅炉汽水系统及其设备

锅炉的汽水系统由省煤器、汽包、下降管、水冷壁、过热器、再热器等组成。汽水系统的作用是使水吸热蒸发并产生一定数量的合格的过热蒸汽。

一、锅炉的水循环

锅炉的型式很多，按照蒸发受热面内的工质流动时所受的主要推力不同，分为自然循环锅炉和强制循环锅炉。强制循环锅炉又分为多次强制循环锅炉和直流锅炉等型式。

（一）自然循环锅炉

自然循环是依靠水和汽水混合物的密度差而产生的循环流动。下面着重介绍目前我国发电厂大多数采用的自然循环锅炉的工作原理。

图 5-33 所示是一个简单的水循环回路，回路中包括汽包 1、不受热的下降管 2、下联箱 3 以及受热的上升管 4。水在上升管内接受炉膛中火焰和高温烟气的辐射热而部分汽化，因而在上升管内形成了汽水混合物，其密度小于下降管内液态水的密度，两者的密度差就产生了推动力。因此，水从汽包下降管至下联箱，而汽水混合物由上升管向上流动再回到汽包，这样就形成水的自然循环。

下降管与上升管内介质的密度差所产生的循环推动力，叫运动压头，即

$$S_{yd} = H(\rho_s - \overline{\rho_{gs}})g \quad \text{N/m}^2 \tag{5-9}$$

式中　H——循环回路高度，m；

ρ_s——下降管中水的密度，即汽包压力下的饱和水密度，kg/m^3；

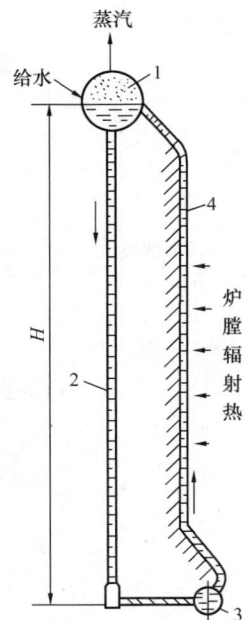

图 5-33　自然循环原理

1—汽包；2—下降管；
3—下联箱；4—上升管

$\overline{\rho_{gs}}$——上升管中汽水混合物的平均密度，kg/m^3；

g——重力加速度，m/s^2。

因此，工质的密度差和循环回路高度 H 愈大，水循环的运动压头愈高。但是由于饱和水和饱和蒸汽的密度差是随着压力升高而减小的，所以锅炉压力增高时，汽水密度差减小，运动压头下降，水循环就愈困难。当压力增高到临界压力（$p_c=22.1297MPa$）时，汽水的密度差等于零，就不可能维持自然循环。实践证明，当锅炉汽包中饱和蒸汽压力大于19.2MPa 时，就不能保证稳定的自然循环，必须采用强制循环。

运动压头是用来克服上升管流动阻力、下降管流动阻力和汽包中汽水分离器阻力的。水循环正常与否十分重要，它将直接影响到锅炉运行的安全可靠性。在运行中需经常检查，防止管外积灰、结渣和管内结垢等，否则个别受热特别弱的管子会发生循环停滞或倒流现象，使正常的水循环遭到破坏，造成水冷壁管过热，局部产生鼓包，严重时会发生爆管事故。

（二）强制循环锅炉

强制循环锅炉可分为一次强制循环（即直流锅炉）和多次强制循环锅炉。

1. 直流锅炉

直流锅炉是给水借助于给水泵的压力，顺序地流经加热区、蒸发区和过热区等受热面进行加热后，将给水一次性地全部变成过热蒸汽。

图 5-34 为东方锅炉厂制造的配 1000MW 机组的超超临界压力直流锅炉，主要由省煤器、水冷壁、顶棚过热器、屏式过热器、包墙过热器、低温过热器、末级过热器、低温再热器、高温再热器、启动分离器、储水罐和锅炉再循环泵组成。给水由给水泵送入省煤器，水在省煤器中吸收低温烟气的热量后，进入炉膛辐射蒸发受热面（水冷壁），水在辐射蒸发受热

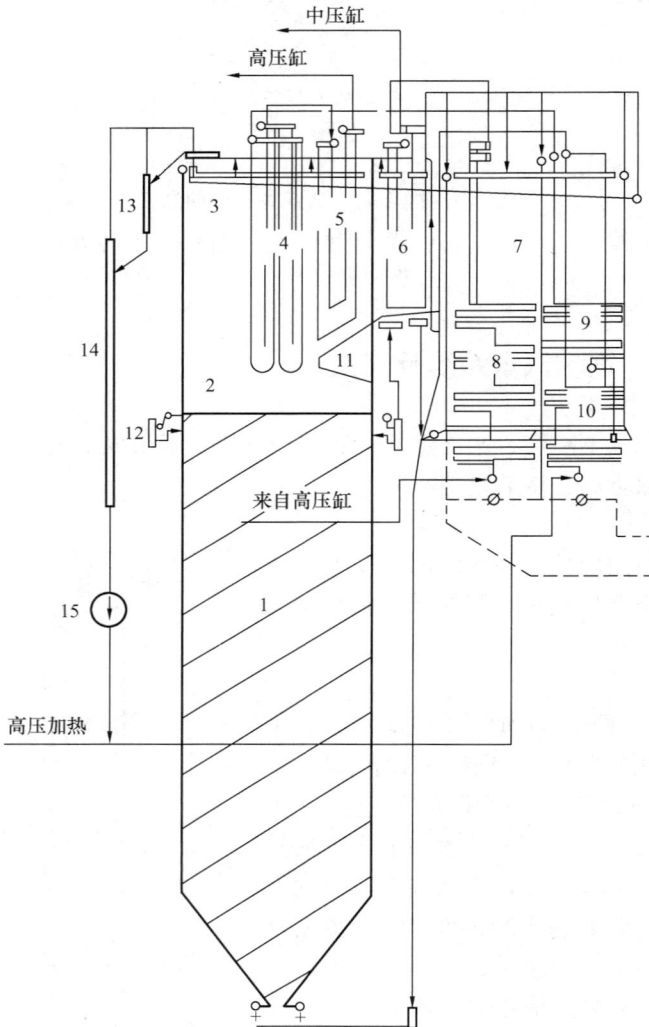

图 5-34　DG3030/26.25-605/603-Ⅱ型直流锅炉示意图

1—螺旋水冷壁；2—上部水冷壁；3—顶棚过热器；4—屏式过热器；5—末级过热器；6—高温再热器；7—包墙过热器；8—低温再热器；9—低温过热器；10—省煤器；11—折焰角；12—螺旋水冷壁出口混合集箱；13—启动分离器；14—储水罐；15—锅炉再循环泵

面吸收炉膛辐射热并产生蒸汽。离开辐射蒸发受热面后，再依次进入顶棚过热器、包墙过热器、低温过热器、辐射式屏式过热器、末级高温过热器，蒸汽成为具有一定压力和温度的过热蒸汽，再进入汽轮机高压缸。

2. 多次强制循环锅炉

图 5-35 所示为多次强制循环锅炉简图。其结构与自然循环锅炉基本相同，主要有蒸发系统（由汽包、下降管、锅水循环泵、下联箱、水冷壁等组成）、过热器及省煤器等。与自然循环锅炉不同的是在下降管中增加了循环泵，以增大循环流动的动力。

多次强制循环锅炉的工作过程是：给水经省煤器进入汽包。汽包中的锅水由循环泵不断地送入下联箱，再分配进入到各水冷壁管。水冷壁管内的水吸收炉内辐射热形成的汽水混合物返回汽包，经汽水分离后，蒸汽从汽包上部引出，进入过热器进一步加热成过热蒸汽。

我国制造的 2008t/h 强制循环汽包炉，在下降管中装置了三台锅水循环泵，其中两台运行，一台备用。

二、锅炉的蒸发设备

图 5-36 所示为自然循环蒸发设备的示意图，由汽包、下降管、导汽管、联箱、水冷壁管等组成。汽包、下降管、导气管、联箱等位于炉外不受热；水冷壁布置在炉膛四壁吸收炉膛高温火焰和烟气的辐射热量。所以，蒸发设备是锅炉的重要组成部分。它的作用是吸收炉内燃料燃烧放出的热量，将给水加热成饱和蒸汽。

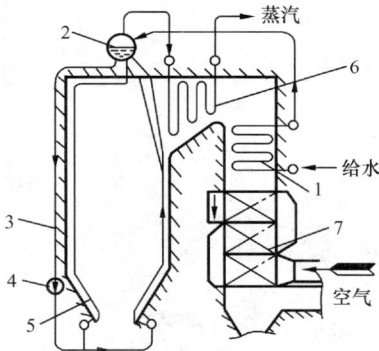

图 5-35 多次强制循环锅炉简图
1—省煤器；2—汽包；3—下降管；4—循环泵；5—水冷壁；6—过热器；7—空气预热器

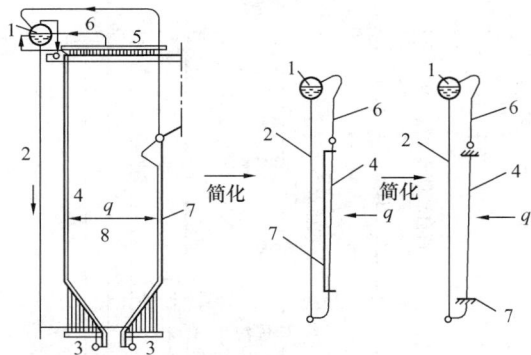

图 5-36 自然循环蒸发设备及系统示意图
1—汽包；2—下降管；3—下联箱；4—水冷壁；5—上联箱；6—导汽管；7—炉墙；8—炉膛

（一）汽包

1. 汽包的结构

图 5-37 所示为汽包的结构示意图。由筒身、封头、人孔门和许多管座等组成。筒身用钢板卷制焊接制成，封头用钢板模压制成，焊接在筒身两端。在封头中部留有椭圆形或圆形人孔门。在筒身外焊有管座以连接各种管子。锅炉的汽包大都采用悬吊式，有利于汽包受热升温后能自由膨胀。

2. 汽包的作用

（1）汽包是工质加热、蒸发、过热三个过程的连接枢纽。

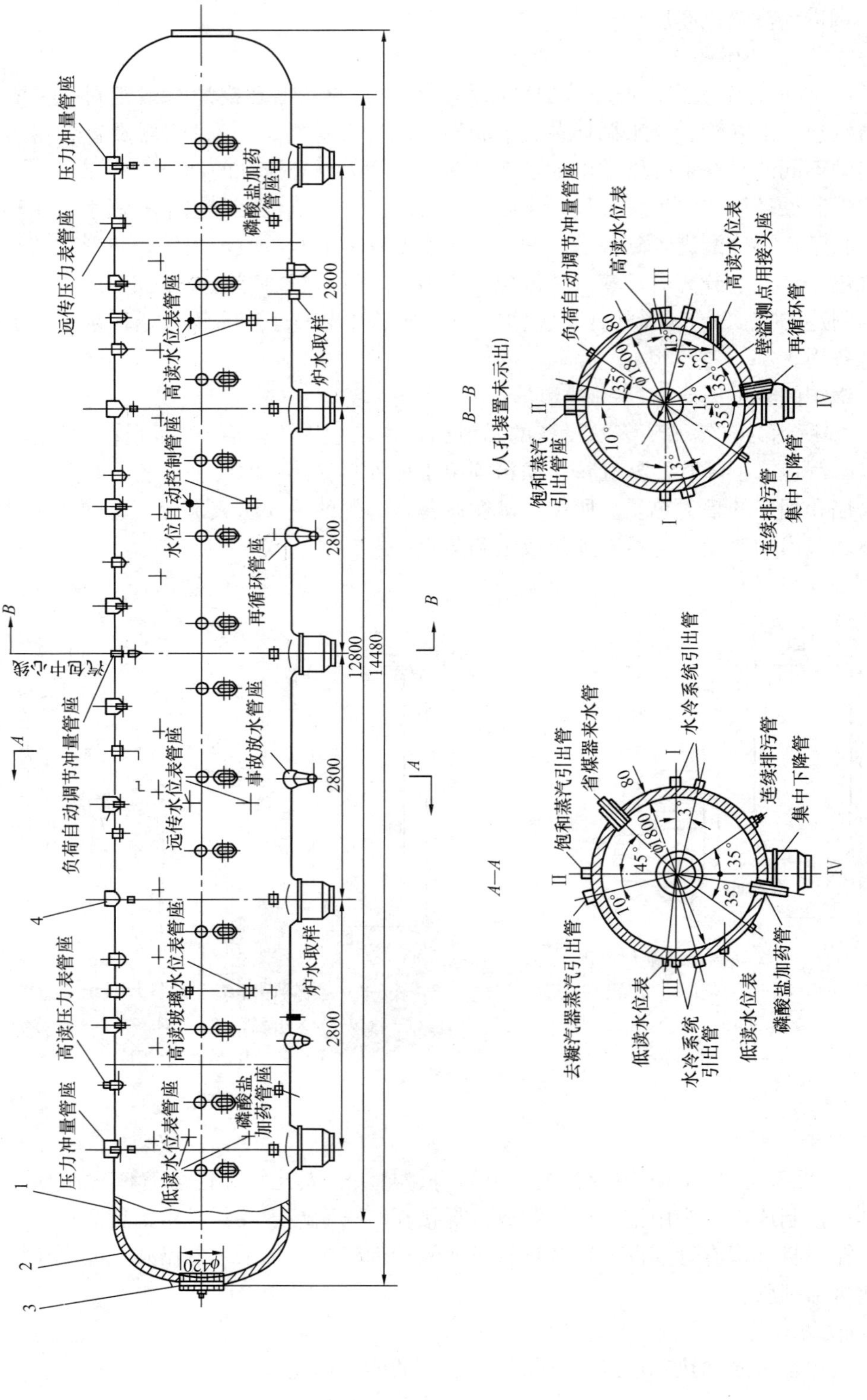

图 5-37 汽包的结构示意图

1—筒身；2—封头；3—人孔门；4—管座

(2) 汽包有一定储水、储汽容积，还有一定的蓄热量，所以有一定的适应负荷骤变的能力。

(3) 汽包内部装有汽水分离装置、蒸汽清洗装置、连续排污装置、锅内加药装置等，以改善蒸汽品质，如图5-38所示。

(4) 汽包外壳上装有压力表、水位计、事故放水门、安全阀等附件，保证锅炉安全工作。

（二）水冷壁

水冷壁是锅炉的主要蒸发受热面。它由连续排列的并列的管子组成，紧贴炉膛四周内壁，有时布置在炉膛中间。

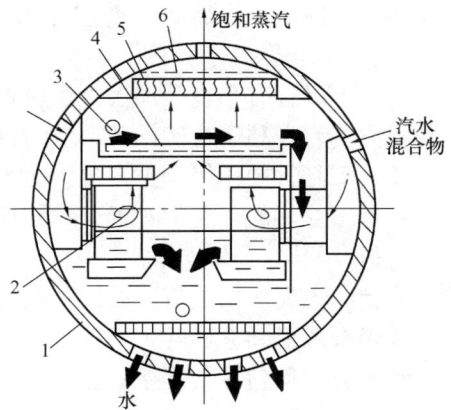

图5-38 锅炉的汽包内部装置

1—汽包；2—内置旋风分离器；3—给水管；
4—清洗装置；5—波形板分离器；
6—顶部多孔板

1. 水冷壁的类型

水冷壁主要型式分为光管式、膜式、销钉式三种。

(1) 光管水冷壁由外形光滑的无缝钢管并排成平面，如图5-39所示。这种类型的水冷壁结构简单、制造、安装、维修方便，成本低。

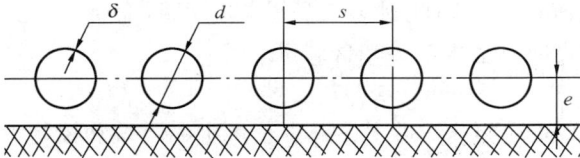

图5-39 光管水冷壁

(2) 膜式水冷壁由许多鳍片管焊接而成，如图5-40所示。鳍片管有两种类型：一种是轧制而成，称为轧制鳍片管；另一种是在光管之间用扁钢焊接而成，称为焊接鳍片管。这种类型的水冷壁炉膛的严密性好，减少了炉膛漏风，改善了炉内燃烧，传热性能好，但制造、检修工艺较复杂。

(3) 销钉式水冷壁是在光管水冷壁上焊一些圆钢构成，如图5-41所示。用销钉可以固定耐火材料，形成卫燃带、溶渣池等，减少水冷壁吸热，提高着火区域或溶渣温度，利于着火和排渣。由于焊接工作量大，所以只用在卫燃带、熔渣池等区域。

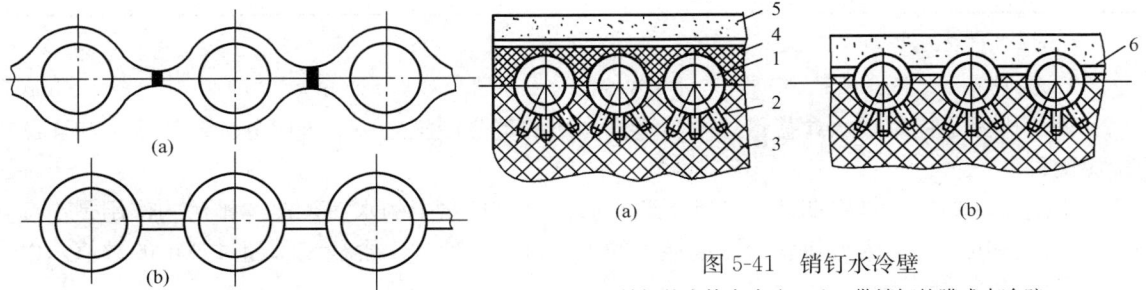

图5-40 鳍片管的类型

（a）轧制鳍片管；（b）焊接鳍片管

图5-41 销钉水冷壁

（a）销钉的光管水冷壁；（b）带销钉的膜式水冷壁

1—水冷壁管；2—销钉；3—耐火塑料层；
4—铬矿砂材料；5—绝热材料；6—扁钢

2. 水冷壁的作用

(1) 通过辐射换热方式吸收热量，将水变成饱和蒸汽。

(2) 保护炉墙并降低炉墙的温度，简化炉墙结构。

（3）辐射蒸发受热面吸热远大于对流蒸发受热面，从而降低锅炉的造价。

（三）下降管

（1）下降管有小直径和大直径两种类型。现代大型锅炉都采用大直径集中下降管，因为流动阻力小，有利于自然循环，节约钢材，布置简单。

（2）下降管的作用是把汽包中的水连续不断地送往下联箱供给水冷壁，使水循环正常。下降管是不受热的，通常布置于炉墙外，见图 5-36。

（四）联箱

联箱的主要作用是将工质汇集起来，或将工质通过联箱重新分配到其他管道中去。

联箱有圆形和方形两种，现代锅炉的联箱广泛采用圆形。圆形联箱具有制造简单、承压高、汽水分配均匀、与焊接短管连接方便、安装和检修方便等优点。联箱一般不受热，并给予良好的绝热保温。

水冷壁的下联箱，一般装有定期排污装置和监视膨胀用的膨胀指示器，有的还装有加强水循环用的锅水循环泵。

三、蒸汽的净化

（一）蒸汽品质

蒸汽中含的杂质大多为各种盐类。锅炉产生的蒸汽，盐分含量高，会使汽轮机、锅炉等热力设备结盐垢，从而影响电厂的安全经济运行。因此对蒸汽品质提出了明确要求，见表 5-2。从表 5-2 中可以看出，蒸汽品质的主要项目是含钠量和含硅量。

（二）提高蒸汽品质的措施

为了获得清洁度很高的蒸汽，主要从降低饱和蒸汽带水、减少蒸汽中的溶盐和控制炉水含盐量等三方面着手采取措施。

表 5-2　　　　　　　　　　　　　　　蒸汽品质标准

炉　　型	压力（MPa）	钠（$\mu g/kg$）		二氧化硅（$\mu g/kg$）
		磷酸盐处理	挥发性处理	
汽包炉	3.82～5.78	凝汽式发电厂≤15 热电厂≤20		≤20
	5.88～18.62	≤10	≤10*	
直流炉	5.88～18.62	≤10*		

* 争取标准为≤5$\mu g/kg$。

1. 锅炉排污

锅炉排污是控制炉水含盐量、改善蒸汽品质的重要措施之一。可以分为定期排污和连续排污两种。

定期排污的作用是定期从水冷壁下联箱底部排出炉水中的水渣。连续排污的作用是连续不断地从汽包蒸发面附近将含盐浓度最大的炉水排出，使炉水含盐量不超过规定的数值，以保证蒸汽品质。

2. 汽水分离装置

汽水分离的作用是将汽和水尽可能分离，以提高蒸汽品质。汽水分离的原理通常是重力分离、惯性力分离、离心力分离和水膜分离等四种。

（1）进口挡板如图 5-42 所示。当汽水混合物以一定速度撞击挡板并在挡板间转弯时，动能消耗，速度降低，同时利用重力、惯性力和离心力的作用，将蒸汽从水中分离出来。

　　(2) 立式旋风分离器如图 5-43 所示。其主要由筒体、筒底、顶帽、连接罩、溢流环等组成。有较大动能的汽水混合物，通过连接罩沿切向进入筒体，产生旋转运动，利用离心力分离、重力分离和水膜分离，将蒸汽从水中分离出来。

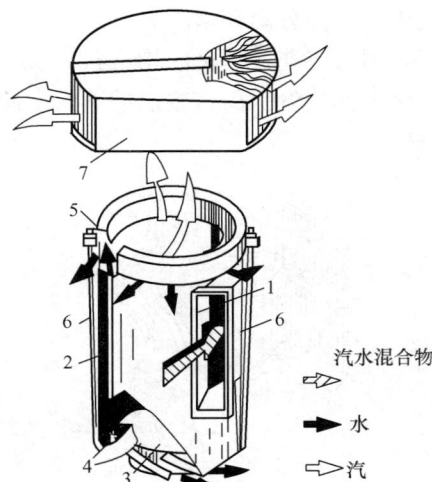

图 5-43　立式旋风分离器

1—连接罩；2—筒体；3—底板；4—导向
叶片；5—溢流环；6—拉杆；7—顶帽

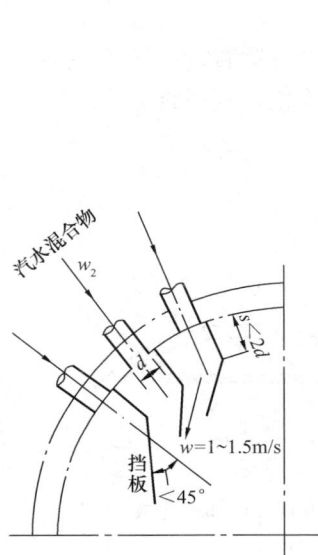

图 5-42　进口挡板

　　(3) 螺旋臂式分离器如图 5-44 所示。其主要由同心圆结构的筒体、旋转挡板、螺旋臂、防涡流板、扩散器和人字形波形板顶帽等组成。汽水混合物从下部沿轴向进入分离器，通过螺旋臂使汽水混合物旋转，利用离心力、重力的作用，将蒸汽从水中分离出来。

　　(4) 涡轮式分离器如图 5-45 所示。其主要由内筒、外筒、集汽短管、螺旋形叶片和梯形波形板顶帽等组成。汽水混合物从下部沿轴向进入分离器，通过涡轮和螺旋形叶片，

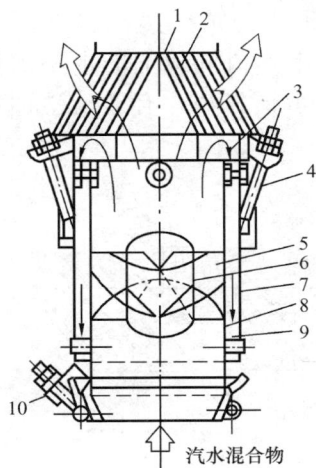

图 5-44　螺旋臂分离器

1—梯形波形板顶帽；2—波形板；3—集汽短管；4—钩
头螺栓；5—固定螺旋形叶片；6—涡轮芯子；7—外筒；
8—内筒；9—排水夹层；10—支撑螺栓

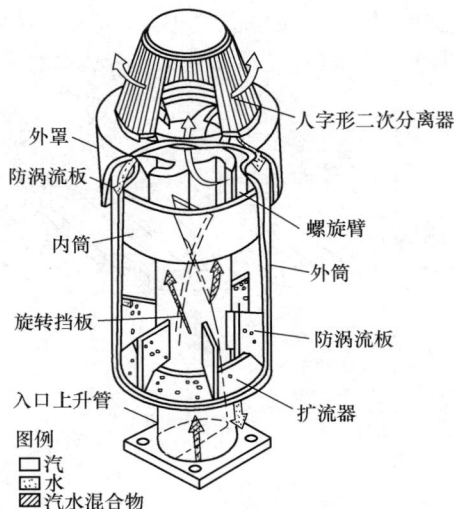

图 5-45　涡轮分离器

汽水混合物旋转，利用离心力、重力和惯性力的作用，将蒸汽从水中分离出来。

（5）波形板分离器如图 5-46 所示。其主要由波形钢板平行组装制成，边框用波形板。汽水混合物从波形板下部进入，低速通过弯曲通道时，由于离心力作用将蒸汽中水滴甩出来，利用离心力分离和水膜分离，将蒸汽从水中分离出来。

（6）顶部多孔板（又叫均汽板）如图 5-47 所示。其主要由钻有均匀小孔的钢板制成，装在汽包顶部蒸汽引出口之前的蒸汽空间。利用孔板的节流作用，利用重力分离将蒸汽从水中分离出来。

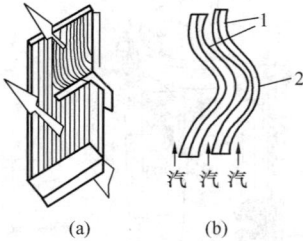

图 5-46　波形板分离器
（a）分离器结构；（b）波形板
1—波形板；2—水膜

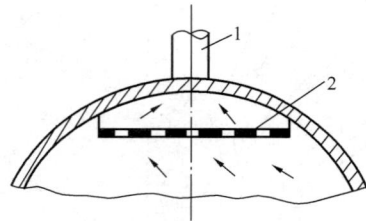

图 5-47　顶部多孔板
1—蒸汽引出管；2—顶部多孔板

3. 蒸汽清洗装置

蒸汽清洗装置的作用是降低蒸汽中的溶盐和溶解的硅酸。目前高压以上的锅炉采用给水清洗蒸汽的方法来降低蒸汽中溶解的盐分。

清洗的基本原理是让含盐量低的清洁给水与含盐高的蒸汽充分接触，蒸汽中溶解的盐分能够扩散到清洁的给水中，这样就减少了蒸汽溶盐，改善了蒸汽的品质。

蒸汽清洗装置有钟罩式和平孔式两种，如图 5-48 所示。目前广泛采用平孔板式穿层清洗装置。主要由钻有许多小孔的平孔钢板和 U 形卡组成。蒸汽自下而上通过孔板，从清洗水层穿出起泡清洗，给水均匀分配到孔板上，清洗板上的水层依赖于有一定速度的蒸汽穿孔将其托住。这种装置结构简单，阻力损失小，有效清洗面积大，清洗效果好。

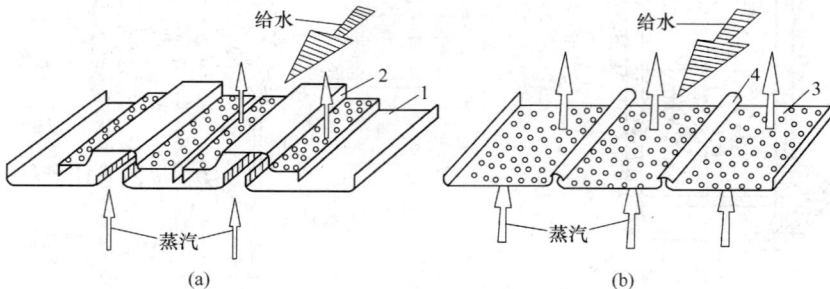

图 5-48　穿层式清洗装置
（a）钟罩式；（b）平孔板式
1—底盘；2—孔板顶罩；3—平孔板；4—U 形卡

四、过热器、再热器及调温设备

（一）过热器

1. 过热器的作用

过热器的作用是将饱和蒸汽加热成过热蒸汽。它是一种表面式换热器。其壁面温度在锅炉所有受热面中是最高的，这是因为其内侧蒸汽温度较高，而外侧的烟气温度也很高的缘故。如何防止过热器烧坏是锅炉运行中一个十分重要的问题。

2. 过热器的类型

过热器按传热方式可分为：对流过热器（包墙过热器、低温过热器、末级过热器）、辐射过热器（顶棚过热器、屏式过热器）和半辐射过热器。超高压 400t/h 汽包锅炉过热器系统如图 5-49 所示。超超临界 3030t/h 直流锅炉过热器和再热器系统如图 5-50 所示。

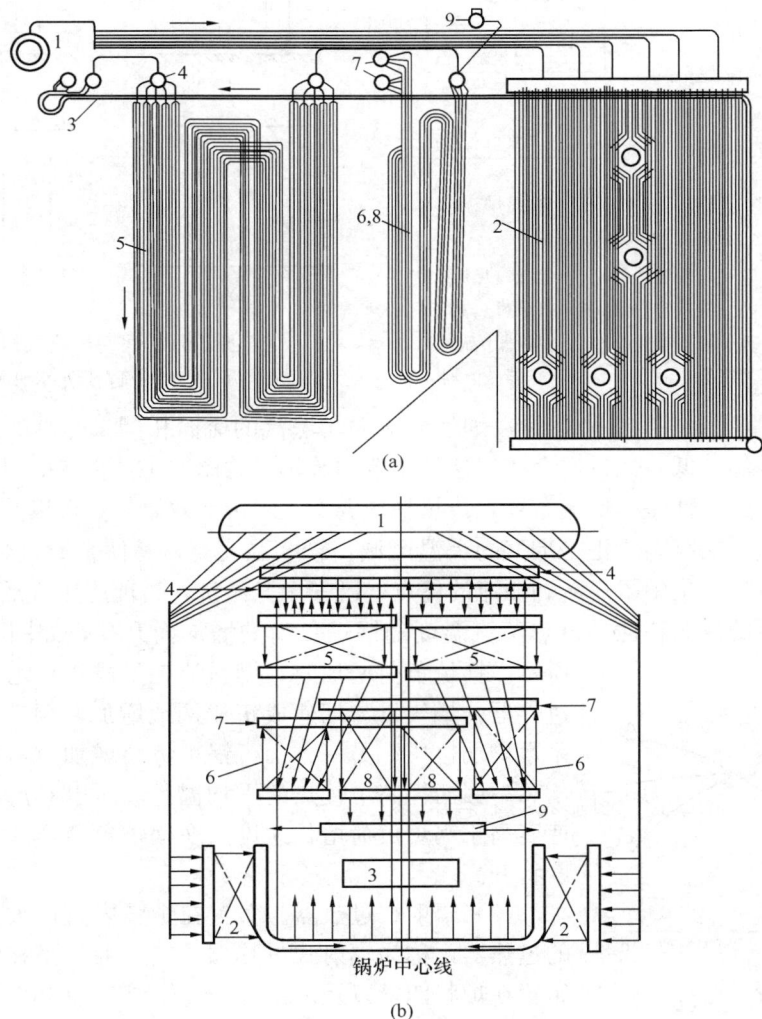

(a)

(b)

图 5-49　超高压 400t/h 汽包锅炉过热器

（a）过热器纵剖面；（b）过热器系统

1—汽包；2—包覆过热器；3—顶棚过热器；4—一级喷水减温器；5—屏式过热器；

6—对流过热器冷段；7—二级喷水减温器；8—对流过热器热段；9—集汽联箱

（1）对流过热器。对流过热器布置在锅炉对流烟道内，主要吸收烟气对流放热的过热器称为对流过热器。它由进、出口联箱和许多并列的蛇形管所组成（见图 5-49 和图 5-50）。按烟气与蒸汽的相互流向，可将对流过热器分为顺流、逆流、双逆流、混合流，如图 5-51 所示。

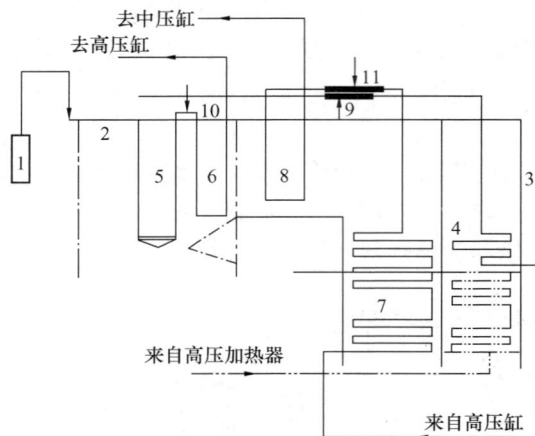

图 5-50　超超临界 3030t/h 直流锅炉
过热器和再热器系统示意图
1—汽水分离器；2—顶棚过热器；3—包墙过热器；
4—低温过热器；5—屏式过热器；6—末级过热器；
7—低温再热器；8—高温再热器；9—过热器一级减
温器；10—过热器二级减温器；11—再热器减温器

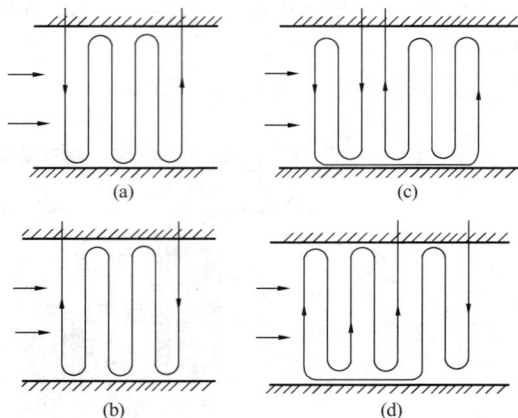

图 5-51　烟气与蒸汽相对流向
（a）顺流；（b）逆流；（c）双逆流；（d）混合流

　　顺流布置［见图 5-51（a）］时，烟气的流向与蒸汽的流向相同。蒸汽的高温段在烟气的低温区域，壁温较低，比较安全。但这种布置的传热平均温差小，传热效果差，需要布置较多的受热面，经济性差。逆流布置，传热平均温差大，传热效果好，可以减少受热面，节约金属，但是蒸汽的高温段正是烟气的高温区域，管壁温度高，易使金属过热，安全性差。双逆流或混合流布置集中了逆流和顺流的优点，既安全又经济，目前应用广泛。

　　对流过热器的汽温特性是过热蒸汽温度随锅炉负荷的增加而升高，如图 5-52 的曲线 a

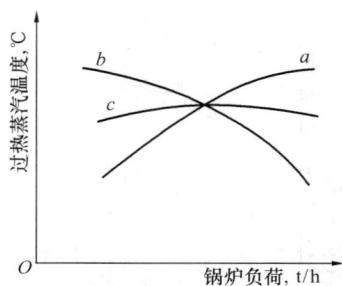

图 5-52　锅炉负荷与过热
汽温的关系曲线
a—对流过热器汽温特性；
b—辐射式过热器汽温特性；
c—半辐射式过热器汽温特性

所示。锅炉负荷增加时，燃料消耗量成正比增加，因此冲刷过热器的烟气量与烟速成正比例地增加，烟气对管壁的传热系数增加也快；另一方面，锅炉负荷增加时，炉膛出口烟温增高，因而提高了传热的平均温差。所以对流传热量的增长速度高于锅炉负荷增长速度，在锅炉负荷增加时过热蒸汽温度将升高。

　　（2）辐射式过热器。布置在炉膛内直接吸收火焰辐射热的过热器，称为辐射式过热器。它一般悬吊在炉膛上部，或布置在炉膛四壁以及炉顶等处，如图 5-49 和图 5-50 所示。

　　辐射式过热器的汽温特性是过热蒸汽温度随锅炉负荷增加而降低，如图 5-52 的曲线 b 所示。由于锅炉负荷增加，炉膛温度有所提高，使辐射吸热量增多，并且蒸汽流量也增多，因蒸汽量增多的影响大于辐射热增多的影响，结果使辐射过热器中单位数量蒸汽所获得的热量相对减少，因而使汽温下降。

（3）半辐射式过热器。半辐射式过热器布置在炉膛出口处，既吸收烟气的对流热量，又吸收炉膛的辐射热量，故而得名半辐射式过热器。又因它一片一片像屏风似地悬挂在炉膛出口处，又称为屏式过热器（图 5-49 和图 5-50）。

半辐射式过热器的汽温特性介于辐射过热器与对流过热器之间。实践来看，这种过热器的对流传热因素大于辐射传热因素，故略有对流的特性；锅炉负荷增加时，过热汽温略有升高，如图 5-52 的曲线 c 所示。

（4）联合式过热器。高参数、大容量的锅炉为什么采用对流过热器、辐射过热器和半辐射过热器串联起来组成的联合过热器，其原因是随锅炉容量的增大、参数的提高，过热器受热面积亦需增加，而运行又要求随锅炉负荷变化过热器出口汽温的变化幅度要小一些，即要求得到平稳的汽温特性曲线。

图 5-49 是超高压 400t/h 汽包锅炉过热器布置及系统示意图。其蒸汽流程为

汽包→转弯烟道两侧墙包覆过热器→转弯烟道后墙包覆过热器→炉顶过热器→前屏过热器→一级喷水减温器（进行左右交叉）→后屏过热器→二级喷水减温器（再进行左右交叉）→对流过热器→集汽联箱→汽轮机

图 5-50 是超超临界 3030t/h 直流锅炉过热器和再热器系统示意图。其蒸汽流程为

汽水分离器→顶棚过热器→包墙过热器（两侧墙、中隔墙、前、后墙）→低温过热器→过热器一级减温器→屏式过热器→过热器二级减温器→末级高温过热器→汽轮机高压缸

（二）再热器

1. 再热器的作用

对于蒸汽初压超过 10MPa 的发电厂，一般都要采用蒸汽中间再热。所谓中间再热就是将在汽轮机高压缸做过功的蒸汽，引入锅炉内再次吸热以提高其过热度，然后又回到汽轮机低压缸中继续做功。我们将这个在锅炉中对蒸汽进行再加热的换热设备称为再热器。采用中间再热可以提高电厂循环热效率，一般可提高循环热效率 6%～8%；还可以降低汽轮机最末几级蒸汽的湿度，不至于影响汽轮机安全运行。由于再热蒸汽的压力低，比热小，所以为了保证管壁的工作安全，再热器不能布置在高烟温区域。

2. 再热器的类型

再热器可以分为单级布置和双级布置两种型式。如图 5-50 和图 5-53 所示。由于再热器布置于对流烟道内，因此再热汽温随锅炉负荷增加而增加，与对流过热器的汽温特性相同。

3. 再热器的冷却系统

当锅炉点火启动或汽轮机突然甩负荷时，再热器内没有蒸汽流过，其管子得不到蒸汽冷却就会因过热而烧坏。因此，常用一种冷却保护系统（见图 5-54）对再热器进行保护。从过热器出口引一根管子到再热器进口，若汽轮机突然甩负荷时，过热蒸汽经减压减温后送到再热器，使管子因有蒸汽流过而得到冷却。

（三）蒸汽温度的调节

1. 汽温调节的作用

热力设备在运行中要求汽温稳定。但是当锅炉负荷或工作条件（如给水温度、过量空气系数、煤种、受热面上积灰和结渣情况）变化时，常引起过热蒸汽温度发生波动。过热汽温过高，为汽轮机汽缸、喷管、叶片、叶轮等部件的耐热强度所不允许；汽温过低则使汽轮机

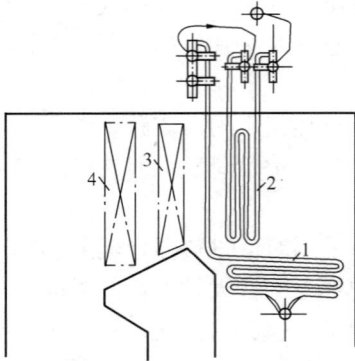

图 5-53   直流锅炉再热器双级布置
1—低温再热器；2—高温再热器；
3—高温对流过热器；4—屏式过热器

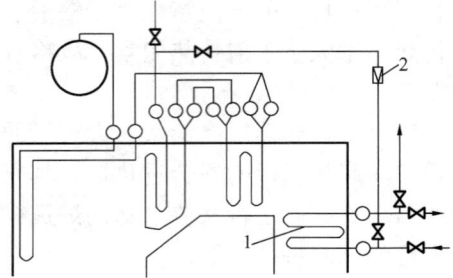

图 5-54   再热器的冷却系统
1—再热器；2—减压减温装置

的功率和效率降低，使煤耗增加，影响电厂的经济性，还会使汽轮机最后几级蒸汽湿度增加，危及汽轮机安全运行。一般不允许过热汽温变化超过±5℃。

为了保持汽温在额定值，采用调节设备来调节过热汽温和再热汽温。可以从蒸汽侧调节，也可以从烟气侧进行调节。我国设计的锅炉常在蒸汽侧用喷水减温器调节过热汽温，或在烟气侧用摆动式燃烧器改变火焰位置来调节过热汽温。

2. 喷水减温器调节汽温

喷水减温器是将给水或蒸汽凝结水直接喷射到过热蒸汽中，吸收蒸汽中的热量，达到降低汽温的目的。如图 5-55 所示，在喷水减温器的联箱内装有文丘里喷管，蒸汽从联箱左面进入喷管，水从喉部四周的小孔喷入，在高速汽流冲击下雾化、混合，使水滴汽化以降低过热汽温。喷水减温器具有结构简单、调温幅度大、调节惰性小、反应灵敏、易实现调节自动化等优点，但是对水质要求很高。

喷水减温器应用广泛，在高压以上锅炉的过热器中，常采用两级喷水减温方式。第一级喷水减温器装在屏式过热器之前，保护屏式过热器。第二级喷水减温器装在末级对流过热器之前，既能使调温灵敏，又可以保护高温对流过热器。

3. 烟气挡板调节汽温

如图 5-56 所示，用烟道挡板把烟道分隔为两个通道，主烟道中布置再热器，旁路烟道中布置过热器。若再热汽温变化时，可以改变挡板开度的大小，从而改变流经再热器的烟气量以达到调节汽温的目的。

4. 改变燃烧器倾角调节汽温

采用摆动式燃烧器在锅炉运行中上下调节燃烧器的倾角就可以调节汽温。当燃烧器倾角向上时，火焰中心位置上移，炉膛出口烟温升高，过热器和再热器的蒸汽温度增高。反之，倾角向下时，火焰中心位置下移，炉膛出口烟温下降，过热器和再热器的蒸汽温度降低。通常燃烧器的倾角变化范围约±30°。

改变燃烧器倾角调节汽温的特点是调节方便、灵敏度高，但会使锅炉效率下降、炉膛出口或炉底冷灰斗结渣。

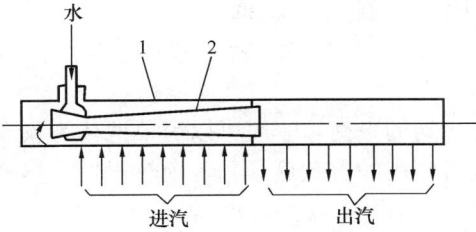

图 5-55　喷水减温器示意图
1—减温器联箱；2—文丘里喷管

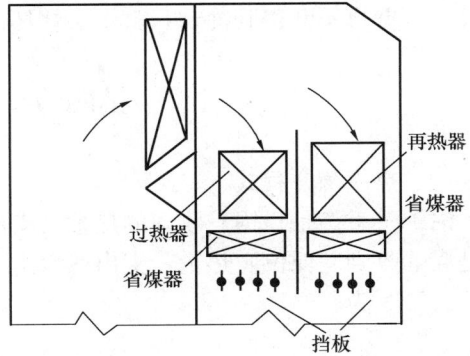

图 5-56　烟道挡板调温的布置方式

五、省煤器

1. 省煤器的作用

省煤器是利用锅炉尾部烟气的余热来加热锅炉给水的低温受热面。它能降低排烟温度，提高锅炉热效率；还能提高进入汽包的给水温度，减少汽包壁进水之间的温度差减少热应力，改善汽包的工作条件。

2. 省煤器的类型

（1）按采用的材料可将省煤器分为铸铁管式和钢管式两种。目前高参数、大容量的锅炉广泛采用钢管省煤器，如图 5-57 所示。它由许多并排的蛇形管束组成，水在管内自下而上地流动；烟气在管外横向冲刷，自上而下流动，形成逆流换热，增强了传热效果，将烟气的热量传给了锅炉给水。

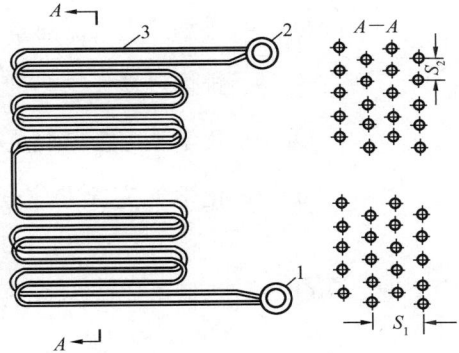

图 5-57　钢管省煤器结构示意图
1—进口联箱；2—出口联箱；3—蛇形管

（2）按出口工质状态可将省煤器分为沸腾式省煤器和非沸腾式省煤器。中压锅炉多采用沸腾式省煤器，这是因为中压水的汽化潜热大，加热水热量小的缘故。高压以上锅炉多采用非沸腾式，这是因为压力增高，水的汽化潜热减小，加热水的热量增大，水的部分加热移到水冷壁中进行。另外，为保证高压汽包炉的水循环的安全和蒸汽清洗的需要，高压锅炉的省煤器往往设计成非沸腾式。

3. 省煤器的启动保护

省煤器在启动时是间断给水的，若省煤器中水不流动又被烟气加热，可能使管壁超温而烧坏。因此，在省煤器进口与汽包之间装有不受热的再循环管，如图 5-58 所示。升火时，省煤器受热，借助再循环管与省煤器中工质的密度差，使省煤

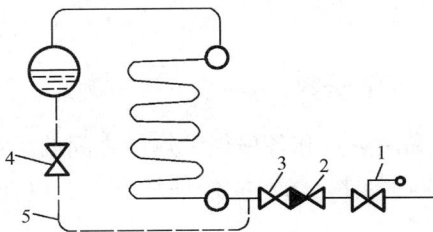

图 5-58　省煤器的再循环管
1—自动调节阀；2—逆止阀；3—进口阀；
4—再循环门；5—再循环管

器内的水流动，即在汽包→再循环管→省煤器→汽包之间形成自然循环。由于省煤器中有水循环，管壁可不断得到冷却，就不会烧坏。

第四节　锅 炉 热 平 衡

一、热平衡方程式

锅炉热平衡是指锅炉收入的热量与支出的热量之间的平衡，一般可以简单地认为收入热量是煤的收到基低位发热量，支出热量是产生蒸汽所利用的有效热量和各项热损失。热平衡方程式可写为

$$Q_{ar,net} = Q_1 + Q_2 + Q_3 + Q_4 + Q_5 + Q_6 \quad kJ/kg \tag{5-10}$$

如将式（5-10）中的各项都除以 $Q_{ar,net}$ 并乘以 100%，则热平衡方程式又可写为

$$100 = q_1 + q_2 + q_3 + q_4 + q_5 + q_6 \quad \% \tag{5-11}$$

上两式中　　$Q_{ar,net}$——煤的收到基低位发热量，kJ/kg；

Q_1——锅炉的有效利用热量，kJ/kg；

q_1——锅炉的有效利用热量占输入热量的百分数，$q_1 = \dfrac{Q_1}{Q_{ar,net}} \times 100\%$；

Q_2——排烟热损失的热量，kJ/kg；

q_2——排烟热损失的热量占输入热量的百分数，$q_2 = \dfrac{Q_2}{Q_{ar,net}} \times 100\%$；

Q_3——化学不完全燃烧热损失的热量，kJ/kg；

q_3——化学不完全燃烧热损失的热量占输入热量的百分数，$q_3 = \dfrac{Q_3}{Q_{ar,net}} \times 100\%$；

Q_4——机械不完全燃烧热损失的热量，其中灰渣和飞灰损失热量为 $Q_{4,hz}$ 和 $Q_{4,fh}$，kJ/kg；

q_4——机械不完全燃烧热损失的热量占输入热量百分数，$q_4 = \dfrac{Q_4}{Q_{ar,net}} \times 100\%$；

Q_5——锅炉散热损失的热量，kJ/kg；

q_5——锅炉散热损失的热量占输入热量的百分数，$q_5 = \dfrac{Q_5}{Q_{ar,net}} \times 100\%$；

Q_6——灰渣物理热损失的热量，kJ/kg；

q_6——灰渣物理热损失的热量占输入热量的百分数，$q_6 = \dfrac{Q_6}{Q_{ar,net}} \times 100\%$。

图 5-59 所示为 1kg 煤带入炉内的热量、锅炉有效利用热量和各项损失热量之间的关系。要注意的是，图 5-59 中热空气带入炉内的热量来自锅炉本身，是一股循环热量，所以在热平衡中不应考虑。

测试锅炉热平衡的目的是要知道煤中的热量，有多少被利用了，有多少损失掉了，应采取哪些措施来提高锅炉效率。在运行中，应定期进行锅炉热平衡试验，找出影响热效率的主要因素，作为改进锅炉运行的依据。

二、锅炉的热损失

1. 机械不完全燃烧热损失（q_4）

机械不完全燃烧热损失是指排烟所带出的飞灰和炉底排出的炉渣中含有未燃尽的碳所造成的热量损失。煤粉炉中因为飞灰占总灰量的 90%～95%，故飞灰中碳的不完全燃烧热损失是主要的。

机械不完全燃烧热损失是锅炉热损失中仅次于排烟热损失的一个主要项目。固态煤粉炉的 q_4 约为 2%～6%。影响 q_4 的因素有燃料性质、燃烧方式、炉膛结构、锅炉负荷和运行操作水平等。如果煤中水分和灰分愈多，挥发分含量愈少，煤粉愈粗，炉膛容积或炉膛高度不够，燃烧器结构性能不好或布置不合适，锅炉负荷过高，煤粉来不及烧透等，都会使 q_4 增大。

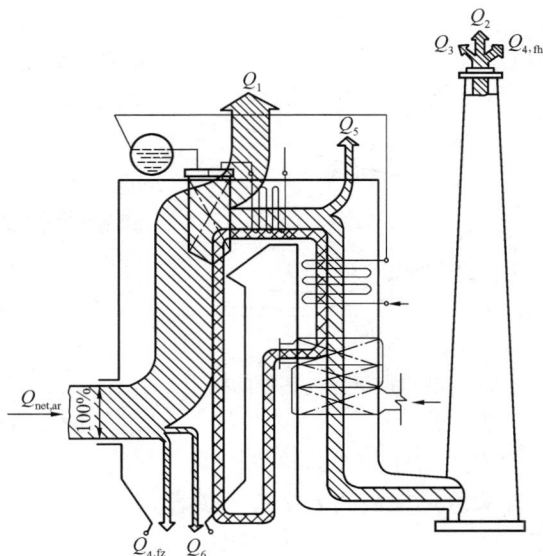

图 5-59　锅炉机组热平衡图

锅炉运行中，根据煤的性质和煤粉细度及时调整锅炉负荷、火焰在炉内的充满程度以及一、二次风的配合调节等。只有认真地做好燃烧调整工作，才能降低 q_4。

2. 化学不完全燃烧热损失 q_3

化学不完全燃烧热损失是指排出烟气中含有可燃气体（CO、H_2 及 CH_4 等）所引起的热损失。煤粉炉的 q_3 通常不超过 0.5%。

从烟囱中排出的可燃气体主要是 CO。CO 在烟气中含量愈高，则 q_3 愈大。影响该项损失的主要因素是燃料的性质、炉膛结构、过量空气系数、炉膛温度以及炉内燃料与空气的混合情况。如煤中挥发分含量高又与空气混合不良，过量空气系数过小氧气供应不足等，会使 q_3 增大。若过量空气系数过大，会使炉温降低，可能导致 CO 不易着火燃烧，q_3 也会增大。还有煤种变化，炉膛容积过小，炉膛高度不够，水冷壁布置过多，燃烧器容量不够或布置有些不合理等，也会导致 q_3 增大。

3. 排烟热损失（q_2）

排烟热损失是指离开锅炉的烟温高于周围空气温度所形成的热损失。它是锅炉各项热损失中最大的一项，约为 5%～8%。

影响排烟热损失的主要因素是排烟温度和排烟量。排烟温度愈高，排烟量愈大，q_2 就愈大。降低排烟温度，传热的平均温差就减小，尾部受热面的面积就增多，金属消耗量增加，投资也要增加。另一方面，排烟温度降低，空气预热器的壁温随之下降，若低于烟气露点，烟气中的硫酸蒸气就会凝结在壁面上，形成低温腐蚀。所以煤中的硫分多，排烟温度应适当高些，以减少低温腐蚀的可能性。目前，排烟温度的高低应通过技术经济比较来确定，一般在 110～160℃ 之间。

过量空气系数的影响：过量空气系数 a 减少，则排烟量减少，q_2 降低，但是化学不完全燃烧热损失 q_3 和机械不完全燃烧热损失 q_4 都增大。若过量空气系数 a 增大，排烟量增

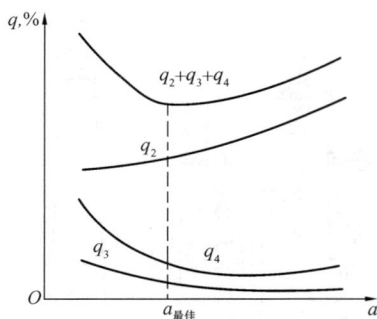

图 5-60 最佳过量空气系数的确定

大，q_2 增大，但 q_3 和 q_4 都减少。如图 5-60 所示，当 q_2、q_3、q_4 之和为最小时所对应的过量空气系数，称为最佳过量空气系数。

锅炉运行时要降低排烟热损失，必须及时吹灰打渣，保持受热面不结渣、积灰，以防止排烟温度上升。还要使燃烧器的一、二次风配合良好，注意防止炉膛下部漏风及各烟道漏风的增大，避免排烟量增大和排烟温度升高，造成排烟热损失的增大。

4. 散热损失（q_5）

散热损失是指锅炉在运行中，汽包、联箱、汽水管道、炉墙等的温度都高于周围空气的温度，通过对流和辐射的方式向外散失的热量损失。

影响散热损失的因素有锅炉容量、锅炉负荷、锅炉外表面积、锅炉外壁温度、周围空气温度、炉墙的结构等。如果锅炉容量小，负荷低，外表面积大，外表温度高，周围环境温度低，q_5 就大，通常 q_5 为 0.1%～0.5% 左右。

5. 灰渣物理热损失（q_6）

灰渣物理热损失是指从炉底排出的高温灰渣所引起的热损失。

影响灰渣物理热损失的因素有煤中灰分含量、排渣方式、炉渣温度等。固态排渣煤粉炉 q_6 一般可按 0.5%～1% 左右计算。只有燃用多灰的煤（即当 $A_{ar} \geq \dfrac{Q_{ar,net}}{419}$%）时才要计算 q_6。

三、锅炉热效率

锅炉热效率是指锅炉有效利用热量与煤的收到基低位发热量之比的百分数，即

$$\eta = \frac{Q_1}{Q_{ar,net}} \times 100\% \tag{5-12}$$

有效利用热量为

$$Q_1 = \frac{D_{gr}(h''_{gr} - h_{gs}) + D_{zr}(h''_{zr} - h'_{zr}) + D_{pw}(h'_{pg} - h_{gs})}{B} \quad kJ/kg \tag{5-13}$$

式中　D_{gr}——过热蒸汽流量，kg/h；

h''_{gr}——过热蒸汽出口焓，kg/h；

h_{gs}——给水焓，kJ/kg；

D_{zr}——再热蒸汽流量，kJ/kg；

h''_{zr}——再热蒸汽出口焓，kJ/kg；

h'_{zr}——再热蒸汽入口焓，kJ/kg；

D_{pw}——锅炉的排污量，kg/h；

h'_{pg}——汽包压力下饱和水焓，kJ/kg；

B——锅炉每小时的燃料消耗量，kg/h。

燃料消耗量的计算式为

$$B = \frac{D_{gr}(h''_{gr} - h_{gs}) + D_{zr}(h''_{zr} - h'_{zr}) + D_{pw}(h'_{pg} - h_{gs})}{\eta Q_{net,ar}} \quad kg/h \tag{5-14}$$

考虑到机械不完全燃烧热损失 q_4 的存在，实际参加燃烧反应的燃料量为

$$B_j = B\left(1 - \frac{q_4}{100}\right) \quad \text{kg/h} \tag{5-15}$$

式中　　B_j——计算燃料消耗量，在计算燃烧所需空气量和烟气容积时用；

　　　　B——实际燃料消耗量，在输煤系统和制粉系统计算时用。

对于运行锅炉，锅炉热效率用热平衡试验方法测定，其试验方法有正平衡法和反平衡法两种。

1. 正平衡法

在锅炉稳定运行工况下，通过试验可以直接测量燃料消耗量 B、煤的收到基低位发热量 $Q_{ar,net}$、过热蒸汽流量 D_{gr}、再热蒸汽流量 D_{zr} 以及过热蒸汽和再热蒸汽压力和温度，并从水蒸气表查得 h''_{gr}、h''_{zr}、h'_{zr}、h_{gs} 等比焓值。再由式（5-12）和式（5-13）直接算得锅炉热效率 η。正平衡法适用于中、小型锅炉。

2. 反平衡法

在锅炉稳定运行工况下，通过试验测出锅炉的各项热损失 q_2、q_3、q_4、q_5、q_6，然后由下式求出锅炉热效率

$$\eta = q_1 = 100 - (q_2 + q_3 + q_4 + q_5 + q_6) \quad \% \tag{5-16}$$

反平衡法能求出各项热损失，了解锅炉工作情况，找出降低热损失的措施。反平衡法适用于大型锅炉。

现代高参数、大容量锅炉的热效率约在 $85\% \sim 95\%$ 之间。

【例 5-1】 某电厂 220/100 型锅炉。参数为 $p_{gr} = 9.9\text{MPa}$、$t_{gr} = 540℃$、$p_{gs} = 11.6\text{MPa}$、$t_{gs} = 215℃$，煤的收到基低位发热量 $Q_{ar,net} = 22800\text{kJ/kg}$，每小时燃用煤粉 $B = 26\text{t/h}$，求这台煤粉锅炉的效率。

解 根据蒸汽和给水参数 $p_{gr} = 9.9\text{MPa}$，$t_{gr} = 540℃$，$p_{gs} = 11.6\text{MPa}$ 和 $t_{gs} = 215℃$，查水蒸气表得 $h''_{gr} = 347\text{kJ/kg}$，$h_{gs} = 924\text{kJ/kg}$。

根据式（5-12）和式（5-13）得

$$\eta = \frac{Q_1}{Q_{ar,net}} \times 100\% = \frac{D_{gr}(h''_{gr} - h_{gs})}{BQ_{ar,net}} \times 100\%$$

$$= \frac{220 \times 10^3 \times (3475 - 924)}{26 \times 10^3 \times 22800} \times 100\%$$

$$= 94.67\%$$

第五节　输煤系统、除尘及除灰系统

一、输煤系统

输煤系统是指燃煤电厂的燃料运输及供应系统。一台 600MW 汽轮发电机组的锅炉每昼夜要燃用 7000t 原煤，要求输煤系统机械化和自动化，保证可靠地供应燃料。

目前，输煤系统有陆运和水运两种运输方式。发电厂内部煤的运输及储存大致相同。图

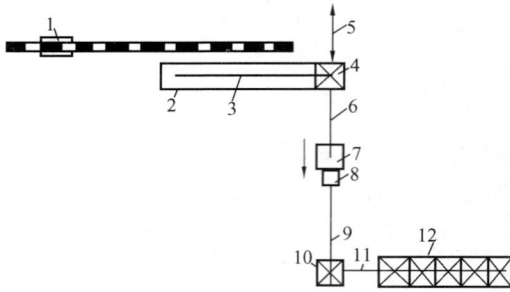

图 5-61　典型陆运输煤系统

1—车厢秤；2—卸煤沟；3—卸煤间运煤机械；
4—卸煤间转运站；5、6、9、11—运煤机械；
7—碎煤机室；8—自动磅秤；10—锅炉房转
运站；12—锅炉房原煤仓

5-61 所示为陆运煤到发电厂的生产流程图。由火车运进发电厂的煤，经车厢秤 1 过秤，在卸煤沟 2 内将煤卸下，再用运煤机械 3 将煤送到转运站 4。煤在转运站 4 输送出去有三个去路。

（1）由转运站 4 用运煤机械 6 将煤送往碎煤机室 7（煤被破碎），经自动磅秤 8 过秤后，再由运煤机械 9 至锅炉房转运站 10，然后由运煤机械 11 送往锅炉房的各原煤仓 12。

（2）由转运站 4 用运煤机械 5 将煤送至储煤场。

（3）从储煤场的煤经转运站 4，再按（1）的工作流程把煤送往锅炉房的原煤仓 12。

目前，我国发电厂常用的卸煤机械以下几种。

（1）螺旋卸煤机。螺旋机在车皮中转动，将煤从车皮侧门排入煤沟。

（2）桥式抓煤机。抓斗将煤从车皮中抓出，存于煤场或经皮带运输机送到锅炉房。

（3）底开门车。车皮底门开启，煤从车皮中自动落下，多节车皮可同时卸煤，如图 5-62 所示。

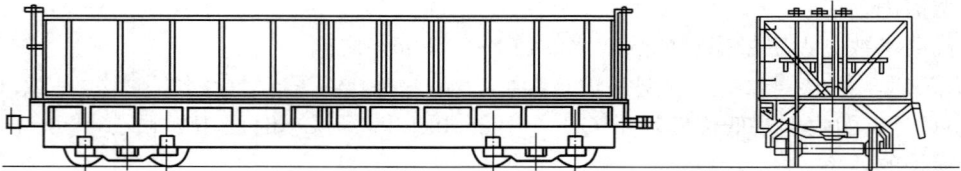

图 5-62　底开门车结构示意图

（4）翻车机。具有机械化程度高、卸煤速度快、卸煤彻底等优点。翻车机出力为 600～1500t/h，适用于大型电厂。图 5-63 是 ZF-J 型转子翻车机构造示意图，主要由转子本体、

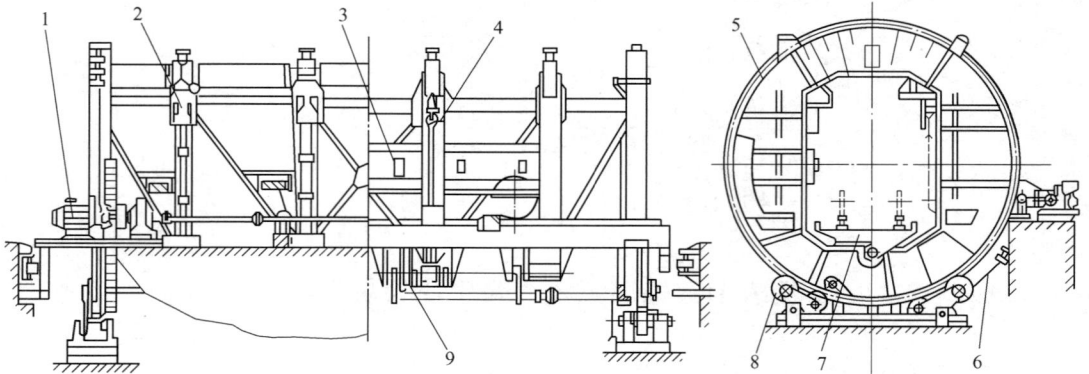

图 5-63　ZFH-100 型转子式翻车机

1—传动装置；2—转子桥架；3—靠板与振动器；4—夹具机构；5—转子本体；
6—曲线板；7—定位及推车平台；8—托棍装置；9—小车导板及制动

传动装置、夹具机构、转子架桥、振动器、制动器等组成。

有一些火电厂在沿江或沿海，只能靠水运或海运运煤方式。水路运煤大多用拖轮带驳船，海路运煤用大型船舶为主，如图 5-64 所示为水路运煤系统示意图。主要的卸船机械有链斗式、卸船机、刮板式卸船机、门式抓斗卸船机、固定旋转式抓斗卸船机和桥式抓斗卸船机等。

图 5-65 为 1500t/h 卸船机结构示意图，主要由抓斗、海侧门框、大梁顶架、悬臂、前拉杆、后撑杆、陆侧门框和码头面带机等组成。其主要特点是卸船机上的悬臂能向上弯折，可以让大型轮船安全停靠，而且抓斗小车能在架桥上移动至船舱，抓煤后又能向岸边移动，把煤卸到煤仓内或煤场。目前，已在沿海和沿江的电厂广泛使用。

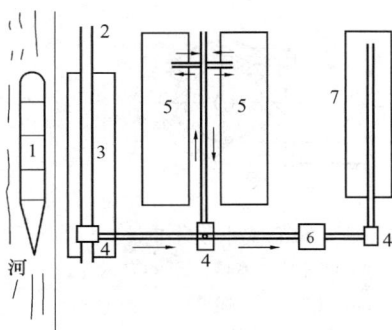

图 5-64　水路运输煤系统

1—运煤船；2—输煤栈桥；3—卸煤场；4—转
运站；5—储煤仓；6—碎煤机房；7—原煤仓房

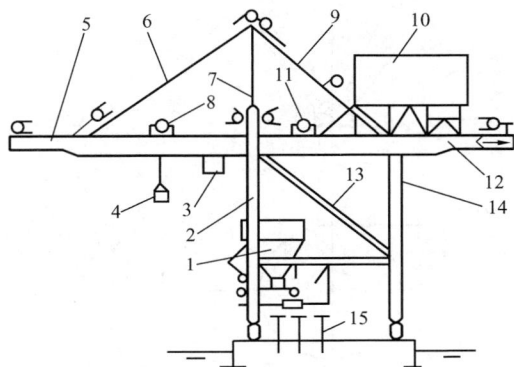

图 5-65　1500t/h 卸船机结构

1—料斗；2—海侧门框；3—司机室；4—抓斗；
5—悬臂；6—主小车；7—大梁顶架；8—前拉杆；
9—后撑杆；10—机房；11—副小车；12—大梁；
13—斜撑；14—陆侧门框；15—码头面带机

二、除尘器

（一）除尘器的作用

火力发电厂锅炉都装有除尘器，其作用是将飞灰从烟气中分离并清除出去，减少它对环境的污染，并防止引风机的急剧磨损。

（二）除尘器的类型

火力发电厂的除尘器按工作原理不同可分为机械式除尘器和电气除尘器两大类。而机械式除尘器又可分为干式除尘器和湿式除尘器两种。

1. 干式旋风子除尘器

如图 5-66 所示，烟气切向进入旋风子，旋转向下运动，然后转弯向上从中心流出。在旋转过程中，由于离心力把一部分飞灰分离并甩到圆筒内壁上，再靠灰粒自身重力落下，当烟气转弯向上时，由于惯性力，又有一部分灰粒从气流中分离出来。

2. 湿式除尘器

（1）离心式水膜除尘器。离心式水膜除尘器如图 5-67 所示，它的本体是一个由耐腐蚀、耐磨材料砌成的圆筒，入口烟道切向进入圆筒下部，在筒体上部设有喷嘴或溢流槽，使水在整个内壁形成水膜往下流动。在方形入口烟道内，装有交错排列的瓷棒或圆木棒（或塑料棒）

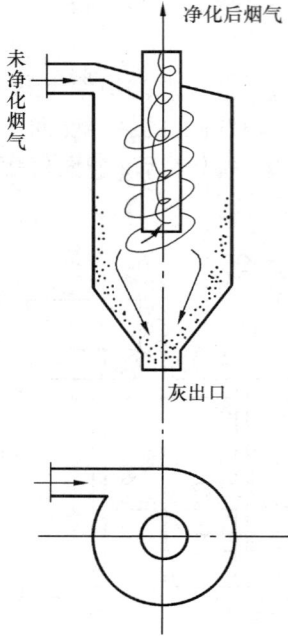

图 5-66 旋风子工作
原理示意图

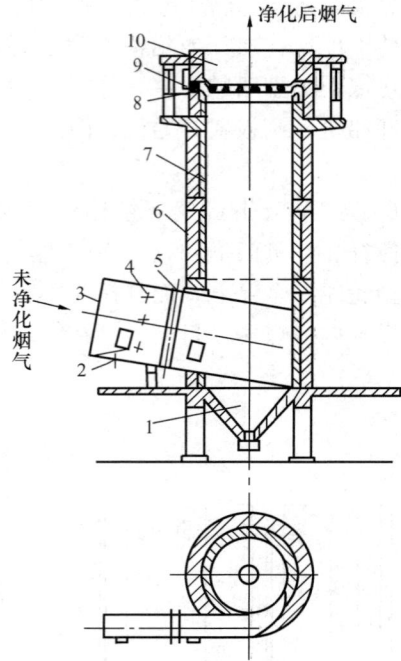

图 5-67 离心式水膜除尘器
1—灰斗；2—底部冲灰喷嘴；3—烟气入口；
4—烟道冲灰喷嘴；5—栅栏；6—筒壁；
7—内衬；8—溢流槽；9—水管；
10—烟气出口

组成的洗涤栅栏，在洗涤栅栏前装有水喷嘴，将水均匀地淋洒到棒的表面形成水膜。在入口烟道底部装有冲灰喷嘴。烟气在流经进口洗涤栅栏时，有部分灰粒粘附在水膜上和水一起流下沉积于底部，并被底部冲灰喷嘴冲入筒体下部灰斗中。经初步分离后的烟气切向进入筒体，在筒体内旋转上升。因为离心力的作用，烟气中的灰粒被甩到筒壁并粘附在水膜上，与水膜一并流入到下部灰斗，经由落灰管到水封装置流入水沟。净化后的烟气从顶部流出。

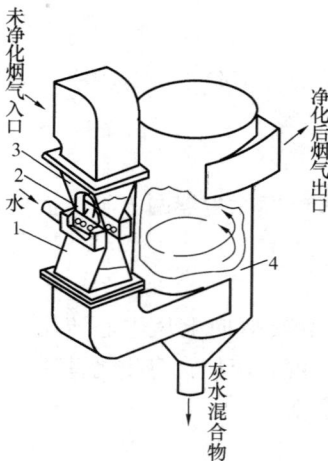

图 5-68 文丘里湿式除尘器
1—扩散管；2—喉管；3—收缩管；
4—离心式水膜除尘器

（2）文丘里湿式除尘器。如图 5-68 所示，它由文丘里管（收缩管、喉管和扩散管）和离心式水膜除尘器两部分组成。烟气进入文丘里管的收缩管，烟速逐渐提高，从喉部喷水装置喷出的水滴受到高速烟气的冲击，雾化成 $100 \sim 200 \mu m$ 的细小水珠。因为水珠与灰粒之间存在很高的相对速度，所以高速运动的灰粒就会与水珠充分碰撞、接触，并被水珠吸附和凝聚。烟气进入扩散管后速度逐渐降低，动能转变成压力能，然后进入离心式水膜除尘器中，烟气所带的灰水颗粒在离心力作用下被分离出来而流入下部灰斗中，经水封装置流入地沟。净化后的烟气从顶部流出。

3. 电气除尘器

如图 5-69 所示，电气除尘器由放电极、集尘极（亦叫收尘极）、高压直流供电装置、振打装置和外壳组成。根据集尘极结构不同，电气除尘器又可分为管式和板式两种。

电气除尘器的工作原理是：当集尘极和放电极与高压直流电源接通后，放电极上受到 $6\times10^4 \sim 20\times10^4 V$（板式）或 $3.5\times10^4 \sim 7\times10^4 V$（管式）的直流电压时，将引起电晕放电，并且在正负两极间造成一个足以使气体电离的电场。气体电离后产生大量的

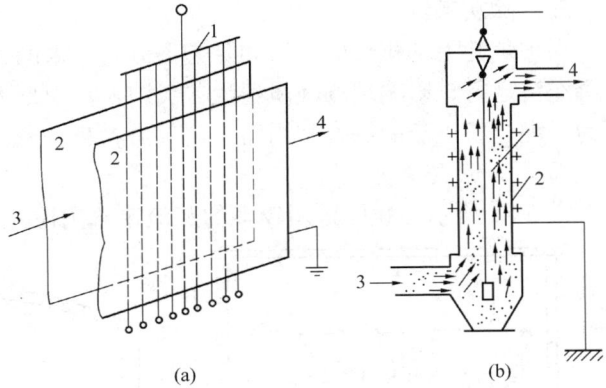

图 5-69　电气除尘器工作原理示意图
(a) 板式；(b) 管式
1—放电极；2—收尘极；3—烟气入口；4—烟气出口

正负离子，当带有灰粒的烟气由下而上流过时，灰粒由于与正负两种离子相遇而带电荷，大部分灰粒带负电荷被吸引到集尘极上，少部分灰粒带正电荷而被吸引到放电极上。灰粒把自身的电荷放给集尘极和放电极后，向下落入灰斗中。集尘极上常常会粘附一些灰粒，当达到一定厚度时会影响集尘效率。可以用振打装置定期或连续振打集尘极，迫使灰粒脱离集尘极落到灰斗中。

电气除尘器的设备庞大，占地面积大，钢材消耗量大，初投资大，控制系统复杂。但是，电气除尘器效率高（99.9％以上），阻力小（大约 196Pa，即 20mmH$_2$O），处理烟气量大，寿命长，保护环境，维护费用低，除尘效率基本上不受负荷变化的影响。目前国内外电厂大容量机组采用电气除尘器最多。

4. 布袋式除尘器

如图 5-70 所示，布袋式除尘器主要由主风机、箱体、滤袋框架、滤袋、压缩空气管、排尘装置、脉冲阀、控制阀、脉冲控制仪、U 形压力计等组成。目前大型电厂采用较多的是脉冲式布袋除尘器。

布袋式除尘器的工作原理是：利用重力沉降作用、滤袋筛滤作用、惯性力作用和热运动气体分子碰撞的作用，使尘粒被

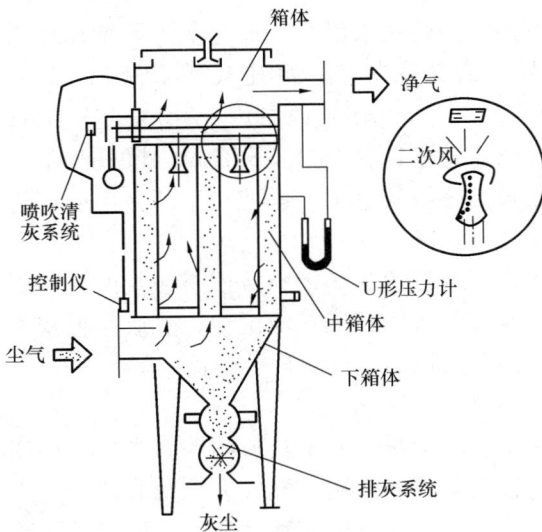

图 5-70　布袋式除尘器结构示意图

捕获沉降下来。譬如说，当含尘气体进入脉冲式布袋除尘器后，颗粒大的尘粒在重力作用首先沉降下来，在风机的抽吸作用下分散至各个滤袋，尘粒较大的被阻流在滤袋外侧，烟气通过滤带则被净化。再通过喇叭管进入上部箱体因惯性力作用尘粒被布袋捕获，而烟气从出口管排出。有少部分尘粒粘附在滤袋上，可以定时向滤袋反吹一次压缩空气，把积附在滤袋外侧的尘粒吹落。

三、除灰系统

锅炉炉膛下部积聚的灰渣和除尘器分离出来的飞灰都要及时地排走，否则将影响锅炉的安全经济运行，影响现场环境卫生。我国大、中型火力发电厂普遍采用水力除灰，而少数电厂为了配合粉煤灰的综合利用而采用气力除灰。

1. 水力除灰系统

图 5-71 所示是我国采用较多的灰渣泵水力除灰系统。在这种系统中，锅炉排出的渣在

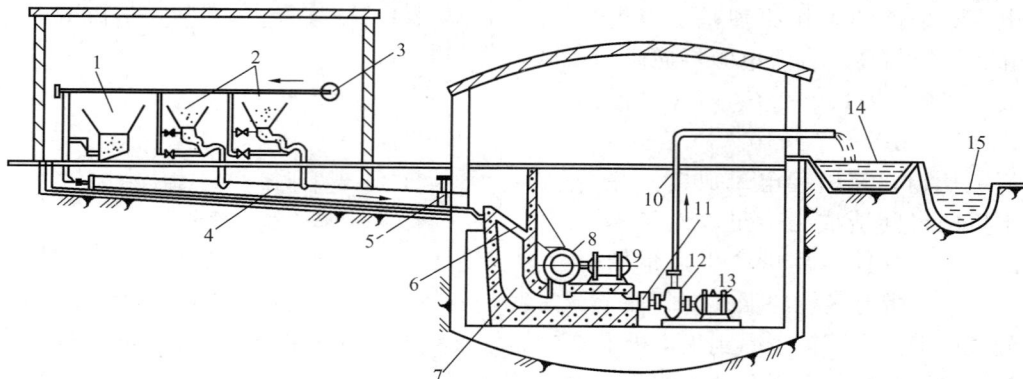

图 5-71　灰渣泵水力除灰系统

1—渣斗；2—灰斗；3—清水供给管；4—灰沟；5—提升式闸门；6—栅格；7—沉渣池；
8—碎渣机；9、13—电动机；10—灰管；11—铁质分离器；12—灰渣泵；14—灰场；15—河流

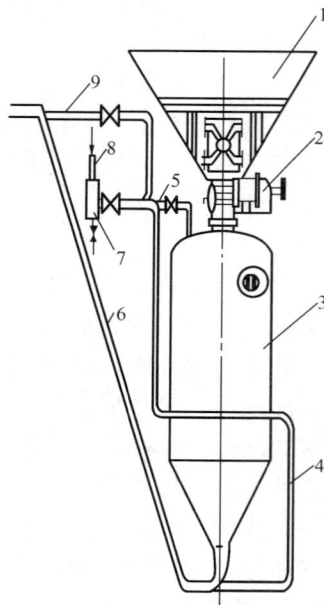

图 5-72　具有仓泵的正压
气力除灰系统

1—灰斗；2—锥形阀；3—仓泵；4—冲灰压缩空气管；5—压缩空气管；6—输灰管；7—滤水器；8—压缩空气总管；9—冲灰压缩空气管

灰渣室经碎渣机破碎成碎渣连同冲灰器排出的细灰，沿倾斜的灰沟被激流喷嘴的水冲入灰渣池。灰渣池中的灰水混合物通过灰渣泵增压后由压力输灰管道送往灰场。每吨灰耗水量约 15～16t（即灰水比为 15～16）或更大，耗电量约为 15～20kW·h。输送距离约 1.5～2km，超过此距离还需要装设第二级灰渣泵，也就是用两级串联运行方式将灰送到灰场。

当电厂附近的灰场较小或没有灰场时，可以先用灰渣泵将灰渣送到沉灰池沉淀，然后用抓灰机把沉淀后的灰渣抓出，再用轮船或者火车运走。

2. 气力除灰系统

为了获得干灰，便于灰渣的综合利用，采用空气作为输送灰渣的介质，即气力除灰方式。气力除灰又可分为正压和负压两种系统，这里以正压除灰系统为例说明其工作过程。

如图 5-72 所示为具有仓泵的正压气力除灰系统。灰斗中的灰定期排入仓泵，灰在仓泵中达到一定高度后，开启压缩空气阀门，压缩空气进入仓泵上部，又经冲灰压缩空气管引入仓泵下部进行除灰。从仓泵中吹出的灰沿输灰管直接送往目的地，

以作灰渣综合利用。这种系统具有输送距离远、输出能力大、运行安全可靠和比较经济等优点，现在一般采用较多。

3. 灰渣综合利用

经济大发展，生活水平逐步提高，人们对电能的需求量越来越多，电厂容量不断增大，特别是燃煤电厂快速增加，锅炉排出的灰渣也越来越多。灰场越来越大，占用土地也越来越多。如何将灰渣综合利用，变废为宝，国内外都作为重大课题进行研究。目前，灰渣综合利用的方法有以下几种。

（1）用粉煤灰制作建筑材料，如粉煤灰作水泥掺合剂等。

（2）制灰渣砖，如粉煤灰混凝土空心砖、粉煤灰蒸压砖等。

（3）筑路中作路面基础。

（4）制造保温纤维。

（5）提炼稀有金属、锗、铀、钛等。

（6）用于生产钙镁磷肥。

思 考 题 及 习 题

5-1 详述锅炉在发电厂中的作用。

5-2 锅炉本体由哪些主要设备组成？锅炉的辅助设备又由哪些组成？

5-3 锅炉设备是怎样进行工作的？其基本特性有哪几个？

5-4 煤的元素分析成分与工业分析成分有什么区别？

5-5 煤中的水分、灰分及硫分对锅炉工作有何影响？为什么？

5-6 什么是挥发分？它对锅炉工作有何影响？

5-7 何谓煤的收到基高、低位发热量？锅炉热力计算时采用哪种发热量？为什么？

5-8 何谓煤的可磨性系数？

5-9 煤粉燃烧过程有哪几个阶段？各有什么特点？采取哪些措施来强化燃烧？

5-10 什么叫燃烧、完全燃烧和不完全燃烧？

5-11 煤粉完全燃烧的条件有哪几个？为什么？

5-12 什么叫做过量空气系数？

5-13 根据过量空气系数的近似计算公式，说明当 a 增大时，烟气中的 RO_2 或 O_2 的含量百分数应该怎样变化。

5-14 某发电厂锅炉燃烧烟煤，运行中从二氧化碳表测得 $CO_2=15\%$。求过量空气系数 a。

5-15 某发电厂锅炉正常运行时，从氧量表测得 $O_2=5\%$。求过量空气系数 a。

5-16 锅炉运行中为什么要堵漏风？

5-17 煤粉细度怎样表示？试述 $R_{90}=25\%$ 的含义。

5-18 简述筒形球磨机、中速平盘磨煤机和风扇式磨煤机的主要结构及其工作原理。

5-19 绘制中间储仓式制粉系统的示意图，说明其工作流程和特点。

5-20 绘制直吹式制粉系统的示意图，说明其工作流程和特点。

5-21 制粉系统有哪几个主要部件？各有何作用？

5-22　煤粉炉的燃烧室由哪些主要设备组成？

5-23　燃烧器有何作用？直流燃烧器和旋流燃烧器各有何特点？

5-24　直流燃烧器为什么要采用四角布置？

5-25　蒸发设备主要由哪些部件组成？各有何作用？

5-26　简述自然循环锅炉的工作原理。

5-27　简述直流锅炉的工作过程。

5-28　简述多次强制循环锅炉的工作过程。

5-29　为什么电厂锅炉普遍装有过热器？

5-30　过热器有哪几种型式？其汽温特性有什么特点？

5-31　现代高参数、大容量锅炉为什么采用联合过热器？

5-32　为什么超高压以上锅炉普遍采用再热器？

5-33　采用哪些手段来调节过热汽温？

5-34　为什么电厂锅炉都装有省煤器和空气预热器？目前多采用什么型式的省煤器和空气预热器？

5-35　为什么锅炉启动时要对省煤器进行保护？如何保护？

5-36　什么叫热平衡？研究锅炉热平衡有什么意义？

5-37　锅炉有哪几项主要热损失？采取哪些措施来降低热损失？

5-38　什么是锅炉热效率、正平衡热效率和反平衡热效率？电厂锅炉采用哪种方法求热效率？为什么？

5-39　某电厂的 400t/h 超高压自然循环固态排渣煤粉炉，过热蒸汽参数为 14MPa、555℃，进入省煤器的锅炉给水温度为 215℃，燃煤量为 55t/h，煤的收到基低位发热量为 22900kJ/kg。试求该锅炉的热效率。如果这台锅炉经过改进，锅炉效率提高到 $\eta = 92\%$，问改进后的锅炉每月能节煤多少吨？

5-40　某电厂锅炉通过反平衡试验测算得：$q_2 = 8\%$，$q_3 = 0.2\%$，$q_4 = 3\%$，$q_5 = 0.5\%$，$q_6 = 0$。求这台锅炉的热效率。

5-41　画出电厂输煤系统并说明其工作流程。

5-42　画出电厂除灰系统并说明其工作流程。

5-43　除尘器有什么作用？简述电气除尘器的工作原理。

第六章　汽轮机及其辅助设备

第一节　概　　述

汽轮机是火力发电厂三大主力设备之一。它是一种以蒸汽作为工质,将蒸汽热能转变为机械能的叶轮式原动机。它的特点是功率大(最大可达1300MW以上),转速高(一般为3000r/min),运行平稳,工作可靠,热经济性高以及与发电机直接连接较为方便等。

一、汽轮机设备主要组成

汽轮机设备由汽轮机本体和附属设备及连接这些设备的管道组成。

1. 汽轮机本体

汽轮机本体包括:

(1) 配汽机构。主要有主蒸汽导管、自动主汽门、调节阀等。

(2) 汽轮机转子。主要有工作叶片、叶轮和轴等。

(3) 汽轮机静子。主要有汽缸、隔板、喷嘴、轴封和轴承等。

2. 调节保安油系统

主要有调速器、油动机、调节阀、油箱、主油泵、辅助油泵和保安设备等。

3. 凝汽及抽气系统

主要有凝汽器、凝结水泵、抽气器、循环水泵和冷水塔等。

4. 回热加热系统

主要有低压加热器、除氧器和高压加热器等。

二、汽轮机分类

汽轮机按工作原理、新汽参数和热力特性进行分类。

1. 按工作原理分

有冲动式汽轮机和反动式汽轮机。

2. 按热力过程特性分

凝汽式汽轮机、背压式汽轮机、调整抽汽式汽轮机和中间再热式汽轮机。

3. 按新蒸汽压力分

(1) 低压汽轮机。新蒸汽压力小于1.5MPa。

(2) 中压汽轮机。新蒸汽压力为2~4MPa。

(3) 次高压汽轮机。新蒸汽压力为4~6MPa。

(4) 高压汽轮机。新蒸汽压力为6~10MPa。

(5) 超高压汽轮机。新蒸汽压力为12~14MPa。

(6) 亚临界参数汽轮机。新蒸汽压力为16~18MPa。

(7) 超临界参数汽轮机。新蒸汽压力为22.15~31.5MPa。

(8) 超超临界参数汽轮机。新蒸汽压力≥32MPa。

三、汽轮机型号

目前国产汽轮机采用的型号分为三组，即

$$\boxed{\text{热力特性或用途} | \text{功率}} — \boxed{\text{蒸汽参数}} — \boxed{\text{设计序号}}$$

第一组用汉语拼音符号表示汽轮机的热力特性或用途，其意义见表 6-1，汉语拼音符号后面的数字表示汽轮机的额定功率，单位为 MW。

表 6-1 汽轮机的热力特性或用途的代号

代号	N	B	C	CC	CB	H	Y
型式	凝汽式	背压式	一次调节抽汽式	二次调节抽气式	抽汽背压式	船用	移动式

第二组的数字又分为几组，其间用斜线分开，各组数字所表示的意义见表 6-2。表中所用单位：汽压——MPa；汽温——摄氏温度（℃）。

第三组的数字表示设计序号，若为按原型制造的汽轮机，型号默认为 1，可以省略。

表 6-2 蒸汽参数的表示法

汽轮机类型	蒸汽参数表示方法	汽轮机类型	蒸汽参数表示方法
凝汽式	新蒸汽压力/新蒸汽温度	一次调节抽汽式	新蒸汽压力/调节抽汽压力
中间再热式	新蒸汽压力/新蒸汽温度/中间再热温度	二次调节抽汽式	蒸汽压力/高压抽汽压力/低压抽汽压力
背压式	新蒸汽压力/背压	抽汽背压式	新蒸汽压力/抽汽压力/背压

例如，N300-16.7/537/537：表示该汽轮机是中间再热的凝汽式，额定功率为 300MW，新蒸汽压力为 16.7MPa，新蒸汽温度为 537℃，中间再热蒸汽温度为 537℃。

第二节 汽轮机的基本原理及主要结构

一、汽轮机级内的工作过程

在汽轮机中一列喷嘴和一圈动叶组成基本的做功单元，叫做级。在一级中蒸汽的热能转变为机械能分为两步来完成：

（1）在喷管中，蒸汽的热能转变为蒸汽汽流的动能；

（2）在动叶片流道中，蒸汽汽流的动能转变为机轴上的机械能。

一级喷嘴和后面一级动叶片组成单级汽轮机。单级汽轮机只能转换有限的焓降，其功率不超过 2MW。目前，发电厂的汽轮机功率有的高达 1300MW，因此现代汽轮机都是多级的。在这里只研究单级汽轮机的工作原理，主要分析蒸汽在喷管中及动叶流道内的能量转换过程。

1. 蒸汽在喷管内的能量转换

图 6-1 是单级冲动式汽轮机示意图。汽轮机由喷嘴 4、叶片 3、叶轮 2 和轴 1 等部件组成。蒸汽流经喷嘴时发生绝热膨胀，压力由 p_0 降至 p_1，流速则从 c_0 增大至 c_1，热能逐渐转变为汽流的动能。图 6-2 表示蒸汽在喷嘴中的热力过程。

根据稳定流动方程式可得

$$h_0 + \frac{c_0^2}{2} = h_1 + \frac{c_1^2}{2} \tag{6-1}$$

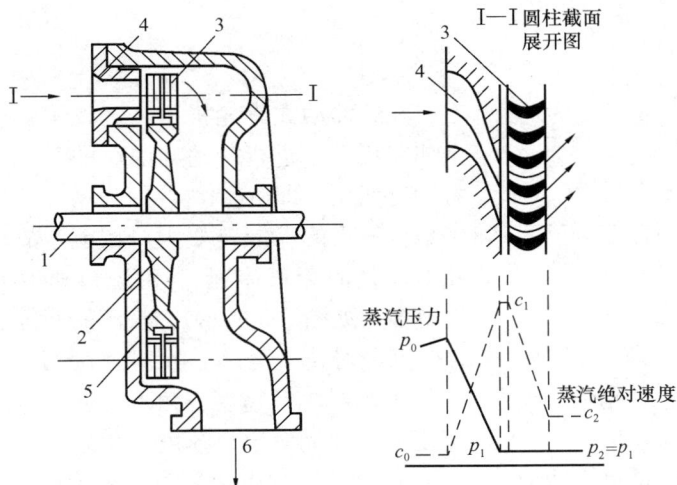

图 6-1 单级冲动式汽轮机示意图
1—轴；2—叶轮；3—工作叶片；4—喷嘴；5—汽缸；6—排汽口

图 6-2 蒸汽在喷管中的热力过程

由此得出蒸汽离开喷管时的理想流速为

$$c_{1t} = \sqrt{2(h_0 - h_{1t}) + c_0^2} \qquad (6-2)$$

式中 h_0——蒸汽进入喷管时的初焓，kJ/kg；

  h_{1t}——蒸汽离开喷管时的终焓，kJ/kg；

  c_0——蒸汽进入喷管时的流速，m/s。

当进口流速很小时，c_0 可忽略不计，则式（6-2）可写为

$$c_{1t} = \sqrt{2(h_0 - h_{1t})} = 1.414\sqrt{\Delta h_{01t}} \qquad (6-3)$$

式中 $\Delta h_{01t} = h_0 - h_{1t}$——喷管的理想焓降，kJ/kg。

前面所述是蒸汽在喷管中按理想的绝热条件下进行的等熵流动。实际上，蒸汽在喷管流动中，蒸汽分子之间有不同程度的相互摩擦，汽流与喷管壁之间也有摩擦，蒸汽在喷管内还发生涡流和扰动，使汽流获得的动能减少，喷管出口实际流速 c_1 比 c_{1t} 小，这部分动能损失称为"喷管损失"。所损失的动能又转变为热能，被蒸汽所吸收，使喷管出口汽流的焓值增高。故实际膨胀过程不是等熵过程，而是按熵增曲线进行，如图 6-2 所示。喷管出口实际流速 c_1 为

$$c_1 = \sqrt{2(h_0 - h_1)} = 1.414\sqrt{\Delta h_{01}} \quad \text{m/s} \qquad (6-4)$$

式中 Δh_{01}——喷管中的有效焓降，kJ/kg。

喷管损失 $\Delta h_p = h_1 - h_{1t}$，一般用喷管速度系数 $\varphi = \dfrac{c_1}{c_{1t}}$ 表示该损失的大小，一般取 $\varphi = 0.92\sim0.98$。故喷管出口实际速度又可写为

$$c_1 = \varphi c_{1t} = \varphi \times 1.414\sqrt{\Delta h_{01t}} \quad \text{m/s} \qquad (6-5)$$

2. 蒸汽在动叶片中的能量转换

在汽轮机工作时，喷管是固定不动的，而动叶片随同叶轮转动，具有一定的圆周速度 u，即

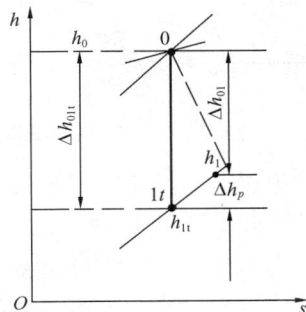

$$u = \frac{\pi dn}{60} \quad \text{m/s} \tag{6-6}$$

式中 n——汽轮机的转速，r/min。

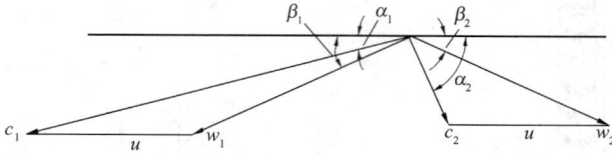

图 6-3 速度三角形

在纯冲动式汽轮机中，蒸汽的膨胀全部在喷管内进行，动叶前后的蒸汽压力没有变化，即 $p_2 = p_1$。因为动叶的作用是将蒸汽的动能转变为机械能，故动叶出口处的蒸汽流速 c_2 比进口速度 c_1 小得多（如图 6-3 所示）。汽流的速度和方向根据动叶的速度三角形来确定。若喷管中流出的汽流绝对速度为 c_1，相对速度为 w_1，动叶的圆周速度为 u，由这三个速度矢量所绘制的三角形为动叶进口速度三角形。同理，动叶的出口处汽流的绝对速度 c_2、相对速度 w_2 和圆周速度 u 构成动叶出口速度三角形。实际上，将进出口速度三角形绘在一起就是单级冲动式汽轮机的速度三角形，如图 6-3 所示。

动叶出口处蒸汽的理想速度与喷管出口处蒸汽的理想速度的计算公式相仿，即

$$w_{2t} = \sqrt{2(h_{1t} - h_{2t}) + w_1^2} \quad \text{m/s} \tag{6-7}$$

实际上，蒸汽流经叶槽道时有摩擦和涡流等损失，用叶片速度系数 ψ 来表示，其值一般在 $0.88 \sim 0.94$ 之间。故

$$w_2 = \psi w_{2t} \quad \text{m/s} \tag{6-8}$$

3. 冲动级与反动级

目前电厂汽轮机中，蒸汽在喷管和叶片中都有焓降，如图 6-4 所示。如果设蒸汽在一级内的总焓降为 Δh_0，那么在喷管和叶片中等熵焓降分别为 Δh_{01} 和 Δh_{02}，即

$$\Delta h_0 = \Delta h_{01} + \Delta h_{02} \quad \text{kJ/kg} \tag{6-9}$$

反动度 Ω 是指工作叶片焓降与级的总焓降之比，即

$$\Omega = \frac{\Delta h_{02}}{\Delta h_0} \tag{6-10}$$

反动度的大小表明蒸汽在叶片中膨胀的程度。若 $\Omega = 0$，蒸汽只在喷管中膨胀，这样的级叫做纯冲动级；若 $\Omega = 0.5$，即 $\Delta h_{01} = \Delta h_{02}$，这样的级叫做反动级；若 $0 < \Omega < 0.5$，这样的级叫做带反动度的冲动级，通常也叫做冲动级。现代冲动式汽轮机中，一般各级都有一定的反动度，而且反动度是逐级增大的，高压段各级 $\Omega = 0.05 \sim 0.2$，低压段最后几级 $\Omega = 0.3 \sim 0.5$。

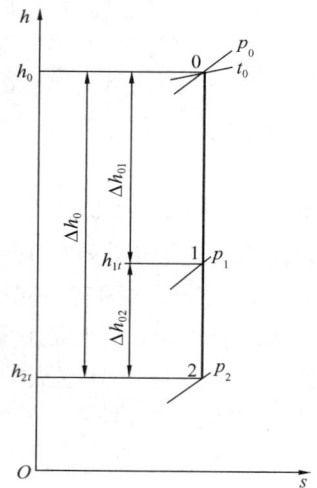

图 6-4 级内过程的 $h\text{-}s$ 图

二、多级汽轮机

现代电厂中的汽轮机，由于功率大，蒸汽初参数高，单级汽轮机已无法满足这些要求。在这种情况下，多级汽轮机代替了单级汽轮机，也就是把许多单级汽轮机依次串联在一根（或几根）轴上而成。从原理上看，多级汽轮机基本上与单级汽轮机相同。图 6-5 为一种冲动式多级汽轮机结构示意图。

该汽轮机由四级组成，从主蒸汽管道来的蒸汽进入蒸汽室 6，再进入装在汽缸 5 的第一

级喷管进行膨胀，压力由 p_0 降至 p_1，速度由 c_0 增至 c_1。随后进入第一级动叶片中做功，汽流速度降至 c_2，而压力保持不变。第二级喷管分别装在上、下两半组成的隔板 2 上，上、下两半隔板又分别装在上、下汽缸中。蒸汽在第二级中的做功过程是重复第一级的过程。随后进入第三级、第四级，最后进入凝汽器。

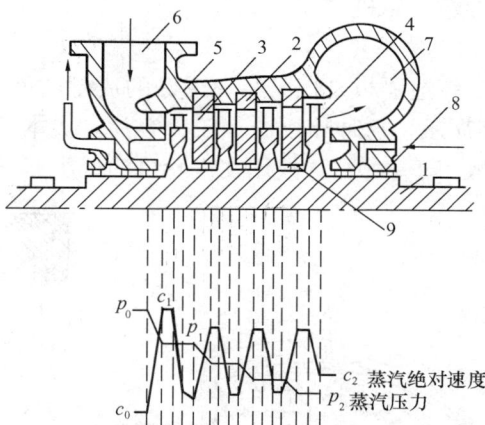

图 6-5　冲动式多级汽轮机结构
1—转子；2—隔板；3—喷嘴；4—动叶片；
5—汽缸；6—蒸汽室；7—排汽管；8—轴封；
9—隔板汽封

多级汽轮机的功率等于各级功率的总和，因此功率可以做得很大。蒸汽在多级汽轮机中逐级膨胀，比体积逐级增大，各级通流面积也相应逐级增大，喷管和动叶片的高度逐级增高。因为隔板两侧有压力差存在，隔板上装有隔板汽封 9，以防止隔板与轴之间的间隙漏汽。同样，为防止通过高压端汽缸与轴之间的间隙向外漏气和通过低压端汽缸与轴之间的间隙向汽缸内漏入空气，在轴的高、低压端分别装有轴封 8。

多级汽轮机的特点如下所述。

（1）整机总的理想焓降大，适用于高参数、大容量机组。

（2）蒸汽在许多级中膨胀，每级压降较小，级内气流速度较低，损失小，效率高。

（3）多级汽轮机的前一级蒸汽余速能被下一级部分利用，能提高效率，经济性好。

（4）多级汽轮机的轴向推力是各级轴向推力之和，这个推力有几吨至几十吨甚至更高，必须采取措施平衡轴向推力，如采用平衡活塞及设置推力轴承等方法。

三、汽轮机的主要结构

汽轮机主要由静止部分和转动部分组成。静止部分（静子）有喷管、隔板、汽缸、轴封和轴承等部件；转动部分（转子）有动叶片、叶轮、主轴和联轴节等部件，如图 6-6 所示。

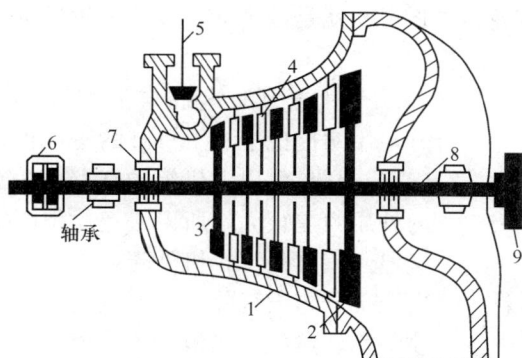

图 6-6　汽轮机本体部件示意图
1—汽缸；2—叶片；3—叶轮；4—隔板；5—调节汽门；
6—推力轴承；7—汽封；8—轴；9—联轴节

（一）喷管（喷嘴）

大功率汽轮机中，第一级喷管处在高温高压下工作，直接装在汽缸体上。从第二级起以后各级喷管都固定在隔板上，如图 6-5 所示。

（二）隔板

隔板的作用是固定喷嘴，并将汽缸内隔成若干个汽室。冲动式汽轮机的隔板可分为焊接隔板和铸造隔板。

1. 焊接隔板

焊接隔板是先把铣制的已成型的喷管叶片焊接在内、外围带之间，组成喷管组，再焊上隔板外缘和隔板体，如图 6-7 所示。这种隔板具有较高的强度、刚度，较好的气密性。用于高参数汽轮机的高、中压部分。

2. 铸造隔板

铸造隔板是把已经加工好的成型的静叶片，在浇铸隔板体时放入其中一体铸出，如图 6-8 所示。这种隔板加工较为容易，成本低，但叶片表面粗糙度较高，使用温度也不能高，一般小于 300℃，故用在汽轮机的低压部分。

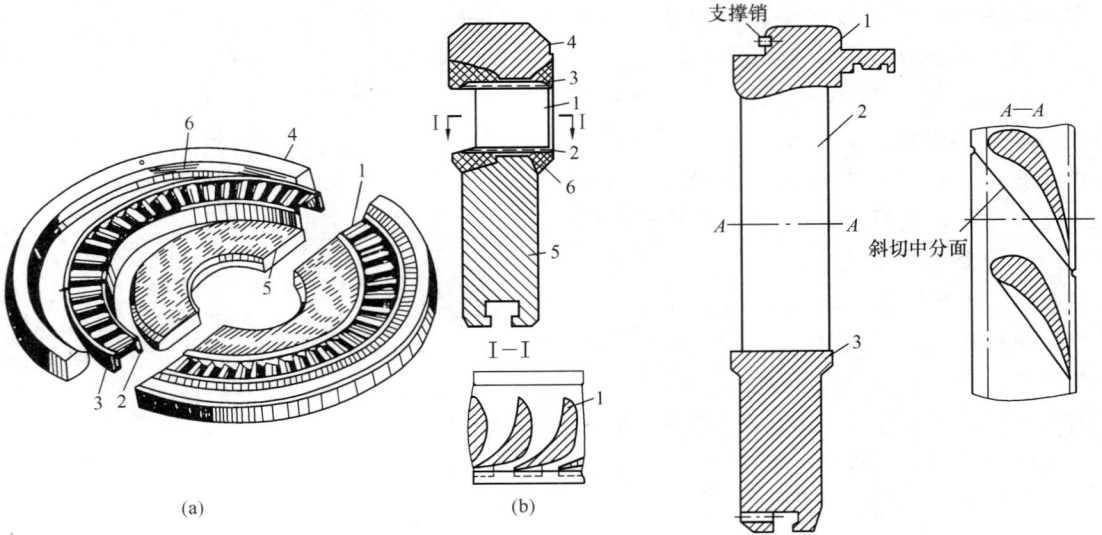

(a)　　　(b)

图 6-7　焊接隔板
1—喷管片；2、3—内、外环；4—隔板轮缘；
5—隔板本体；6—焊口

图 6-8　铸造隔板
1—外缘；2—静叶片；3—隔板体

（三）汽缸

1. 概述

现代大、中型汽轮机的汽缸，按工作压力分成高压缸、中压缸和低压缸。高、中、低压缸分开布置、用管道连接的汽轮机称为多缸式汽轮机，图 6-9 就是国产 300MW 汽轮机蒸汽流程示意图。

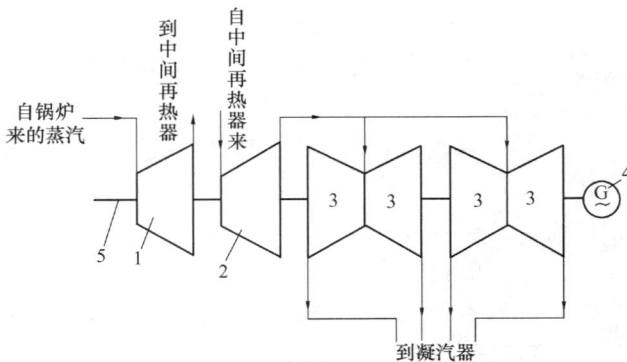

图 6-9　国产 300MW 汽轮机示意图
1—汽轮机高压缸；2—汽轮机中压缸；
3—汽轮机低压缸；4—发电机；5—轴

汽缸分为上汽缸与下汽缸两部分，用螺栓把上、下汽缸的法兰连接起来。高参数以上机组的高、中压缸内外压力差很大，所以法兰做得既宽又厚。汽缸是汽轮机外壳，将汽轮机通流部分与大气隔开。汽缸内部装有喷嘴室、隔板、隔板套等，外部连接进汽管、排汽管、抽汽管道，如图 6-6 所示。

2. 双层结构高压缸

图 6-10 所示为双层结构高压缸，主要用于超高参数及以上的汽轮机高压缸、中压缸或低压缸。其特点是减

小了机组启停和变工况时的热应力，外缸的内外压差降低减少了漏汽，节省了贵重的耐热金属材料等，但增加了安装和检修的工作量。

3. 三层结构低压缸

图 6-11 所示为三层结构低压缸，主要用于大功率汽轮机低压缸。其特点是能使低压缸巨大外壳的温度分布均匀降低了热应力，也不会产生变形导致动静部分间隙发生变化。

（四）汽封

汽封分轴端汽封和隔板汽封两种。

轴端汽封是用来防止汽缸内蒸汽漏出高压端和防止外部空气漏入低压缸的

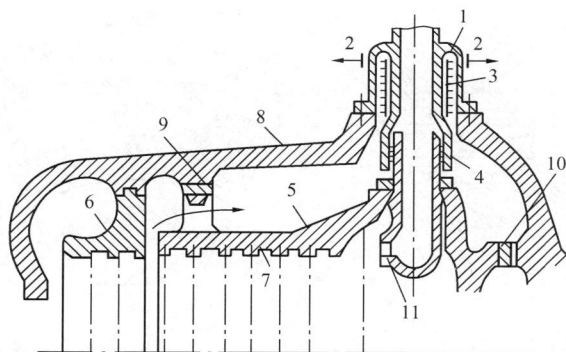

图 6-10　双层结构高压缸
1—进汽连接管；2—小管；3—螺旋圈；4—汽封环；
5—高压内缸；6—隔板套；7—隔板槽；8—高压
外缸；9—纵销；10—立销；11—调节级喷嘴组

密封装置。汽轮机通流部分动静部件之间，留有一定间隙以防止碰撞，而间隙的存在又引起漏汽，使汽轮机效率降低。因此在隔板前后装设隔板汽封来防止级间蒸汽泄漏。

目前采用较多的有梳齿形和 J 形两种。

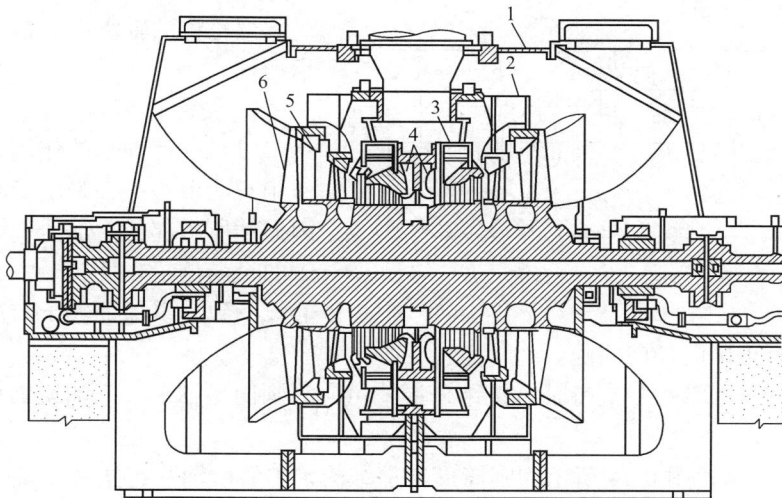

图 6-11　三层结构低压缸
1—外缸；2—次内缸；3—内缸；4—静叶持环；
5—隔板；6—动叶

（1）梳齿形汽封是汽轮机采用较多的一种汽封，其结构如图 6-12 所示。梳齿形汽封又可分为高低齿梳齿形汽封和平齿梳齿形汽封。高低齿梳齿形汽封如图 6-12（a）所示。在汽封环上车出或镶上汽封齿，汽封齿高低相间。在汽轮机主轴上车有环形凸台的汽封套，汽封高齿对着凹槽，低齿接近凸环顶部，形成多次曲折通道，对漏汽形成较大的阻力，阻汽效果好。平齿梳齿形汽封如图 6-12（b）所示，结构比高低齿汽封简单，阻汽效果较差，用于低

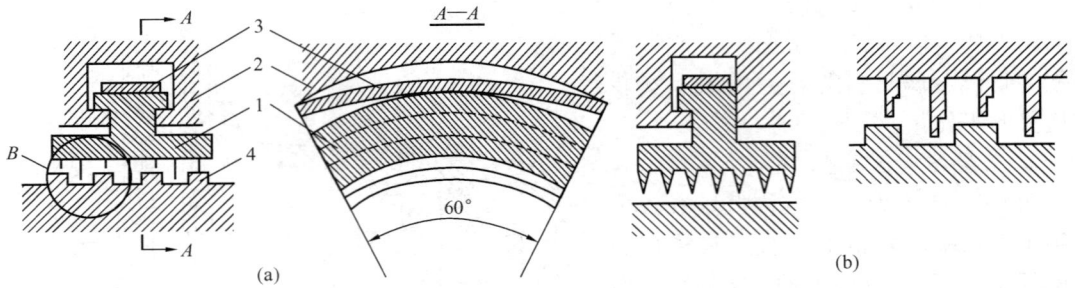

图 6-12　梳齿形汽封

（a）高低齿梳齿形汽封；（b）平齿梳齿形汽封

1—汽封环；2—汽封体；3—弹簧片；4—汽封套

压轴封和低压隔板汽封。

（2）J 形汽封的结构如图 6-13 所示。它的汽封齿是截面 J 形的软金属（不锈钢或镍铬合金）环形薄片，用不锈钢丝嵌压在转子或汽封环槽中。这种汽封结构简单，汽封片薄而且软，安全性好，但每一汽封片承受的压差较小，片数多，安装检修较为困难。

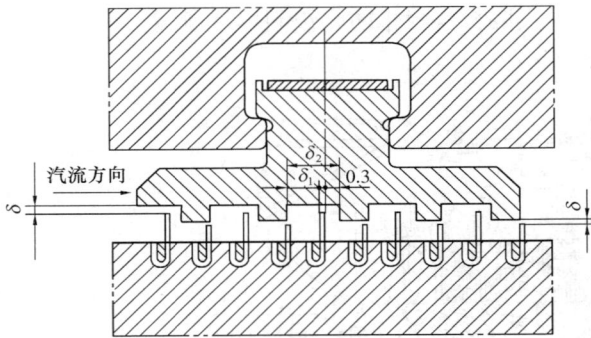

图 6-13　J 形汽封

（五）轴承

汽轮机的轴承有支持轴承和推力轴承两种。

1. 支持轴承

（1）支持轴承的作用。支持轴承的作用有两个：第一是承受转子的重力和因振动所引起的附加力；第二是确定转子的径向位置，使转子中心线与汽缸中心线一致，以保证转子与汽缸、隔板等静止部件之间有正确的径向间隙。

（2）支持轴承的结构。支持轴承按结构形式可分为圆筒形轴承、三油楔轴承、可倾瓦轴承和椭圆形轴承。

1）圆筒形轴承。图 6-14 所示为圆筒形轴承结构，主要由轴瓦、垫片、轴承垫块、定位销和轴承限位销等组成。轴瓦由铸钢铸造，在轴瓦内部车出燕尾槽并浇铸一层巴氏合金钨金。润滑油从轴瓦下侧轴承垫块的中心孔引入，经过下轴瓦和上轴瓦内的油路后流入轴颈与轴瓦之间的间隙，再从轴承两端流出，排向轴承座油室返回油箱。

2）三油楔轴承。图 6-15 所示为三油楔轴承结构，主要由轴瓦体、调整垫片、节流孔、带孔调整垫铁、止动垫圈和高压油顶轴装置等组成。轴瓦上有三个长度不等的油楔，上瓦两个，下瓦一个。润滑油从轴承的进油口进入轴瓦的环形油室，然后从三个进油口进入三个油楔中。转轴旋转时，三个油楔中都形成油膜，分别作用在轴颈的三个方向上，下部大油楔产生的压力起承受载荷的作用，上部两个小油楔产生的压力将轴向下压，使转轴运行平稳，并且有良好的抗振性能。机组启动时，利用从顶轴油泵打来的高压油把轴顶起。三油楔轴承的

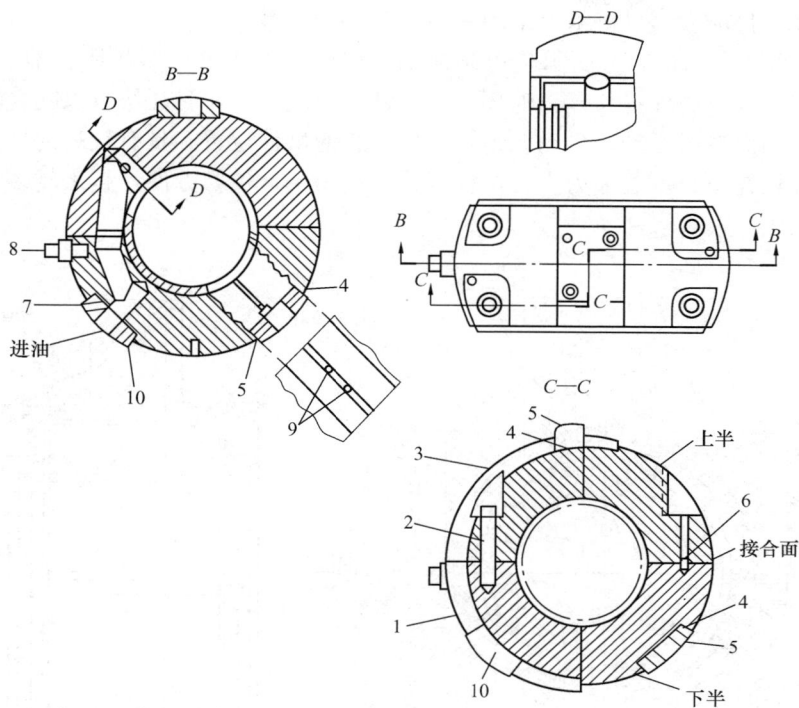

图 6-14　圆筒形轴承
1、3—轴瓦；2—螺钉；4、7—垫片；5、10—轴承垫块；
6—定位销；8—轴承限位销；9—热电偶

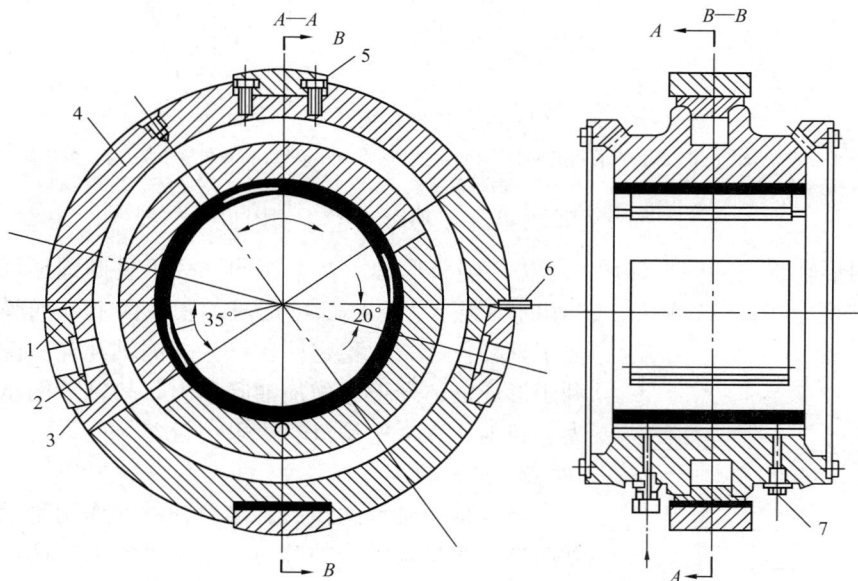

图 6-15　三油楔轴承
1—调整垫片；2—节流孔；3—带孔调整垫铁；4—轴瓦体；
5—内六角螺钉；6—止动垫圈；7—高压油顶轴进油

承载能力较高,目前大容量机组上采用三油楔轴承比较多。

3) 可倾瓦轴承。图 6-16 所示是可倾瓦轴承结构,主要由弧形瓦块、轴承体、定位销、自位垫铁、挡油板、内外垫片,挡油环、限位销等组成。工作时瓦块可以随着转速、载荷及轴承温度的不同而自由摆动,自动调整到形成油膜的最佳位置。具有较高的稳定性,较好的减振性、摩擦功耗小,承载能力大,结构好,制造简单,检修方便,越来越多地为现代大功率汽轮机所采用。

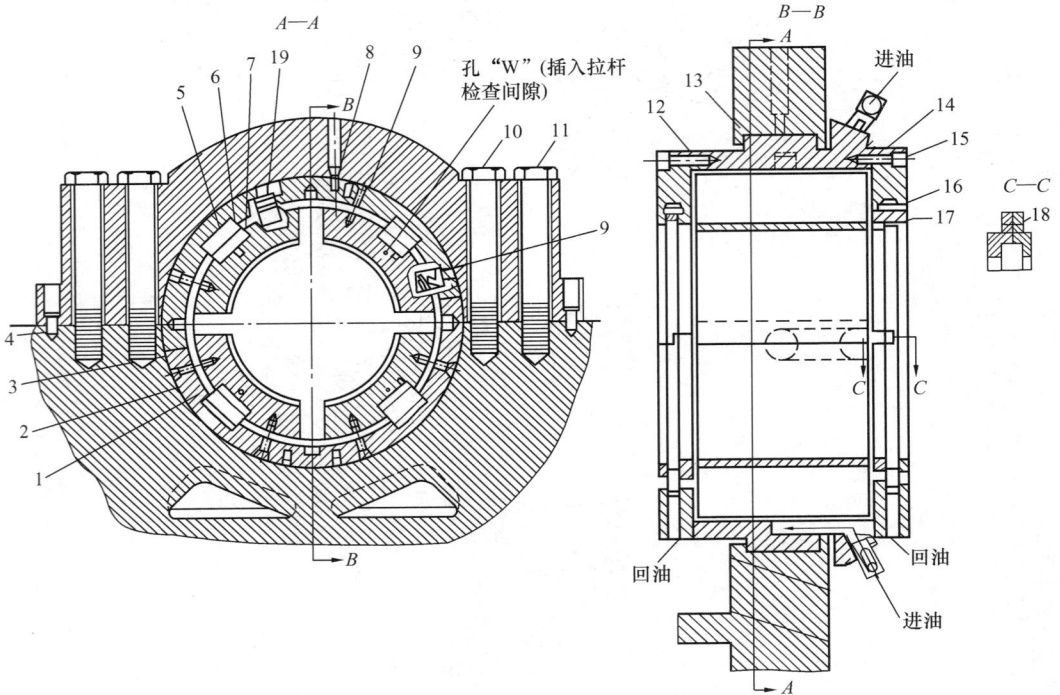

图 6-16 可倾瓦轴承

1—轴瓦;2—轴承体;3—轴承体定位销;4—定位销;5—外垫片;6—调整垫块;7—内垫片;
8—轴承体定位销;9—螺塞;10、11—轴承盖螺栓;12—挡油板;13—轴承盖;14—挡油板;
15—螺栓;16—挡油环限位销;17—油封环;18—挡油环销;19—弹簧

4) 椭圆形轴承。椭圆形轴承的结构与圆筒形轴承基本相同,只不过椭圆形轴承的轴瓦内孔呈椭圆形,如图 6-17 所示。工作时轴瓦上、下部都可形成油膜,因上部油膜作用力降低了轴心位置,故稳定性较好。又因轴瓦侧间隙加大,有利于形成液体摩擦,增加油膜压力,故轴承的承载能力增大。目前,大、中型汽轮机采用较多。

2. 推力轴承

(1) 推力轴承的作用。推力轴承的作用是承受转子的轴向推力和确定转子的轴向位置。虽然大功率汽轮机通常采用高中压缸对头布置以及低压缸分流等措施,但轴向推力还是相当大的。如国产 200MW 汽轮机在额定工况下的轴向推力为 130kN(即 13.25tf),300MW 汽轮机为

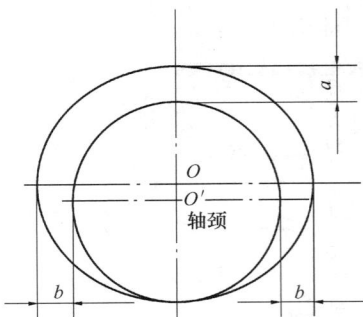

图 6-17 椭圆形轴承示意图

137.2kN（即 14tf）。特别是当工况变化时还可能出现更大的瞬时推力或反向推力。必须采取措施进行平衡，否则汽轮机就无法工作。

（2）推力轴承的结构。中、小型汽轮机（大约 100MW 以下机组）采用推力—支持联合轴承，如图 6-18 所示。支持轴瓦为球形瓦，转子上的轴向推力经过推力盘传给扇形推力瓦块，利用球形瓦的自动调整作用来保证各瓦块均匀地承担推力。

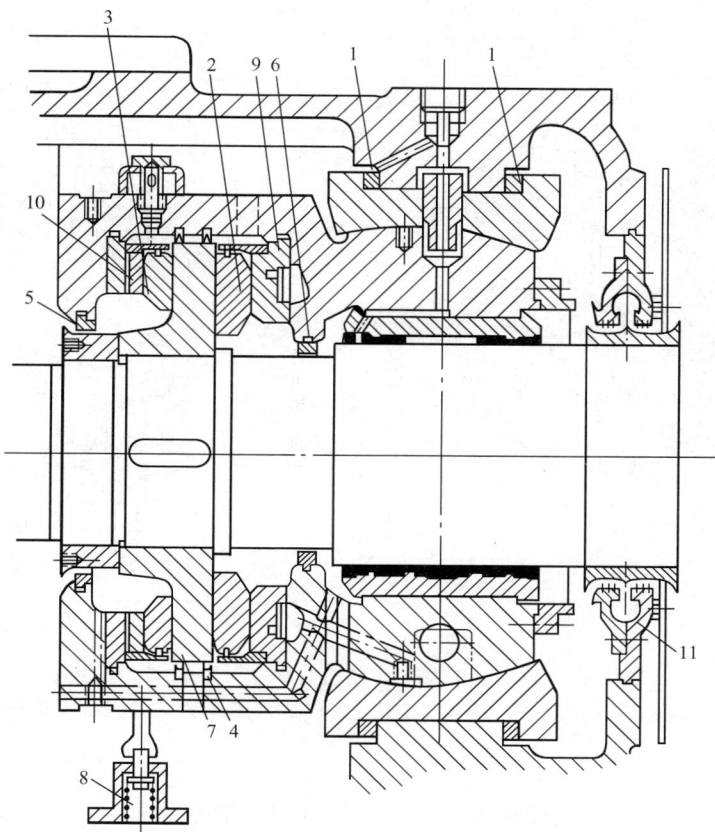

图 6-18　推力—支持联合轴承

1—调整圆环；2—工作瓦片；3—非工作瓦片；4、5、6—油封；7—推力盘；
8—支撑弹簧；9、10—瓦片安装环；11—油挡

大容量汽轮机采用单独的推力轴承（如图 6-19 所示），装置在高中压缸端部的前轴承座内，有两层调整块，具有较好的自位性能。汽轮机运行时轴承中都充满润滑油，随着推力盘的转动润滑油带入轴承，形成油楔，对轴承各表面进行润滑。

（六）动叶片

动叶片安装在转子叶轮或转鼓上，承受喷管射出的高速汽流，将蒸汽的动能转换为机械能。

动叶片由叶型、叶根、叶顶三部分组成，如图 6-20 所示。

1. 叶型

叶型是动叶片的工作部分，相邻叶片的叶型部分之间构成汽流通道，蒸汽流过时动能转换为机械能。叶片可分为等截面直叶片和变截面扭曲叶片两种。

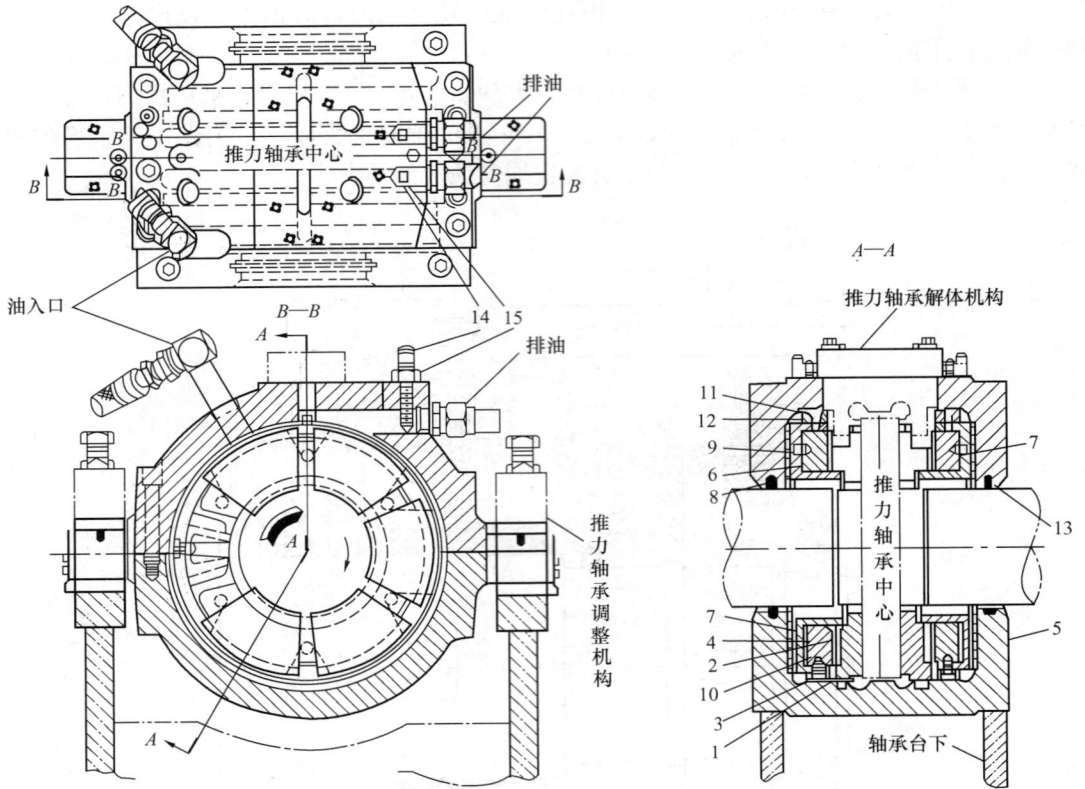

图 6-19　推力轴承

1—推力瓦块；2、6—调整块；3—调整块固定螺栓；4—支持环；5—外壳；7—外壳衬板；8、13—油封环；
9—调整块销子；10—下部调整块；11—防转键固定螺栓；12—防转键；14—节流孔螺栓；15—螺母

2. 叶根

叶根是将动叶片固定在叶轮或转鼓上的连接部分，要求连接牢固、制造简单、装配方便。叶根的形式很多，常用的有 T 形叶根、枞树形叶根和叉形叶根，如图 6-21、图 6-22 和图 6-23 所示。

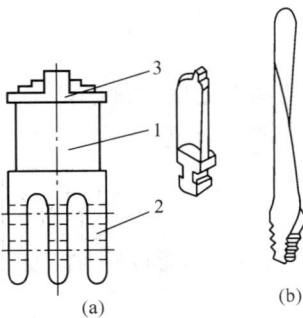

图 6-20　动叶片的结构
(a)等截面直叶片；(b)变截面扭曲叶片
1—叶型；2—叶根；3—叶顶

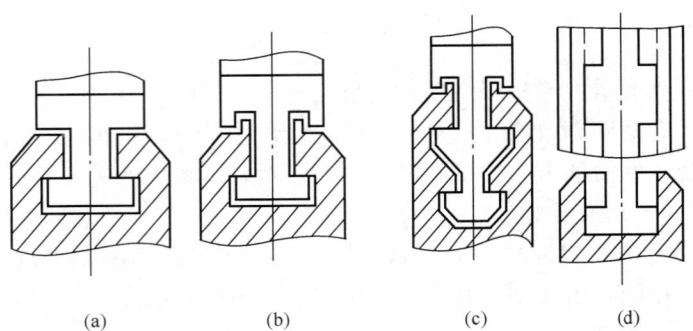

图 6-21　T 形叶根
(a) T 形叶根；(b) 外包 T 形叶根；
(c) 双 T 形叶根；(d) 装入 T 形叶根的切口

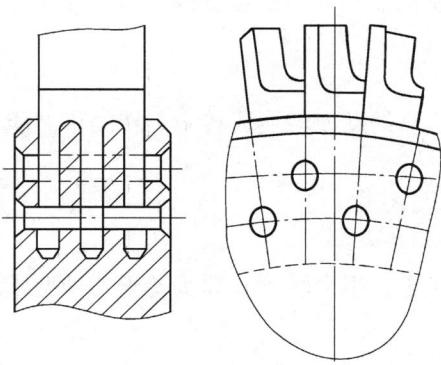

图 6-22　叉形叶根

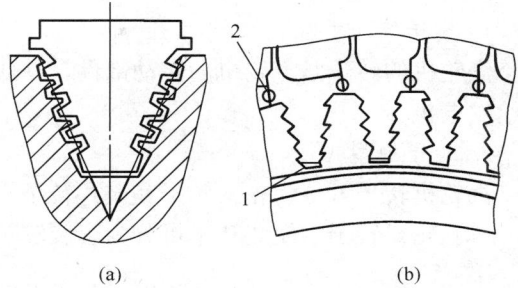

图 6-23　枞树形叶根

1—楔形垫片；2—斜劈圆销

3. 叶顶

汽轮机的短叶片和中长叶片一般在叶顶用围带连在一起，构成叶片组。长叶片则在叶型部分用拉金连接成组，或者围带和拉金都不用，成为自由叶片。

围带结构如图 6-24 所示。围带的作用是增加叶片刚性，减小叶片工作的弯曲应力和减小叶片顶部的漏汽损失。常用的有整体围带、铆接或焊接围带和弹性拱形围带三种。

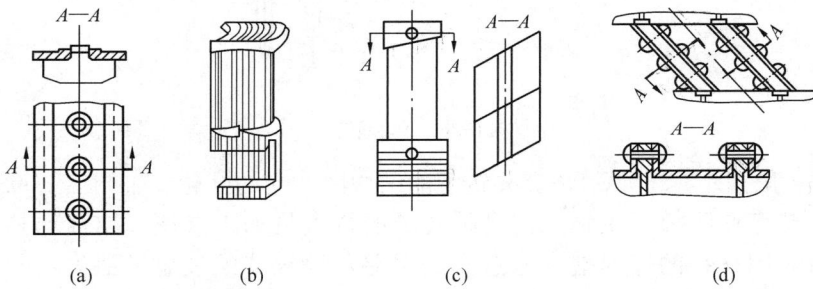

图 6-24　围带的类型

（a）、（b）整体围带；（c）铆接围带；（d）弹性拱形围带

拉金结构如图 6-25 所示。拉金的作用是增加叶片的刚性，改善振动性能。常用的有实

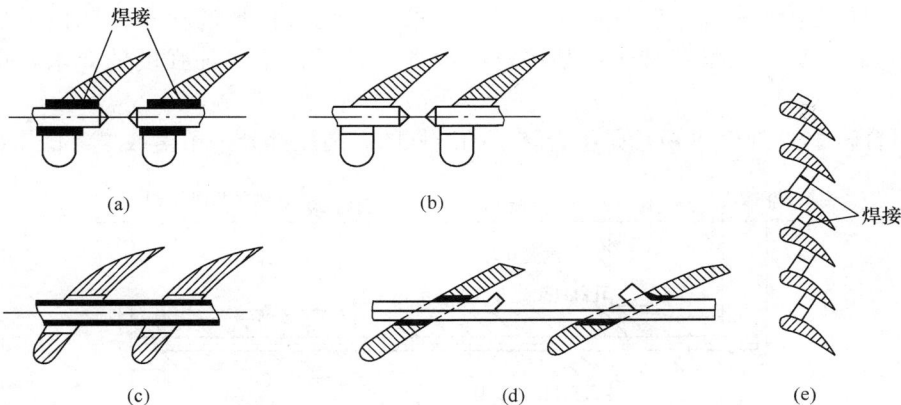

图 6-25　拉金结构示意图

（a）实心焊接拉金；（b）实心松装拉金；（c）空心松装拉金；（d）剖分松装拉金；（e）Z形拉金

心焊接拉金、实心松装拉金、空心松装拉金、剖分松装拉金和Z形拉金五种。

（七）转子

1. 转子的作用

汽轮机的转子是汽轮机的转动部件，其作用是将蒸汽的动能转换成转子旋转的机械能并传给发电机。

2. 转子的型式

汽轮机转子可分为轮式转子和鼓式转子。

（1）轮式转子。轮式转子可分为套装转子、整锻转子、组合转子和焊接转子四种型式。

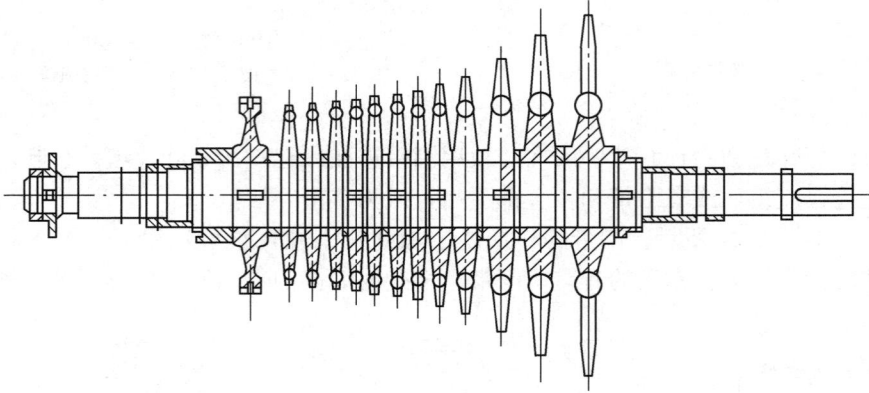

图 6-26　套装转子

1）套装转子。图 6-26 所示是套装转子的结构图。它的叶轮、轴封套、联轴节等部件分别加工后，热套在阶梯形主轴上。这种转子的特点是加工方便，能合理利用材料；但在高温条件下，因材料的高温蠕变和过大的温差，导致装配过盈量消失，产生松动，造成转子质量不平衡，发生剧烈振动。因此套装转子一般只用于中压汽轮机和高压汽轮机低压转子。

2）整锻转子。图 6-27 所示是整锻转子的结构图。它的叶轮、轴封套、联轴节等部件与主轴由整体锻件加工而成，不会出现高温下叶轮等零件松动问题。这种转子的特点是结构紧凑，转子刚性较好；但锻件大，工艺要求高，贵重材料消耗多。现代大功率汽轮机高、中压转子都采用整锻转子，某些机组的低压转子为了保证强度的要求，也采用整锻转子。

3）组合转子。图 6-28 所示是组合转子的结构图。高压部分采用整锻式，低压部分采用

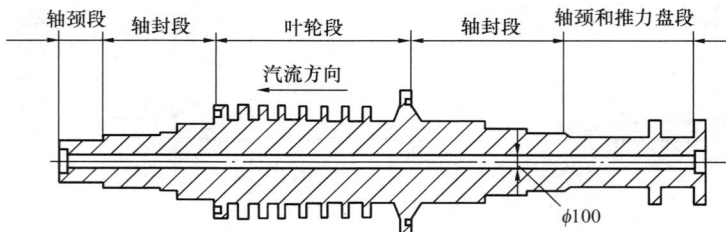

图 6-27　整锻转子

套装式。国产高参数大容量汽轮机中压转子多采用这种结构。

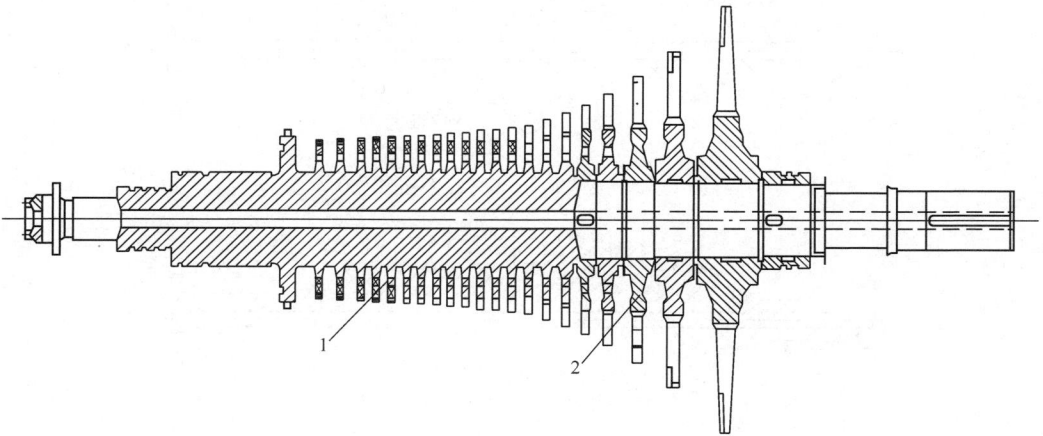

图 6-28　组合转子

1—整锻式；2—套装式

4）焊接转子。图 6-29 所示是焊接转子结构图，它主要由若干个叶轮与端轴拼焊接而成。这种转子的特点是强度高，刚度好，结构紧凑等；但要求材料焊接性能好，焊接工艺高。大功率高参数汽轮机广泛采用焊接转子。

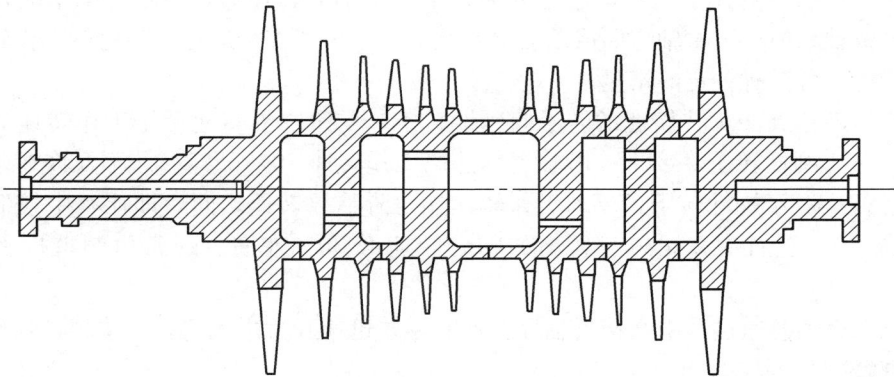

图 6-29　焊接转子

（2）鼓式转子。图 6-30 所示是国产引进型 300MW 和 600MW 反动式汽轮机高、中压转子，采用的是鼓式转子，由铬钼钒合金钢整锻而成，其叶片直接装在转子的叶片槽中。图 6-31 所示是低压转子，由铬镍钼钒合金钢整锻而成，中部为转鼓形结构，末级和次末级为整锻叶轮结构。

（3）转子的临界转速。在汽轮发电机组启动和停机过程中，当转速升高到某一数值时，机组会发生强烈振动，而越过这一转速后，振动便迅速减弱；当转速升高到另一高转速时，转子又强烈振动，一般将机组发生强烈振动时的转速称为临界转速。

转子临界转速下的强烈振动是共振现象。因为制造装配的误差，材质不均匀，存在质量偏心等，汽轮机转子旋转时产生离心力，周期性地作用在转子上，具有一定的横向振动自振

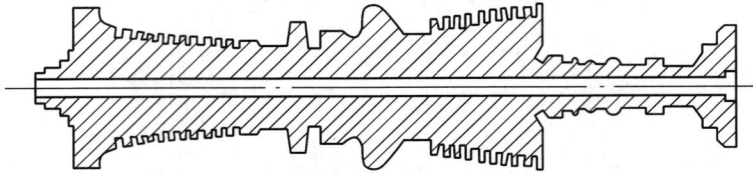

图 6-30　鼓式转子（高、中压转子）

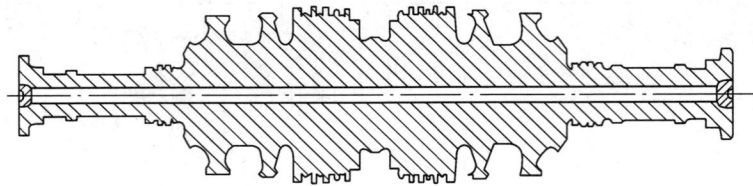

图 6-31　鼓式转子（低压转子）

频率。当与转子的自振频率相等时，便发生共振，振幅急剧增大，此时的转速称为该转子的临界转速。

临界转速的大小与转子的粗细、长度、几何形状、质量、刚度、跨距、工作温度以及支持轴承的刚性等因素有关，临界转速的计算相当复杂。各种转子具有不同的临界转速。不允许汽轮机转子在临界转速下运行，这是因为转子处于临界转速时，振幅急剧增大，振动很大，可能导致轴承损坏、主轴弯曲或断裂等重大事故。为了安全运行，汽轮机工作转速应当避开临界转速，可以有一定的裕量。

一阶临界转速高于工作转速的转子叫刚性转子，一阶临界转速低于工作转速的转子叫挠性转子。对于刚性转子，要求一阶临界转速高工作转速 20%～25%。不允许在两倍工作转速附近运行。对于挠性转子，要求工作转速在两阶临界转速之间，即比其中较低的一个临界转速高 40% 左右，又比另一较高的临界转速低 30% 左右。通常由制造厂多次试验确定。

汽轮机在启动升速过程中当接近临界转速时，要迅速开大主汽门，尽快越过临界转速。

（八）联轴器

1. 联轴器的作用

联轴器（靠背轮）是用来连接汽轮机各段转子及发电机转子的，同时将汽轮机的扭矩传递给发电机。

2. 联轴器的型式

联轴器有刚性联轴器、半挠性联轴器和挠性联轴器三种形式，其中挠性联轴器国产汽轮机组采用较少。

（1）刚性联轴器。如图 6-32 所示，刚性联轴器的两个连接轮可以与轴锻成一体或套装在主轴上。连接轮直接用螺栓紧固在一起，以保证两个转子同心。扭矩就是通过这些螺栓以及联轴器端面间的摩擦力由一个转子传给另一个转子的。刚性联轴器的结构简单，尺寸小，工作时不需润滑，没有噪声。在多缸汽轮机上采用该形式的联轴器还可以减少轴承个数，缩短机组长度。但是，刚性联轴器可将这一段转子的振动传递给另一段转子。国产 200MW、

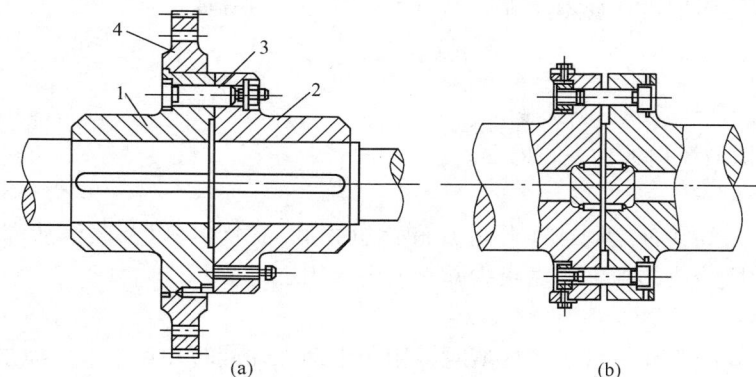

图 6-32 刚性联轴器
1、2—连接轮；3—螺栓；4—盘车齿轮

600MW 等汽轮机组采用刚性联轴器。

（2）半挠性联轴器。如图 6-33 所示，半挠性联轴器两个转子的两个连接轮之间用一波形半挠性套筒 3 连接起来，以配合螺栓 4 和 5 紧固。由于波形套筒具有一定的弹性，故能吸收部分振动。国产 200、300MW 机组的汽轮机轴与发电机轴之间采用半挠性联轴器。

四、汽轮机内部损失效率

（一）汽轮机内部损失

汽轮机运行时，每一级内有各种能量损失，如喷管损失 Δh_n、动叶损失 Δh_b、余速损失 Δh_c、摩擦鼓风损失 Δh_m、漏汽损失 Δh_p 和湿汽损失 Δh_x 等。关于喷管损失和动叶损失前面已叙述，这里不再重复。下面就后四项损失作简单介绍。

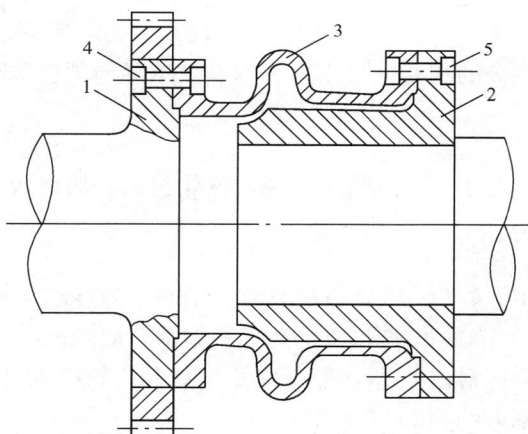

图 6-33 半挠性联轴器
1、2—连接轮；3—波形套筒；4、5—螺栓

1. 余速损失

蒸汽从工作叶片流出的速度 c_2 所具有的动能未被这一级所利用形成的损失，叫做余速损失，即

$$\Delta h_c = \frac{c_2^2}{2} \tag{6-11}$$

2. 摩擦鼓风损失

叶轮转动时，旋转的叶轮与蒸汽间发生的摩擦会产生气动阻力；气体间的摩擦存在，又可带动贴近叶轮表面的那一层蒸汽运动。为克服气动阻力、摩擦阻力所消耗的机械功的损失叫做摩擦损失。

当动叶片蒸汽进入到没有喷嘴段的空间中，对周围不工作的蒸汽起鼓风作用，将蒸汽从叶片的一侧移向另一侧所耗机械功的损失叫做鼓风损失。

摩擦损失与鼓风损失合称为摩擦鼓风损失，即

$$\Delta h_{\mathrm{m}} = \frac{P_{\mathrm{m}}}{G} \tag{6-12}$$

式中　G——级的蒸汽流量，kg/s；

　　　P_{m}——摩擦鼓风损失功率，kJ/s。

3. 级内漏汽损失

当蒸汽从隔板和转轴之间或工作叶片和汽缸之间通过时，以及蒸汽从高压侧至低压侧时，不参加做功所造成的损失叫做级内漏汽损失，用 Δh_{p} 表示。

4. 湿汽损失

当汽轮机末几级工作于湿蒸汽区域时，用于带动水珠旋转和克服水珠撞击叶片背部所消耗的机械功叫做湿汽损失，用 Δh_x 表示

（二）汽轮机的效率

1. 汽轮机的相对内效率

前面所述的六项级内能量损失都将转变为热能，引起工作蒸汽状态的改变，使流出叶片的焓值增大，级内的有效焓降变小。因此工作蒸汽的实际有效焓降 Δh_{i} 为理想焓降 Δh_0 与各项损失之差，即

$$\Delta h_{\mathrm{i}} = \Delta h_0 - (\Delta h_n + \Delta h_b + \Delta h_c + \Delta h_m + \Delta h_p + \Delta h_x) \quad \mathrm{kJ/kg} \tag{6-13}$$

级的相对内效率是级的有效焓降与理想焓降之比，即

$$\eta_{\mathrm{ri}} = \frac{\Delta h_{\mathrm{i}}}{\Delta h_0} \tag{6-14}$$

对于多级汽轮机来说，汽轮机的相对内效率是总有效焓降与总理想焓降之比，即

$$\eta_{\mathrm{ri}} = \frac{h_{\mathrm{i}}}{h_0} \tag{6-15}$$

式中　h_{i}——汽轮机的总有效焓降，kJ/kg；

　　　h_0——汽轮机的总理想焓降，kJ/kg。

相对内效率 η_{ri} 是一项衡量整台汽轮机内部构造完善程度的指标，现代汽轮机的相对内效率大约为 0.80～0.90。

2. 汽轮机的机械效率

汽轮机运行时，由于轴承摩擦和带动主油泵及调速器等所消耗的机械能的损失，总称为汽轮机的机械损失。因此，汽轮机主轴输出的有效功率（轴功率）是汽轮机内功率与机械损失之差，即

$$P_{\mathrm{e}} = P_{\mathrm{i}} - \Delta P_{\mathrm{m}} \quad \mathrm{kW} \tag{6-16}$$

式中　P_{e}——汽轮机的轴功率，kW；

　　　ΔP_{m}——汽轮机的机械损失，kW；

　　　P_{i}——汽轮机的内功率，kW。

$$P_{\mathrm{i}} = G h_{\mathrm{i}} = G h_0 \eta_{\mathrm{ri}} \quad \mathrm{kW} \tag{6-17}$$

式中　G——汽轮机的流量，kg/s。

汽轮机的机械效率是轴功率与内功率之比，即

$$\eta_{\mathrm{m}} = \frac{P_{\mathrm{e}}}{P_{\mathrm{i}}} \tag{6-18}$$

汽轮机的机械效率大约在 $0.96\sim0.99$ 之间。

汽轮机的有效轴功率亦可由下面公式计算：

$$P_e = P_i\eta_i = Gh_0\eta_{ri}\eta_m \quad kW \tag{6-19}$$

3. 发电机效率

因为发电机中还存在磁滞、涡流、电阻以及机械损失，所以发电机发出的电功率 P_{el} 小于汽轮机所供给的有效轴功率 P_e，前者与后者之比称为发电机效率，即

$$\eta_g = \frac{P_{el}}{P_e} \tag{6-20}$$

η_g 大约在 $0.97\sim0.99$ 之间。

发电机电功率的计算公式为

$$P_{el} = P_e\eta_g = Gh_0\eta_{ri}\eta_m\eta_g \tag{6-21}$$

【例 6-1】 已知 N300-16.7/537/537 型汽轮机某级蒸汽流量 $G=43.0kg/s$，该级的理想焓降 $\Delta h_0=50.16kJ/kg$，级有效焓降 $\Delta h_i=37.62kJ/kg$，求级的相对内效率 η_{ri} 和内功率 P_i。

解

$$\eta_{ri} = \frac{\Delta h_i}{\Delta h_0} = \frac{37.62}{50.16} = 0.75$$

$$P_i = G\Delta h_0\eta_{ri} = 43\times50.16\times0.75 = 1617.7 \quad kW$$

第三节 汽轮机的调节

一、调节系统的作用

电力负荷是经常不断变化的，因为电能不能贮存，所以发电厂必须根据外界负荷的需要随时改变自己的电能生产量。并且还要保证供电的质量，即保证电压和频率。电压取决于汽轮机的转速，也可以通过对励磁机的调整来调节。频率直接取决于汽轮发电机的转速，转速愈高则频率愈高，反之则愈低。我国规定电网正常频率为 $50\pm0.5s^{-1}$（或 50Hz）。所以，调节系统的作用，一方面是随外界负荷变化及时调节汽轮机的进汽量，使发出的电功率与外界负荷相适应；另一方面是维持汽轮机的转速不变，从而把频率维持在规定值范围内，以保证输出电能的质量。

满足供电的数量和保证供电的质量，两者是有机地相互联系在一起的。由于汽轮发电机组在运行中，转子受到两个力矩的作用，一个是蒸汽作用在汽轮机转子上的主动力矩 M_e，另一个是发电机转子在磁场中旋转时受到的阻力矩 M_{eL}。若不考虑摩擦力矩的影响，转子的运动方程式为

$$M_e - M_{eL} = J\frac{d\omega}{dt} \tag{6-22}$$

式中　J——汽轮发电机转子的转动惯量；

$\dfrac{d\omega}{dt}$——转子的角加速度。

当功率平衡时，$M_e=M_{eL}$，则 $J\dfrac{d\omega}{dt}=0$，由于 $J\neq0$，因此 $\dfrac{d\omega}{dt}=0$，即 $\omega=$ 常数。

当用户耗电量减少时，引起阻力矩 M_{eL} 相应减少，若主力矩保持不变，则 $M_e-M_{eL}>0$，由于 $J\neq0$，因此 $\dfrac{d\omega}{dt}>0$，也就是说转子的角速度 ω 增大，电频率增加。

当用户耗电量增加时，与上述相反，转子角速度 ω 减少，电频率降低。

从以上分析可以说明，电频率的变化与汽轮机输入、输出功率的不平衡有着极其密切的关系。只要功率平衡，就能稳定转速，保证电频率的稳定。当功率不平衡时，转速就发生变化，汽轮机调节系统能感受转速的变化来控制调节阀门开度，使输入、输出功率重新平衡，从而稳定电频率，保证供电的数量和质量。汽轮机的调速系统就是根据这个基本原理设计的一种自动调节装置。

二、调节系统

（一）概述

现代大型汽轮机调节系统有各种各样的型式，但它们都有些共性。

（1）在外界负荷发生变化后，新的工况必须稳定运行，这就要求汽轮机的进汽量与外界负荷相适应，与此同时，滑阀一定要回到原始位置。

（2）调节系统通常由感受装置、传动放大装置、执行装置和反馈装置四个部分组成。

下面具体介绍调节系统的四个组成部分。

1. 感受装置

感受装置感受转速变化并发出信号。在调节系统中有的把转速信号转变为电压信号或油压信号等，还有的转换为机械位移信号。具有旋转阻尼的液压调节系统的感受装置是旋转阻尼，把转速变化的信号转变为油压信号。

2. 传动放大装置

将感受装置所产生的小功率信号放大后去控制调节阀。调节系统中的传动放大机构是波纹管、蝶阀、继动器、滑阀、油动机、传动杠杆等。在调节系统中，传动放大装置有许多不同的型式，放大级数可以有多级，但其作用是相同的。

3. 执行装置

将传动放大装置发出的信号，去控制汽轮机的调节汽门的开度，改变汽轮机的进汽量，使汽轮发电机输出的功率与外界负荷达到新的平衡，这是由调节阀控制的，因此，调节系统的执行装置是调节阀。

4. 反馈装置

在调节系统中，实现后面元件对前面元件的作用机构就叫做反馈装置，它使调节过程稳定。调节系统中，反馈装置是反馈杠杆和反馈弹簧。它的反馈作用是当油动机活塞动作时，反馈杠杆或反馈弹簧随之而动，继动器活塞与滑阀也移动，迫使调节汽阀的阀杆停止移动，调节系统就稳定了。

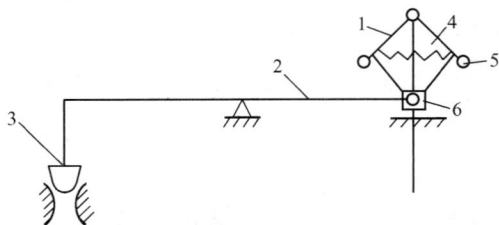

图 6-34　直接调节系统示意图

1—感受装置（调速器）；2—传动装置（杠杆）；
3—执行装置（调节阀）；4—弹簧；5—重锤；6—滑环

（二）调节系统简介

1. 直接调节系统

图 6-34 所示是一种直接调节系统，由感受装置、传递装置和执行装置组成。感受装置是重锤式离心调速器，它感受转速变化。传动装置是杠杆，它将感受到的转速信号传递到调节阀。执行装置是调节阀，它根据传动装置传递来的信号改变调节阀的开度，改变进汽流量的大小。

当汽轮机负荷瞬间降低时，转速升高，飞锤离心力增大，使滑环向上移动，通过杠杆的传动关小调节阀。当汽轮机负荷增加时，其动作相反。

这种调节装置是调速器通过杠杆直接带动调节阀，所以叫做直接调节。

2. 间接调节系统

图 6-35 所示是一种间接调节系统，由油动机和调节阀等组成。它的感受装置是重锤式离心调速器，感受转速变化，发出一个滑环位移信号。传动放大装置是滑阀、油动机和杠杆 ABC，它接受感受装置发出的信号，将此信号放大后传递给执行机构。执行装置是调节阀，它接受传动放大装置发出的信号来控制（改变）汽轮机的进汽量，使之与负荷相适应。反馈装置是 BC 间的杠杆，它实现油动机对滑环的反馈作用，使滑阀回到中间位置，油动机停止移动，这样就会使调节过程较快地稳定下来。

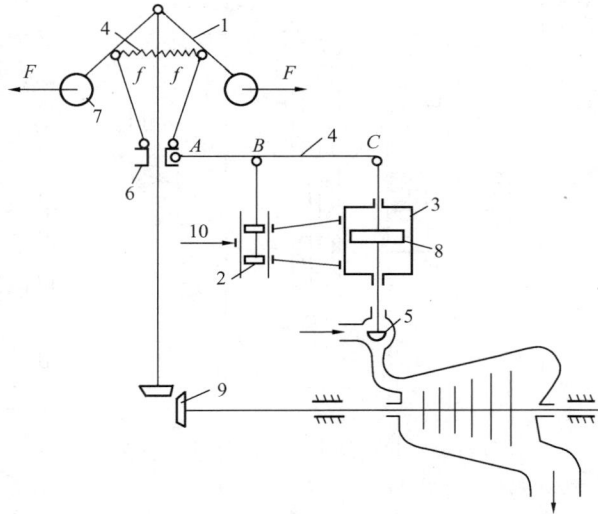

图 6-35　间接调节系统示意图

1—调节器；2—滑阀；3—油动机；4—杠杆；5—调节阀；
6—滑环；7—重锤；8—油动机活塞；9—减速齿轮；10—压力油管

当汽轮机负荷瞬间升高时，转速降低，飞锤离心力减小，滑环向下移动，并带动杠杆 ABC 以 C 点为瞬时中心向下转动，引起滑阀向下移动，压力油经滑阀下方的油管进入油动机活塞下油室，而油动机活塞上油室的油从滑阀上部排出，油动机活塞在压力油的作用下向上移动，从而带动调节阀开大，增大汽轮机的进汽量。与此同时，油动机活塞带动杠杆 ABC，使它以 A 点为支点向上转动，将滑阀提升至中间位置，重新关闭油动机的进油管及排油管。油动机停止下移，调节至此结束。这时，汽轮机实现了新的功率平衡，调节系统达到了新的稳定状态。当汽轮机负荷瞬间降低时，其动作相反。

在上述调节过程中，油动机活塞的位移是由于滑阀的位移引起的，但是油动机活塞的位移通过杠杆 ABC，反过来将滑阀拉回到中间位置，这种反作用在自动调节原理中叫做反馈。反馈是自动调节系统的一个重要组成部分。油动机活塞位移反过来使滑阀产生和原来位移方向相反的位移，这种反馈又叫负反馈，负反馈能使调节系统稳定。

从上述可知，在汽轮机负荷发生变化后，要重新达到稳定工况，必须具备两个条件：一个是汽轮机的进汽量与汽轮机负荷相适应；另一个是滑阀必须回到中间位置。

3. 具有旋转阻尼的全液压调节系统

如图 6-36 所示，具有旋转阻尼的全液压调节系统由主油泵、旋转阻尼器 1、波纹管 2、蝶阀 3、继动器 4、滑阀 5、油动机 6 和调节阀 7 等组成。

旋转阻尼器的主要部件是一个鼓状空心阻尼体，安装在汽轮机转子前端的附加轴上。阻尼体外部油路的设计压力比阻尼体工作时所产生的油压高，工作油压不是通过阻尼管由里向外流，而是由外向里流。汽轮机转速改变时，阻尼体所产生的油压随之发生变化，则外部油路中的一次油压也随之发生变化。

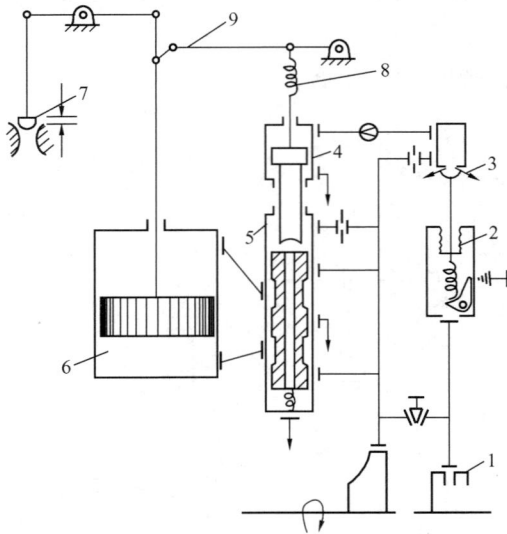

图 6-36　具有旋转阻尼的全液压调节系统示意图
1—旋转阻尼器；2—波纹管；3—蝶阀；4—继动器；5—滑阀；
6—油动机；7—调节阀；8—反馈弹簧；9—反馈杠杆

当外界负荷增大时，汽轮机转速降低，漏油量增加，从旋转阻尼器 1 进入波纹管放大器 2 的油压降低，波纹管伸长，使固定在波纹管上的蝶阀向下移动，增大了油室的泄油面积，使油室中的油压降低，通往继动器 4 活塞顶部的油压降低，继动器活塞向上移动，带动其下部蝶阀开大滑阀 5 顶部泄油面积，使滑阀顶部油压降低，滑阀上移，使油动机 6 上部油腔接通高压油，下部油腔接通排油，在活塞上、下油压差的作用下，油动机活塞向下移动，开大调节阀 7。

在油动机 6 开大调节阀 7 的同时，带动继动器 4 活塞下移，弹簧 8 将继动器 4 的活塞推回原位，使滑阀顶部蝶阀关小，减少高油压的泄油量，升高滑阀顶部油压，压缩滑阀下部弹簧，使滑阀下移至居中而复位，调节系统在新的功率下，重新处于稳定状态。

当外界负荷减小时，转速升高，调节系统的动作过程与上述相反。

（三）调节系统的静态特性

汽轮机的调节系统在外界负荷变化时，转速有所改变。当负荷增大时，转速有所降低；当负荷减小时，转速有所提高。汽轮机的转速与负荷之间的对应关系叫做调节系统的静态特性。汽轮机的转速与负荷之间的关系曲线叫做调节系统的静态特性曲线。图 6-37 所示是合理形状的静态特性曲线。各段曲线说明如下。

（1）ab 段是起始段，大约在 $10\% P_e$ 范围内，特性曲线斜率大一些。在电网频率变动时，使机组负荷变动小，稳定性好，汽轮机并网顺利。

（2）cd 段是在额定功率附近，特性曲线斜率也要大一些。当电网频率波动时，不易自动带上过大负荷，不仅避免汽轮机超负荷运行，还不会引起负荷发生大的波动。

（3）bc 段是中间段，处于正常工作状态，特性曲线较为平坦，使汽轮机运行中，负荷有些变化时，转速也不会变动，以保证电网频率稳定。

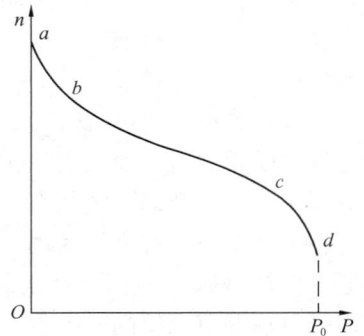

图 6-37　静态特性曲线合理形状

衡量调节系统的两个重要指标是速度变动率和迟缓率。

1. 速度变动率

当功率从零增加到额定负荷时，稳定转速相应从 n_2 变为 n_1，转速差 $\Delta n(\Delta n = n_2 - n_1)$ 与平均转速 $n_m\left(n_m = \dfrac{n_2 + n_1}{2}\right)$ 之比的百分数，叫做速度变动率，即

$$\delta = \frac{n_2 - n_1}{n_m} \times 100\% \qquad (6-23)$$

式中　n_2——汽轮机在空载时的转速；

　　　　n_1——汽轮机在额定负荷时的转速；

　　　　n_m——平均转速 $n_m = \dfrac{n_2 + n_1}{2}$。

因电厂汽轮机是固定在额定转速 n_0 下运行的，即 $n_0 \approx n_m$，一般用 n_0 代替 n_m。则

$$\delta = \frac{n_2 - n_1}{n_0} \times 100\% \tag{6-24}$$

速度变动率是衡量调节系统品质的一个重要指标，通常 $\delta = 3\% \sim 6\%$。δ 过大，在一定负荷变化下，转速变化愈大，静态特性曲线愈陡，转速升高得太快，引起汽轮机超速。δ 过小，转速微小的变化会引起负荷较大波动，造成调节系统不稳定。

2. 迟缓率

在同一功率下的转速差 Δn 与额定转速 n_0 的比值称为调节系统的迟缓率 ε，或称为不灵敏度，即

$$\varepsilon = \frac{\Delta n}{n_0} \times 100\% \tag{6-25}$$

迟缓率的大小对汽轮机运行有严重的影响。ε 太大，对单机运行的机组，转速会发生自发的变化，转速和供电频率不稳定。对并列运行的机组，会引起功率自发变化，即在并网运行时会引起汽轮机负荷自发波动，在甩负荷时会引起汽轮机超速。

迟缓率是调节系统品质的又一重要指标。在正常运行和检修工作中，要尽力想方设法将 ε 减小至最低限度。通常 $\varepsilon \leqslant 0.5\%$ 时，调节系统质量是合格的。

三、同步器

从调节系统静态特性可以看出，汽轮机的转速和功率之间是单值对应关系。当单机孤立运行时，转速随外界负荷变化而变化，造成电网频率变化。而当机组并列运行时，若电网频率不变，转速亦不变，汽轮机只能带一个与转速对应的负荷，运行人员不能根据用户的要求改变负荷。为了改变转速或负荷，目前解决这一问题的办法就是装置专门的调整机构——同步器，用来改变调节系统的静态特性，人为地进行调节。

同步器的作用有三个。

（1）汽轮机并网前，人为地操作同步器以改变汽轮机的进汽量，调整转速，使发电机与电网同步后并网。

（2）单机孤立运行时，人为地操作同步器改变转速，保证频率稳定。

（3）机组并列运行时，人为地操作同步器改变负荷，保证机组正常运行。

同步器在单机运行时改变转速，在并列运行时改变负荷，主要是通过平移调节系统静态特性曲线来实现的。如图 6-38（a）所示，单机运行时，操作同步

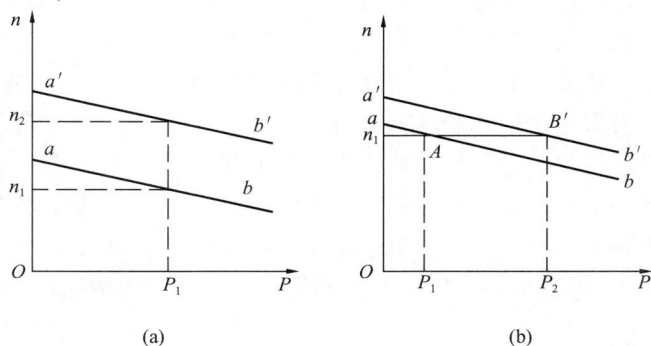

图 6-38　同步器平移静态特性曲线
(a) 单机运行机组；(b) 并列运行机组

器，将静态特性曲线由 ab 移至 $a'b'$。由于电力负荷 P 不变，故转速由 n_1 变到 n_2。

如图 6-38（b）所示，并列运行时，操作同步器使静态特性曲线 ab 移至 $a'b'$，而工作点将由 A 移至 B'，机组转速 n_1 维持不变，则负荷由 P_1 增加到 P_2。

同步器是通过改变调速器的特性和改变放大传递结构的特性来实现平移静态特性曲线的。

同步器的形式很多，有改变弹簧初紧力的同步器，也有改变杠杆支点位置的同步器，还有活动套筒式同步器及油口式同步器等。这些同步器具体作用部位不一样，但能平移静态特性曲线这一点是相同的。下面我们以辅助弹簧式同步器为例来说明为什么同步器能平移静态特性曲线。

如图 6-39 所示，辅助弹簧式同步器由同步器弹簧和手轮组成。当单机运行时，汽轮机的负荷为 P_1，转速为 n_1（如图 6-40 所示），调节系统如图 6-39 所示位置。若将静态特性曲线向上移，则

转动同步器手轮→增加同步器弹簧的弹簧力→滑环向下移→调节阀开大（蒸汽流量增加）→转速增加（负荷 P_1 不变时）→反馈杠杆动作→滑阀回到中间位置→转速由 n_1 移至 n_2 并稳定在 n_2，特性曲线由 ab 移至 $a'b'$。

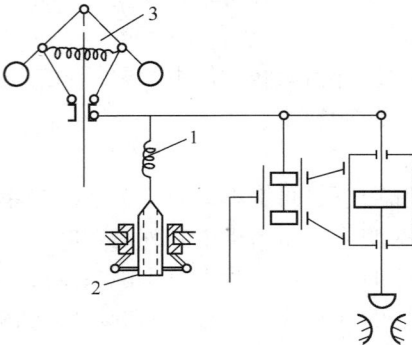

图 6-39　辅助弹簧式同步器
1—同步器弹簧；2—同步器手轮；
3—调速器弹簧

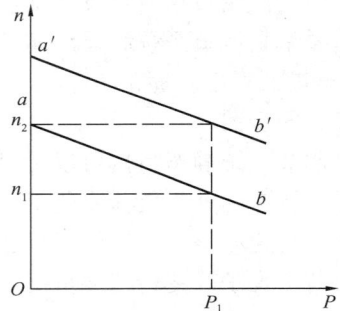

图 6-40　同步器对静态
特性曲线的影响

显然，同步器手轮每转一个位置，就有一个同步器弹簧力，也就有一条静态特性曲线。汽轮机的同步器，可以由运行人员就地手动操作，也可由一个小型电动机进行远距离操作。

同步器平移调节系统静态特性曲线的作用是可以对并列运行的机组进行负荷的经济分配，对安全运行和经济调度有重大意义。图 6-41 所示为两台并列运行机组的静态特性曲线，在额定转速下 1 号机负荷为 P_1，2 号机为 P_2。假定某一瞬间电网中外界负荷增加 ΔP，使电网频率下降，引起两台机组调节系统动作，两台机组都在新的稳定工况下工作。机组转速同时下降 Δn，两台机组的负荷根据静态特性曲线重新分配，即一次调频：1 号机负荷增加 ΔP_1，2 号机增加 ΔP_2，其总和等于电网负荷的增加量 ΔP，即

$$\Delta P = \Delta P_1 + \Delta P_2$$

此时，如果操作 1 号机的同步器，使 1 号机的静态特性曲线由 1 平移至 2，电网频率上升，则 2 号机的负荷又减至原负荷 P_2，其减少的负荷 ΔP_2 由 1 号机负担，也就是说，1 号机通

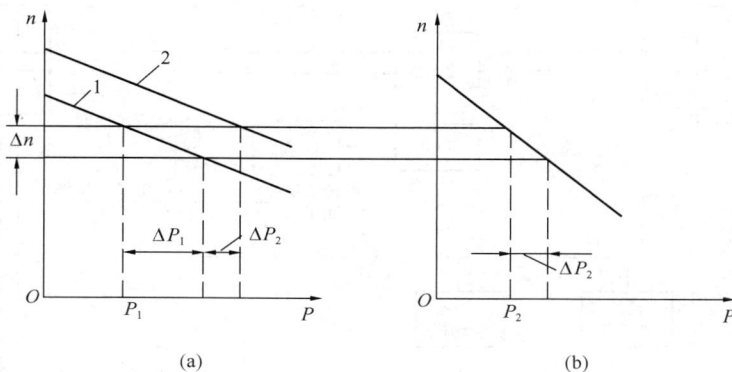

图 6-41　机组并列运行时，平移静态特性曲线对负荷分配的影响

（a）1 号机负荷特性曲线；（b）2 号机负荷特性曲线

过两次调频承担了外界增加的全部负荷，频率也恢复到负荷变化前的数值。

因此，对并列运行机组来说，利用同步器可以分配负荷，在电网中要使容量大、效率高的机组承担基本负荷，即是说容量大、效率高的机组应保持在经济负荷附近运行。当外界负荷变化时，由容量小、效率低的机组承担尖峰负荷。显然，同步器一方面可以对系统中各机组的负荷进行经济调度，提高供电的经济性，另一方面也提高了供电的可靠性及灵活性。

四、功—频电液调节系统的原理（AEH）

前面所述的调节系统都是速度调节，其调节系统的作用是维持汽轮机组的转速在允许的范围内变化，速度调节起频率调节作用。对电网来说，保持频率稳定是很重要的，若机组功率不能稳定，不只是影响电网中各机组功率的合理调配和经济运行，还影响机组的安全运行。并列运行的机组调整同步器位置可以使机组功率变化。任何条件的变化（如蒸汽初参数或凝汽器真空的变化）都会引起机组功率的变化，调整同步器可以调整机组功率，但是不能保证机组功率为给定值。如果能将机组频率（即转速）和功率都作为调节系统的被调量，这样既能维持频率在允许的范围内变化，又能保持机组功率在给定值上，这种调节系统叫做功—频调节系统。在功—频调节系统中，若用电气敏感元件作为感应机构，用液压元件作为执行机构，这种调节叫做功—频电液调节。

图 6-42 是功—频电液调节系统的示意图，它由测频单元、测功单元、放大器、PID 校正单元、电液转换器和液压执行机构组成。测频单元与频率给定装置的作用与液压调速器和同步器相当，是以转速与给定值的偏差作为调节信号的。调速器所感受的转速偏差是以脉动油压变化的形式反映出来的，而测频单元是以电压变化的形式反映出来的，即是说当机组转速变化时，它能产生相应的电压信号。测功单元的作用是测取汽轮机发电机组的实发功率，并按功率的大小成比例地输出一个直流电压信号。测功单元及给定装置是功—频调节系统所特有的，它"感受"功率与给定值（由功率给定装置给定）的偏差发出功率调节的信号。综合放大器相当于液压调节系统中的液压放大元件，它将测频单元和测功单元输出的电压信号和功率信号进行综合放大，去推动电液转换器。PID 校正单元是一个具有比例（P）、积分（I）和微分（D）作用的调节器，其作用是先将综合放大器来的综合信号进行微分、积分运算并加以放大，再输入到功率放大器进行功率放大。液电转换器的作用是把电气信号（即电

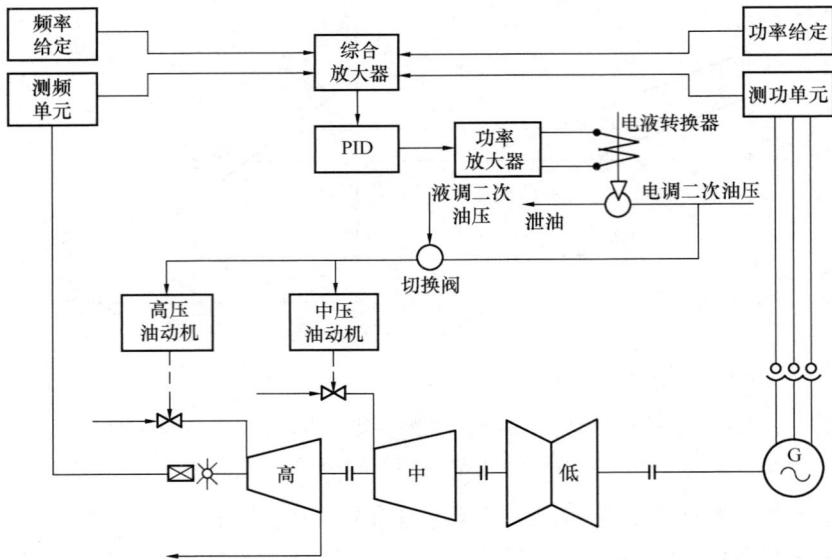

图 6-42　功—频电液调节系统原理图

压信号）转变成液压信号（即油压变化信号）去推动油动机，它是电压调节和液压调节之间的联络部件。

下面讲述功—频电液调节系统的动作原理。

1. 转速调节

在机组并网前或单机运行时，机组的功率是由外界决定的，调节系统起着转速调节的作用。例如：当外界负荷减少时

转速升高→测频元件测出的电压信号增大（转速给定不变）→综合放大器将电压信号放大→PID校正单元输出信号为瞬间跃升后又逐渐减小的微分信号→功率放大器将信号放大→电液转换器引起电调二次油压瞬间下跌后逐渐恢复→调节阀门关小→汽轮机转速降低→当汽轮机转速降至原来的数值时输出稳定→调节阀不再关小而稳定在某一位置。

这里要指出的是，由于 PID 的积分作用，新的电调二次油压和调节阀开度的稳态值都低于原始的稳定值。另外，转速给定（即频率给定）单元的变速范围可以从零到工作转速，比液压调节系统更优越了。

2. 功率调节

机组在并网运行中，调节系统用来实现功率调节。例如：

汽轮机进口的蒸汽参数（汽温、汽压）升高（即内扰）→实发功率增大→测功单元的功率输出绝对值增大→综合放大器放大→PID校正单元进行运算放大→调节阀门关小→汽轮机实发功率减小→测功单元的输出电压重新与功率给定电压相平衡，系统稳定在新的给定功率。

五、数字式电液调节系统（DEH）原理

图 6-43 是 DEH 调节系统原理方框图。该系统与模拟式功频电液调节系统（AEH）的主要区别是用数字计算机代替了调节器。数字计算机也称中央处理单元，把预先编好的调节算法程序存于计算机中，当转速、功率和给定信号输入计算机时，计算机按程序计算结果输出信号，控制汽轮机调节汽阀。

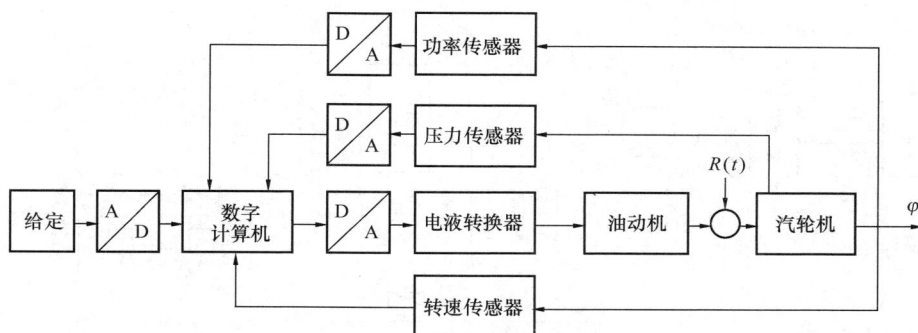

图 6-43　DEH 调节系统原理方框图

该系统是由模拟—数字、功率—频率、电子—液压调节系统组成，采样讯号输入到模/数转换器（A/D）将模拟量转换成数字量，在计算机中进行数字处理和运算，输出数字量再经数/模转换器（D/A）转换成模拟量。电液转换器是把电气信号转换成液压信号来驱动油动机，以控制主汽门或调节汽门的开度，调节汽轮机的转速或功率发生变化。系统中的给定值，有转速给定和功率给定。

图 6-44 是 300MW 汽轮机数字电液调节系统。主要由电子控制器（DEH）、操作系统、油系统（EH 液压控制系统）、保护系统（危机遮断系统）和执行机构（电液转换器和伺服放大器）等组成。

DEH 的功能有汽轮机自动调节，汽轮机的启停和运行中的监视、汽轮机超速保护和汽轮机的自启停（ATC）等。

六、汽轮机的保护装置

装设汽轮机保护装置的目的是保证汽轮机设备的安全，汽轮机在异常状态工作或发生事故时，保护装置及时动作能够避免设备损坏或事故扩大。现代大功率汽轮机对保护装置要求更高，一般都设置超速保护、轴向位移保护、低油压保护和低真空保护等。

（一）自动主汽阀

自动主汽阀安装在调节阀之前，正常运行时处于全开状态。其作用是任何一个保护装置动作时，自动主汽阀迅速关闭，切断汽轮机进汽，紧急停机。

图 6-45 所示为立式高压自动主汽阀的结构图，主要由托盘、活塞、阻尼弹簧、预启阀、主汽阀芯和门杆等组成。其工作过程是：当任一保护装置动作后，安全油接通排油管被泄掉，安全油压降低，托盘在重力作用下迅速下降，压力油从 a 油路流到活塞上部油室，活塞上下油差快速变小，在弹簧力的作用下，活塞快速下移，关闭自动主汽阀。

（二）超速保护装置

超速保护的作用是为了防止调节系统因故障失灵和突然甩负荷时引起超速危险。由于汽轮机转子上的各种部件所承受的应力都与转速有关，转速过高将导致某些部件损坏而造成重大事故。

图 6-46 是中小容量汽轮机常用的一种危急保安器的结构简图。主要部件是螺钉状飞锤，用锁紧弹簧和螺母将其固定在汽轮机主轴的孔内。飞锤的重心 O_1 与汽轮机主轴的中心 O 之间有一偏心距 e。当汽轮机主轴转速达到额定转速的 $110\%\sim112\%$ 时，飞锤离心力大于弹簧

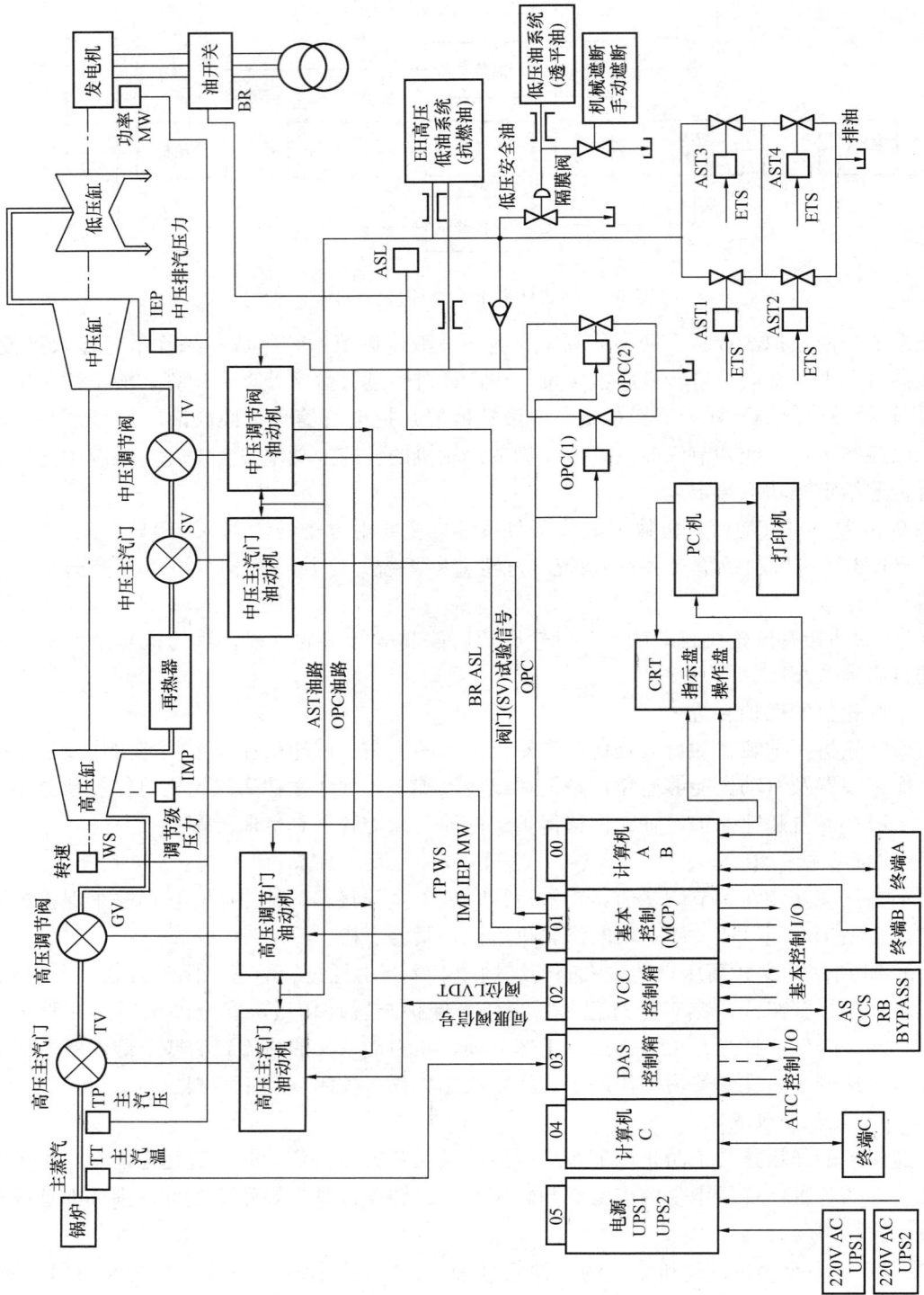

图 6-44　300MW 汽轮机数字电液调节系统

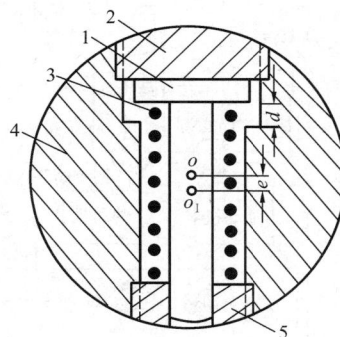

图 6-46　飞锤式危急
保安器的结构简图
1—螺钉状飞锤；2—固定螺母；3—锁紧
弹簧；4—汽轮机主轴；5—调整螺母；
e—偏心距；d—间隙

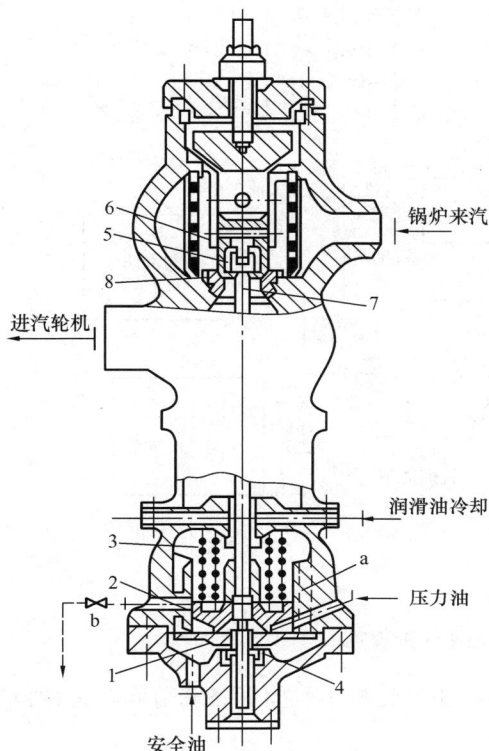

图 6-45　立式自动主汽阀
1—托盘；2—活塞；3—弹簧；4—阻尼弹簧；
5—预启阀；6—主汽阀芯；7—门杆；8—阀座

力，于是飞锤末端就向孔外窜出，撞击脱扣杠杆，使危急遮断阀动作，迅速关闭汽轮机主汽门和各个调节汽阀，迫使机组立即停机。

图 6-47 是引进型大容量汽轮机超速保护装置示意图。主要设置有机械超速遮断、电气超速遮断和超速保护三套系统。

1. 机械超速与手动遮断保护

当机组转速达到 111% 的额定转速时，机械超速保护动作，危急事故油压快速下跌，隔膜阀迅速上移，危急遮断油压快速下跌，高、中压主汽阀关闭，与此同时止回阀被顶开，超速保护油路泄压，高、中压调节汽阀关闭，紧急停机。手动遮断保护是保护系统不起作用时，进行手动停机以保障人身设备的安全。

2. 电气超速遮断保护（EFC）

当机组转速达到 110% 的额定转速时，遮断油路 AST 电磁阀动作，通过隔膜阀，油压快速下跌，高、中压主汽阀关闭，此时止回阀被顶开，超速保护油路泄压，高、中压调节汽阀关闭，紧急停机。这时机械超速与手动遮断油压维持正常状态。

3. 超速保护（OPC）

当机组甩 30% 以上的额定负荷或者是转速达到 103% 的额定转速时，超速保护油路 OPC 电磁阀动作，泄放危急继动油，高、中压调节汽阀暂时迅速关闭。因止回阀关闭，高、中压主汽阀不会关闭，一旦故障消除后，高、中压调节阀又开启。机械超速与手动遮断油压维持正常。

（三）轴向位移的保护

汽轮机轴向位移保护装置有两个作用：一个是在汽轮机运行时，利用轴向位移保护装置监视转子轴向位移变化的情况；另一个是转子轴向位移超过允许极限时，轴向位移保护装置

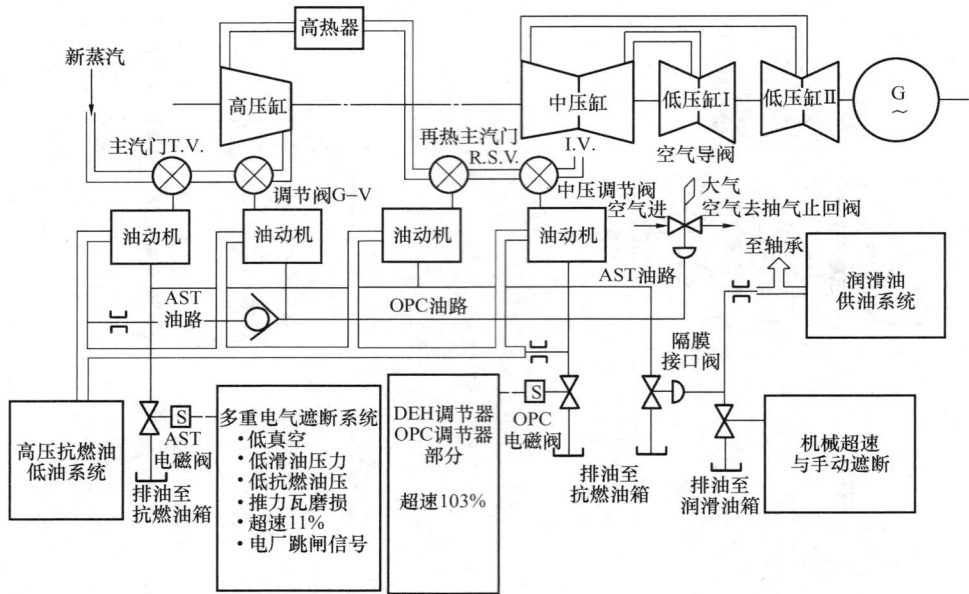

图 6-47　引进型大容量汽轮机超速保护装置示意图

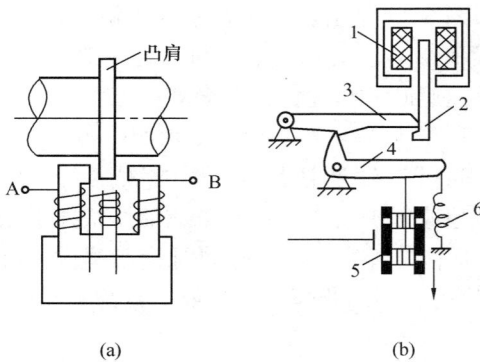

图 6-48　电磁式轴向位移保护装置

(a) Ⅲ形电磁铁；(b) 电磁脱扣装置

1—线圈；2—铁挂钩；3—杠杆；4—危急保安挂钩；
5—滑阀；6—弹簧

动作，关闭汽轮机主汽门和各调节阀，迫使汽轮机停机。

图 6-48 所示是电磁式轴向位移保护装置，由Ⅲ型电磁铁和电磁脱扣装置组成。在Ⅲ型磁铁中枢柱上的初级线圈通交流电时，在磁铁两侧的两个次级线圈便有大小相等、方向相反的两个感应电势。当轴向位移为零时，两个次级线圈感应电动势的输出为零。

当轴向位移变化时，一侧汽轮机主轴凸肩与磁铁之间的间隙减小，磁阻减小而磁通量增加，该侧次级线圈感应电动势增加，而另一侧感应电动势减少，A、B 两端有电势输出，接到电器仪表就可以指示出轴向位移大小。

若轴向位移超过定值时，A、B 两端输出的电势同时接到相应的继电器，放大后输入电磁脱扣装置 [见图 6-48 (b)]，在磁力作用下铁挂钩 2 向下移动，杠杆反时针转动，危急保安挂钩 4 脱扣，在弹簧 6 的作用下，滑阀的活塞下移，关闭主汽门，迫使汽轮机停机。

(四) 低油压保护

低油压保护装置的作用是在油系统发生故障引起润滑油压下降时，保护装置动作，自动启动辅助油泵使油压恢复正常。若辅助油泵不能启动或启动后润滑油压继续降低到最低允许极限数值时，保护装置再次动作，使汽轮机停止。

图 6-49 所示是由润滑油压控制的汽轮机低油压保护装置。它由活塞、弹簧和 A、B 两个触点组成。润滑油引入活塞下部，油压对活塞向上的作用力和弹簧向下的作用力平衡。当润滑油压下降时，力平衡被破坏，活塞向下移动，顺次接通触点 A 和 B，并发出信号关闭主汽阀。其触点大多数为 4 个，具体数目依据活塞决定。

（五）低真空保护

装设低真空保护装置是为了监视汽轮机凝汽器的真空，以免真空降低影响机组的安全性和经济性。

图 6-50 所示是水银触点低真空保护装置，玻璃管 1 接凝汽器，玻璃管 2、3 接通大气。当凝汽器真空下降时，玻璃管 1 内的水银柱下降，玻璃管 2、3 内的水银柱上升。当真空下降到 650mmHg 时，玻璃管 3 的引出线和水银柱接触，接通电路，发出声光报警信号。当真空下降到 540mmHg（允许最低真空）时，玻璃管 2 的引出线与水银柱接触，接通电路，关闭自动主汽阀，迫使汽轮机停机。螺钉 7 的作用是调整双引出线高度，以改变真空高低的动作数值。

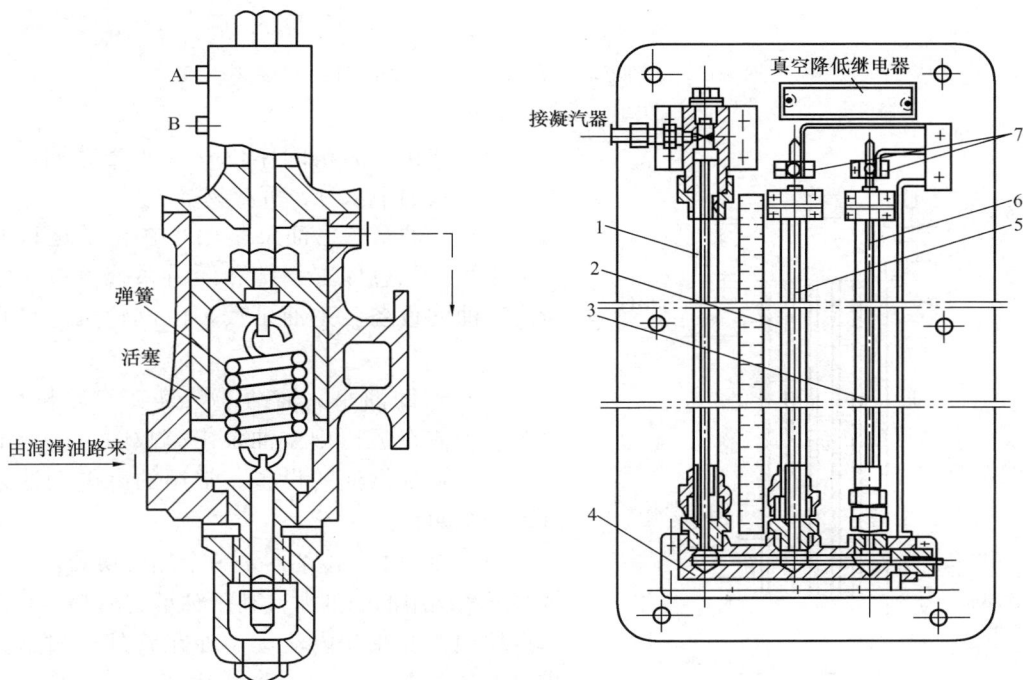

图 6-49　润滑油压控制的汽低压保护装置

图 6-50　低真空保护装置
1、2、3—玻璃管；4—三通块；5、6—底板；7—螺钉

七、汽轮机的油系统

汽轮机的油系统有两个作用：一是供给调节系统和工作系统的工作用油；二是供给汽轮机和发电机润滑系统的润滑用油。

图 6-51 所示是典型的汽轮机供油系统。该系统由油箱、油泵（包括主油泵、启动油泵和辅助润滑油泵）、冷油器和减压阀等组成。油系统的工作流程如下：

油箱→注油器→主油泵→┬→调节系统和保安系统
　　　　　　　　　　　├→注油器工作用油
　　　　　　　　　　　└→减压阀→冷油器→滤油器→轴承

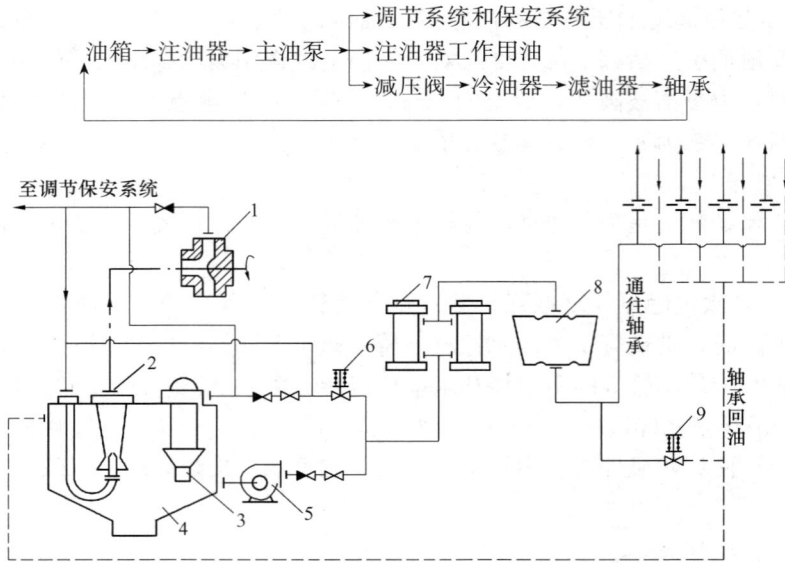

图 6-51　汽轮机油系统示意图

1—主油泵；2—注油器；3—汽动油泵；4—油箱；5—电动油泵；
6—减压阀；7—冷油器；8—滤油器；9—过压阀

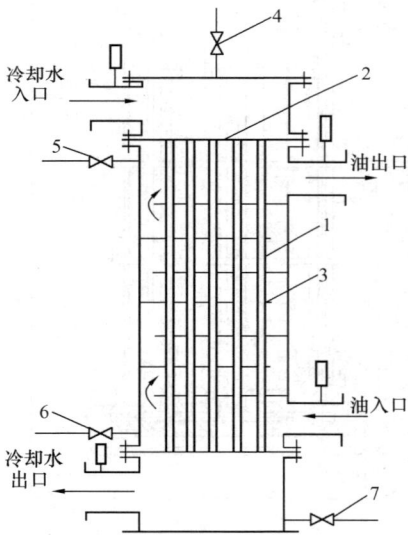

图 6-52　冷油器构造示意图

1—铜管；2—管板；3—隔板；4、5—放气门；
6—放油门；7—放水门

（1）油箱。油箱的作用一方面是储油，另一方面是分离油中水分、沉淀物等。

（2）主油泵。主油泵是用来在正常运行时向调节系统、危急保安系统和润滑系统供应一定数量高压油的设备。主油泵大多由汽轮机主轴直接带动。

（3）辅助油泵。辅助油泵是在汽轮机启动、停机过程或在运行中主油泵出事故时，向调节系统、润滑系统供油的设备。常用的有电动油泵和汽动油泵两种。

（4）冷油器。冷油器是一个热交换器，用来降低润滑系统用油的油温，利于轴承的冷却。它以水作冷却剂，水在管内流动，油在管外流过。为防止水渗进油中，一般使油压大于水压。图6-52所示为冷油器构造示意图。

（5）减压阀。减压阀的作用是把高压油减压后供给润滑系统用，并稳定主油泵出口油压。

第四节　汽轮机的主要辅助设备

一、凝汽器

凝汽器的作用有两个：一是建立并维持高度真空，降低汽轮机背压，提高循环热效率；

二是将汽轮机排汽凝结成水，重新送入锅炉使用。

目前火力发电厂大多采用表面式凝汽器，外壳的形状有圆筒形、椭圆形、矩形和方柱形等。现代大型机组通常采用方柱形外壳。

图 6-53 是圆筒形凝汽器，主要由圆筒型外壳 1、两端水室端盖 2 和 3、管板 4 和冷却水管 5 等组成。冷却水从进水口 11 进入凝汽器，沿箭头所示方向流过管束 5 后从出水口 12 流出。汽轮机的排汽由乏汽进口 6 进入凝汽器，蒸汽和冷却管的管壁接触面凝结成水并聚集于热水井 7 中，由凝结水泵抽出。

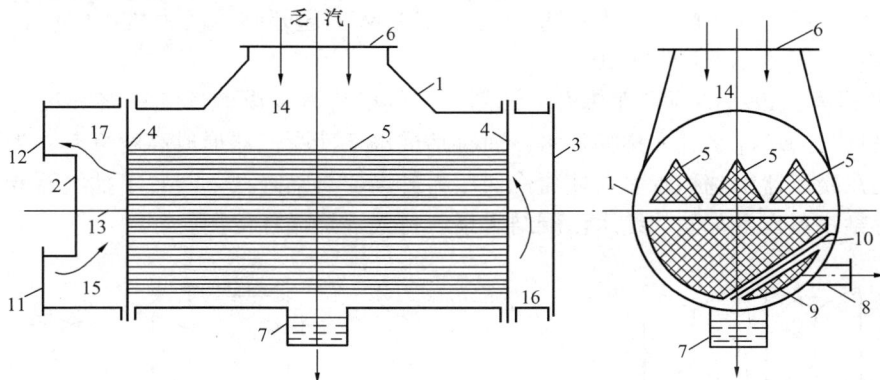

图 6-53　表面式圆筒形凝汽器构造

1—凝汽器外壳；2、3—水室端盖；4—管板；5—冷却水管；6—乏汽进口；7—热水井；8—抽出空气的管口；9—空气冷却区；10—凝汽器空间隔板；11—冷却水进口；12—冷却水出口；13—水室中的隔板；14—汽空间；15、16、17—水室

图 6-54 是方柱形凝汽器，主要由圆柱形外壳、管板、端盖、冷却水管、冷却水进口、冷却水出口、热井、除氧装置等组成。在热井水位上方还安装有除氧装置，对凝结水进行初步除氧，防止低压设备和管道的氧腐蚀。

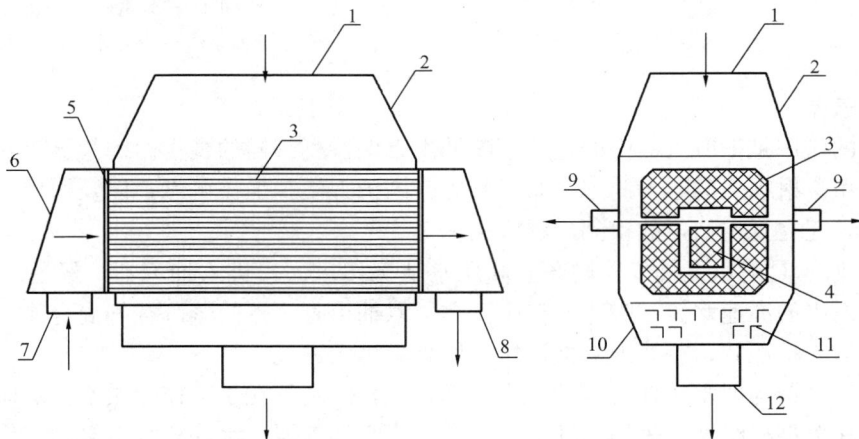

图 6-54　方柱形凝汽器结构示意图

1—排汽进口；2—外壳；3—冷却水管；4—空气冷却区；5—管板；6—端盖；7—冷却水进口；8—冷却水出口；9—抽气口；10—热井；11—除氧装置；12—出水箱

图 6-55（a）为单压式凝汽器示意图。所谓单压式就是汽轮机的排汽口都在一个相同的凝汽器压力下运行，中小容量的汽轮机组采用较多。

由于汽轮机单机功率的增大和多排汽口的应用，将凝汽器的汽侧分隔成两个或两个以上的互不相同的汽室，冷却水串行通过各汽室的管束，因为各汽室的冷却水温度不同，所形成的压力也不同，故而把具有两个或两个以上压力的凝汽器叫做双压或多压凝汽器。

图 6-55（b）为双压式凝汽器示意图，与单压式凝汽器相比较，因为每个汽室的吸热和放热的平均温度较接近，热负荷较均匀，所以多压式凝汽器的平均压力低，真空度高，热效率高，热经济性好。如华能玉环电厂近期投产 1000MW 超超临界压力机组的汽轮机凝汽器排汽压力为双背压 4.4kPa/5.39kPa。

图 6-56 是凝汽设备的原则性热力系统图。汽轮机排汽在凝汽器 3 中将其汽化潜热传给由循环水泵打入的冷却水（亦称循环水）而凝结成水，使凝汽器形成高度真空。为了防止因漏入的空气在凝汽器中越积越多，使凝汽器压力升高、真空降低，装置了抽气器 6 及时抽出空气以维持凝汽器真空，而凝结水由凝结水泵 5 打入锅炉循环使用。

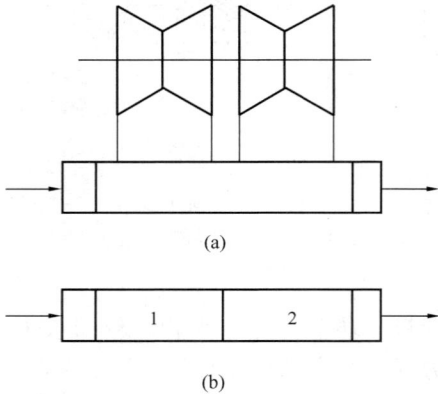

图 6-55　单压、多压凝汽器示意图
（a）单压式；（b）双压式

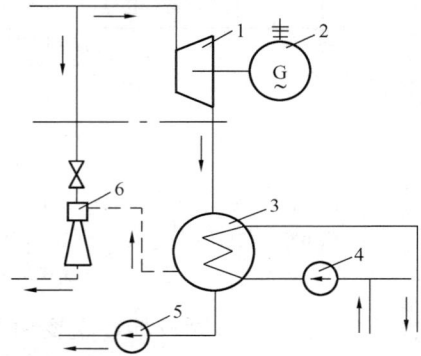

图 6-56　凝汽设备的原则性系统图
1—汽轮机；2—发电机；3—凝汽器；
4—循环水泵；5—凝结水泵；6—抽气器

二、抽气器

抽气器的作用是把凝汽器中的空气不断抽出以保持凝汽器的真空。抽气器有射水式和射汽式两种类型。射水式的结构简单，布置紧凑，维护方便，工作可靠，以及适用于单元机组滑参数启动，建立真空快，故得到广泛应用。

图 6-57 所示是射水式抽气器简图。高压水从工作水入口进入抽气器，经上水室后流入喷嘴。喷嘴射出的高速水流在吸入室产生真空，以抽出凝汽器的蒸汽空气混合物。蒸汽空气混合物一起进入扩压管，待速度降低、压力增高后排入大气。

射汽式抽气器与射水式抽气器的工作原理相似，区别仅在于工作介质不是水而是蒸汽。

目前，在大型机组上多采用水环式真空泵作为主抽气器。水环式真空泵的工作原理和结构参见第七章第二节。

在汽轮机的整个凝汽系统中，抽气器有启动抽气器和主抽气器两种，其中启动抽气器是在机组启动时用的，结构比较简单。主抽气器在机组正常运行时用，可以作成二级或三级。

为了减少工质和能量的损失，主抽气器排出的蒸汽的热量和工质应进行回收。

三、回热加热器

将汽轮机中间级做过部分功的蒸汽引来加热凝结水和给水，叫做回热加热。实现回热加热的设备叫做回热加热器。回热加热的作用是减少排气在凝汽器中的热量损失（即冷源损失），提高循环热效率。目前火力发电厂的回热加热设备有低压加热器、高压加热器和除氧器。

图 6-58 所示是立式加热器，它的外壳是用钢板制造的圆筒体，上部为抽汽进汽口，下部为疏水出口。上盖是水室，水室内被隔板分隔为进水及出水两个空腔。水室与圆筒体之间有一管板，U 形管束（黄铜管或钢管组成）的两端固定在管板上，而管束上装有若干个横向的蒸汽导向板。

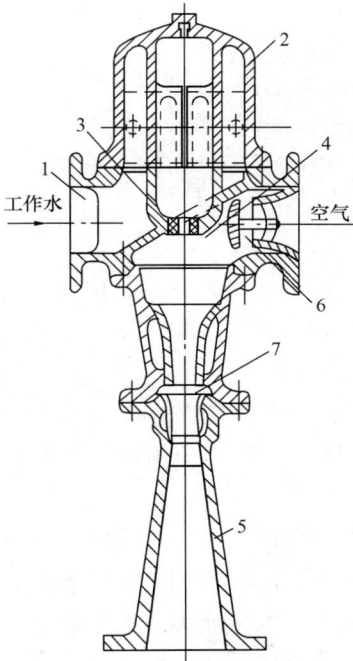

图 6-57　射水式抽气器构造示意图

1—工作水入口；2—上水室；3—喷嘴；
4—混合室；5—扩压管；6—逆止阀；
7—低真空结口

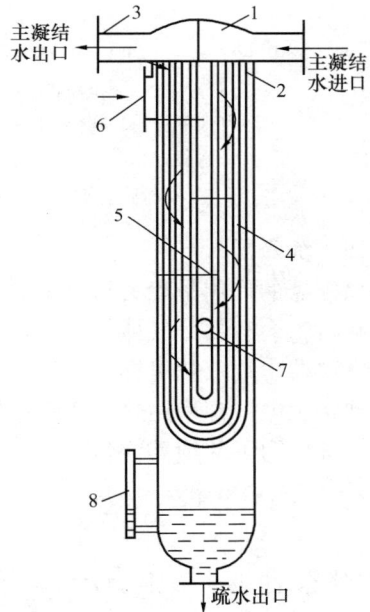

图 6-58　立式表面加热器构造示意图

1—进水室；2—管板；3—出水室；
4—U 形黄铜管束（或钢管束）；5—蒸
汽导向板；6—汽轮机抽汽的进汽口；
7—空气抽出管；8—水位计

立式加热器工作时，主凝结水由进水室 1 进来，沿着 U 形管束自上而下，又自下而上地流动，然后由出水室 3 排出。汽轮机的抽汽由圆筒上部的进汽口 6 进入，再沿蒸汽导向板 5 迂回曲折地向下流动，横向冲刷管束外表面，逐步放热凝结成水，而凝结水（疏水）从加热器底部的疏水引出口排出。蒸汽中所夹带的少量气体由空气抽出管 7 引出，以提高传热效果。

图 6-59 所示是卧式表面式加热器构造示意图。它由筒体管板、U 形管束和隔板等部件组成。给水由给水进口处进入水室下部，通过 U 形管束吸热升温后从水室上部给水出口流

出。加热蒸汽由入口进入筒体，经过冷却段、冷凝段、疏水冷却段后蒸汽由汽态变为液态，由疏水口流出。虽然占地面积较立式大，但传热效果好，热经济性高于立式。我国大容量机组回热系统大多采用卧式回热加热器。

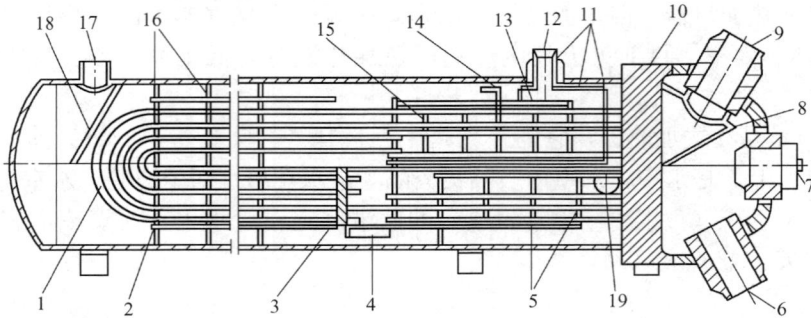

图 6-59　管板—U形管束卧式高压加热器构造示意图

1—U形管；2—拉杆和定距管；3—疏水冷却段端板；4—疏水冷却段进口；5—疏水冷却段隔板；6—给水进口；7—人孔密封板；8—独立的分流隔板；9—给水出口；10—管板；11—蒸汽冷却段遮热板；12—蒸汽进口；13、18—防冲板；14—管保护环；15—蒸汽冷却段隔板；16—隔板；17—疏水进口；19—疏水出口

四、除氧器

除氧器的作用是除去给水中的氧气和二氧化碳等气体，使给水品质良好。因为给水与气体接触时，会有部分气体溶解于水中，不仅影响传热效果，而且在较高温度下，会使给水管道和省煤器出现点状腐蚀，降低热力设备的工作可靠性和经济性。

现代火电厂都采用热力法除去给水中的氧气，也就是说，在除氧器内将一定压力下的水加热到该压力下的饱和温度，使原来溶解于水中的各种气体迅速从水中溢出，并及时予以排出。

根据除氧器内部的工作压力不同，可分为真空式除氧器、大气式除氧器和高压除氧器。真空式除氧器的压力小于大气压力，大多数在高参数大容量机组的凝汽器内部作为热力系统中一种补充除氧的手段，以减轻低压回热加热器的腐蚀。大气式除氧器的压力为 0.12MPa 左右，适用于中参数的发电厂。高压除氧器的压力为 0.3～0.8MPa，适用于高参数电厂。

从除氧器结构上看，现代大中型火力发电厂大部分采用雨淋式除氧器和喷雾填料式除氧器。

1. 雨淋式除氧器

图 6-60 所示是雨淋式除氧器的构造简图。由除氧塔和给水箱两部分组成。除氧塔的外壳为一直立的圆顶圆筒体，内部交替地装有若干层环形滴水盘和圆形滴水盘，各盘底部开有许多小

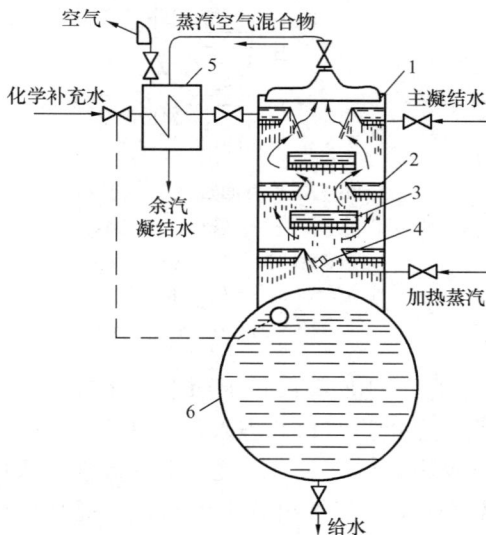

图 6-60　雨淋式除氧器构造示意图

1—除氧塔；2—环形滴水盘；3—圆形滴水盘；4—蒸汽分配器；5—余汽冷却器；6—给水箱

孔。需要除氧的主凝结水和化学补充水从上端引入，流进上部环形滴水盘后，通过盘底小孔和盘边齿形缺口，以小水滴依次落到下面各层。从汽轮机抽汽口引来的抽汽，由除氧塔底部进入，通过滴水盘所形成的蒸汽通道逆流而上，与下落的小水滴相遇，把水加热至饱和温度。大部分蒸汽放热凝结成水，与已除过氧的水一起汇集于给水箱内。从水中跑出来的气体与少量尚未凝结的余汽一起，由塔顶的排汽管排入余汽冷却器，余汽被冷却为水后回收，而空气及不凝结气体向大气排出。

2. 喷雾填料式除氧器

图 6-61 所示是喷雾填料式除氧器构造示意图。由喷嘴、填料除氧层、环形配水管等组成。工作过程如下：需要除氧的水进入除氧塔上部后，利用若干个喷嘴把水喷成雾状后往下流动，然后进到由许多不锈钢短管垫圈组成的、有一定厚度的填料除氧层（相当于雨淋式除氧装置中的滴水盘）。这种喷雾填料式结构大大地增加了水与加热蒸汽之间的接触面积，明显地改善了除氧效果，为

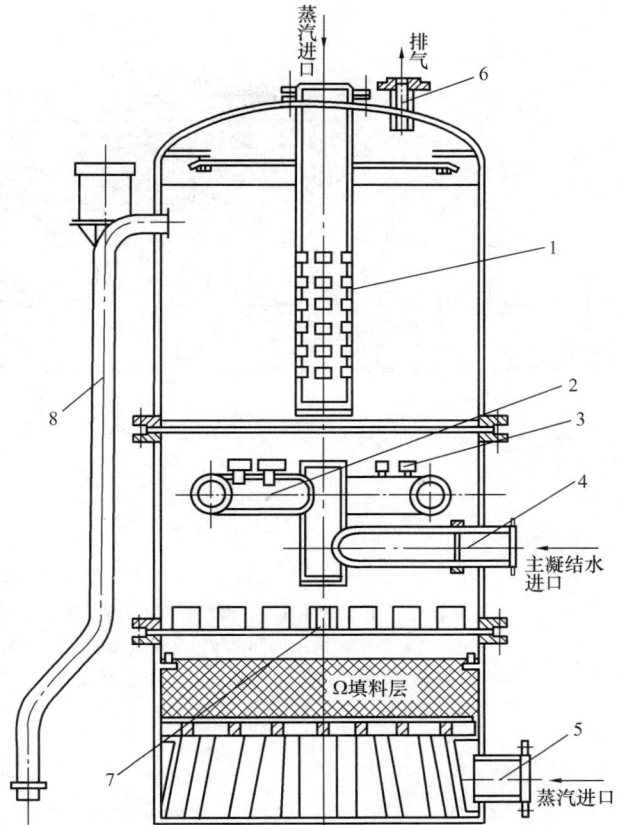

图 6-61 喷雾填料式除氧器构造示意图
1—进汽管；2—环形配水管；3—喷嘴；4—进水管；
5—蒸汽进口；6—排气管；7—淋水盘；8—水封管

给水的深度除氧提供了条件。蒸汽从除氧塔的上部和下部同时引入：从除氧塔顶部引入的蒸汽由许多小孔喷到空间，与雾状水滴接触，将水加热到饱和温度，以达到初步除氧的效果；从下部引入的蒸汽在填料层对水加热，进一步除去水中的氧，也称为深度除氧。

喷雾填料式除氧器的结构简单，检修方便，除氧效果好，因此越来越广泛地得到应用。

大容量机组采用卧式除氧器较多，实际上卧式除氧器是卧式除氧头与给水箱两个独立组成的长圆筒连接而成，如图 6-62 所示。除氧头用两根下水管、一根放水管和两根蒸汽管与给水箱连通。这对运输、安装以及主厂房除氧间的布置都大有好处，并且除氧效果好。

给水箱是凝结水泵与给水泵之间的缓冲容器，其作用是储备一定量的水，保证在系统故障或除氧器进水中断等异常情况下能不间断向锅炉供水 5~10min。

五、发电厂的供水系统

发电厂供水系统的作用有三个：一是供给汽轮机的凝汽器、冷油器、风机的轴承等处冷却用水；二是供应补充水以补充全厂汽、水损失；三是供给水力除灰、厂用消防所需要的水。

常用的供水系统有开式直流供水和闭式循环供水两种。

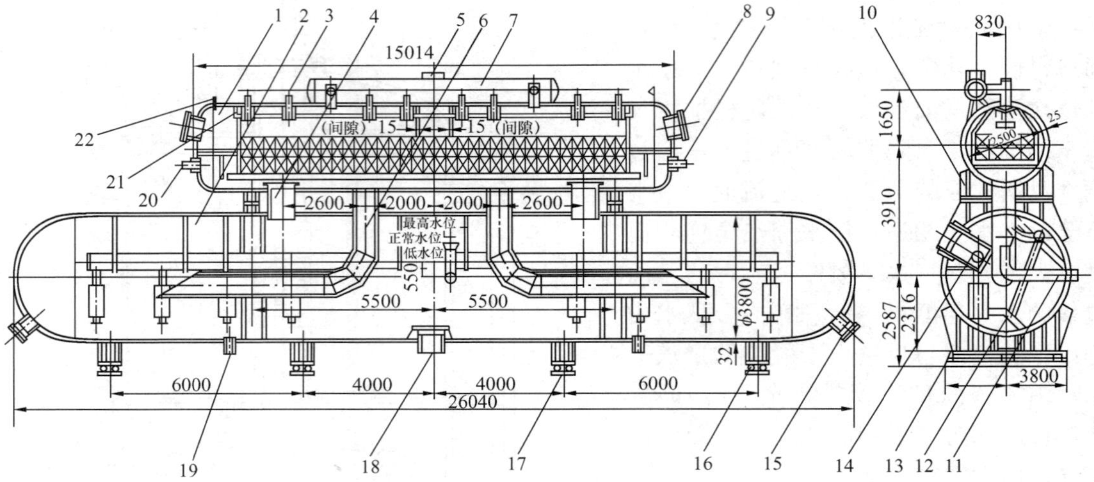

图 6-62　卧式除氧头与给水箱组合图

1—除氧头；2—给水箱；3—排气口；4—汽平衡管；5—凝结水进口；6—下水管；7—过渡集箱；
8—搬物孔；9—高加疏水进口；10—连接支座；11—溢流管；12—加热装置；13—支座限止装置；
14—锅炉启动放水装置；15—人孔；16—活动支座；17—固定支座；18—出水口；19—放水口；
20—加热蒸汽进口；21—凝结水进水室；22—安全阀

1. 开式直流供水系统

图 6-63 所示为开式直流供水系统。在河流的上游取水，水经循环水泵打入发电厂的凝汽器使用。从凝汽器出来的温度较高的水经明渠排入河流的下游。

开式供水系统简单，投资较小，冷却水的进水温度较低，能使凝汽器内保持较高的真空，有利于机组经济运行。

2. 闭式循环供水系统

图 6-64 所示为具有冷水塔的闭式循环供水系统。如果电厂附近天然水源的水量不足，可以采用闭式供水系统。闭式供水系统是：由凝汽器中出来的温度升高后的冷却水经冷水塔

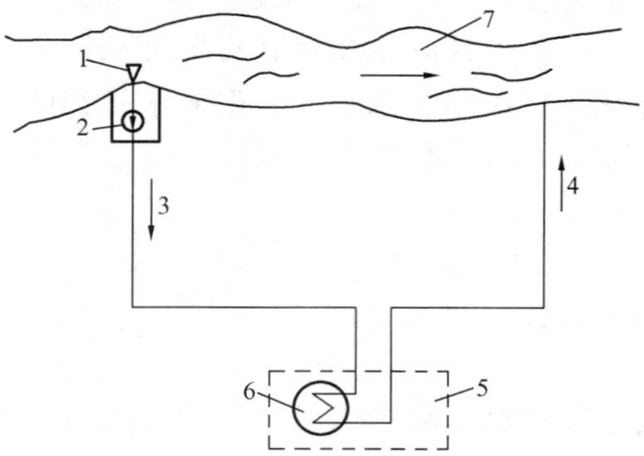

图 6-63　开式直流供水系统

1—取水口；2—循环水泵；3—进水；4—排水；
5—汽机房；6—凝汽器；7—河流

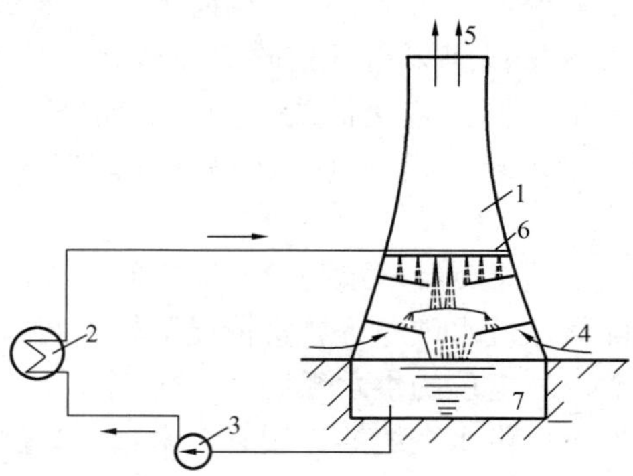

图 6-64　具有冷水塔的闭式循环供水系统

1—冷水塔；2—凝汽器；3—循环水泵；4—冷空气
入口；5—热空气出口；6—淋水设备；7—储水池

的配水装置，由上向下流动；冷空气由塔下部进入，水被冷却后送到储水池，再用循环水泵送回凝汽器重复使用。

　　闭式循环供水系统占地少，冷却效果较好，受自然条件的影响比较小，运行比较稳定，不足之处是双曲线冷水塔的造价昂贵。但对于远离水源的发电厂来说，目前仍多采用这种闭式供水系统。

思 考 题 及 习 题

　　6-1　何谓汽轮机的级？在一级中热能转变为机械能是怎样完成的？

　　6-2　何谓反动度？反动度有何意义？

　　6-3　蒸汽在喷管中流动有什么损失？为什么？

　　6-4　为什么采用多级汽轮机？多级汽轮机有哪些特点？

　　6-5　汽轮机由哪些主要部件组成？各有何作用？

　　6-6　为什么超高参数以上的汽轮机采用双层缸？

　　6-7　汽轮机的轴承有哪几种类型？有何作用？

　　6-8　汽轮机转子有哪几种类型？转子的临界转速有何意义？

　　6-9　汽轮机内部有哪几种主要损失？

　　6-10　已知 N125-135/550 型汽轮机某级的有效焓降 $h_i=134.5\mathrm{kJ/kg}$，理想绝热焓降 $h_0=194.3\mathrm{kJ/kg}$，通过该级的蒸汽流量 $G=49.6\mathrm{kg/s}$，求汽轮机的相对内效率和内功率。

　　6-11　已知多级汽轮机的某级相对内效率为 $\eta_{ri}=83.5\%$，理想焓降 $h_0=54.3\mathrm{kJ/kg}$，蒸汽流量 $G=41.5\mathrm{kg/s}$，机械效率 $\eta_m=96\%$，发电机效率 $\eta_k=98\%$，求该级能发出多少电功率？

　　6-12　汽轮机的调节系统有何作用？

　　6-13　试述具有旋转阻尼的全液压调节系统的动作原理。

　　6-14　汽轮机的调节系统主要由哪几部分组成？各有何作用？

　　6-15　何谓汽轮机调节系统静态特性？合理的静态特性曲线有何特征？

　　6-16　何谓调节系统的速度变动率和迟缓率？速度变动率和迟缓率对汽轮机并列运行有何影响？

　　6-17　同步器有什么作用？它是怎样实现调节系统的静态特性曲线平移的？

　　6-18　对于并列运行的机组，当外界负荷变化时，如何利用同步器将变化负荷移到某一台机组上？

　　6-19　试述数字式电液调节系统（DEH）的工作原理。

　　6-20　危急保安器有何作用？请说明其工作原理。

　　6-21　轴向位移有何作用？请说明其工作原理。

　　6-22　汽轮机的油系统有何作用？试述其工作流程。

　　6-23　凝汽器的作用是什么？它主要由哪些部件组成？

　　6-24　抽气器有何作用？试述射水式抽气的工作原理。

　　6-25　回热加热器有何作用？它有哪两种形式？主要由哪些部件组成？

　　6-26　除氧器有何作用？电厂常用的除氧器有哪两种型式？大容量机组采用哪种除氧器？为什么？

第七章 发电厂中的泵与风机

第一节 概 述

泵与风机是把机械能转换成流体的压力能和动能的一种动力设备。泵输送的是液体,风机输送的是气体。

一、泵与风机的作用

泵与风机广泛地应用在工农业生产的各个方面,如石油工业中的输送油和注水,农田的灌溉和排涝,城市给排水等。火电厂中使用给水泵、循环水泵、送风机和引风机等。核电厂中使用冷却剂循环主泵、给水泵、凝结水泵等。水电厂的供水系统和排水系统中也需要水泵,油系统中也有油泵等。

在发电厂生产过程中,泵与风机的安全工作直接影响到热力机组的正常运行。譬如说,火电厂中的给水泵出现故障,不能供水,迫使锅炉停炉、汽机停机,电厂不能向外供应电能,导致用电客户不能正常工作,会造成大的经济损失。

二、泵与风机的分类

因泵与风机的种类多,用途亦多,分类方法也很多。这里只讲如下两种分类方法。

(一) 按产生压力的大小分类

1. 泵按产生压力的大小分

低压泵:压力在 2MPa 以下;

中压泵:压力在 2~6MPa;

高压泵:压力在 6MPa 以上。

2. 风机按产生全压的大小分

通风机:全压 $p<15kPa$;

鼓风机:全压 p 在 15~340kPa;

压气压:全压 $p>340kPa$。

其中,通风机按产生全压的大小分

低压离心通风机:全压 $p<1kPa$;

中压离心通风机:全压 p 在 1~3kPa;

高压离心通风机:全压 p 在 3~15kPa;

低压轴流通风机:全压 $p<0.5kPa$;

高压轴流通风机:全压 p 在 0.5~5kPa。

(二) 按工作原理分类

(1) 叶片式泵分为离心式泵、轴流式泵和混流式泵(斜流式泵)三种型式。

(2) 容积式泵分为往复式泵和回转式泵两种型式。

(3) 叶片式风机分为离心式风机和轴流式风机两种型式。

(4) 容积式风机分为往复式风机和回转式风机两种型式。

第二节 泵与风机的工作原理

因为泵与风机种类很多，各种形式的泵与风机的工作原理不尽相同，下面介绍几种主要泵与风机的工作原理。

一、离心式泵与风机

离心式泵与风机的工作原理是利用高速旋转叶轮带动流体一起旋转，迫使流体在离心力作用下甩向外壳的内壁，流过断面逐渐扩大的蜗壳，速度降低而压力升高，从排出口向外排出，流体沿轴向进入叶轮转 90°后沿径向流出。如图 7-1 和图 7-2 所示。

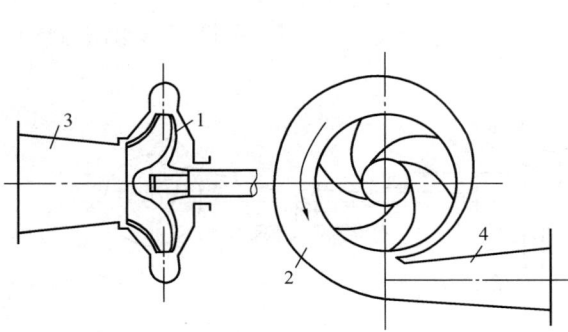

图 7-1 离心泵示意图
1—叶轮；2—压水室；3—吸入室；4—扩散管

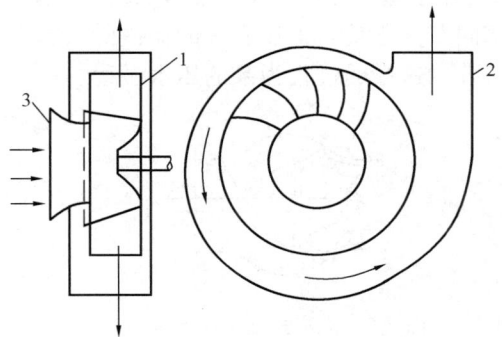

图 7-2 离心风机示意图
1—叶轮；2—机壳；3—集流器

这种泵与风机的性能可靠，效率高，便于调节，能与高速原动机直接连接，所以应用极为广泛。

二、轴流式泵与风机

轴流式泵与风机的工作原理是利用叶轮旋转时叶片所产生的"推力"作用，使流体沿轴的方向流出。叶轮不断旋转，流体不断地被压出和吸入。如图 7-3 和图 7-4 所示。

这种泵与风机构造简单，流量大，压头小，多用于火电厂中的循环水泵及送、引风机。

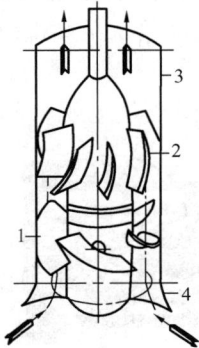

图 7-3 轴流泵示意图
1—叶轮；2—导叶；
3—泵壳；4—喇叭管

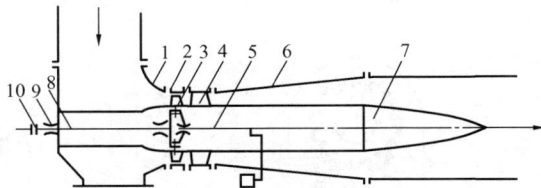

图 7-4 轴流风机示意图
1—进气箱；2—外壳；3—动叶片；4—导叶；
5—动叶调节机构；6—扩压筒；7—导流体；8—轴；
9—轴承；10—联轴器

图 7-5 所示是混流式泵结构示意图。混流式又称斜流式。混流式泵与风机的工作原理是部分利用惯性离心力，部分利用叶轮旋转时叶片所产生的"推力"的作用，在两种力的作用下输送流体并提高压头。其工作原理即是离心泵与风机和轴流式泵与风机工作原理的综合。

这种泵的工作特性介于离心式和轴流式之间，因此流量比离心式大，压头比轴流式高。多用于火电厂的开式循环水系统中的循环水泵。

三、往复式泵与风机

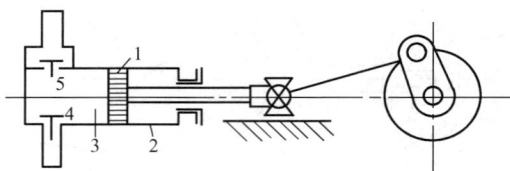

图 7-6 所示是往复式泵示意图。往复式泵可分为活塞泵、柱塞泵和隔膜泵三种。现以活塞泵为例来说明往复泵的工作原理。当活塞在泵缸内自最左位置向右移动时，工作室的容积逐渐增大，工作室内压力降低，吸水池中液体在压力差的作用下顶开吸水阀，液体进入工作室填补活塞右移让出的空间，直到活塞移到最右位置为止，这样的过程为泵的吸入过程；活塞向左方移动，工作室中的流体受活塞挤压，压力升高，压紧吸水阀，并打开压水阀排向压力管，这样的过程为泵的压水过程。

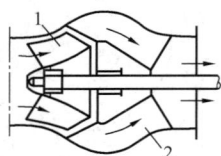

图 7-5　混流式泵结构示意图
1—叶轮；2—导叶

图 7-6　往复式泵示意图
1—活塞；2—泵缸；3—工作室；4—吸水阀；5—压水阀

这种泵流量小，压头高，适用范围受限。在火电厂中用于锅炉加药的活塞泵、输送灰浆的柱塞泵等。

四、回转式泵与风机

回转式泵与风机工作原理是利用一对或者几个特殊形状的回转体在壳体内作旋转运动来输送流体的。可分为齿轮泵、螺杆泵、水环式真空泵和罗茨鼓风机等。

1. 齿轮泵和螺杆泵

图 7-7 所示为齿轮泵。其工作原理是它的一对互相啮合的齿轮，主动齿轮旋转时带动从动齿轮旋转，齿轮旋转时，流体经吸入管进入，并沿上下壳壁被两个齿轮挤压至压出管排出。齿轮泵通常输送黏度较大的液体，如火电厂中用来输送油，又如电动给水泵和送引风机的润滑油泵等。

图 7-8 所示是螺杆泵示意图。其工作原理是当主动螺杆转动时，两个从动螺杆相互啮

图 7-7　齿轮泵示意图
1—主动轮；2—从动轮；3—吸入管；4—压出管

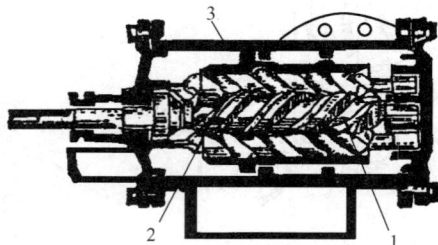

图 7-8　螺杆泵示意图
1—主动螺杆；2—从动螺杆；3—泵壳

合，将流体沿轴向压至出口。效率比齿轮泵高并且能与原动机直联。火电厂中多用于油泵。

2. 水环式真空泵

图 7-9 所示是水环式真空泵示意图。它的结构特点是泵轴与叶轮是偏心安装的。其工作原理是当叶轮顺时针旋转时，原先灌满工作室的水受离心力的作用被叶轮甩至工作室的内壁，形成一个水环，水环内圈上部与轮毂相切，下部形成一个月牙形的气室。当叶轮顺时针方向旋转时，右边月牙形部分空间容积逐渐增大，压力降低，形成真空，将气体从吸气口 3 吸入。气体进入左边月牙部分，空间容积逐渐减小，气体受压缩，压力升高，将气体从排气口 4 排出。叶轮连续旋转，连续地吸气和排气。

水环式真空泵主要用于抽吸空气，以前曾用在火电厂作为循环水泵在启动时抽空之用。目前在大型机组上作为主抽气器，用以建立启动真空和维持正常运行真空。

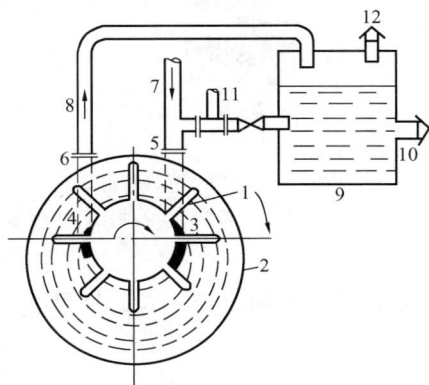

图 7-9　水环式真空泵示意图

1—星形叶轮；2—泵壳；3—吸气口；4—排气口；5、6—接头；7—吸气管；8—排气管；9—水箱；10—放水管；11—阀；12—放气管

3. 罗茨风机

图 7-10 所示是罗茨风机工作原理示意图。其工作原理是利用安装在机壳中两根平行轴上的两个"∞"字形的转子对气体的作用完成气体输送。图中（a）～（e）表示转子转动时气体的吸入和压出过程。

罗茨风机用于火电厂气力除灰系统中的送风机。

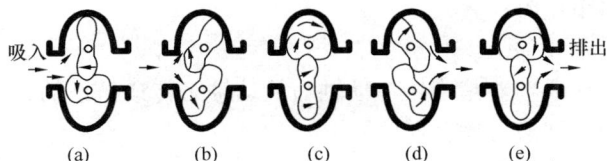

图 7-10　罗茨风机工作原理

第三节　离心式泵与风机的结构

离心泵主要由转子、静子和密封装置等部件组成。

一、转子部分

转子主要包括叶轮、轴、轴套和联轴器。

1. 叶轮

叶轮是能量转换的主要部件，它的作用是将原动机的机械能传递给液体，使液体得到压力能和动能。

叶轮主要由前盖板、叶片、后盖板、轮毂和轴组成，如图 7-11 所示。叶轮有开式叶轮、闭式叶轮和半开式叶轮三种型式。

（1）开式叶轮。开式叶轮无前、后盖板只有叶片，如图 7-12（a）所示。

（2）半开式叶轮。半开式叶轮无前盖板有后盖板和

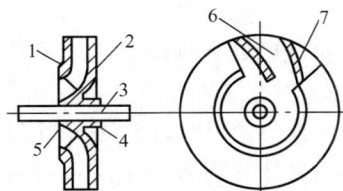

图 7-11　单吸式叶轮示意图

1—前盖板；2—后盖板；3—泵轴；4—轮毂；5—吸水口；6—叶槽；7—叶片

叶片，如图 7-12（b）所示。

（3）闭式叶轮。闭式叶轮有叶片有前后盖板，如图 7-12（c）所示。

半开式叶轮常用于输送含杂质的流体，如火电厂中的灰渣泵、泥浆泵等。

闭式叶轮具有较高的效率，扬程大，通常用于输送清水、油及其他无杂质的流体，如火电厂中的给水泵、凝结水泵等。

闭式叶轮可以分为单吸式和双吸式两种，如图 7-11 和图 7-13 所示。双吸式叶轮流量大于单吸式叶轮，用于大流量离心泵，不仅不产生轴向力，而且改善了汽蚀性能。

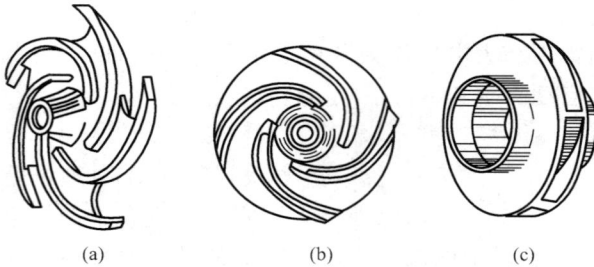

图 7-12　开式、半开式、闭式叶轮示意图
（a）开式叶轮；（b）半开式叶轮；（c）闭式叶轮

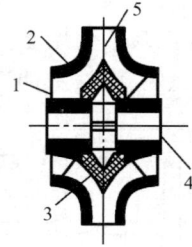

图 7-13　双吸式叶轮示意图
1—吸入口；2—轮盖；3—叶片；4—轴孔；5—轮毂

2. 轴

轴是传递扭矩、带动叶轮旋转的部件。轴的形状有平轴和阶梯式轴两种，大型泵与风机多采用阶梯式轴。

3. 联轴器

联轴器是连接主动轴与从动轴来传递扭矩的部件。有凸缘固定式联轴器、挠性可移式联轴器和液力耦合器等。

二、静止部分

1. 吸入室

吸入室是吸入法兰至叶轮进口的空间。其作用是以最小阻力损失引导液体平稳而均匀地进入叶轮。

吸入室可以分为锥形吸入室、圆环形吸入室和半螺旋吸入室。

（1）锥形吸入室如图 7-14 所示。其特点是水力性能好，结构简单，制造方便，流速分布较均匀，锥度约为 $7°\sim8°$。用于单级悬臂式泵中。

（2）圆环形吸入室如图 7-15 所示。其特点是结构对称、简单，轴向尺寸较短；但流速分布不均匀，流动损失较大。用于分段式多级泵中。

（3）半螺旋吸入室如图 7-16 所示。其特点是进口速度分布较均匀，流动损失较小；但在叶轮进口处有预旋，降低了泵的扬程。用于单级双吸式水泵、水平中开式多级泵。

2. 压出室

压出室是叶轮出口或导叶出口与压水管法兰接头之间的流动空间。其作用是收集从叶轮流出的液体并将其引至压水管道。压出室分为螺旋形压出室和环形压出室。

（1）螺旋形压出室，亦叫蜗壳，如图 7-17 所示。其特点是结构简单，制造方便，效率高等。但非设计工况下运行，会产生径向力。用于单级单吸水泵、单吸双吸水泵及水平中开式多级离心泵。

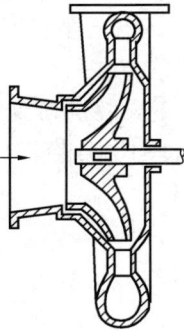

图 7-14　锥形吸入室　　　　　　　图 7-15　圆环形吸入室

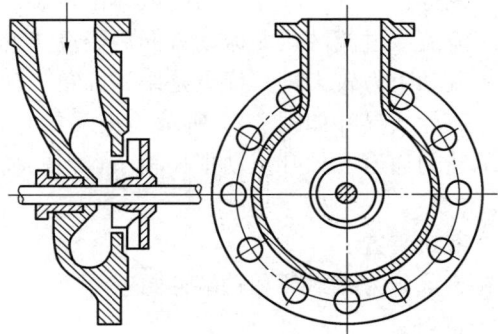

（2）环形压出室如图 7-18 所示。其特点是环形压出室的流道断面面积沿圆周相等，收集到的液体流量却沿圆周不断增加，流速不等，流动损失较大。用于分段式多级泵或输送含杂质多的流体的泵如灰渣泵和泥渣泵。

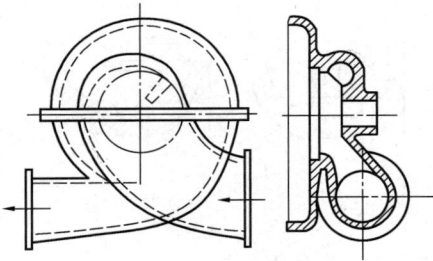

图 7-16　半螺旋吸入室

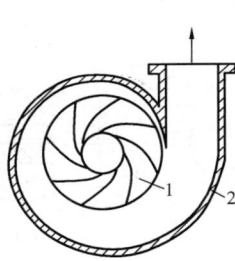

图 7-17　螺旋形压出室
1—叶轮；2—螺旋形外壳

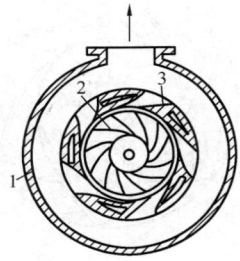

图 7-18　环形压出室
1—环形泵壳；2—叶轮；3—导叶

3. 导叶

如图 7-19 所示，导叶在叶轮的外缘，似乎是一个不能动的固定叶轮。分段式多级离心泵的级就是由一个叶轮与一个导叶组成。

导叶的作用是汇集前一级叶轮甩出的高速液体，并引入次级叶轮的进口或压出室，并在导叶内把部分的动能转变成压力能。导叶可以分为径向式导叶和流道式导叶。

（1）径向式导叶如图 7-20 所示。它由螺旋线、扩散管、过渡区和反导叶组成。螺旋线

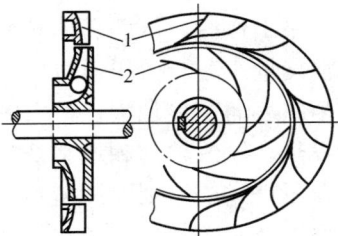

图 7-19　导叶
1—导叶；2—叶轮

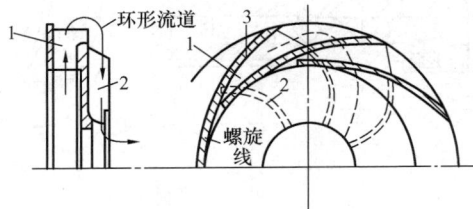

图 7-20　径向式导叶
1—扩散段；2—反导叶；3—正导叶

和扩散管也称正导叶。叶轮甩出的液体由螺旋线部分收集后，经扩散管将部分动能转变为压力能。液流流入过渡区改变流动方向后经反导叶进入次级叶轮的进口。当泵在变工况下运行时，导叶流动阻力较大，其优点是结构简单、便于制造。

（2）流导式导叶如图 7-21 所示。正反导叶是一个连续的整体，正导叶进口到反导叶出口形成单独的通道，导叶流动损失较小，但结构复杂，制造困难。分段式多级泵趋向采用这种导叶。

三、密封装置

密封装置分为密封环和轴端密封。

1. 密封环

密封环安装在叶轮进口外圈与泵壳之间。其作用是防止高压流体通过叶轮进口与泵壳之间的间隙泄露至吸入口。

图 7-22 表示三种密封环的形式。中低压泵常采用平环式和角接式，高压泵使用迷宫式。

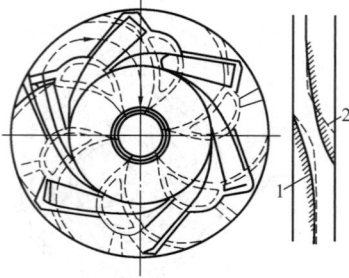

图 7-21　流导式导叶
1—流道式；2—径向式

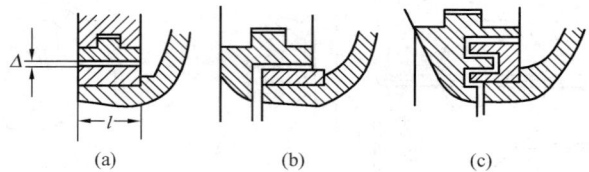

图 7-22　密封环形式
（a）平环式；（b）角接式；（c）迷宫式

2. 轴端密封

轴端密封安装在转动部件与静止部件之间的间隙处。其作用是减小泵轴端流体从间隙处向外泄漏。轴端密封可分为填料密封、机械密封、浮动密封三种。

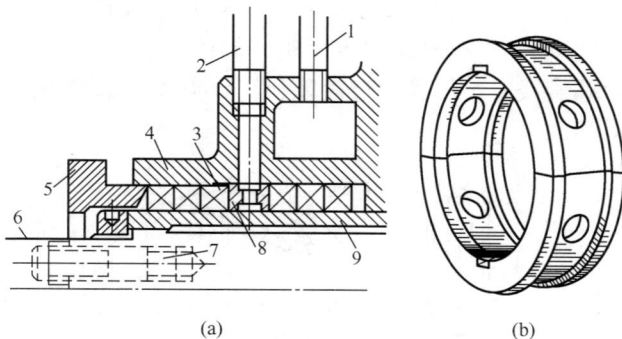

图 7-23　填料密封
（a）填料密封；（b）水封环
1—冷却水管；2—水封管；3—填料；4—填料套；5—填料压盖；
6—轴；7—压紧螺栓；8—水封环；9—轴套

（1）填料密封。如图 7-23 所示，填料密封主要由填料压盖、填料（又叫盘根）、填料箱、水封环、水封管等组成。

泵工作时，压盖压紧填料，减小泄漏量。若压盖压得过紧则轴套与填料表面摩擦加大，严重时会造成发热，导致轴套和填料烧坏。若压盖压得过松，则泄漏量增大，泵效率下降。压紧程度以水能通过填料缝隙呈滴水状为最佳。

填料密封结构简单，安装、检

修方便，工作可靠，但使用寿命短，适用于中低压水泵。

（2）机械密封。如图 7-24 所示，机械密封主要由动环、静环、弹簧和密封圈等组成。

泵工作时，动环在液体压力和弹簧力的作用下与静环的端面保持紧密接触，从而实现密封。

机械密封效果好，使用寿命长。但结构复杂，制造精度要求高，造价贵。适用于高温高压泵。

（3）浮动环密封。如图 7-25 所示，浮动环密封主要由浮动环、支承环、弹簧等组成。

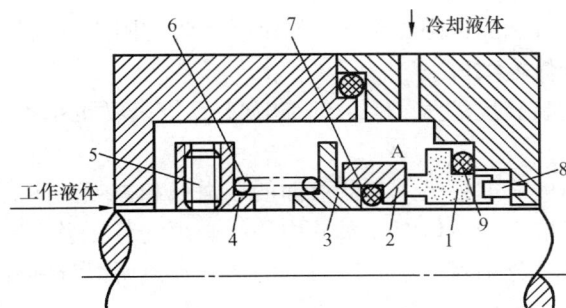

图 7-24　机械密封

1—静环；2—动环；3—动环座；4—弹簧座；

5—固定螺钉；6—弹簧；7—动环密封圈；8—防转销

A—端面；9—静环密封圈

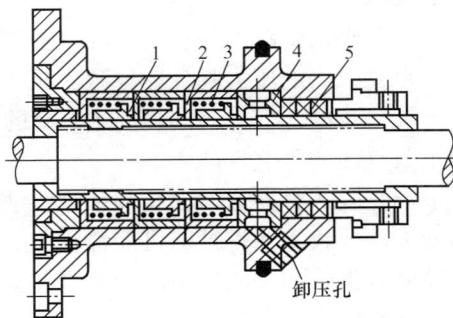

图 7-25　浮动环密封

1—浮动环；2—浮动套；3—支撑弹簧；

4—泄压环；5—轴套

泵工作时，以浮动环与支承环端面在液体压力及弹簧力的作用下保持紧密接触获得径向密封。又以浮动环的内圆表面与轴套的外表面形成的隙缝对液体产生的节流获得轴向密封。

浮动环密封结构比较简单，运行可靠，密封效果好。适用于高温高压锅炉给水泵。

第四节　水泵的汽蚀

一、汽蚀现象

水在泵内流动过程中，如果某一局部区域的压力降低到等于或低于水温对应下的汽化压力时，水会在该局部区域发生汽化，发生汽化后，就会形成许多蒸汽与气体混合的小汽泡。当这些汽泡随同水流动被带到叶轮的高压区时，汽泡在高压作用下迅速凝结而破裂，在汽泡破裂的瞬间，产生局部空穴，高压水以极高的速度冲向原汽泡所占有的空间，产生猛烈的冲击力。因为汽泡中的气体和蒸汽来不及在瞬间全部溶解和凝结，所以在冲击力作用下被分裂成更小的汽泡，再在高压水作用下凝结而破裂，如此反复多次，就会形成高频的局部水击，其水击压力甚至是几百到几千兆帕，金属表面在水击压力的反复作用下，金属材料形成疲劳而破坏，这种破坏称为机械剥蚀。汽泡破裂凝结时放出的热量加速了水中溢出的氧气等活性气体对金属的化学腐蚀作用。

通常将液体在泵内反复出现的汽泡的形成、发展和破裂导致金属表面受到机械剥蚀和化学腐蚀的破坏现象称为汽蚀现象。

二、汽蚀危害

（1）材料破坏。汽蚀发生时，因为机械剥蚀和化学腐蚀共同作用导致叶轮和蜗壳产生裂纹，受到破坏。

（2）噪声和振动。汽蚀发生时，汽泡破裂和高速冲击会引起振动和噪声。

（3）泵的工作性能下降。汽蚀发生时，大量的汽泡存在，减少了流道中的过流断面，导致泵的流量减少、扬程降低和效率下降，泵的工作性能明显变化。

三、汽蚀的原因

泵内汽蚀的主要原因是水泵入口或叶轮吸入口处液体的压力过低。

（1）吸入管路的管长、管径，沿程阻力损失和局部阻力损失。如果吸入管的阻力损失增加，水泵入口的压力降低，导致水泵汽蚀可能性增大。

（2）泵的几何安装高度。如果泵的几何安装高度增大，泵入口的吸上真空高度也增大，使水泵汽蚀的可能性增大。

（3）吸入容器液面的压强和被吸液体的温度。如果吸入容器液面的压强低和被吸液体的温度高，导致水泵汽蚀的可能性增大。当泵吸取饱和液体时，泵的中心线必须安装在吸入容器液面以下，如火电厂中的给水泵和凝结水泵，分别吸取不同压力下的饱和水，所以分别安装在降氧器液面和凝汽器液面以下。

（4）泵的流量。当泵输送的流量增大时，导致水泵汽蚀的可能性增大。

四、防止汽蚀的措施

（1）合理确定泵的几何安装高度。

（2）减少吸入管路的阻力损失。

（3）设置前置泵。火电厂中为了提高给水泵入口处的压力，在主给水泵前加装低速泵，给水增压后进入主给水泵，不易汽化，防止了主泵发生汽蚀。

（4）首级叶轮采用双吸式叶轮。这样单侧流量减小一半，从而使吸入口的流速降低一半。

（5）采用诱导轮或双重翼叶轮。诱导轮是装在主叶轮前部的一个双叶片轴流叶轮，提高液体的能量，增加了主叶轮入口处的压力。目前国内的凝结水泵一般都装有诱导轮。双重翼叶轮由前置叶轮和离心主叶轮组成，两叶轮很靠近，轴向尺寸短克服了诱导轮轴向尺寸上的缺点。

（6）增加叶轮前盖板转弯处的曲率半径，从而减小局部阻力损失。

（7）叶片进口适当加长。叶片向吸入方向延伸，并作成扭曲形。

（8）为了延长叶轮的使用寿命，首级叶轮采用强度高、硬度高、韧性好、化学性能稳定的抗汽蚀性能良好的金属材料，如含镍铬的不锈钢、铝青铜、磷青铜等。

第五节　发电厂常用的泵与风机

一、电厂常用的泵

（一）锅炉给水泵

1. 给水泵的特点

给水泵的作用是连续向锅炉供给有一定压力和温度的给水，保证锅炉安全运行，其特点是：

（1）容量大；

（2）转速高；

（3）压力高；

（4）水温高。

图 7-26 所示是世界上最大的超临界 1300MW 热力机组配置的给水泵结构图。水泵出口

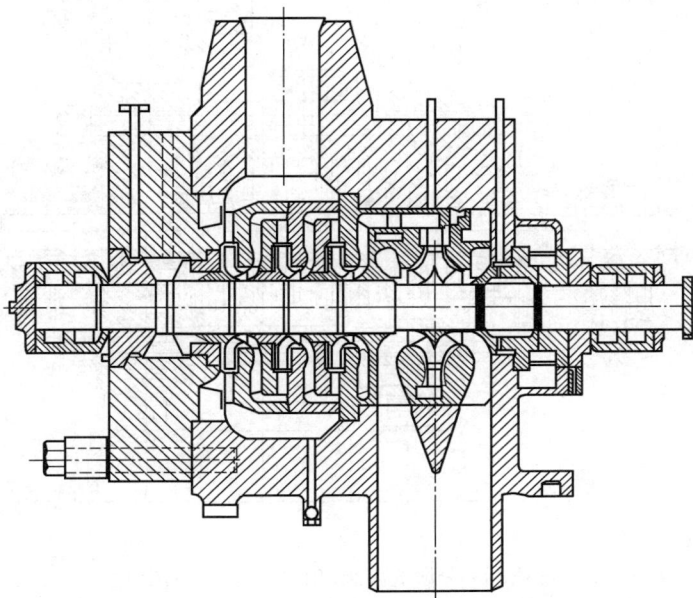

图 7-26 配 1300MW 机组的给水泵结构示意图

压力是 31.5MPa，水温是 200℃，转速是 4160r/min，功率为 50000kW。

2. 给水泵的结构形式

根据给水泵的特点，对材料和结构有更高的要求，通常采用下面三种结构。

（1）水平中开式多级泵如图 7-27 所示。其特点是：

1）泵壳沿轴中心线水平中开，分成上下两部分，拆卸装配方便；

2）叶轮采用对称排列以消除轴向力；

3）吸入管和排出管与泵座整体浇铸，泵体流道复杂，对铸造加工技术要求高，造价高。

（2）分段式多级离心泵如图 7-28 所示。其特点是：

1）单壳体，把几个相同的叶轮串联在同一根轴上；

2）泵体由圆形中段组成，易制造，可以互换，造价低；

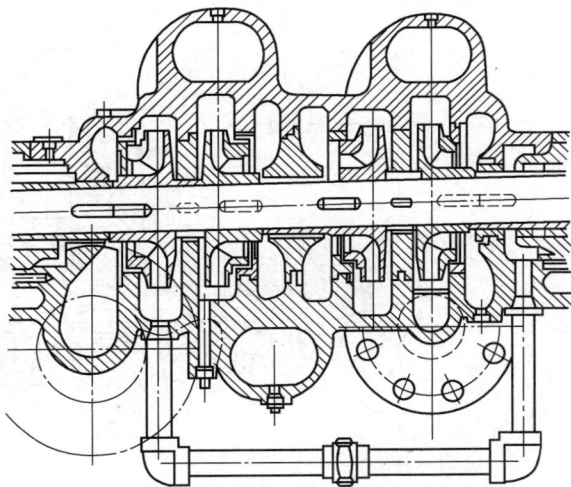

图 7-27 水平中开式多级离心泵示意图

3）流量较大（120～600m³/h），扬程较高（1045～2210m），转速快（7000r/min），水温可达200℃。

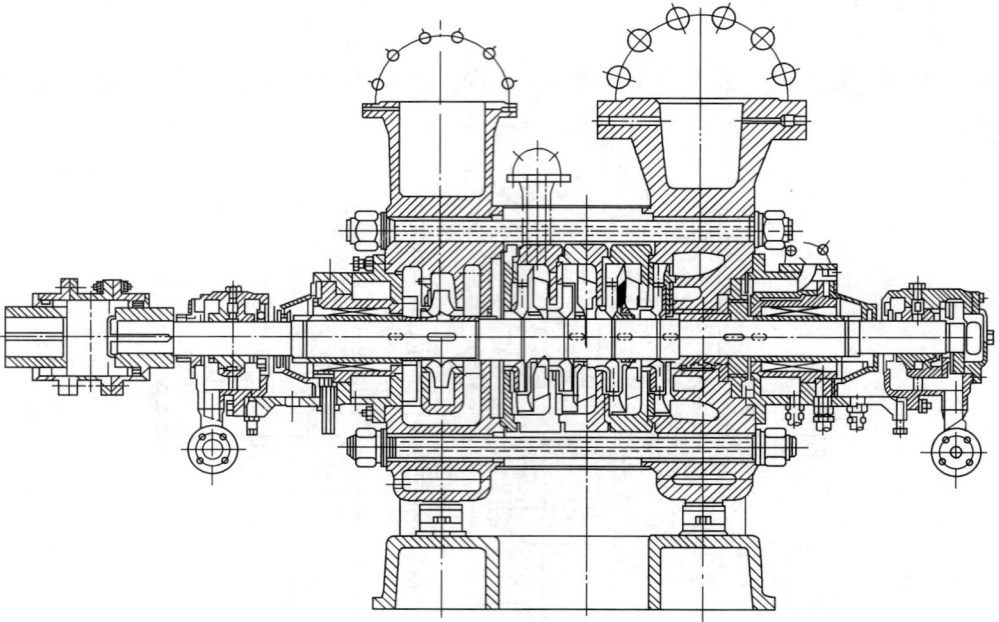

图 7-28　分段式多级离心泵结构示意图

（3）圆筒形双壳体多级离心泵如图 7-29 所示。其特点是：

1）泵体是双层套壳，外筒体是铸钢或锻钢圆筒，内壳体与转子组成一个完整的组合体（称为芯包），套装在圆筒形外壳内，拆装方便；

2）叶轮是闭式单吸入结构，所有叶轮的入口面向吸入端，首级叶轮入口直径大以防汽蚀；

3）吸入管和排出管都焊接在外壳上，并在泵壳内锻件表面堆焊不锈钢以防汽蚀；

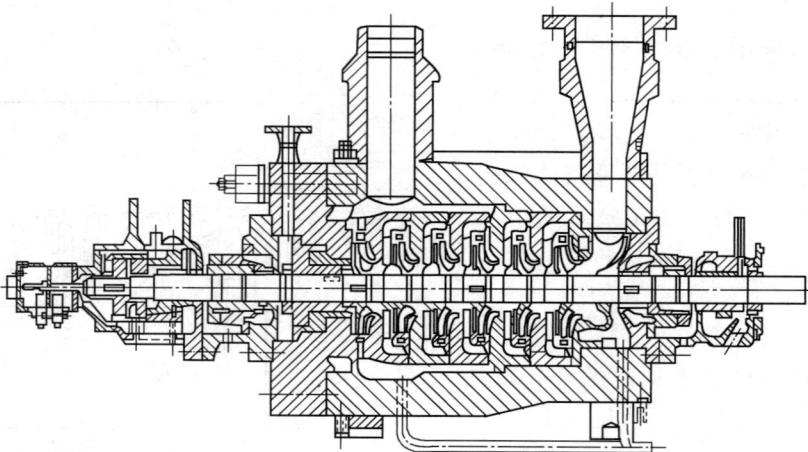

图 7-29　CHTA 型高压锅炉给水泵结构示意图

4）流量大（350～2400m³/h），扬程高（1700～3100m），转速快，水温可达 210℃，圆筒形双壳体多级离心泵主要适用于 600MW、1000MW、1200MW 超临界机组。

例如，国产配套 600MW 机组用的 80CHTA/4 型给水泵，扬程是 23MPa，水温是 175℃，转速是 5420r/min，功率是 9000kW。图 7-30 所示是 80CHTA/4 型锅炉给水泵性能曲线。

所谓泵的扬程（全压）H 是指单位重量液体从泵的进口到泵的出口所增加的能量，单位为 m。给水泵的扬程与流量关系参见图 7-30。从给水泵的 $Q-H$ 性能曲线可知当流量变化较大时扬程变化较小，以保证锅炉负荷变化时给水流量的供应。

（二）前置泵

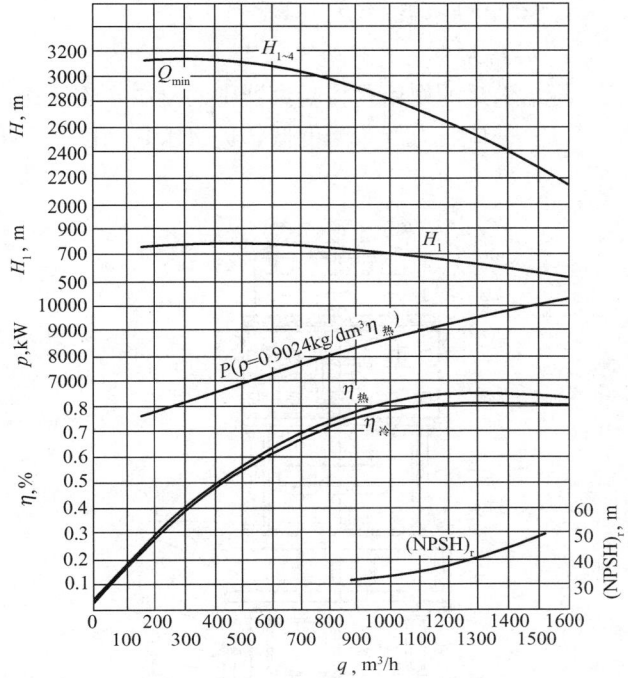

图 7-30　80CHTA/4 型给水泵性能曲线

前置泵的作用是提高给水泵入口压力，防止给水泵发生汽蚀。

目前大机组采用比较多的是 QG 型前置泵，是单级双吸卧式涡壳式离心泵，如图 7-31 所示。

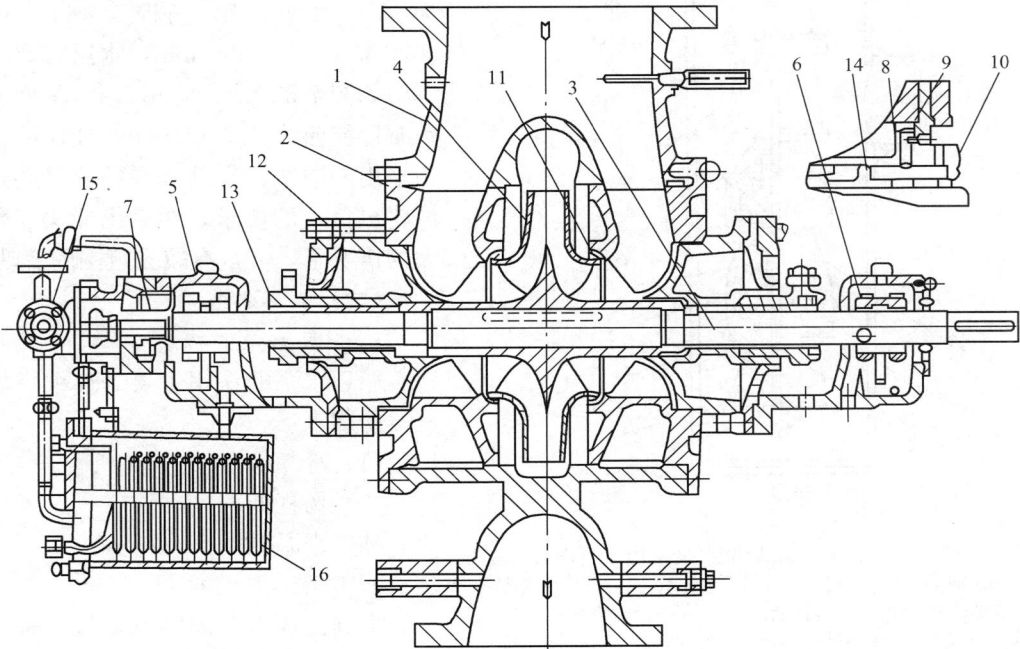

图 7-31　QG 型前置泵结构简图

1—泵体；2—泵盖；3—泵轴；4—叶轮；5—轴承体；6—轴瓦；7—推力轴承；8—机械密封；9—密封体；10—密封压盖；11—密封环；12—填料函体；13—轴套；14—机械密封轴套；15—轴承油泵；16—轴承箱冷却器

（三）凝结水泵

1. 凝结水泵的特点

凝结水泵的作用是将凝汽器中的凝结水连续送往除氧器。

（1）进口压力低，温度低，进口水是高度真空饱和状态凝结水。

（2）易汽蚀。

（3）易漏入空气。

（4）泵的性能曲线有较宽高效区。

2. 凝结水泵结构

LDTN 型凝结水泵结构如图 7-32 所示。其特点是：

1）立式筒袋式多级离心泵占地面积小；

2）在首级叶轮前加装诱导轮或第一级叶轮为双吸式；

3）叶轮处于最低位置，另外泵在筒体内，吸入端不会漏入空气；

4）有较好的轴端密封，防止空气漏入泵中。

例如国产配套 300MW 和 600MW 机组用的 9LDTNA 型凝结水泵，流量为 85～2000m³/h，扬程为 48～360m，转速为 980～1450r/min，水温为 80℃。

如图 7-33 所示是 9LDTNA 型凝结水泵性能曲线，其 $Q-H$ 性能曲线是较为平坦的曲线，凝结水泵的流量要适应汽轮机负荷的要求，在输出能头变化不大的情况下，流量有较大范围的变动。

（四）循环水泵

1. 循环水泵的特点

循环水泵的作用主要是连续供给凝汽器冷却水。

（1）冷却水量大。

（2）扬程低。

（3）水温低。

2. 循环水泵结构

根据循环水泵的特点，目前采用的有离心式循环泵、轴流式循环泵和立式斜流泵三种。本书只介绍国内外大容量机组使用比较多的立式斜流泵。

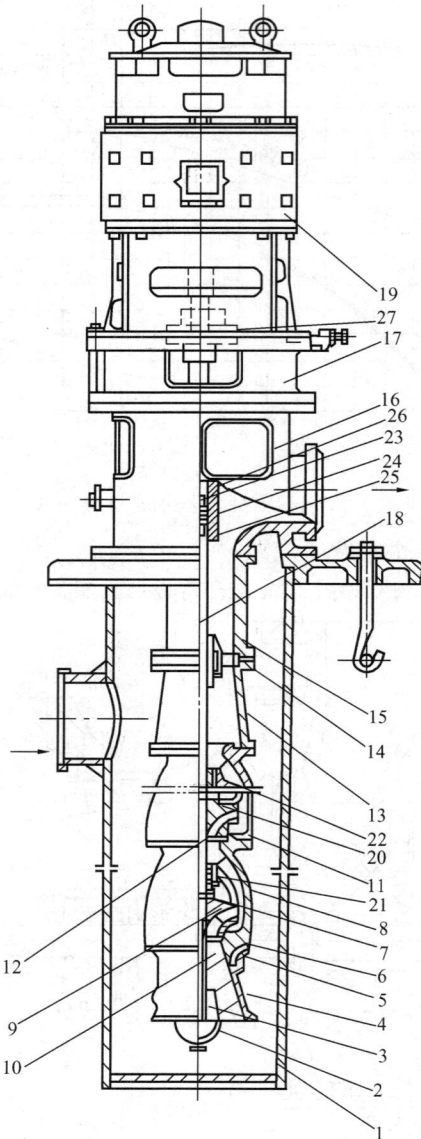

图 7-32 LDTN 型凝结水泵结构示意图

1—圆筒体；2—下轴承压盖；3—下轴承；4—下轴承支座；5—诱导轮衬套；6—首级前密封环；7—首级后密封环；8—首级导流壳；9—首级叶轮；10—诱导轮；11—次级导流壳；12—次级叶轮；13—变径管；14—轴承体；15—接管；16—泵座；17—支座；18—泵轴；19—电动机；20—卡环；21—定位轴套；22—导轴承；23—固定键；24—卡套；25—固定套；26—传动轴；27—刚性联轴器

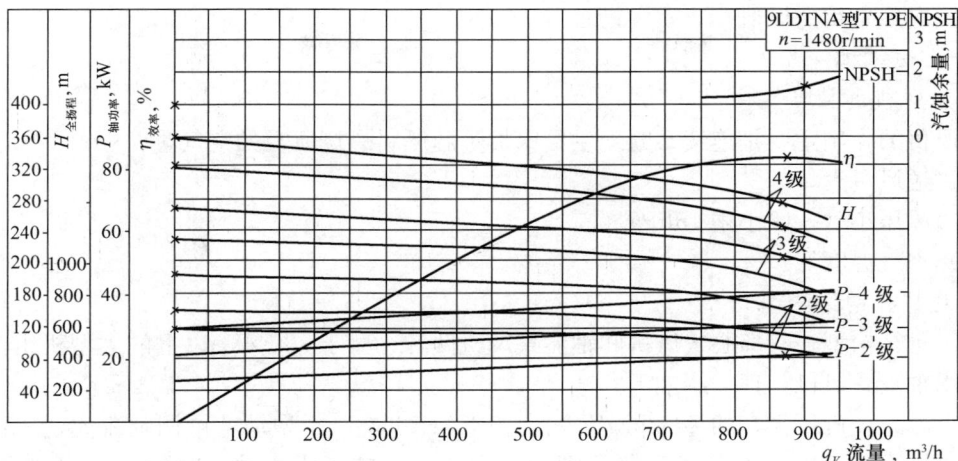

图 7-33　9LDTNA 型凝结水泵性能曲线

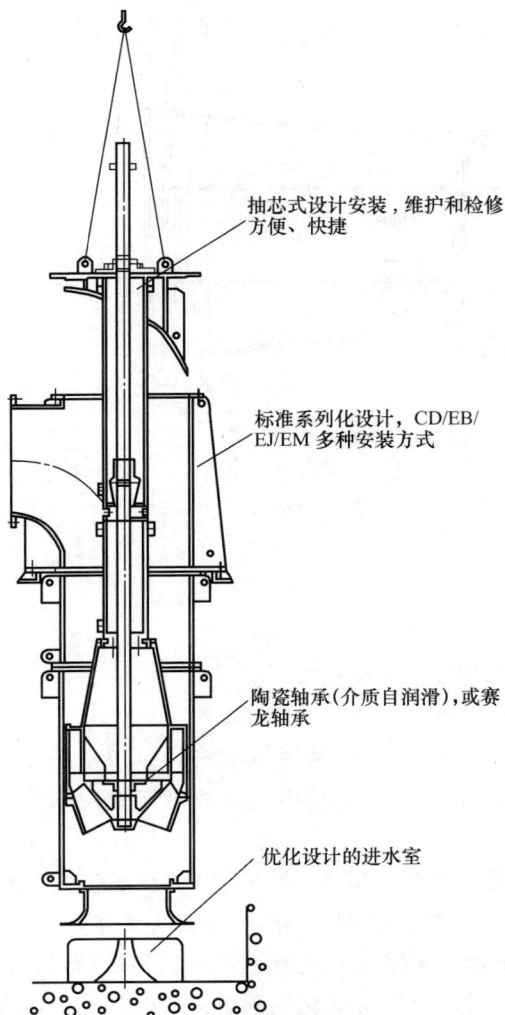

图 7-34　可抽芯 SFZ 型立式斜流泵结构示意图

抽芯式设计安装,维护和检修方便、快捷

标准系列化设计,CD/EB/EJ/EM 多种安装方式

陶瓷轴承(介质自润滑),或赛龙轴承

优化设计的进水室

SFZ 型立式斜流泵是为 600MW 机组配套用的,如图 7-34 所示。其特点如下所述。

(1) 介于离心式和轴流式之间的大流量 (64800 m³/h)、低扬程 (30m)、低水温 (<55℃)的斜流式水泵。

(2) 有抽芯式和非抽芯式两种。抽芯式因为拆卸装配方便、维修快捷,目前使用较广泛。抽芯式是把轴、叶轮、导叶等芯体从泵顶拆开后直接取出。

(3) 体积小,重量轻,占地面积小。

(4) 汽蚀性能好,安全可靠。

图 7-35 所示是 SFZ 型立式斜流泵性能曲

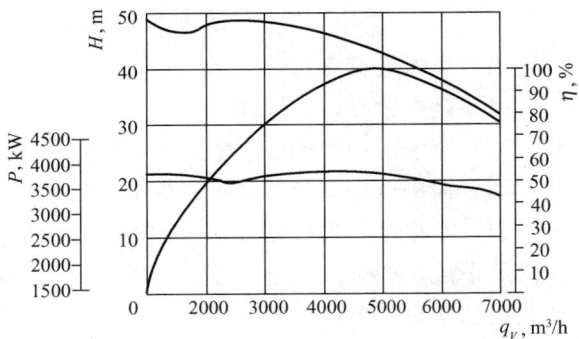

图 7-35　SFZ 型立式斜流泵性能曲线

线,其 $Q-H$ 性能曲线是较为陡降的性能曲线,当水源水位下落或凝汽器铜管堵塞,造成管道特性曲线上扬而扬程增大时,流量不会显著减少。

二、电厂常用的风机

(一) 送风机

1. 送风机的特点

送风机的作用主要是连续不断地供给锅炉炉膛燃料燃烧所需的空气量。

(1) 送风量大。

(2) 风压小（一般小于15kPa）。

(3) 空气温度低。

2. 送风机的结构型式

送风机结构型式有离心式风机和轴流式风机两种。对于300MW以上的大型机组，目前广泛采用轴流式风机，现介绍如下。

由上海鼓风机厂生产的为600MW配套的FAF26.6-14-1型动叶可调轴流式送风机，如图7-36所示，该送风机由转子和静子两大部分组成。转子由主轴、叶轮、动叶调节机构、联轴器等组成；静子由进风箱、整流罩、导叶、扩压器等组成。其参数：压力是4954Pa，流量是874440m³/h，转速是985r/min，功率是1500kW，空气温度为25℃。

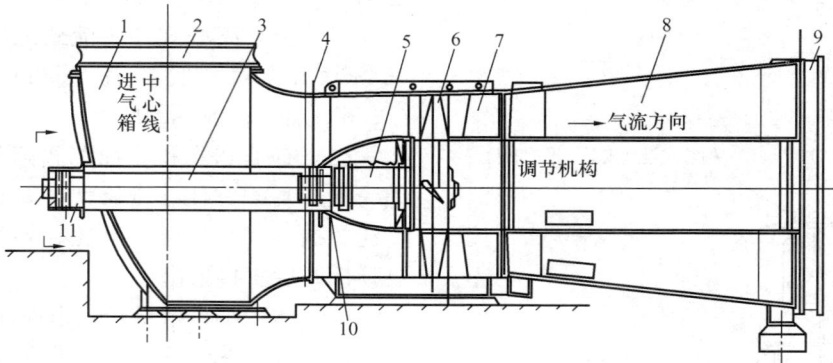

图7-36　FAF26.6-14-1型动叶可调轴流式送风机结构示意图

1—进气箱；2—膨胀节；3—中间轴；4—软性接口；5—主轴承；6—动叶；
7—导叶；8—扩压筒；9—膨胀节；10—联轴器；11—罩壳

该送风机的特点是：

(1) 结构紧凑，占地面积小；

(2) 有液压动叶调节装置，叶片角度随负荷变化调节，保持高效率；

(3) 风机机壳上半部分可以拆下，转子、主轴承箱等维修方便；

(4) 有单级和多级之分，若输送风压较高则采用多级。

所谓风机的全压（全风压）p是表示单位体积气体（1m³）从风机的进口到风机的出口所获得的能量，单位为Pa。全压包括静压和动压两部分，动压是指气体离开风机时带走的速度动能头。

目前，大型锅炉多采用轴流式动叶可调送风机，如图7-37所示是动叶可调轴流式风机的性能曲线，因为实际运行的风机有各种能量损失，Q-P曲线变化不是线性关系，所以，风机的风量减小时全风压增高，风量增大时全风压降低。轴流式动叶可调送风机的特点是送风机在更大范围内变化工况时，能保持高的效率。对负荷经常变化的锅炉来说，风机叶片角度可随工况的变化调节到最佳的空气动力特性，其节能效果更加明显。例如，当流量减小到设计流量的 75％时，其效率可保持在 80％左右，而离心式风机只有 54％。

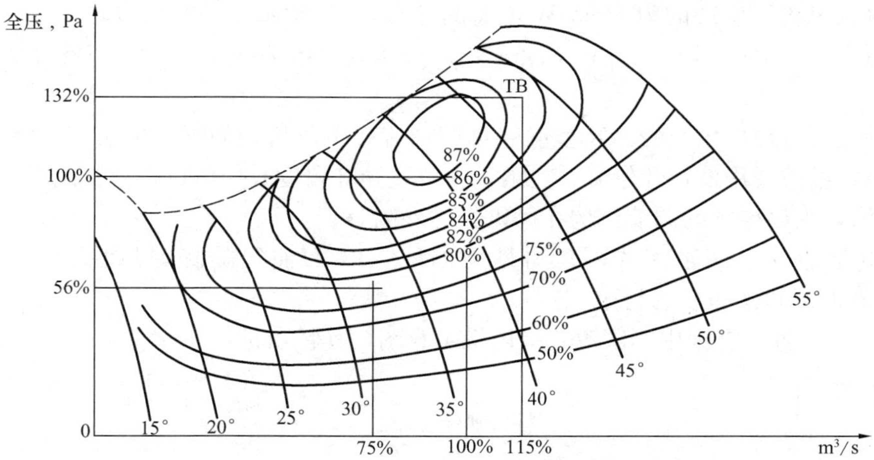

图 7-37 动叶可调轴流式风机的性能曲线

（二）引风机

1. 引风机的特点

引风机的作用是将锅炉中的烟气抽出并排入大气。

（1）烟气量大。

（2）风压低。

（3）吸入口负压高和烟气温度高。

（4）烟气中含有飞灰，磨损叶片和机壳。

2. 引风机的结构型式

引风机的结构型式有离心式引风机和轴流式引风机两种。目前 300MW 以上机组的引风

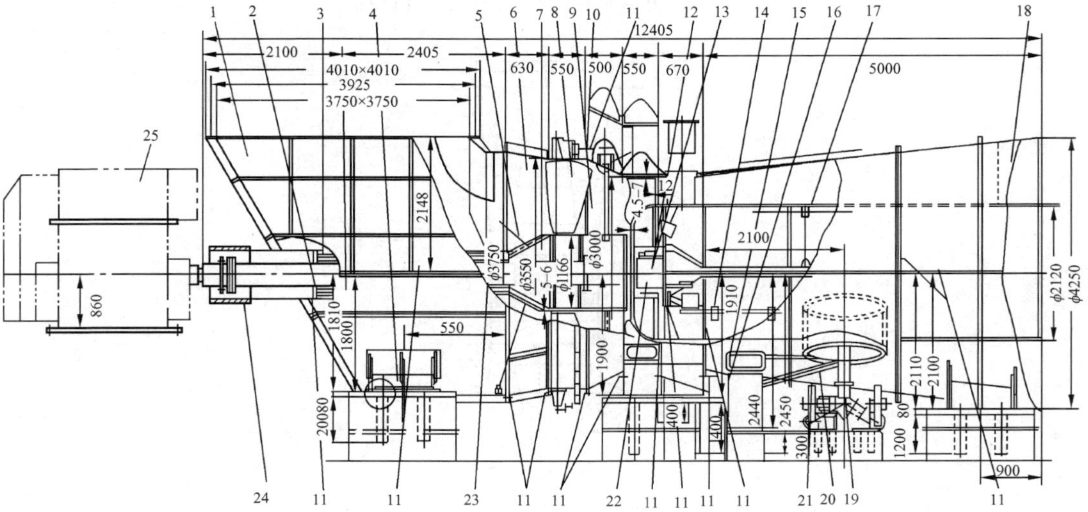

图 7-38 AN 型静叶可调轴流式引风机示意图

1—进气箱；2—隔板；3—护轴管；4—支腿；5—拉紧器；6、9—集流器；7—可调导叶芯筒；8—可调导叶；10—膨胀节；11—螺丝；12—出口导叶；13—轴承箱；14—护管夹；15—仪表盘；16—支架；17—月板；18—扩压器；19—冷却风管；20—润滑管；21—冷却风机；22—热电阻；23—轴套；24—联轴器护罩；25—电动机

机大多采用轴流式引风机。现介绍如下：

由上海鼓风机厂生产的为 600MW 配套的 SAF35.5-20-1 型动叶可调轴流式引风机，其参数：压力为 4854Pa，流量为 1891372m³/h，转速为 740r/min，功率为 3200kW，进气温度为 120℃。

由成都电力机械厂生产的 AN 型静叶可调轴流式引风机，如图 7-38 所示。其特点是风机结构简单，维护费用低，叶轮悬臂支承，入口处导叶角度改变风机负荷就改变，轴承能耐270℃的高温，入口导叶的调节机构在风机壳的外侧等。

图 7-39 是静叶可调轴流式引风机性能曲线，$Q-H$ 曲线陡降，风机入口导叶开度在 $-15°\sim+30°$ 时风机运行较为稳定。

图 7-40 是布置在烟囱中的轴流式引风机示意图，其特点是：

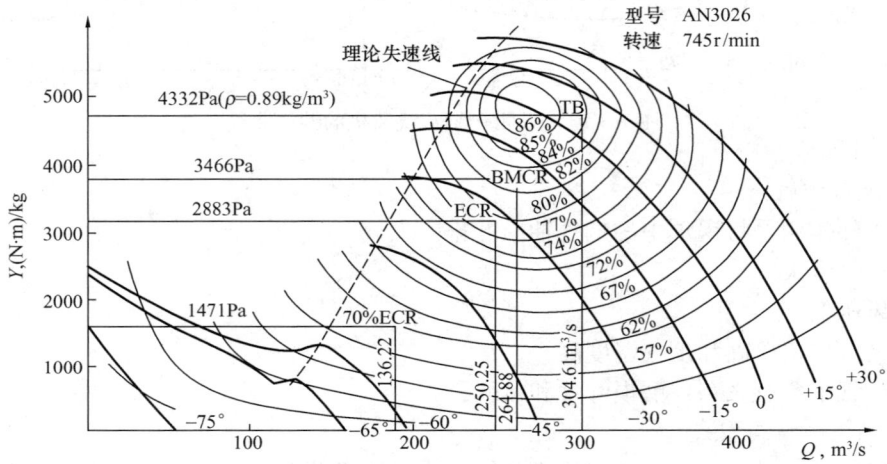

图 7-39 静叶可调轴流式引风机性能曲线

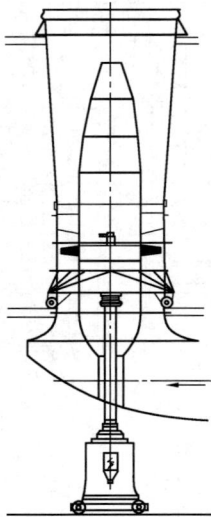

图 7-40 布置在烟囱中的轴流式引风机示意图

（1）垂直布置在烟囱中，不占室外面积；

（2）风机动叶随工况调整，效率高；

（3）叶片和机壳采用耐磨材料，延长使用寿命。

思 考 题 及 习 题

7-1　在火力发电厂中有哪些主要的泵与风机？其各自的作用是什么？

7-2　泵与风机可分为哪几大类？发电厂主要采用哪种型式的泵与风机？为什么？

7-3　离心式泵与风机有哪些主要部件？各有何作用？

7-4　轴流式泵与风机有哪些主要部件？各有何作用？

7-5　轴端密封的方式有哪几种？各有何特点？用在哪些场合？

7-6　简述活塞泵、齿轮泵及真空泵的工作原理。

7-7　什么是泵内汽蚀现象？有何危害？

7-8　防止汽蚀应采取哪些措施？

7-9　目前火力发电厂对大容量、高参数机组的引、送风机一般都采用轴流式风机，循环水泵也越来越多采用斜流式（混流式）泵，为什么？

第八章　发电厂热力系统及主要技术经济指标

第一节　发电厂热力系统

现代火力发电厂的特点是工质的参数高，机组的容量大，自动化程度高，辅助设备多，机组型式差异大，热力系统亦非常复杂。热力系统是由发电厂的两大主机（锅炉设备和汽轮机设备）以及其他热力设备通过管道连接起来所构成的一个有机整体，表明了工质的能量转换和热量利用的过程。热力系统的合理与否，直接影响发电厂运行的可靠性和经济性。

发电厂的热力系统主要有两种，即原则性热力系统和全面性热力系统。全面性热力系统表示了所有热力设备相互间的具体联系情况，是设备安装和运行操作时的依据。而原则性热力系统，表示了发电厂各主要热力设备之间热工循环实质性的联系和热力系统的基本内容，主要用于对发电厂工作循环进行热经济性分析和热经济指标计算。因此，原则性热力系统是非热动专业工作者学习的主要内容。

一、发电厂的原则性热力系统

原则性热力系统是由锅炉—汽轮机的主蒸汽系统、凝汽系统、给水回热系统、除氧系统等组成。在原则性热力系统图中，以规定的符号表示出工质通过时发生状态变化的各种热力设备，如锅炉设备、汽轮机、凝汽器、给水回热加热器、除氧器、凝结水泵、给水泵以及疏水泵等。同类型、同参数的设备在图上一般只画出一个。下面介绍几个典型的原则性热力系统。

（一）国产 N300-16.25/550/550 型再热式机组的原则性热力系统

如图 8-1 所示，该机组配用 1000t/h 亚临界直流锅炉。由锅炉过热器 2 送来的 16.25MPa、550℃的蒸汽进入汽轮机高压缸 3 膨胀做功，高压缸的排汽送到再热器 4。经过再热器加热温度升到 550℃的过热蒸汽，再送至中压缸 5 膨胀做功。第二次做功后的蒸汽进入分流式低压缸 6 继续膨胀做功，乏汽最后排入凝汽器 7。凝结水泵 9 将主凝结水从热水井中抽出，经深度除盐设备 10，再由

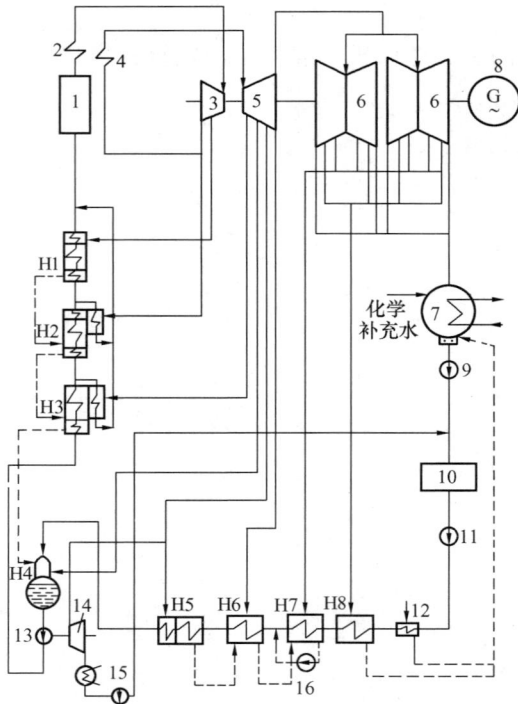

图 8-1　国产 N300-16.25/550/550 型再热式机组的原则性热力系统图

1—锅炉；2—过热器；3—汽轮机高压缸；4—再热器；5—中压缸；6—分流式低压缸；7—凝汽器；8—发电机；9—凝结水泵；10—深度除盐设备；11—主凝结水升压泵；12—轴封加热器；H5～H8—低压加热器（共四级）；H4—高压除氧器；13—给水泵；14—驱动给水泵的小汽轮机；15—小汽轮机的凝水泵；H1～H3—高压加热器（共三级）；16—疏水泵

主凝结水升压泵 11 把凝结水依次打入到轴封加热器 12、低压加热器 H8、H7、H6、H5，并在其中分别接受来自汽轮机第 8、7、6、5 级回热抽汽的加热。经除氧器 H4 充分脱氧后的给水，由汽动给水泵 13 打入到串联的高压加热器 H3、H2、H1，并在其中分别接受第 2 级回热抽汽、高压缸的排汽和第 1 级回热抽汽的加热，使给水温度升高后再回到锅炉 1。

回热加热器的疏水方式是：高压加热器 H1、H2 和 H3 的疏水逐级自流入除氧器；低压加热器 H5 和 H6 的疏水，逐级自流入低压加热器 H7，与低压加热器 H7 中的疏水一起用疏水泵 16 送入到该加热器后的主凝结水管道中；低压加热器 H8 和轴封加热器的疏水都自流入凝汽器热井中。

由于直流锅炉对给水品质要求特别高，因此在本热力系统内增设了深度除盐设备 10。深度除盐设备的作用是确保主凝结水有较高的品质，一方面可以将凝结水本身含有的残余硬度进一步除尽，另一方面又可以将从管板不严密处漏入凝汽器的循环冷却水所带来的水中硬度、杂质及金属粒屑等除去。

本热力系统增设主凝结水升压泵 11 的作用是：一方面辅助主凝结水泵 9 来克服主凝结水管路中较大的流动阻力；另一方面可以大幅度降低深度除盐设备所必须承受的压力。

本热力系统增设轴封加热器 12 的作用是：利用轴封漏汽的热量，使主凝结水在进入低压回热加热器之前预先加热，从而减少了汽轮机轴封漏汽的热量损失；同时将轴封加热器的疏水引至凝汽器的热井中，使工质回收，从而减少了轴封漏汽所引起的介质损失。

（二）国产 N600-16.57/537/537 型再热式机组的原则性热力系统

如图 8-2 所示，该机配用亚临界参数的蒸发量为 2008t/h 的强制循环汽包锅炉。由锅炉过热器 2 送来的 16.57MPa、537℃的蒸汽进入汽轮机高压缸 3 膨胀做功，高压缸的排汽（参数为 3.7MPa、313℃）送到再热器 4。经过再热器加热温度回升到 537℃的过热蒸汽，再送到分流式中压缸 5 膨胀做功。第二次做功后的蒸汽再进入分流式低压缸 6 继续膨胀做功，乏汽最后排入双背压凝汽器 7。凝结水泵 9 将主凝结水从凝汽器热井中抽出，再通过除盐设备 10 和轴封加热器 11 后，依次进入低压加热器 H8、H7、H6、H5，并在其中分别接受第 8、7、6、5 段回热抽汽的加热。经高压除氧器 H4 充分除氧后的给水，由汽动给水泵依次打入到串联的 H3、H2、H1 高压加热器，并在其中分别接受第 3、2 和 1 段回热抽汽的加热，提高到给水温度，再送回锅炉 1。

高压加热器疏水逐级自流入高压除氧器。低压加热器疏水逐级自流入凝汽器热井，H7低压加热疏水也可以直接流入到凝汽器热井。各加热器都有内置式疏水冷却器。

给水泵采用两台 50% 容量的电动前置泵和两台 50% 容量的汽动主泵。另外还配备 30% 容量的电动给水泵，作为启动用或事故备用泵。正常运行用的汽动泵是以中压缸排汽（即 4 段抽汽）为其汽源。

凝汽器采用双壳体、双背压、双进、双出、单流程、横向布置。循环水先进入低背压凝汽器（背压为 4.1kPa），进行热交换后再串联进入到高背压凝汽器（背压为 5.7kPa）。目前有的大功率机组采用双背压凝汽器，因为双背压可提高机组的经济性，一方面双背压凝汽器的平均背压低于同等条件下的单背压凝汽器的背压，增大了低压缸的总焓降；另一方面低压凝汽器中的凝结水可以在高背压凝汽器中回热，减少高背压凝汽器的冷源损失，从而提高了汽机的经济性。

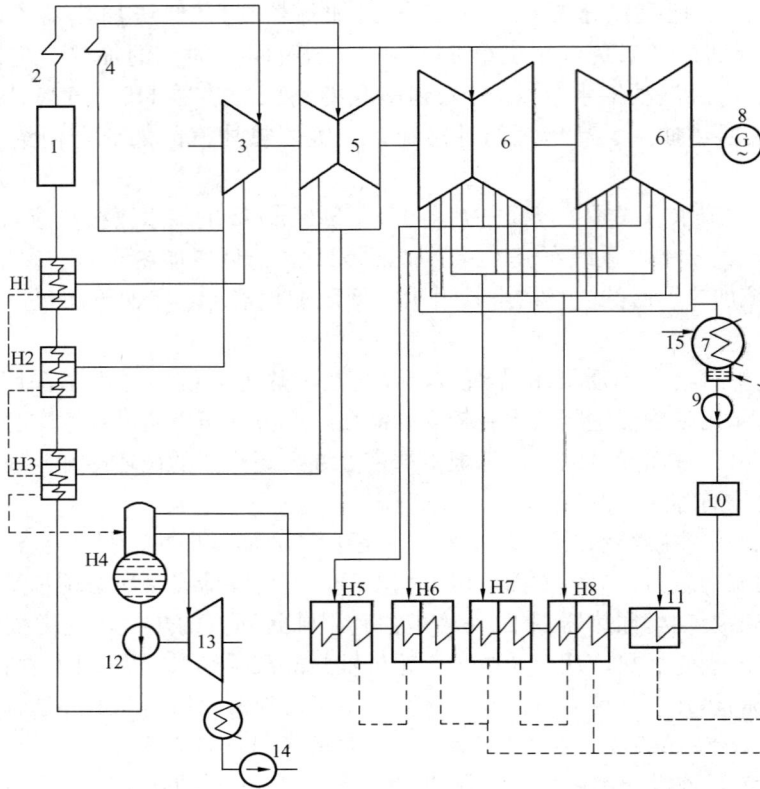

图 8-2 国产 N600-16.57/537/537 型再热式机组的原则性热力系统图

1—锅炉；2—过热器；3—汽轮机高压缸；4—再热器；5—中压缸；6—低压缸；7—凝汽器；8—发电机；9—凝结水泵；10—深度除盐设备；11—轴封加热器；H5～H8—低压加热器（共四级）；H4—高压除氧器；12—给水泵；13—驱动给水泵的小型汽轮机；14—小汽轮机的凝结水泵；H1～H3—高压加热器（共三级）；15—化学补充水

（三）引进的 N600-25.4/541/569 超临界压力再热式机组的原则性热力系统

如图 8-3 所示，该机组配用超临界参数蒸发量为 1900t/h 的变压运行的直流锅炉，给水温度 285℃，锅炉设计热效率为 92.53%。

汽轮机单轴、四缸四排汽，一次中间再热的反动式凝汽机组，有八级不调整抽汽。

由锅炉送来的 24.20MPa、538℃ 的蒸汽进入高压缸膨胀做功。高压缸排汽（参数为 4.721MPa、301℃）送到再热器，经过再热器加热至 566℃ 过热蒸汽。再送到分流式中压缸膨胀做功。第二次做功后的蒸汽，再次进入分流式低压缸做功，乏汽排入凝汽器。主凝结水泵将凝结水通过除盐设备和轴封加热器，依次进入低压加热器 H8、H7、H6 和 H5。经高压除氧器 HD 充分除氧后的给水，由汽动给水泵依次打入串联的 H3、H2、H1 高压加热器，进行加热并提高给水温度到 285℃，再送回锅炉省煤器。

三台高压加热器疏水逐级自流到除氧器。四台低压加热器疏水逐级自流至凝汽器热井。轴封加热器的疏水自流到凝汽器热井中。

给水泵的 FP 汽轮机为反动分流式，其排汽直接排到主机的凝汽器。前置泵 TP 为电动调节。

（四）引进的 N1000-26.15/605/603 超超临界压力再热式机组的原则性热力系统

如图 8-4 所示，该机组配用超超临界压力蒸发量为 3030t/h 的变压运行的直流锅炉，锅

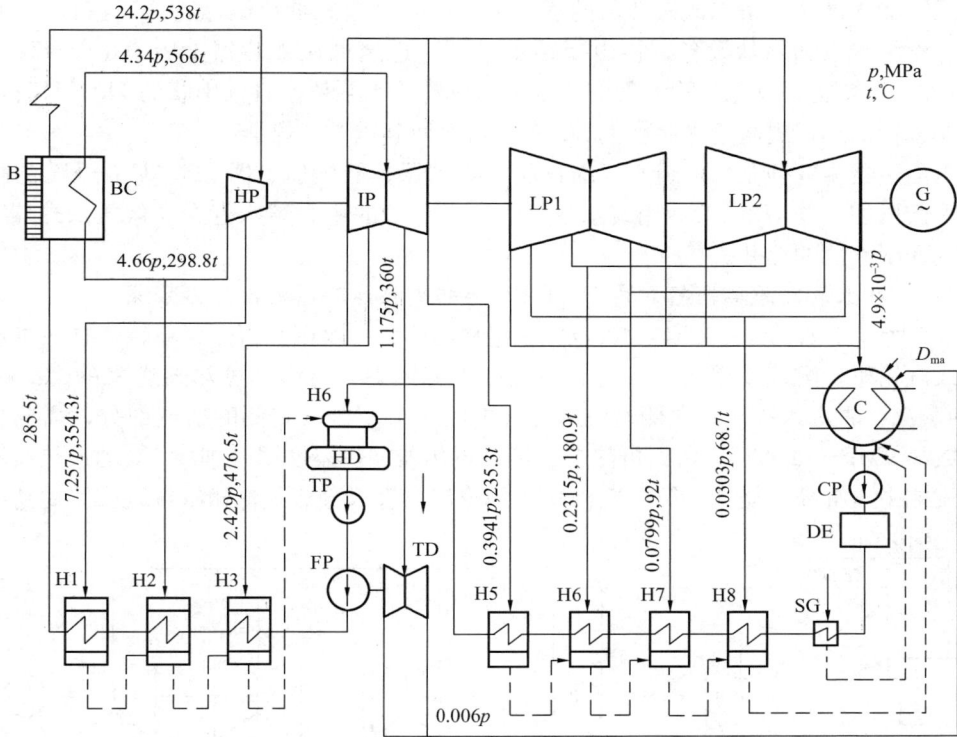

图 8-3　引进的 N600-25.4/541/569 超临界压力再热式机组的发电厂原则性热力系统

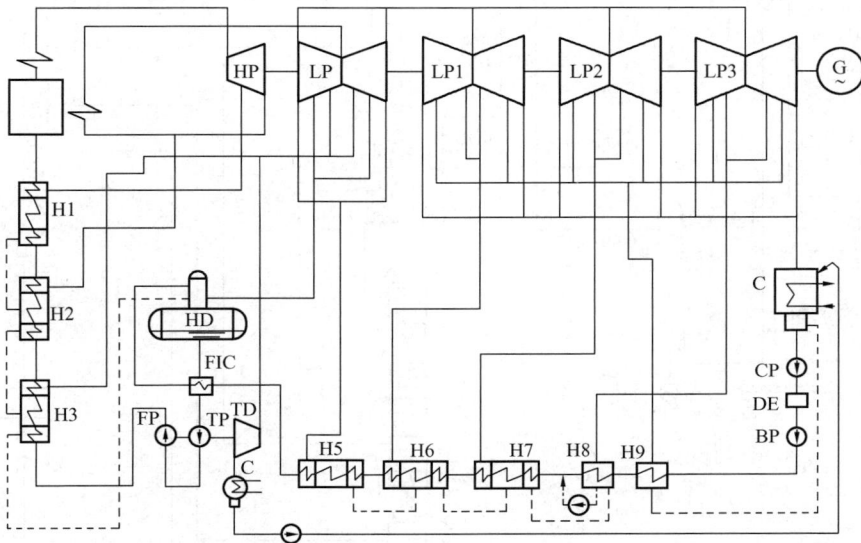

图 8-4　引进的 N1000-26.15/605/602 超超临界压力再热式机组的原则性热力系统

炉设计效率为 93.8%。汽轮机单轴、五缸六排、汽冲动式凝汽式汽轮机，有九级不调整抽汽。由锅炉过热器送来的 25MPa、602℃的蒸汽，进入高压缸膨胀做功。高压缸排汽（参数为 4.52MPa、308℃）送到再热器，经过再热器加热温度升到 600℃的过热蒸气，再送到分流式中压缸膨胀做功。第二次做功后的蒸汽再次进入分流式低压缸做功，乏汽排入凝汽器。凝结水经凝结水泵和除盐设备，再由凝结水升压泵送至低压加热器 H9、H8、H7、H6 和 H5。经高压除氧器 HD 充分除氧后的给水，由汽动给水泵依次打入串联的 H3、H2、H1 高压加热器进行加热，提高给水温度到 287℃，再送回到锅炉省煤器。

高压加热器为双列布置，疏水逐级自流入除氧器。低压加热器 H5、H6、H7 的疏水逐级自流入低压加热器 H8，然后用疏水泵打入该级出口的主凝结水管中。低压加热器 H9 的疏水自流入凝汽器的热井。

（五）世界上最大的单轴超临界 1200MW 再热式机组的原则性热力系统

图 8-5 所示是 K1200-23.54/540/540 型超临界压力一次中间再热、单轴五缸六排汽冲动式凝汽式汽轮机，配蒸发量为 3960t/h 的燃煤直流锅炉。由锅炉过热器送来的 23.54MPa、540℃的蒸汽，先进入高压缸左侧通流部分，再回转 180°进入右侧的通流部分，高压缸的排汽（参数 3.9MPa、295℃）送到再热器。经过再热器加热温度回升到 540℃的过热蒸汽，再送到分流式中压缸膨胀做功。第二次做功后的蒸汽再进入分流式低压缸继续膨胀做功，乏汽

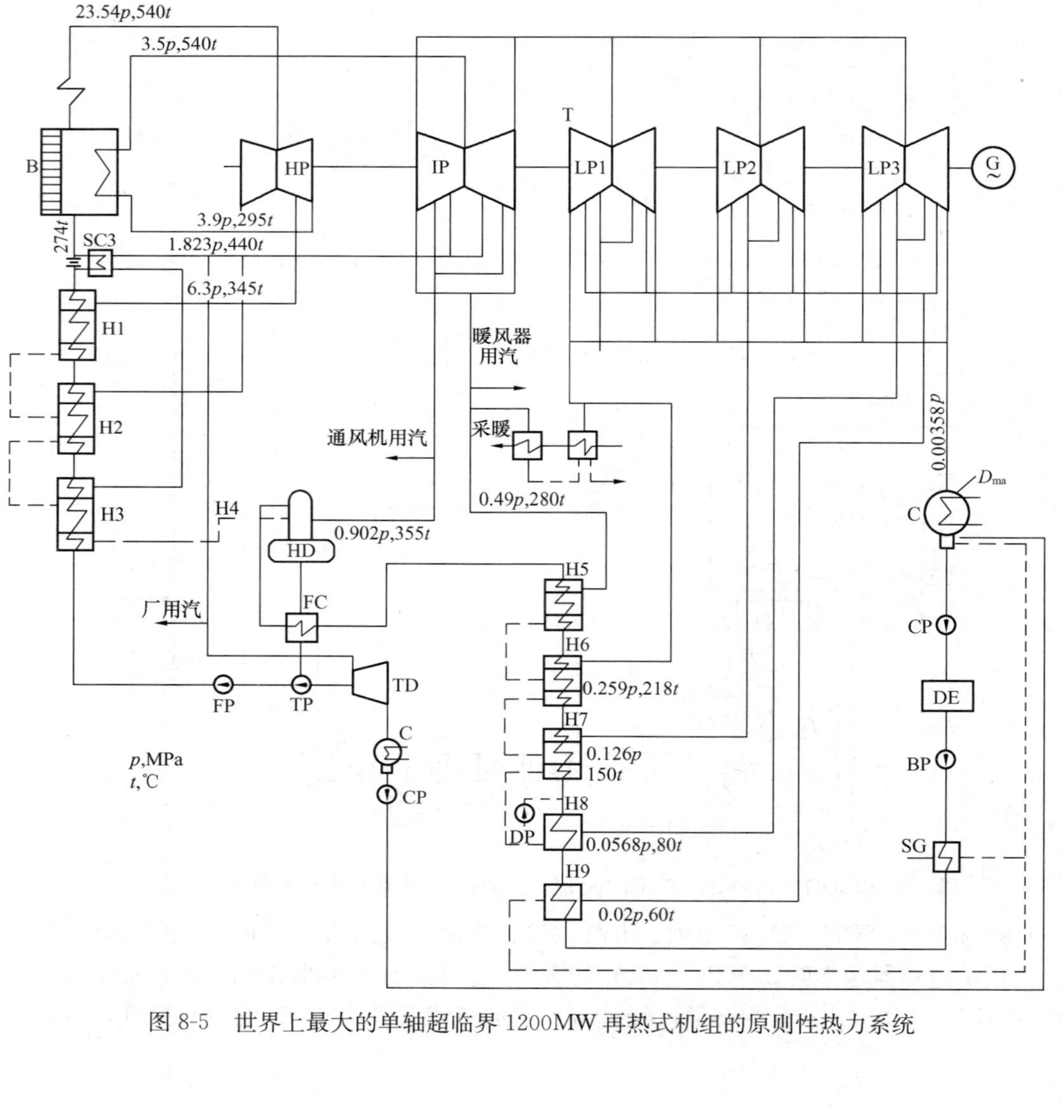

图 8-5 世界上最大的单轴超临界 1200MW 再热式机组的原则性热力系统

排入凝汽器。主凝结水经凝结水泵和除盐设备，再由凝结水升压泵升压后通过轴封加热器，依次进入 H9、H8、H7、H6、H5 低压加热器。经高压除氧器 HD 充分除氧后的给水，由汽动给水泵依次打入串联的 H3、H2、H1 高压加热器进行加热并提高给水温度到 274℃，再送回锅炉省煤器。

高压加热器疏水逐级自流到除氧器。三台高压加热器为双列布置。两台除氧器为并列滑压运行。给水系统装有两台半容量汽动调速给水泵并带前置泵同轴运行。低压加热器 H5～H7 的疏水都逐级自流到低压加热器 H8，再用疏水泵打入该级出口主凝结水管中。低压加热器 H9 与轴封加热器 SG 的疏水自流入主凝汽器热井。

（六）世界上最大的双轴超临界 1300MW 再热式机组的原则性热力系统

图 8-6 所示为汽轮机为 1300-25.5/550/550 型超临界压力一次中间再热，双轴六缸八排汽凝汽式组，配 4350t/h 直流锅炉，机组分高压轴和低压轴，两轴功率相等。高压轴由分流高压缸、两个分流低压缸和发电机组成；低压轴由分流中压缸、两个分流低压缸和发电机组成。有八级不调整抽汽，回热系统为"四高、三低、一滑压除氧"。

由锅炉过热器送来的 25.5MPa、550℃的过热蒸汽，进入高压缸膨胀做功，高压缸的排汽（参数 4.1MPa、305℃）送到再热器。经过再热器加热温度回升到 550℃的过热蒸汽，再送到分流式中压缸膨胀做功。第二次做功后的蒸汽再进入分流式低压缸继续膨胀做功，乏汽排入凝汽器。主凝结水泵将凝结水通过抽汽冷却器，依次进入 H8、H7、H6 低压加热器。

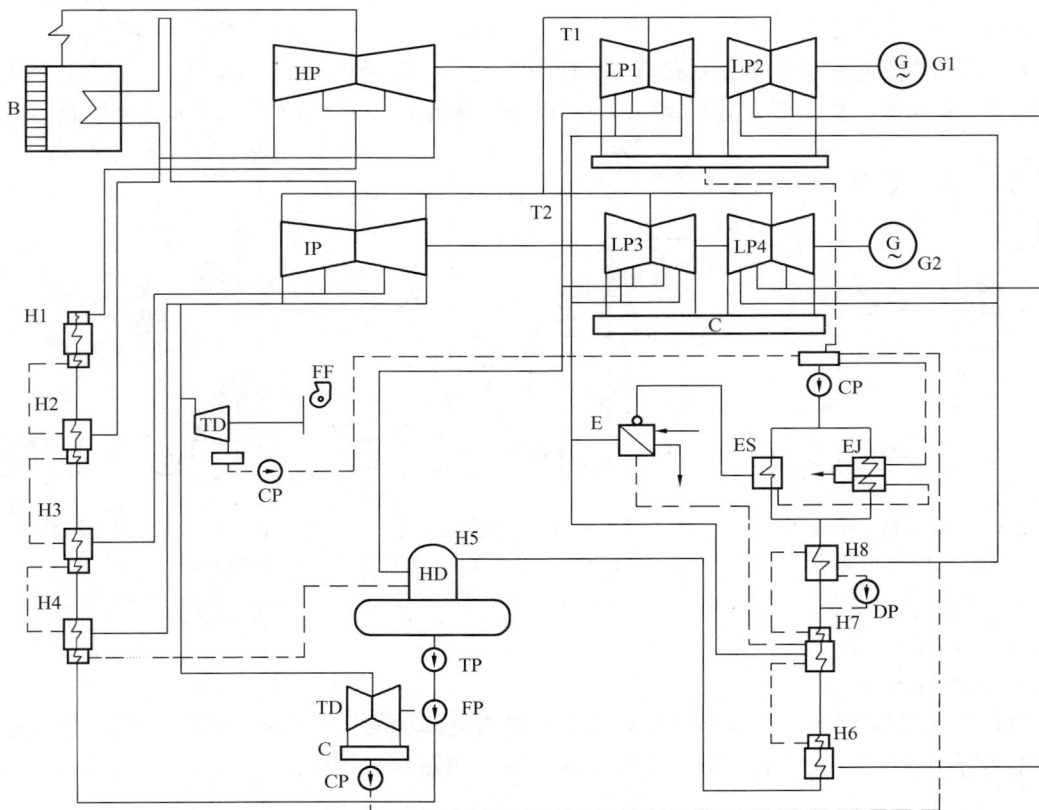

图 8-6　世界上最大的双轴超临界 1300MW 再热式机组的原则性热力系统

经过高压除氧器 HD 充分除氧后的给水，由汽动给水泵依次打入到串联的 H4、H3、H2、H1 高压加热器，对给水加热并提升给水温度到 275℃，再送回锅炉省煤器。

高压加热器为双列布置，疏水逐级自流到除氧器。低压加热器 H6、H7 的疏水逐级自流到低压加热器 H8，然后用疏水泵 DP 打入该级出口主凝结水管中。

二、热力系统简介

为了深入地了解发电厂的热力系统，下面先对全厂同类型设备的各种平行连接系统作一些简单介绍。

（一）主蒸汽系统

发电厂的主蒸汽系统，主要指锅炉与汽轮机之间的蒸汽连接管路。常用的主蒸汽系统有：单元制、扩大单元制、切换母管制、集中母管制等。

1. 单元制系统

单元制系统是由一台锅炉（或两台锅炉）与一台汽轮机直接配合的系统，而与其他机组互不相通，如图 8-7 所示。其优点是系统简单，管道短，阀门少，管道阻力小，给设计、运行、检修、施工带来很大方便，其缺点是运行灵活性较差。

2. 切换母管制系统

切换母管制系统是由一台锅炉的主蒸汽管路与相配合的汽轮机连接，蒸汽可以经过支管和母管相连接，如图 8-8 所示。在一般情况下机炉按母管制运行，当某台汽轮机（或锅炉）故障或检修时，可用切换母管三通处的三个切换阀门的灵活操作，实现机炉交叉运行的目的。

3. 扩大单元制系统

扩大单元制系统是介于单元制和切换母管制之间的一种系统，如图 8-9 所示。它与单元制相比，多了一根母管，机炉可以交叉运行。与切换母管制相比，可以节省价格昂贵的高压阀门。

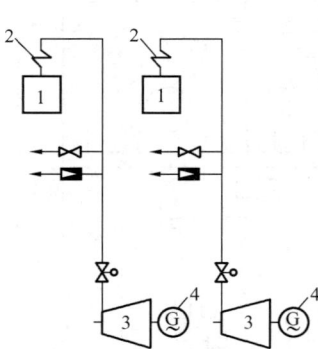

图 8-7　单元制主蒸汽系统
1—锅炉；2—过热器；3—汽轮机；4—发电机

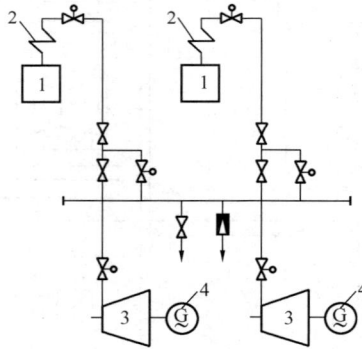

图 8-8　切换母管制系统
1—锅炉；2—过热器；3—汽轮机；4—发电机

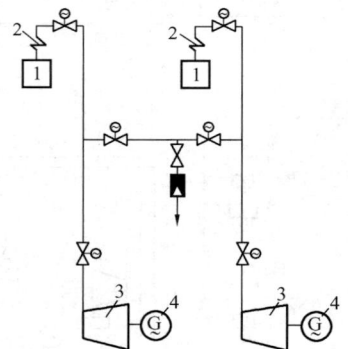

图 8-9　扩大单元制系统
1—锅炉；2—过热器；3—汽轮机；4—发电机

（二）给水系统

1. 低压给水系统

低压给水系统是指由除氧器水箱到给水泵进口之间的管路。由于给水压力低，发生事故的可能性小，大多数电厂采用单母管分段制系统，如图 8-10 所示。

2. 高压给水系统

高压给水系统是指由给水泵出口经高压加热器到锅炉省煤器这段管路系统。目前，电厂在给水泵出口侧采用切换压力母管系统，如图 8-11 所示。给水泵出口高压给水管路可直接接到高压加热器，或通过支管与母管连接。炉前给水母管亦采用切换制系统，机炉可以交叉运行。

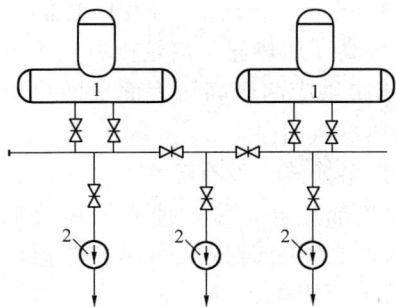

图 8-10　低压给水系统

1—除氧器水箱；2—给水泵

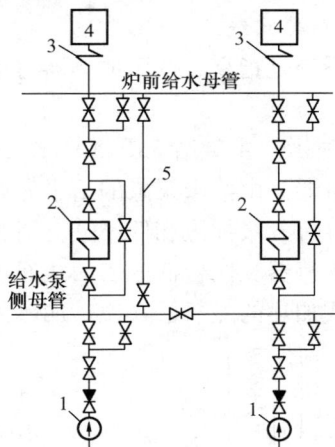

图 8-11　高压给水系统

1—给水泵；2—高压加热器；3—省煤器；4—锅炉；5—冷供管

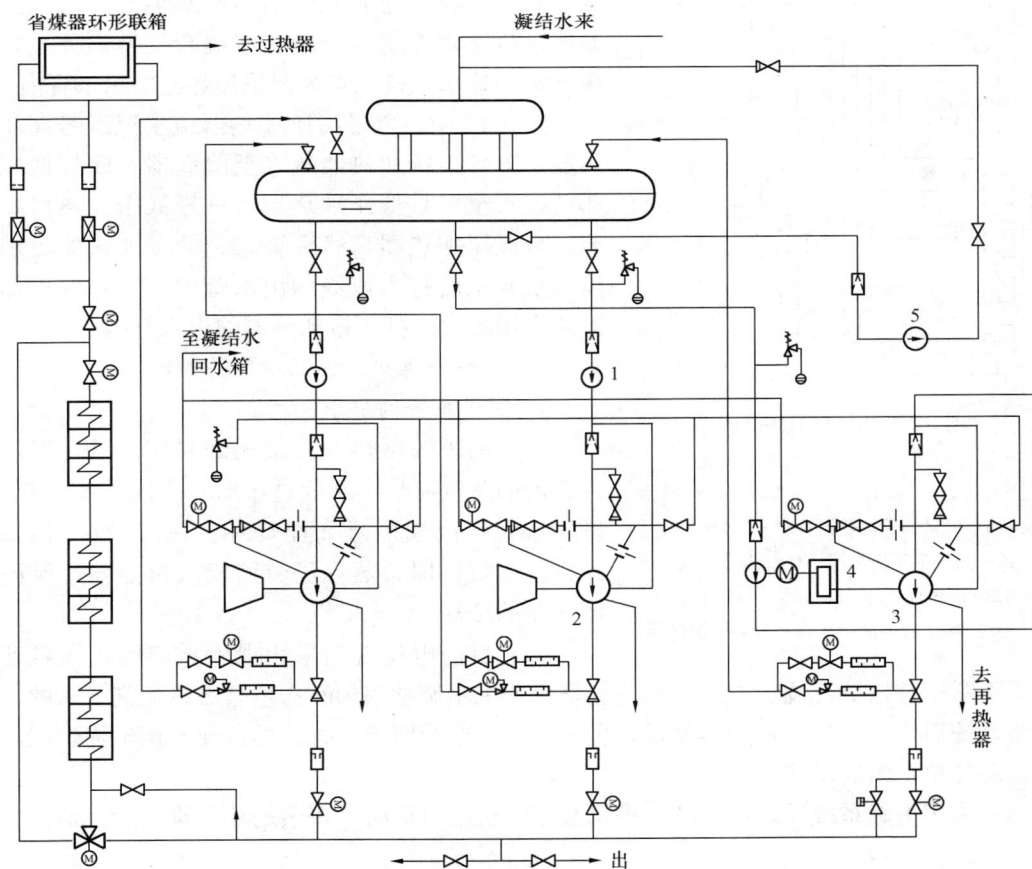

图 8-12　300MW 机组单元制给水系统

1—前置泵；2—汽动泵；3—电动泵；4—液力联轴器；5—除氧循环泵

单元制给水系统是大容量机组采用得较多的给水系统，图 8-12 是 300MW 机组单元制给水系统。其特点是管道短，阀门少，阻力损失小，安全可靠性高，还易于集中控制等。

（三）回热加热系统

回热加热系统是指高、低压加热器与加热蒸汽、疏水、主凝结水、给水以及切换管道等的连接系统。

如图 8-13 所示，主凝结水由凝结水泵供给，依次经过一号、二号、三号和四号低压加热器后进入除氧器。由给水泵来的给水先后进入五号、六号高压加热器。汽轮机有七级不调整抽汽（高压缸有五级抽汽和低压缸有两级抽汽），分别依次供应两台高压表面式回热加热器、一台高压除氧器和四台低压表面式回热加热器作为加热蒸汽用。

对于混合式加热的除氧器来说，加热抽汽与给水直接接触换热，没有疏水。

对于表面式回热加热器来说，抽汽加热给水后本身冷却成凝结水，必须及时排出回热加热器，使加热器汽侧不会满水而影响换热。表面式回热加热器的凝结水的疏出办法有两种：一种是利用各个回热加热器的压差，从高压向低压逐级自流疏水，高压加热器逐级自流到除氧器与给水混合，低压加热器逐级自流到冷凝器与凝结水混合。另一种是将各级疏水用疏水泵打入本级回热加热器的出水管内。

图 8-13 中，六号高压加热器疏水至五号高压加热器，五号高压加热器疏水至除氧器。四号低压加热器疏水至三号低压加热器，三号低压加热器疏水至二号低压加热器，然后将二号低压加热器疏水用疏水泵升压后打入该级的出水管内。一号低压加热器疏水用疏水泵打入该加热器的出水管内。

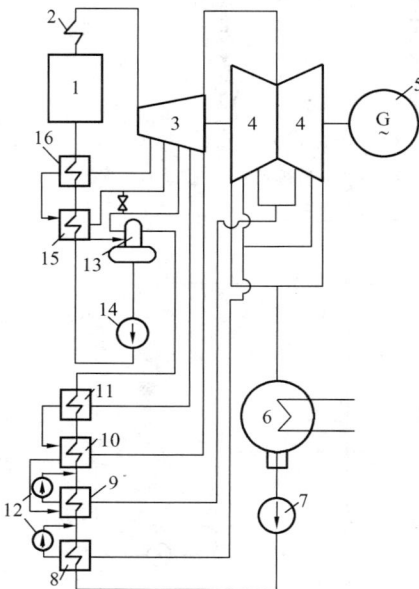

图 8-13 回热加热系统

1—锅炉；2—过热器；3—汽轮机高压缸；4—汽轮机低压缸；5—发电机；6—凝汽器；7—凝结水泵；8—一号低压加热器；9—二号低压加热器；10—三号低压加热器；11—四号低压加热器；12—疏水泵；13—除氧器；14—给水泵；15—五号高压加热器；16—六号高压加热器

（四）中间再热机组的旁路系统

1. 旁路系统的作用

（1）锅炉的再热器布置在烟温较高处，当流过再热器的蒸汽流量中断或过小时，不能冷却再热器，再热器管壁因温度升高而烧坏。在汽轮机组启动、停机或甩负荷时，蒸汽经旁路流入再热器，保证对再热器的冷却。

（2）目前电厂普遍采用滑参数启动，在启动过程中要不断调整锅炉汽温、汽压和蒸汽流量。若采用调整锅炉燃料量是难以达到要求的。采用旁路系统后，可以加大锅炉蒸发量，多余的蒸汽经旁路进入凝汽器，便于调整锅炉汽温和汽压，能加快机组启动速度。

（3）采用旁路系统后，在启动、停机及汽轮机甩负荷时，多余的蒸汽排入凝汽器，收回工质。

2. 旁路系统的分类

（1）一级旁路系统如图 8-14 所示。由锅炉来的新蒸汽经大旁路减温减压后排入凝汽器。

（2）两级旁路系统如图 8-15 所示。一级旁路是由锅炉来的新蒸汽经Ⅰ级旁路减温减压后进入锅炉再热器。二级旁路是从再热器出来的再热后的蒸汽经Ⅱ级旁路减温减压后排入凝汽器。

（3）三级旁路系统如图 8-16 所示。一级旁路是由锅炉来的新蒸汽经Ⅰ级旁路减温减压后进入锅炉再热器。二级旁路是从再热器出来的再热后的蒸汽经Ⅱ级旁路减温减压后排入凝汽器。三级旁路是从锅炉来的新蒸汽经Ⅲ级旁路减温减压后进入凝汽器。

三、全面性热力系统

全面性热力系统图是一张以规定的符号详细地表示全厂所有热力设备以及汽、水管路和附件具体连接情况的总系统图。它能详尽地表明工质在完成实际工作循环时，可能通过的全部主、辅热力设备，其中包括运行的和备用的热力设备，以及一切必不可少的连接管道和管道上的所有附件。根据全面性热力系统图，一方面能作为设备安装和运行操作的依据，另一方面可了解和掌握机组在不同工况和事故情况下的各种运行方式。

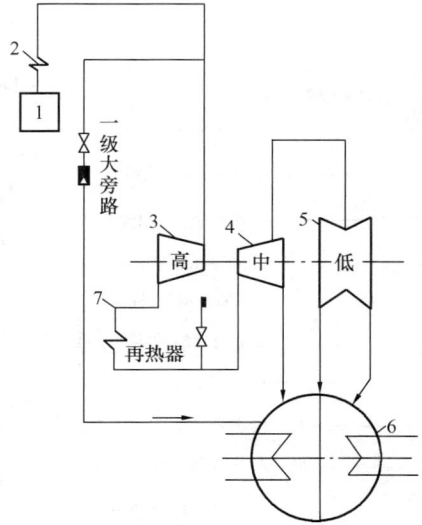

图 8-14　一级大旁路系统

1—锅炉；2—过热器；3—汽轮机高压缸；
4—汽轮机中压缸；5—汽轮机低压缸；
6—凝汽器；7—再热器

图 8-17 是我国通用的热力系统管线、闸门的图形符号。首先要熟悉图例，能在阅读热力系统时正确运用；了解主要设备的特点和规范，区分设备情况；明确主蒸汽系统、给水系统、回热系统等的特点；以局部热力系统为线索，逐步扩大联系其全面性热力系统。

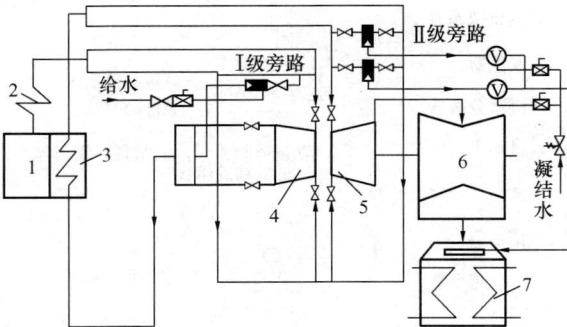

图 8-15　两级旁路系统

1—锅炉；2—过热器；3—再热器；4—汽轮机高压缸；
5—汽轮机中压缸；6—汽轮机低压缸；7—凝汽器

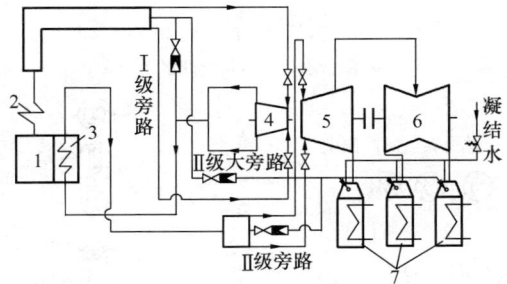

图 8-16　三级旁路系统

1—锅炉；2—过热器；3—再热器；4—汽轮机高压缸；
5—汽轮机中压缸；6—汽轮机低压缸；7—凝汽器

图 8-18 为国产 N600-16.67/537/537 型机组的发电厂全面性热力系统。汽轮机为单轴四缸、四排汽口的一次中间再热凝汽式机组。凝汽器为单流程、双壳、双背压。高低压两级串联旁路系统。回热系统为三高四低一除氧，这些高低压加热器和除氧器均为卧室布置，有八级非调整抽汽。

汽轮机两个低压缸分别进入凝汽器两个壳体中，两壳体汽侧的压力一高一低，形成双压

热力系统管线图例

———————— 主蒸汽(粗线)

——-——-—— 冷再热蒸汽(粗线)

—-——-——-— 热再热蒸汽(粗线)

——— j ——— j级非调整抽汽(标准线)

——C——C— 生产调整抽汽(标准线)

——R——R— 采暖调整抽汽(标准线)

——— — — 饱和蒸汽(标准线)

———————— 给水管(中线)

— — — — — 凝结水管(中线)

-△——△— 热网供、回水管(中线)

-～——～— 生产回水管(中线)

———————— 空气管(细线)

排气管(细线)

定期排污管(细线)

●●●●●● 连续排污管(细线)

×——×——× 软水、补充水管(细线)

生水管(细线)

循环水管(细线)

循环水沟道(细线)

— — — — 疏、放水、溢水(细线)

工业水管(细线)

×●×●× 除盐水、发电机冷却水(细线)

热力系统阀门图例

Ⓜ Ⓜ Ⓜ　　电动

交流　直流

电磁　气动　液动　气动薄膜

⋈ ⋈　　手动
(闸阀)　(截止阀)

手动角阀

手动蝶阀

普通止回阀

普通调节阀
(阀前)　(阀后)

直接作用式调节阀

普通角式调节阀

蝶式调节阀

浮子式水位调节阀

压力浮子式水位调节阀

水封阀

底阀

三通阀

薄膜式安全排汽阀

角式重锤安全阀

角式弹簧安全阀

球阀

减压阀

减压减温器

减温器

汽水分离器

自动主汽门

蒸汽、空气过滤器

滤水器

独立疏水器

附于设备上疏水器

流量测量孔板

流量测量喷嘴

单级节流孔板

多级节流孔板

堵头

排大气

排汽消音器

至排水管

至排水沟

单级水封

多级水封

泵入口滤网

胶球清洗装球室

胶球清洗收球网
(固定式)　(活动式)

胶球清洗分配器

漏斗

旋流式二次滤网

集水井

凝汽器真空破坏阀

高压加热器水侧自动旁路

注：以调节阀为例，说明各种阀门与其执行机构的组合

电动调节阀

气动调节阀

液动调节阀

气动薄膜调节阀

电磁调节阀

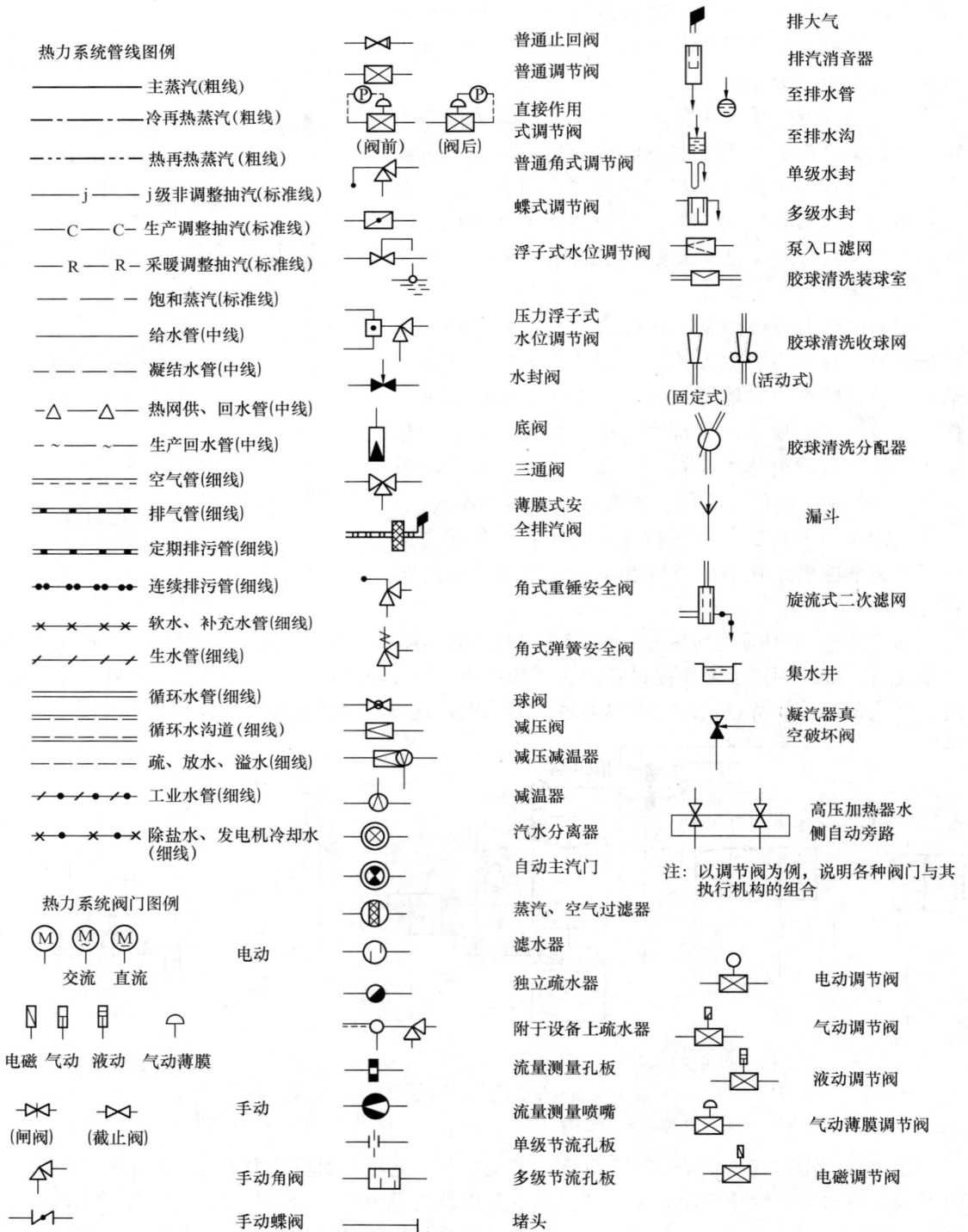

图 8-17　热力系统管线、闸门及附件的图形符号

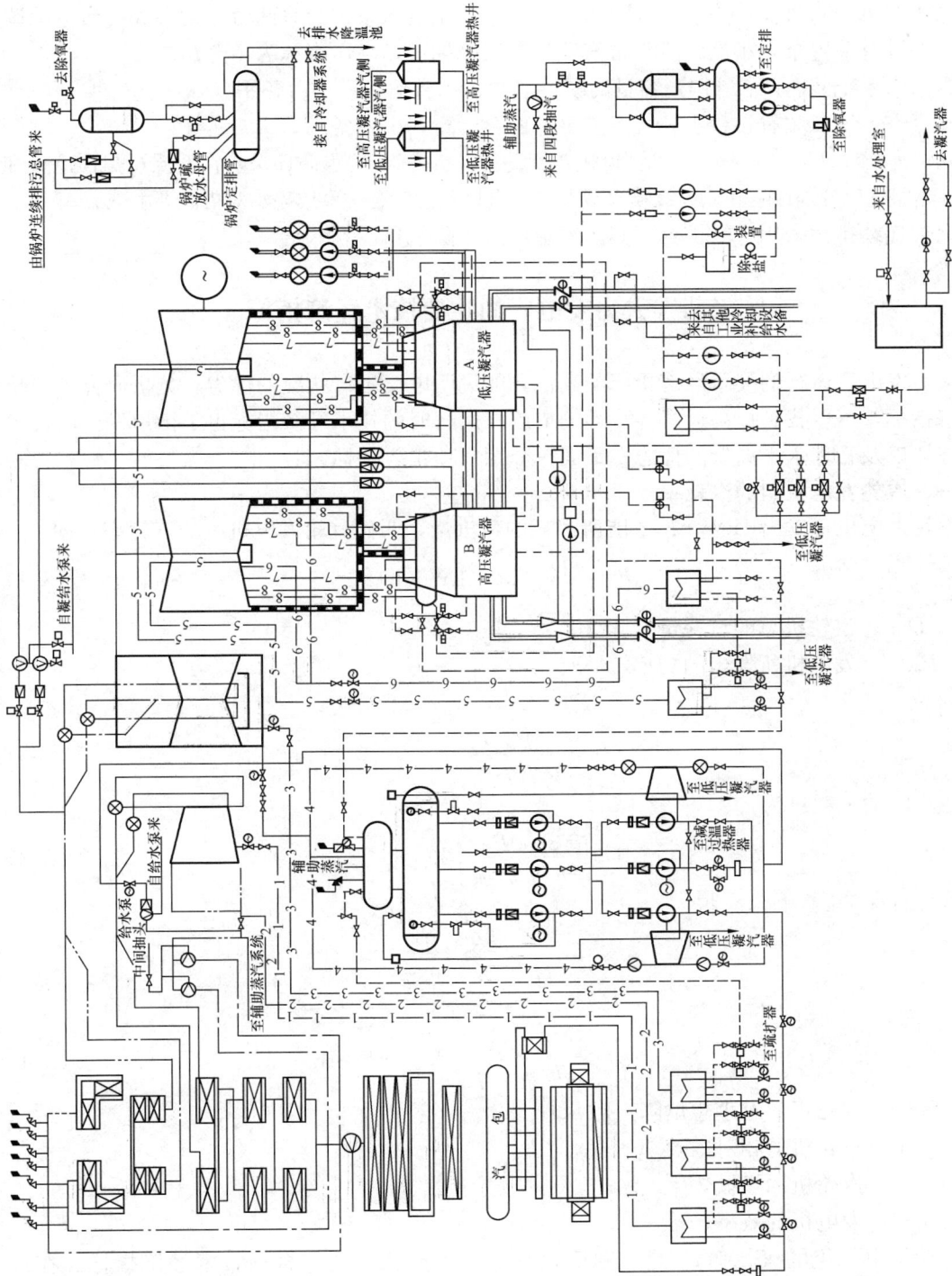

图 8-18 国产 N600-16.67/537/537 型机组的全面性热力系统

凝汽器。

凝汽器热井中的凝结水由凝结水泵送至除盐装置，再由凝结水升压泵送至轴封冷却器、低压加热器再到除氧器，除氧器为滑压运行。单元制给水系统装有两台汽动泵和一台电动调速泵，都设有前置泵，小汽轮机正常汽源为第四级抽汽，高压汽源为主蒸汽。

凝结水系统装有两台 110% 容量的凝结水泵，一台运行，一台备用。

抽真空系统，装有三台水环式真空泵，两台运行，一台备用。

锅炉为 HG-2008/186-M 型，是强制循环汽包炉，有三台炉水循环泵，在低温过热器出口和高温过热器进口分别设有一、二级喷水减温器，再热器进口有一事故喷水对再热温度减温。

锅炉连续排污采用一级扩容，其扩容蒸汽进入除氧器。

第二节   火力发电厂的主要技术经济指标

火力发电厂运行的技术经济指标的高低，能说明电厂生产状况的优劣。分析研究各项技术经济指标，可以找到提高运行经济性的措施。运行时的技术经济指标也是衡量发电厂技术装备好坏以及管理水平高低的标志。下面只介绍几项主要指标。

一、汽轮发电机组的汽耗率

汽轮发电机每发出 1kW·h 电能所消耗的蒸汽量，叫做汽轮发电机组的汽耗率，即

$$d_g = \frac{D}{P_{el}} \quad kg/(kW·h) \tag{8-1}$$

式中 D——汽轮机总的汽耗量，kg/h；

P_{el}——发电机所发出的功率，kW。

因为 $$P_{el} = G h_0 \eta_{ri} \eta_m \eta_g$$

故 $$G = \frac{P_{el}}{h_0 \eta_{ri} \eta_m \eta_g} \quad kg/s \tag{8-2}$$

每小时的汽耗量为

$$D = \frac{3600 P_{el}}{h_0 \eta_{ri} \eta_m \eta_g} \quad kg/h \tag{8-3}$$

将式（8-3）代入式（8-1）得

$$d_g = \frac{D}{P_{el}} = \frac{\frac{3600 P_{el}}{h_0 \eta_{ri} \eta_m \eta_g}}{P_{el}}$$
$$= \frac{3600}{h_0 \eta_{ri} \eta_m \eta_g} \quad kg/(kW·h) \tag{8-4}$$

式中 h_0——汽轮机的总理想焓降，kJ/kg；

η_{ri}——汽轮机的相对内效率，%；

η_m——汽轮机的机械效率，%；

η_g——发电机的效率，%。

汽轮发电机组的汽耗率 d_g 是一项反映汽轮机生产质量的综合性技术经济指标。在进行发电厂热力系统的汽水平衡或进行相同型号机组间的经济性评价时，都必须列出此项指标。

二、汽轮发电机组的热耗率

汽轮发电机组每生产 1kW·h 的电能所消耗的热量，叫做汽轮发电机组的热耗率，即

$$q = \frac{Q_0}{P_{el}} \quad kJ/(kW \cdot h) \tag{8-5}$$

式中　Q_0——汽轮机总的热耗量，kJ/h；

　　　P_{el}——发电机所发出的电功率，kW。

因为

$$Q_0 = D(h_1 - h_{gs}) \quad kJ/h \tag{8-6}$$

式中　h_1——进入汽轮机新蒸汽的焓，kJ/kg；

　　　h_{gs}——锅炉给水的焓，kJ/kg。

由式（8-3）得

$$P_{el} = \frac{Dh_0\eta_{ri}\eta_m\eta_g}{3600} \quad kW \tag{8-7}$$

将式（8-6）和式（8-7）代入式（8-5）得

$$q = \frac{3600}{\left(\dfrac{h_0}{h_1 - h_{gs}}\right)\eta_{ri}\eta_m\eta_g} \quad kJ/(kW \cdot h) \tag{8-8}$$

对于凝汽式汽轮发电机组来说，热耗率 q 值大约 9000～13500kJ/（kW·h）。

汽轮发电机组的热耗率 q 是表示该机组总的生产质量的一项技术经济指标。它与锅炉给水温度有关，而给水温度又与给水回热加热系统的运行情况有关。所以，汽轮发电机组的热耗率可以用来衡量汽轮机、发电机以及汽轮机所属热力系统和有关辅助设备的工作质量，是汽轮机的一项主要生产质量指标。

这里要指出的是当汽轮机的各级回热加热器投入运行时，汽耗率要比回热加热器解列时的汽耗率要大。第一，回热加热器投入运行，整个循环热效率提高而热耗率降低了。在进行热经济性分析时，因回热加热器投入运行，各级回热抽汽在汽轮机中仅做了一部分功就被抽出来，所以要增加进汽量。第二，回热加热器投入，使锅炉给水的温度提高了很多，导致工质在锅炉里的吸热量相应地减少了，这个影响比汽轮机进汽量增大更为明显，所以机组总的热耗率反而减小，热经济性提高。对于现代高参数、大容量的汽轮发电机组来说，热耗率比汽耗率更能确切地反映汽轮机的生产质量，是一项主要的技术经济指标。

三、发电厂的总效率

发电厂的总效率是发电厂发出的电能与所消耗的燃料总能量之比，即

$$\eta_{pL} = \frac{3600P_{el}}{B\,Q_{ar,net}} \tag{8-9}$$

式中　η_{pL}——发电厂的总效率，即发电厂的全厂效率，%；

　　　P_{el}——发电厂全厂各运行机组发出的电功率的总和，kW；

　　　B——发电厂全厂总燃料消耗量，kg/h；

　　$Q_{ar,net}$——燃料的收到基低位发热量，kJ/kg。

对于凝汽式发电厂的总效率，主要与汽轮机的进汽初参数、排汽压力、单机容量、回热加热系统以及运行操作水平等因素有关。

四、发电厂的发电煤耗率

发电厂的发电煤耗率是发电厂每发 1kW·h 的电能所需的煤耗量，即

$$b = \frac{B}{P_{el}} \quad kg/(kW \cdot h) \tag{8-10}$$

从式 (8-9) 得

$$P_{el} = \frac{\eta_{pL} B Q_{ar,net}}{3600} \quad kW \tag{8-11}$$

将式 (8-11) 代入式 (8-10) 得

$$b = \frac{3600}{\eta_{pL} Q_{ar,net}} \quad kg/(kW \cdot h) \tag{8-12}$$

从式 (8-12) 可以看出，发电煤耗率与煤的收到基定压低位发热量 $Q_{ar,net}$ 有关。因为各火力发电厂所用煤的品种不同，而煤的收到基定压低位发热量亦不相同，因此各电厂的发电煤耗的数值不可能用来正确地进行厂际经济性的比较。我国规定，各电厂都统一按照 29270kJ/kg 的 "标准煤发热量" 来计算各自的 "发电标准煤耗率"，即

$$b_n = b \frac{Q_{ar,net}}{29270} = \frac{3600}{29270 \eta_{pL}} = \frac{123}{\eta_{pL}} \quad g 标准煤/(kW \cdot h) \tag{8-13}$$

标准煤耗率是表征火力发电厂生产技术的完善程度及其经济效果最常用的一项技术经济指标。我国火力发电厂标准煤耗逐年降低，目前大约在 $250 \sim 400g$ 标准煤/ (kW·h) 范围之内。降低发电标准煤耗率，节约能量消耗对发电厂来说特别重要。这就要求电厂工作人员努力钻研技术，提高管理水平，不断降低煤耗以提高经济效益。

五、发电厂的厂用电率

发电厂的厂用电率是发电厂的厂用电量占该发电厂总发电量的百分比，即

$$K = \frac{W_{od}}{W_{eL}} \times 100\% \tag{8-14}$$

式中 W_{eL}——发电厂各运行机组发电量的总和，kW·h；

W_{od}——发电厂的厂用电量，kW·h。

所谓发电厂的厂用电量是指各种辅助设备及供应厂房照明所消耗的电能，发电厂的辅助设备系指燃料运输设备，磨煤机，送、引风机，排粉风机，给水泵，凝结水泵，循环水泵，灰渣泵等。

对于凝汽式发电厂来说，其厂用电率 K 值大约在 $4\% \sim 8\%$ 范围之内。每个发电厂都应当想方设法降低自己的厂用电率。厂用电率与发电厂的类型、机组承担负荷的形式、新蒸汽参数、单机容量、燃料种类、燃烧方式以及各种负荷下各辅机的运行方式等许多因素有关。

六、全厂供电标准煤耗率

火力发电厂在考核煤耗时，使用供电标准煤耗率这个重要的技术经济指标。供电标准煤耗率是一个全面性的指标，其计算方式为

$$b_g = \frac{b_n}{1 - k/100} \quad g/(kW \cdot h) \tag{8-15}$$

式中 b_n——标准煤耗率，g/ (kW·h)；

k——厂用电率，%。

从式 (8-15) 可以看出，供电标准煤耗率不仅随着厂用电率增大而增大，还随着发电厂标准煤耗率增大而增大。它既反映了厂用电率，也反映了煤耗率，计算起来又很方便的，因此供电标准煤耗率是考核火力发电厂技术经济状况的一个重要指标。

【例 8-1】　某发电厂装有四台汽轮发电机组，其中两台容量为 125MW，另两台容量为 300MW。假设发电厂的总效率为 $\eta_{pL}=38\%$，煤的收到基低位发热量为 $Q_{ar,net}=24500kJ/kg$。求：（1）标准煤耗率；（2）每昼夜所需供给的燃料量。

解　（1）标准煤耗率

$$b_n = \frac{123}{\eta_{pL}} = \frac{123}{0.38} = 323.7 \quad \text{g 标准煤}/(kW \cdot h)$$

（2）每昼夜所需供给的燃料量

每昼夜的发电量 $= 24 \times (2 \times 125000 + 300000 \times 2) = 20.4 \times 10^6 \ kW \cdot h$

每昼夜标准煤的总消耗量为

$$B_n = \frac{20.4 \times 10^6 \times 323.7}{10^6} = 6603.5 \ t$$

煤的低位发热量为 $Q_{ar,net}=24500kJ/kg$，则每昼夜供给该发电厂的实际消耗量为

$$B = B_n \times \frac{29270}{Q_{ar,net}} = 6603.5 \times \frac{29270}{24500} = 7889.16 \ t$$

思 考 题 及 习 题

8-1　什么叫做原则性热力系统？有什么用途？举例说明。

8-2　什么叫做全面性热力系统？有什么用途？

8-3　国产 300MW 汽轮发电机组的热力系统中为什么要设置深度除盐设备？

8-4　轴封加热器有什么作用？

8-5　何谓汽轮发电机组的汽耗率和热耗率？应怎样计算？

8-6　为什么汽轮发电机组的热耗率比汽耗率更能说明汽轮机生产质量的优劣？

8-7　何谓发电厂的总效率？如何计算？

8-8　何谓发电煤耗率和发电标准煤耗率？应当怎样进行计算？

8-9　何谓发电厂的厂用电和厂用电率？怎样降低厂用电率？

8-10　某发电厂装有容量为两台 25MW 机组、一台 50MW 机组和两台 200MW 机组。发电厂的总效率 $\eta_{pL}=35.2\%$，煤的收到基低位发热量为 $Q_{ar,net}=26500kJ/kg$。求：①该厂的发电标准煤耗率；②每月实际供给的燃料量。

8-11　某发电厂装有两台容量为 300MW 的汽轮发电机组，汽轮机的进汽初参数为 $p_1=16MPa$，$t_1=550℃$，凝汽器的压力 $p_2=5kPa$。如果汽轮机的相对内效率 $\eta_{ri}=86\%$，汽轮机的机械效率 $\eta_m=97\%$，发电机效率 $\eta_g=99\%$。发电厂的总效率 $\eta_{pL}=37\%$。求：①该发电厂平均每昼夜标准煤耗量；②该机组的热耗率（不考虑抽汽回热的影响）；③该机组的汽耗率（不考虑抽汽回热的影响）。

8-12　发电厂甲的总效率 $\eta_{pL甲}=34\%$，厂用电率 $K_甲=8\%$，而发电厂乙的总效率 $\eta_{pL乙}=33\%$，厂用电率 $K_乙=5\%$。问甲乙两个发电厂哪个厂的经济效益好？

第九章　核电厂的基本知识

第一节　概　　述

一、核电厂发展概况

1896 年，法国物理学家昂·贝克勒尔发现了金属铀的天然放射性。1938 年 12 月 17 日，德国学者奥托·哈恩和弗里茨·施特劳斯发现了铀的裂变。1942 年 12 月 12 日，由意大利物理学家费米所领导的研究小组，在美国芝加哥大学史塔齐体育场第一次实现了持续的、可控制的链式裂变反应。这座反应堆是石墨型的，功率仅有 2kW，在人类历史上开辟了一个新纪元，宣告了人类掌握核能的开始。

1951 年，在美国爱达荷国家反应堆试验中心首次用反应堆发电，用钠钾合金作冷却剂，使水变成了蒸汽，带动一台 200kW 的汽轮发电机。1954 年，原苏联在布洛欣采夫的领导下，在莫斯科近郊奥布宁斯克，用浓缩铀为燃料的石墨水冷反应堆建成了世界上第一座向工业电网送电的核电厂，其功率为 5000kW，和平利用原子能发电步入了一个飞速发展的新纪元。1956 年，在英国的卡德豪尔，用天然铀做核燃料的石墨气冷堆建成了 50000kW 核电厂，并入电网运行。1957 年 12 月，在美国希平港，投入了第一台压水堆核电厂，其功率为 90000kW。1959 年 4 月，在法国也建成一座石墨气冷堆核电厂。

大量利用核能发电是世界上许多国家在全面分析了能源现状和前景以后采取的一项基本政策。目前，美国是世界核电厂最多的国家，法国是世界上核电发展最快也是利用核电最成功的国家，全世界有 34 个国家已经建成或正在建造核电厂。各国情况不同，核发电量占各自总发电量的比重相差较大，其中法国最大为 78.1%，韩国 38%，日本 29.3%，美国 19.9%，英国 19.4%，印度 2.8%，中国 1.92%。

人类实现核能的和平利用已经 50 多年了，核能作为一种安全、干净、无污染、经济、可持续发展的发电方式，已为社会所接受。核电厂只需消耗很少的核燃料，就可以产生大量的电能，每千瓦时电能的成本比火电厂要低 20% 以上。核电厂还可以大大减少燃料的运输量，例如 1000MW 的火电厂每年耗煤量约为三四百万吨，而相同功率的核电厂每年只需要铀燃料约为三四十吨，几乎是零排放，对于发展迅速并且环境压力较大的中国来说大力发展核电很有必要。

我国核电起步于 20 世纪 80 年代，经过 20 多年的发展，目前已建成装机容量为 906.8 万 kW，在建 10 台约 1224 万 kW。至 2006 年末，核电发电量占总发电量的 1.92%，而广东、浙江两省核电比例已达 13%，接近世界核电 16% 的比例，国家计划到 2010 年新增核电总装机量超过 1000 万 kW，每年确保投产大约 200 万 kW 左右。计划到 2020 年，我国将新建核电厂 31 座，核电装机容量将达到 4000 万 kW，核电比例，由现在 1.92% 提高到 4%。预计在本世纪中期，核电装机容量将超过 1 亿 kW。

自主化、国产化是我国发展核电的宗旨，"外方技术转让，不断加强消化吸收"，是我国核电实现"自主化、国产化"的重要途径。目前，我国已具备了百万千瓦级核电厂工程试验和工程验证能力，形成了自主发展核电的重要开发能力。通过集中力量攻关，在不太长的时间内，将建成核安全达到国际第三代核电技术水平，寿命达到 60 年，具有较高的设备国产化率和更强的经济竞争力的 150 万千瓦级的大型先进压水堆核示范电厂。我国核电发展规划是近期发展热中子反应堆核电厂，中期发展快中子增殖反应堆核电厂，远期发展聚变堆核电厂。

目前，全世界运行的核电厂中，沸水堆核电厂和压水堆核电厂占绝大部分，这两种堆型都属于轻水堆，有很多相似之处。不同的是沸水堆电厂采用了一体化核蒸汽供应系统，将汽水分离装置、蒸汽干燥器和冷却剂、再循环等核蒸汽供应部件全部置于反应堆压力壳内，取消了部件之间的连接管道，提高了可靠性，减少了需要定期在役检验的焊缝，这样使压力壳堆芯以下部位没有大口径管道，为降低堆芯失水所造成的损坏率创造了条件。沸水堆核电厂与压水堆核电厂比较，减少了设备和材料，大约少用金属材料 50% 左右，安全性好，运行性能良好，因此，可能是一种前景看好的堆型。

二、基本概念

1. 原子核裂变反应

用中子去撞击铀的原子核，使它破裂成两个新的原子核（又称裂变碎片），同时会放出两三个新的中子和 β、γ 等射线，还会释放出大量能量，这种现象叫做原子核裂变反应。一个铀－235 原子核裂变时释放出来的能量大约 200MeV，例如 1g 铀－235 全部裂变所放出的热，比 1g 标准煤燃烧放出的热量大 280 万倍，相当于 2800kg 标准煤燃烧时放出的热量。

2. 链式反应

当一个中子击碎了一个铀-235 原子核后，会放出 2.43 个中子。这些中子叫做第二代中子，它们和原来的中子一样，又能使另外的铀-235 原子核发生裂变，产生第三代中子。裂变过程这样继续下去，会产生第四代中子、第五代中子、……到了第六十代，产生的中子就能使 75×10^{22} 个铀-235 原子核产生裂变，即使 280g 的铀-235 原子核所包含的原子能全部释放出来，相当于约 800t 标准煤燃烧放出的能量。而裂变还将不断地继续下去，会放出更大的能量。

如果中子撞击铀-235 原子核裂变时产生新的中子，这样持续不断地由中子引起原子核裂变，裂变又放出新的中子的现象称为原子核的链式反应。

目前，利用原子核链式反应的设备有两种，一种是原子弹，链式反应速度很快，约在千万分之一秒内完成，一旦这种反应开始，就不再受人控制，巨大的能量在瞬间内释放出来，造成猛烈的爆炸；另一种是反应堆，链式反应可以得到控制，反应速度较慢，巨大的能量能够按照人们的需要释放出来，用于建设，为各种工作服务。

3. 慢化剂

铀－235 核裂变时放出的中子，大多数是动能的快中子，与别的铀-235 原子核发生作用的机会少，不易引起核裂变。为了降低快中子的速度，可以用某些物质的原子核与快中子碰撞，减慢其速度，使快中子变成慢中子。这种使快中子速度减慢的过程称为慢化。能使中子能量降低，速度减慢的材料称为慢化剂。良好的慢化剂具有慢化能力强、吸收中子以及能经受得起大量中子和其他射线长期作用等优点。常用的慢化剂有水、重水和石墨等。

4. 冷却剂

在核电厂工作时，反应堆中核燃料裂变放出的能量将转化为大量的热量，这些热量可以用来发电。要利用这些热量，就要设法把它从堆内运载出来。当用液体或气体流过反应堆，将热量由堆内运载出来时，这些液体或气体称为冷却剂或载热剂。

常用的冷却剂有水、重水、氢气、二氧化碳气以及液态金属钠和钠钾合金等。

水既可作慢化剂又可作冷却剂。水的比热大，传热性能好，但沸点低，在动力堆中用作冷却剂时，必须加压才能达到所需的温度，这样的堆壳使受压部件制造复杂化了。

二氧化碳作冷却剂时，必须用石墨作慢化剂。虽然二氧化碳的化学稳定性和辐照稳定性都好，价格也便宜，但二氧化碳的比热小，传热性能差，需加压，也就是要用巨大的鼓风机，消耗较大的动力。

第二节　压水堆核电厂的基本原理

一、压水堆核电厂的基本原理

反应堆是一种利用核燃料的可控链式裂变反应，将核能转变为热能的装置。反应堆有许多种型式，可以根据它们所用核燃料、冷却剂、慢化剂的种类进行分类，也可以按用途进行分类。按用途不同可将反应堆分为动力堆（用来产生动力的反应堆）、生产堆（用来生产燃料的反应堆）和试验堆（用于科学技术实验研究的反应堆）。

动力堆主要是用来发电的，用反应堆发电的电厂叫做核电厂。这里动力堆根据慢化剂的种类又可以分为压水堆核电厂、沸水堆核电厂、重水堆核电厂、石墨水冷堆核电厂、高温气冷堆核电厂、快中子增殖堆核电厂等。目前，核电厂中，压水堆采用较多，下面作一些简单介绍。

图 9-1 是典型压水堆核电厂的原则性热力系统图。在反应堆通常使用的燃料是浓缩度为 3％～4％左右的铀。核燃料铀－235 通过链式反应不断地释放出热量，这些热量由载热剂引出堆外。而载热剂通过热交换器把热量传递给动力装置中的工质。通常我们把载热剂系统叫做"一回路"，动力工质的回路叫做"二回路"。水在堆中既是慢化剂，也是载热剂。高温的载热剂和动力工质分别是液态水和水蒸气时，在"一回路"中若采用压力是 15.5MPa 的水，流出反应堆时被加热到 315℃左右，并未达到上述压力下的饱和温度 345℃，所以水在堆内不会发生沸腾，这种反应堆叫做"压水堆"。"二回路"中给水在热交换器——蒸汽发生器中受载热剂加热后，形成 5～6MPa 的饱和蒸汽（或压力为 6～7MPa、温度为 300℃左右的微过热蒸汽），由主蒸汽管引入汽轮机中膨胀做功，汽轮机带动发电机发出电能。

二、压水堆核电厂工作流程

分析图 9-1 所示压水堆核电厂原则性热力系统图，我们可把压水堆核电厂工作流程分成三个回路来描述。

1. 一回路（主回路）

主冷却剂泵 5 $\xrightarrow{(水)}$ 压力壳 1 ⟶ 稳压器 3 ⟶ 蒸汽发生器 4 ⟶ 主冷却剂泵 5

2. 二回路

给水泵 16 $\xrightarrow{(水)}$ 高压加热器 17 ⟶ 蒸汽发生器 4 $\xrightarrow{(蒸汽)}$ 高压汽轮机 6 ⟶ 汽水分离再热器 7 ⟶ 汽轮机低压缸 8 ⟶ 凝汽器 10 $\xrightarrow{(水)}$ 凝结水泵 11 ⟶ 深度除盐设备 12 ⟶ 主凝结水升压泵 13 ⟶ 低压加热器 14 ⟶ 除氧器 15 ⟶ 给水泵 16

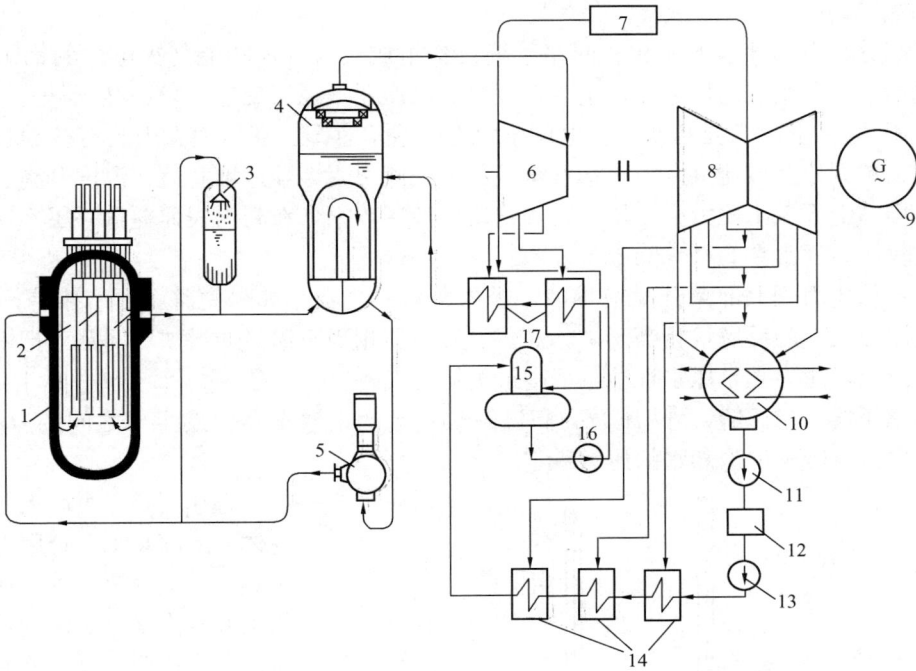

图 9-1　典型压水堆核电厂的原则性热力系统

1—压力壳；2—反应堆；3—稳压器；4—蒸汽发生器；5—主冷却剂泵；6—汽轮机高压缸；7—汽
水分离再热器；8—汽轮机的分流式低压缸；9—发电机；10—凝汽器；11—凝结水泵；12—深度
除盐设备；13—主凝结水升压泵；14—低压加热器；15—除氧器；16—给水泵；17—高压加热器

3. 三回路

$$循环水泵 \xrightarrow{\text{（循环水）}} 凝汽器 10 \longrightarrow 冷却塔或江河湖泊$$

三、压水堆核电厂的主要设备

压水堆核电厂主要由核岛部分和常规岛部分组成，如图 9-2 所示。

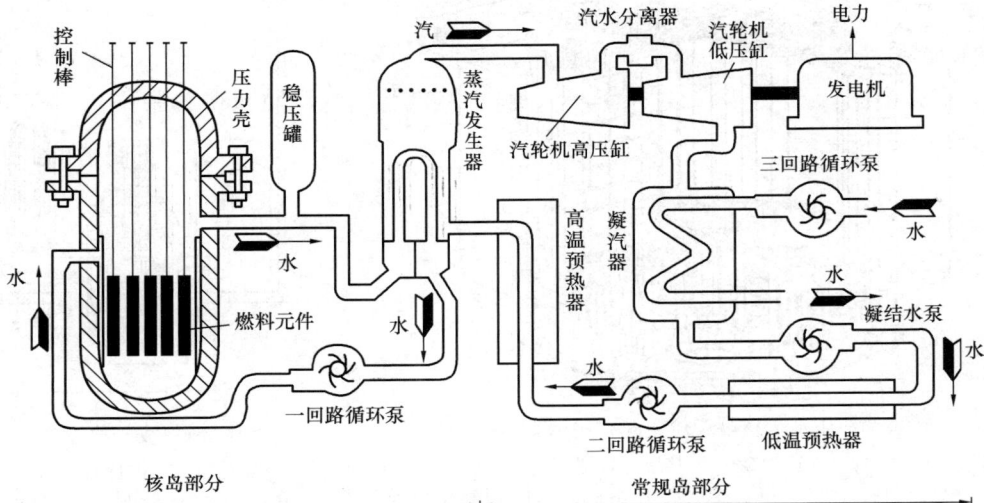

图 9-2　压水堆核电厂主要设备示意图

1. 核岛部分

核岛部分是由压水堆本体和一回路系统设备组成。其总体功能与火电厂的锅炉设备相同。它包括一回路系统的压力壳、主冷却剂泵、稳压器（稳压罐）、蒸汽发生器等。

（1）压力壳。图 9-3 是压水堆核电厂压力壳构造示意图。在压力壳内装有核燃料元件组成的堆芯、控制棒及慢化剂。而冷却剂水从压力壳侧引入，经过堆芯后，温度升高、密度降低，就从堆芯上部流出压力壳。压力壳的材质一般用碳钢，在壳内表面覆盖一层不锈钢。压力壳的壁较厚，通常在 200～300mm 左右。

高温水从压力壳上部离开反应堆后，进入蒸汽发生器。如果说整个压水堆像一台大锅炉，那么压力壳中的反应堆相当于炉，而蒸汽发生器相当于锅，通过"一回路"把锅与炉连在一起。所以，压力壳是压水堆核电厂中最关键的设备。

（2）稳压器（稳压罐）。从压力壳高温载热剂水的出口至蒸汽发生器之间装有稳压器，其作用是保持反应堆内冷却水的压力稳定。

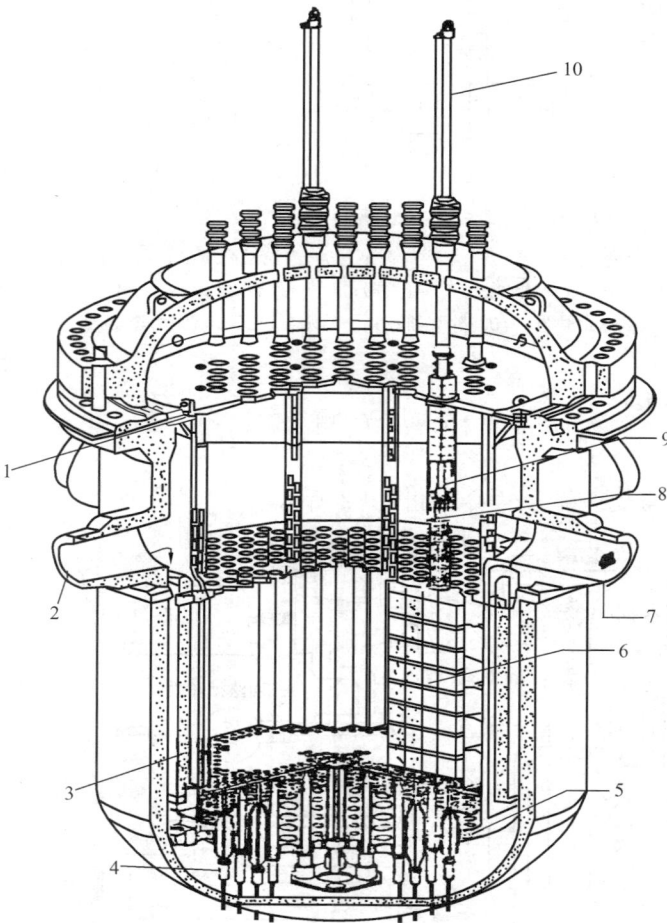

稳压器是一个高大的空心圆柱体。下部装水，利用电加热器加热而产生蒸汽。由于在圆柱体内上部蒸汽是可压缩的，保持了堆内即冷却剂压力的稳定。

（3）蒸汽发生器。蒸汽发生器是分隔并连接一、二回路的关键设备。即是说，一、二回路的水在互不接触的情况下，通过管壁进行热交换。通常管内是"一

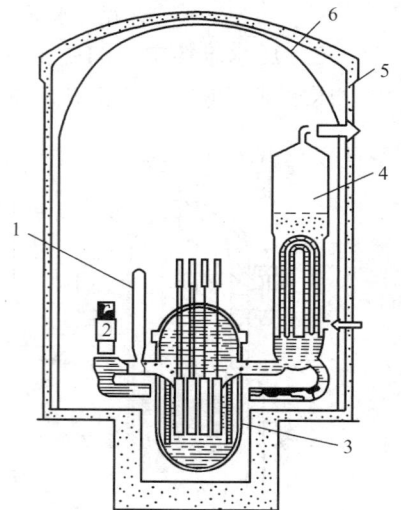

图 9-3　压水堆核电厂压力壳结构示意图
1—内部上支撑架；2—入口管端；3—热屏；4—堆内仪表；5—下支撑板；6—核燃料组件；7—出口管端；8—控制棒束；9—控制棒导管；10—控制棒驱动机构

图 9-4　安全壳示意图
1—稳压器；2—主冷却剂泵；3—压力壳；4—蒸汽发生器；5—混凝土安全壳；6—安全壳钢衬

回路"的水，管外是"二回路"的水。"二回路"的水受热变成压力为 5～6MPa 的饱和蒸汽（或 6～7MPa 的微过热蒸汽），送往汽轮机膨胀做功。

蒸汽发生器的换热面多采用立式倒 U 形结构，如图 9-1 中的 4 所示。

（4）主冷却剂泵（一回路循环泵）。主冷却剂泵的作用是克服载热剂水在一回路系统中的流动阻力，使水不断循环流动，及时带走堆内活性区所产生的大量热量。所以它也是主要设备，为保证其安全可靠性，一方面设置可靠的备用电源，另一方面在主冷却剂泵的电动机顶部装有 4～5t 的大飞轮，延长惰转时间。

（5）安全壳。为保证反应堆主系统安全可靠地启动、运行、停堆和维修，将压力壳、稳压器、蒸汽发生器、主冷却剂泵及其有关阀门等安装在安全壳内，又叫做核岛。如图9-4所示，安全壳的直径大约为 40m，高为 60～70m。如引进的 900MW 核电厂的安全壳，是一个直径 37m、高 45m 的巨大圆柱体，顶部为半球形，厚度为 0.85m。安全壳还可以保护反应堆以防止飞机等外来物的撞击。

2. 常规岛部分

常规岛部分是由汽轮机和发电机以及附属设备组成，它包括二回路系统的高低温预热器、汽轮机高、低压缸、汽水分离再热器、发电机、二回路循环泵、三回路系统的凝汽器、凝结水泵、三回路循环泵及三回路冷却水循环系统等。

（1）汽水分离再热器。因为受冷却剂温度所限制，进入汽轮机的是饱和蒸汽或微过热蒸汽，为了提高进入低压缸蒸汽的干度，或者使之重新成为干饱和蒸汽，在汽轮机高、低压缸之间的连接管道上加装了汽水分离再热器。

（2）核电厂汽轮机发电机组比火电厂的汽轮机发电机组体积大、长度长、重量重、效率也低，这是因为进入核电厂汽轮机蒸汽的压力和温度比火电厂低。

（3）高低温预热器的工作原理和基本结构与火电厂机组的回热加热系统的高压和低压加热器基本相同。

四、压水堆核电厂的特点

（1）压水堆核电厂有三个回路系统。一回路是闭式循环，冷却剂水从反应堆中吸入热量，再将热量传给二回路的工质（水）；二回路是闭式循环，将加热的蒸汽送入汽轮机做膨胀功，经凝汽器、凝结水泵、高低温预热器、给水泵等后再进入蒸汽发生器被加热；三回路是循环冷却水在凝汽器将汽轮机排出的乏汽凝结成水后。循环水有两种循环方式。若将热循环水排至江河湖泊，这种三回路就是一个开式循环。也可以将热循环水送到冷却塔，将其余热排入大气中，冷循环水再送到凝汽器，则形成闭式循环。三回路循环水量是很大的。如一座 1000MW 的压水堆核电厂，每小时循环水量可达 40 多万吨。

（2）压水堆核电厂循环热效率比火电厂循环热效率低 10% 左右。前面已讲过，核电厂的蒸汽温度比火电厂的蒸汽温度低 200℃ 以上，那么是什么原因限制了核电厂的蒸汽温度呢？由于反应堆中的核燃料元件的包壳使用的材料，如不锈钢、锆合金等，承受温度高导致发生化学反应加速腐蚀而损坏，甚至包壳温度升高而烧毁，故压水堆核电厂的蒸汽温度不能过高，比火电厂蒸汽温度低。在汽轮发电机功率相同的情况下，压水堆核电厂所消耗的蒸汽量不仅比火电厂大一倍多，而且容易生成水滴。因为核电厂汽轮机的构造与火电厂汽轮机有所不同，如设有汽水分离器，叶轮有疏水沟等，使汽轮机的尺寸和重量都大得多，如 1000MW 核电厂的汽轮机长度可达 38m，配上发电机整个汽轮发电机组长度达 54m。

（3）压水堆核电厂设备多、系统复杂，近年来时有事故发生。如蒸汽发生器管道多，焊口多有发生泄漏现象。又如水由液体产生蒸汽的相变过程，导热性能变差，造成燃料元件熔化、放射性物质外逸的事故。

（4）压水堆核电厂采用水作为慢化剂和冷却剂。因水的比热大，导热系数高，在反应堆内不易活化，水的慢化能力及载热能力都好。故反应堆结构紧凑，堆芯体积小，堆芯功率较大，基建费用与其他类型核电厂相比较低，安全防护能力好，因而目前大多数国家都在采用压水堆核电厂。

五、核电厂放射性污染的防护措施

核裂变产生的中子流和 γ 射线是穿透能力最强的两种射线，是反应堆内核裂变的放射性污染的总根源，为了安全起见对核电厂的放射性污染采用严密的四道防护措施：

第一道安全屏障是把燃料制造成物理、化学性能非常稳定的小圆柱形的二氧化铀陶瓷块，熔点高达 3000℃ 左右。

第二道安全屏障是燃料元件的包壳，包壳用优质锆合金材料制成。运行中从芯块逸出的少量裂变产物能保持在包壳密封之内。

第三道安全屏障是反应堆的压力壳，它把燃料组件、控制组件完全封闭起来。

第四道安全屏障是反应堆的安全壳，它将一回路的所有设备系统包覆起来，将可能发生的事故消灭在安全壳内。

为了防止放射性物质的泄漏，严格要求核电厂的设计做到层层把关、纵深设防、万无一失。

六、从法国进口的 900MW 核电厂二回路原则性热力系统

如图 9-5 所示。该机组为单轴四缸、六排汽，进入高压缸的蒸汽量为 5808t/h，蒸汽压力为 6.43MPa，干度为 99.53％，进入低压缸的蒸汽量为 4000t/h，蒸汽压力为 0.755MPa，温度为 265.1℃，排汽压力为 7.5kPa，湿度为 11％，给水温度为 226℃。

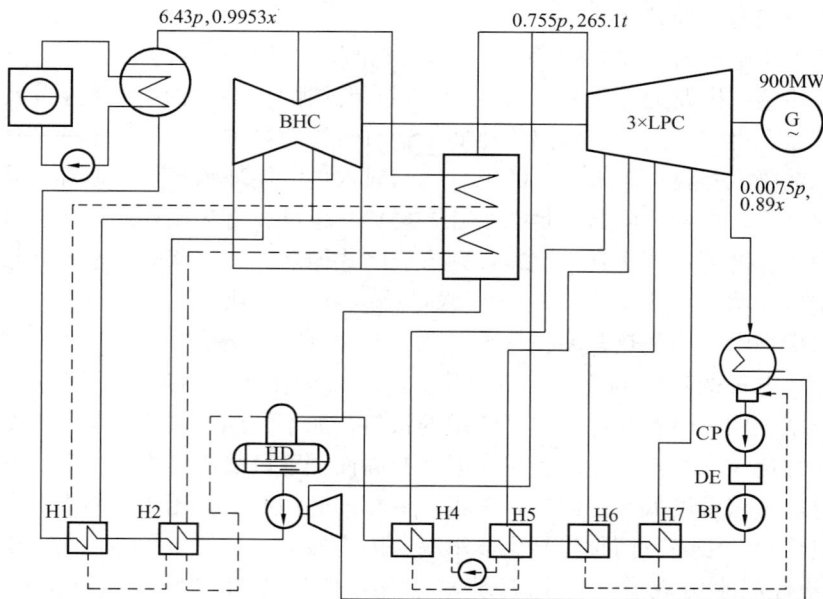

图 9-5　900MW 核电厂二回路原则性热力系统

　　该机组有七级不调整抽汽，回热系统是"二高四低一定压除氧"。高压加热器的疏水采用逐级自流方式，最后流入除氧器。H4 低压加热器的疏水流入 H5 加热器，在 H5 加热器用疏水泵打入 H5 加热器的主凝结水出口。H6 和 H7 低压加热器的疏水逐级自流至凝汽器热井。

　　凝结水排往主凝汽器热井，凝结水经凝结水泵 CP、除盐设备 DE 和凝结水升压泵 BP 依次流经低压加热器 H7、H6、H5、H4 进入除氧器。给水经给水泵 FP 及两台高压加热器进入蒸汽发生器。

　　高压缸排汽进入汽水分离再热器，先进行汽水分离，后对蒸汽再加热。第一级再热器的加热蒸汽是高压缸第一级抽汽，疏水进入 H2。第二级再热器的加热蒸汽利用新蒸汽，疏水进入 H1，汽水分离器的疏水进入除氧器。

七、引进的 1000MW 核电厂二回路原则性热力系统

　　如图 9-6 所示，汽轮机系单轴五缸（一个分流高压缸，四个分流低压缸）八排汽。进汽压力为 6.4MPa，温度为 280℃，干度为 99.43%，高压缸排汽压力为 1.1MPa，干度为 88.8%，再热后的蒸汽温度为 265℃，压力为 0.95MPa，双压凝汽器压力平均 4.1kPa（p_{c1} = 3.8kPa，p_{c2} = 4.4kPa），排汽干度为 88.7%。该机组有七级不调整抽汽，高压缸三级，低压缸四级。回热系统为"三高、四低、一除氧"。其特点是最末两级加热器为混合式低压加热器。采用卧式布置。高压加热器的疏水逐级自流入除氧器。H5 低压加热器的疏水自流到 H6，再用疏水泵打入 H6 加热器的主凝结水出口。

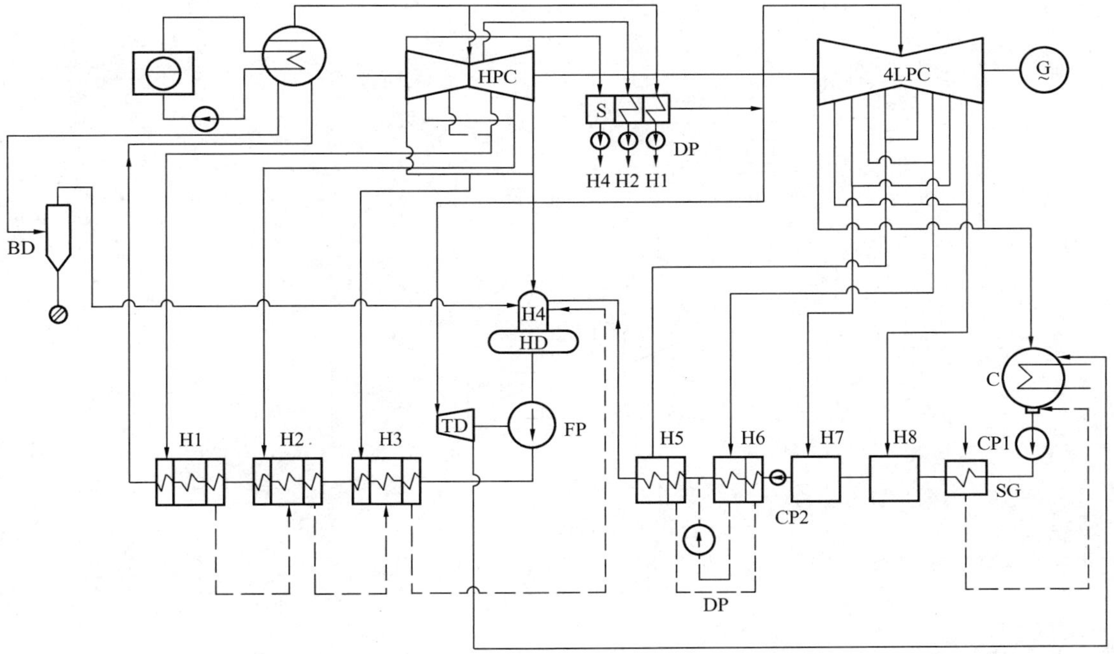

图 9-6　引进的 1000MW 核电厂二回路原则性热力系统

　　高压缸的排汽引入汽水分离再热器，先进行汽水分离，后对蒸汽再加热。第一级再热器的加热蒸汽是高压缸第一级抽汽，其疏水进入 H2。第二级再热器的加热蒸汽采用新蒸汽，其疏水进入 H1，汽水分离器的疏水直接进入除氧器。

　　凝汽器的凝结水排往凝汽器热井，凝结水经凝结水泵 CP1、轴封加热器、低压加热器 H8 和 H7 后，用凝结水泵 CP2 将混合式低压加热器 H7 出口的凝结水升压经 H6、H5 低压加热器进入除氧器，给水经给水泵 FP 及三台高压加热器后进入蒸汽发生器。

思 考 题 及 习 题

9-1　名词解释：①原子核裂变反应；②链式反应；③慢化剂；④载热剂。

9-2　压水堆核电厂的基本原理是什么？

9-3　试述压水堆核电厂工作流程。

9-4　压水堆核电厂由哪些主要设备构成？各有何作用？

9-5　压水堆核电厂有哪些特点？为什么？

9-6　从法国进口的 900MW 核电厂二回路原则性热力系统有什么特点？

9-7　引进的 1000MW 核电厂二回路原则性热力系统有什么特点？

第三篇　水电厂动力设备

第十章　水　力　发　电　厂

第一节　水力发电的基本原理

一、我国水力发电发展概况

水力发电是一种技术成熟、廉价、清洁、无污染的常规再生能源，已为世界各国所重视。而开发技术和经济评价都是成熟的，在有限资源情况下充分开发利用，既得到了能源又保护了环境。

我国水力资源极其丰富，全国第五次水能资源普查初步查明，仅仅是河川水力资源蕴藏量为 6.88 亿 kW，年发电量为 5.92 万亿 kW·h。其中最新评估在技术上和经济上可开采的水力资源 4.93 亿 kW，可得年发电量 2.47 万亿 kW·h，大约相当于 9 亿 t 煤炭的燃烧。

1949 年新中国成立前夕，我国水电站总装机容量只有 36 万 kW，年发电量只有 12 亿 kW·h。截至 2006 年底，全国水电总装机容量为 1.25 亿 kW。只占技术经济可开发量的 26.2%。我国单站容量 50MW 以上的大中型水电站已建成 238 座。即将建成的世界上规模最大的长江三峡工程装机容量为 1820 万 kW，最大装机容量可达 2240 万 kW。我国水电正处在建设黄金时期，预计到 2020 年全国水电装机将达到 2.5 亿 kW。

二、水力发电的基本原理

天然河流蕴藏着水能，而能量的大小取决于水体的重量和水流下落的高度。通常水流在重力作用下由高处流向低处，其能量消耗在冲刷河床及克服各种摩擦等损失上。水力发电是把河流从高处流向低处时的水能转变成电能。也就是说，利用天然水资源中的水能输入到水轮机，使其转动，并让它带动发电机发电，把这种发电方式就称为水力发电。

图 10-1 是水力发电厂示意图。在水池中的水体具有比较高的位能，当水体经过压力水管流经安装在水电厂房内的水轮机时，水流将带动水轮机转轮旋转，此时水能转变为旋转的机械能，水轮机转动带动发电机转动，这样旋转的机械能就转换成电能。这就是水力发电的基本原理。

水力发电厂就是为了完成上述能量的连续转换所修建的水工建筑物和安装的水轮发电设备及其附属设备的总体。

水力发电的生产过程，概括为四个阶段。

（1）集中水的能量阶段。即是说建坝将分散的水流和落差进行集中，构成水体和

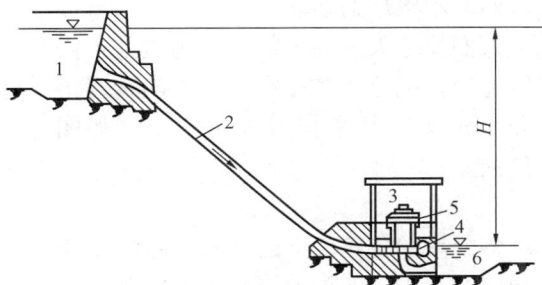

图 10-1　水电厂示意图

1—水池；2—压力水管；3—水电厂厂房；
4—水轮机；5—发电机；6—尾水渠道

水头。

（2）输入能量阶段。即是说利用渠道将水输送到水轮机。

（3）转换能量阶段。即是说水轮机将水能转换成机械能，水轮机驱动发电机将机械能转换成电能。

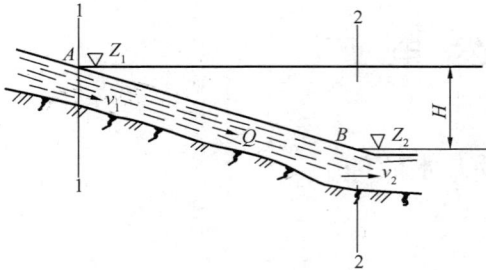

图 10-2 河段中水流能量计算图

（4）输出能量阶段。即是说发电机生产的电能通过变压器升压经高压输电线输到各地用户。

三、河流的水流功率

对河流的水流功率的计算是取河流一段水体所具有的能量，写出其功率计算公式，从而估算出全河流的水流功率。

为导出水流功率计算公式，取某河流的一小段河流，如图 9-2 所示。

图 10-2 中的 1—1 和 2—2 断面的高程分别为 Z_1 和 Z_2，流速分别为 v_1 和 v_2，压力分别为 p_1 和 p_2。假定在 T_s 的时段内有 W 的水量流过两断面，则流过两断面水流所具有的能量差为

$$\Delta E = E_1 - E_2 = \left(Z_1 + \frac{p_1}{\rho g} + \frac{a_1 v_1^2}{2g}\right) - \left(Z_2 + \frac{p_2}{\rho g} + \frac{a_2 v_2^2}{2g}\right)$$

式中 a_1、a_2——动能修正系数。

一般两断面上的大气压力近似相等，即 $p_1 \approx p_2 = p_{amb}$，平均流速在一段河流中近似相等，即 $v_1 \approx v_2$。

$$Z_1 - Z_2 = H$$

故 $$\Delta E = \gamma W H \tag{10-1}$$

在工程上一般以单位时间内的功来表示，即

水流的功率 $$P_i = \gamma \frac{W}{T} H = 9.81 Q H。 \tag{10-2}$$

式中 $Q = \dfrac{W}{T}$——单位时间内的平均流量，m^3/s；

  γ——水的重度，$\gamma = 9.81 kN/m^3$；

  H——两断面之间的水位差，m。

四、水电厂的功率

人们要把天然的水能转变为电能，需要修建坝，把分散在一定河段上的自然落差和水量集中起来构成发电水头，如图 10-3 所示。

1. 水电厂的工作水头

将分散的各河段上的自然落差集中起来构成的水头，即是说河段上游水位与下游水位之差称为水电厂毛水头 H_g，即

$$H_g = Z_u - Z_d \tag{10-3}$$

式中 Z_u——上游水位，m；

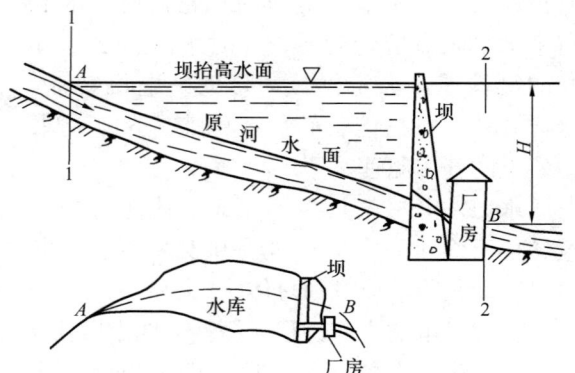

图 10-3 发电水头

Z_d——下游水位，m。

水电厂要将水能转换成水轮机的机械能，需要把水用引水管引入水轮机，而水经过引水管道时会发生一些沿程阻力损失和局部阻力损失，这些损失统称为水头损失 Δh_f。由毛水头扣除这部分损失，称为水电厂的工作水头 H，即

$$H = H_g - \Delta h_f \tag{10-4}$$

2. 水电厂的功率

从式（10-2）可知，水流输入给水轮机的功率为 $P_i = 9.81QH$。

因为水流在水轮机内有损失，水轮机输出时需要乘以水轮机的效率 η，故水轮机输出功率为

$$P = 9.81QH\eta \tag{10-5}$$

因水轮机带动发电机，在发电机内还有损失，又要乘以发电机的效率 η_g，故发电机输出功率为

$$P_g = 9.81QH\eta\eta_g \tag{10-6}$$

发电机输出功率称为水电厂的功率。

若水电厂不是一台机组而是多台机组，那么水电厂全部机组的额定功率的总和，称为该水电厂的装机容量。

因为 η 和 η_g 的大小与设备类型、性能、机组传动方式等因素有关，所以在初步计算中，可以用简化公式估算，即

$$P_g = KQH \tag{10-7}$$

式中 K——水电厂的出力系数，大型水电厂取 $K=8\sim8.5$，中型水电厂取 $K=7.5\sim8$，小型水电厂取 $K=6\sim7.5$。

五、水电厂的发电量

水电厂在一定时间内发出的电能总量叫做水电厂发电量，用 E 表示，单位为 kW·h。

$$E = P_g T = KQHT \tag{10-8}$$

式中 P_g——水电厂的功率，$P_g=KQH$；

T——运行小时数；

Q——水轮机流量，m^3/s。

对于较长的时段，如季、年等，可由式（10-8）先计算该季或年内各日或月的发电量，然后再相加而得。

第二节 水 电 厂 的 类 型

一、水电厂的类型概述

构成水能的两个基本要素是水头和流量。采用什么样的工程设施集中水头和水量是要考虑防洪、排灌、环保等各部门用水情况而得出不同开发方式，由于集中落差的方法不同，水电厂可分为坝式水电厂、引水式水电厂、混合式水电厂和特殊型式水电厂。

二、坝式水电厂

在河道上拦河建坝，通过坝集中河道分散的水流和分散的落差，形成水库，从而抬高了水位，在坝的上游库水位与下游河道水位之间形成水头。采用修建坝形成水头的水电厂，叫

做坝式水电厂。根据坝和水电厂厂房相对布置位置的不同，又分为坝后式和河床式两种。

1. 坝后式水电厂

水电厂的厂房布置在拦河坝之后的水电厂，称为坝后式水电厂。如图 10-4 所示。坝后

图 10-4　坝后式水电厂

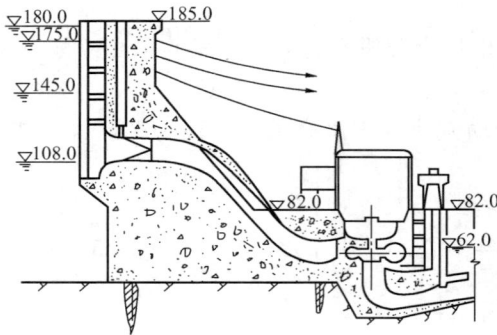

图 10-5　长江三峡水电站厂房示意图

式水电厂所形成的水头较高，大约在 300m 左右，由水头形成的水压力全部由坝承受，厂房不承受此水的压力。如近期建成的四川省二滩水电站是坝后式水电厂，大坝是混凝土双曲拱坝，其坝高 240m，是我国现在最高的大坝。即将完工的三峡水电站总装机容量为 18200MW＋4200MW（左岸预留机组位置），也是坝后式水电厂，它是目前世界上总装机容量最大的水电厂，如图 10-5 所示

2. 河床式水电厂

水电厂的厂房和坝一起建筑在河床上的水电厂，称为河床式水电厂，如图 10-6 所示。由水头所形成的水压力由坝和厂房共同承担。

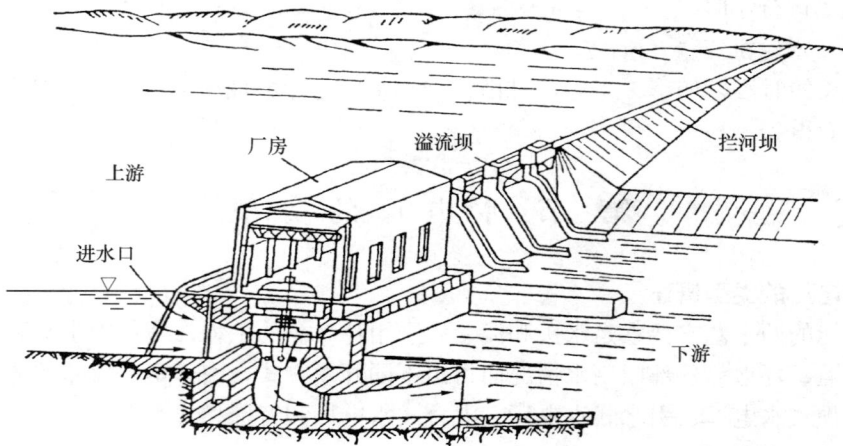

图 10-6　河床式水电厂

厂房是坝的一部分。河床式水电厂所形成的水头较低，一般只能形成 50m 以下的水头。葛洲坝水电厂是我国目前总装机容量最大的河床式水电厂，总装机容量为 2715MW。

三、引水式水电厂

为引水在河道上修建低坝，用坡度较小的引水道将水引至河段下游，再通过压力水管将水引入厂房，在引水道的末端与河道下游水面之间形成水头而发电。这种用引水道集中落差形成上、下游的水头的水电厂，称为引水式水电厂，如图 10-7 所示。引水式水电厂分为无压引水式水电厂和有压引水式水电厂。

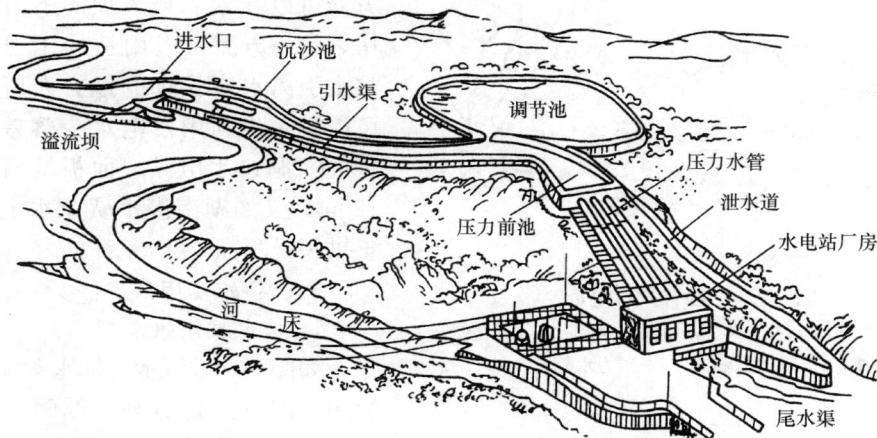

图 10-7　引水式水电厂

1. 无压引水式水电厂

从上游水库用引水明渠长距离引水，与下游水面形成水头。这种无压水流用引水产生水头的水电厂，称为无压引水式水电厂，如图 10-8 所示。这种水电厂所形成的水头不高，总装机容量不大。

2. 有压引水式水电厂

如图 10-9 所示，从上游水库用压力隧洞长距离引水与下游水面形成水头，这种用压力引水产生水头的水电厂，称为有压引水式水电厂。这种水电厂所形成的水头很高，如奥地利雷扎河水电厂的水头高达 1771m，是世界上水头最高的水电厂。四川省太平驿水电厂引水压

图 10-8　无压引水式水电厂布置示意

1—壅水坝；2—引水渠；3—溢水道；4—水电厂厂房

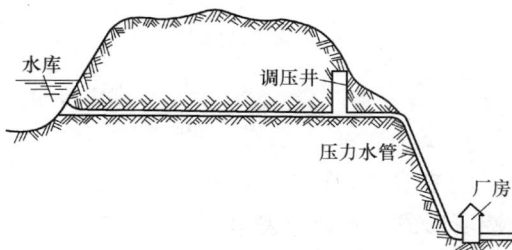

图 10-9　有压引水式水电厂

力隧洞长度高达 10497m，是我国引水隧洞最长的有压式水电厂。

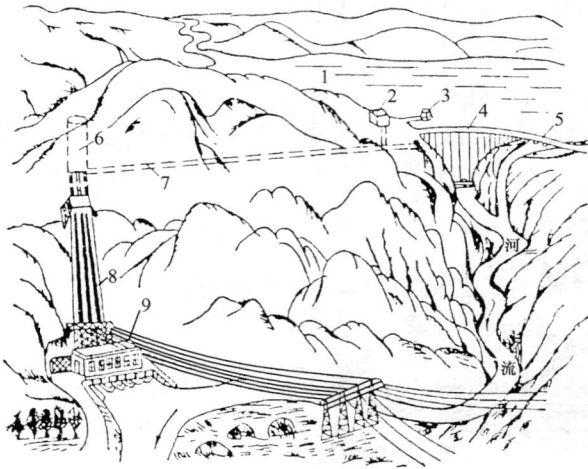

图 10-10　混合式水电厂

1—水库；2—闸门室；3—进水口；4—拦河坝；5—溢洪道；

6—调压室；7—压力隧道；8—压力水管；9—厂房

四、混合式水电厂

由拦河坝和引水道共同集中落差而形成水头的水电厂，称为混合式水电厂，也就是坝式水电厂和引水式水电厂两种方式结合而成的水电厂如图 10-10 所示。这种型式的水电厂厂房布置较灵活，一方面可以在紧靠最大坝的下游处布置厂房，另一方面可以用长的压力引水管道将水引离水库较远的地方布置厂房。还可以进一步利用发电水头落差。如湖北古夫河洞口水电站，面板堆石坝，坝高 120m。又如湖南澧水贺龙水电站，混凝土拱坝，坝高 47.8m。

五、特殊水电厂

1. 抽水蓄能水电厂

如图 10-11 所示。抽水蓄能水电厂一般用特殊方法建有高、低两个水库形成一定水头。当系统电力负荷在低谷时，通常在夜间，利用系统电能把水从下水库中的水抽至上水库中，以位能的形式将水能储存起来；当系统电力负荷处在高峰时，再从上水库引水发电，即是说利用上水库的水推动可逆式水轮机组反方向旋转，带动发电机运行，这样把上水库中的水能转为电能。广州抽水蓄能电厂总装机容量为 2400MW，也是目前世界上最大的抽水蓄能水电厂。

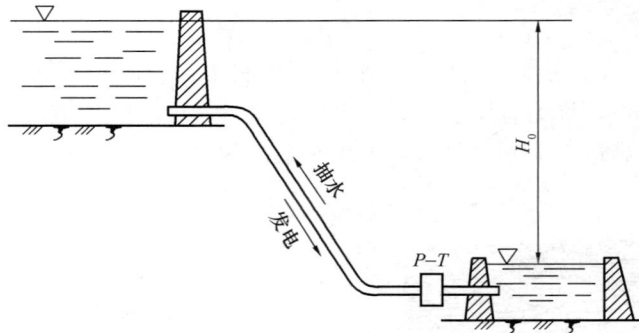

图 10-11　抽水蓄能水电厂

2. 潮汐水电厂

如图 10-12 所示。潮汐水电厂是在海湾或大海的狭窄处修坝形成水库，利用海水涨潮和落潮所形成的水位差发电。目前，法国的朗斯潮汐电厂，总装机容量为 342MW，是世界上最大的潮汐水电厂。

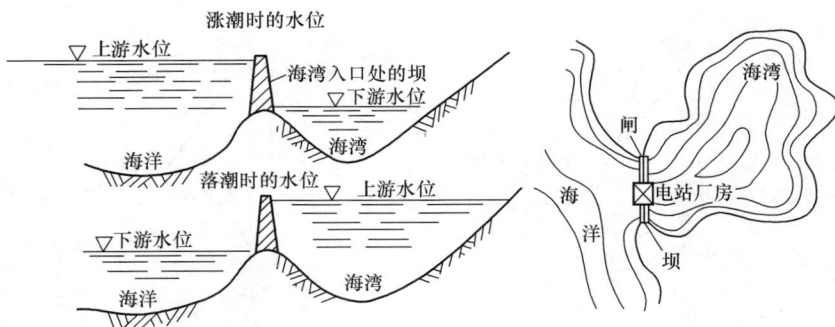

图 10-12　潮汐水电厂

第三节　水电厂的水工建筑物

一、拦水建筑物——坝

1. 土坝

土坝也叫土石坝，是以土料、砂砾料和石料为主堆筑而成的坝，是最简易的、也是最古老的一种坝型，而且筑坝材料耗量巨大。

例如，我国最高的心墙土石坝是小浪底水电站，坝高 154m。最高的面板堆石坝是天生桥一级水电站，坝高 178m。

2. 重力坝

重力坝是依靠自身重量在地基上产生的摩擦力以及坝与地基之间的凝聚力来防止滑动和倾倒，维持自身稳定的一种坝。常见的为混凝土重力坝，如图 10-13 所示。

目前，我国最高的重力坝是三峡大坝，坝高 181m。世界上最高的重力坝是瑞士的大狄克桑斯坝，坝高 285m。重力坝可以分为溢流坝和非溢流坝，如图 10-14 所示。

混凝土重力坝根据结构型式不同分为实体重力坝、宽缝重力坝和空腹重力坝三类。如河北潘家口水电站，坝高 107.5m，是典型的宽缝重力坝。又如广东枫树坝，坝高95.3m，是典型的空腹重力坝。

3. 拱坝

拱坝的水平截面为弧形拱圈，凸向上游，如图 10-15 所示。拱圈的两端支承在两岸岩体上。它利用拱的作用将所承受的水平载荷变为拱推力传至两岸岩石，保持坝体稳定。

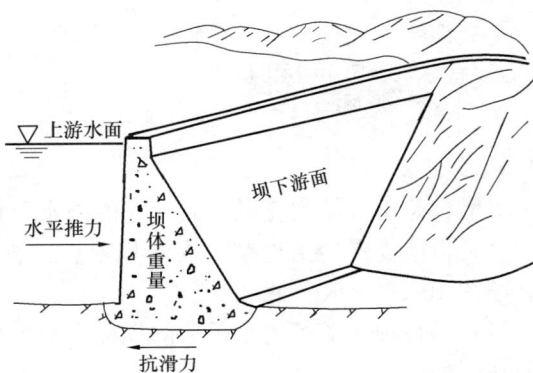

图 10-13　混凝土重力坝

拱坝分类方法很多。拱坝挡水面沿高度方向为直线的称为单曲拱坝。拱坝挡水面沿高度方向为曲线的称为双曲拱坝。如四川雅砻江水电站是双曲拱坝，坝高为 240m。

表示拱坝厚薄的体形指标是厚高比 T/H，即是说拱坝在最大高度处的坝底厚度 T 与坝高 H 的比值。按厚高比（T/H）不同，拱坝可分为薄拱坝（$T/H<0.1$）、拱坝（$T/H=$

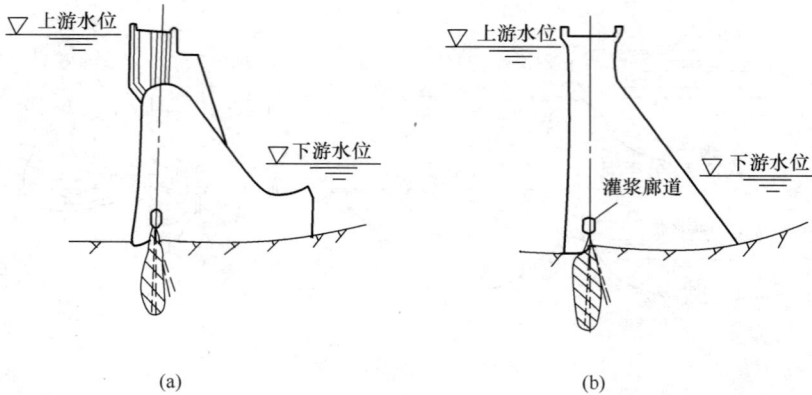

图 10-14　混凝土重力坝的剖面图
(a) 溢流坝；(b) 非溢流坝

0.1～0.3）和重力拱坝（$T/H=0.4～0.6$）。拱坝的形式如图 10-16 所示。

目前，我国最高的重力拱坝位于龙羊峡水电站，坝高为 177m。

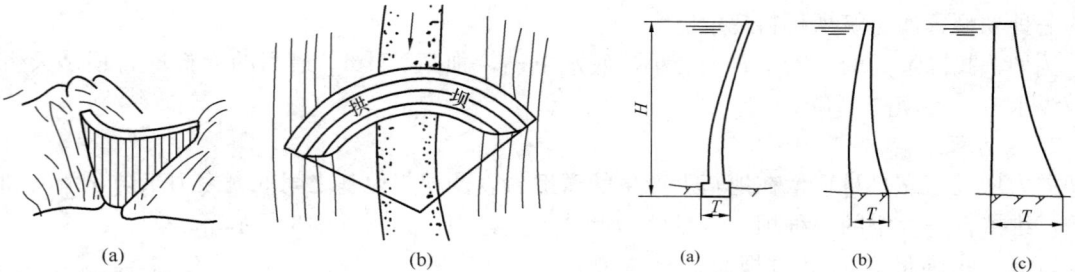

图 10-15　拱坝
(a) 侧视图；(b) 平面图

图 10-16　拱坝示意图
(a) 薄拱坝，$T/H<0.1$；(b) 拱坝，$T/H=0.1～0.3$；
(c) 重力拱坝，$T/H=0.4～0.6$

4. 支墩坝

支墩坝是由一系列支墩及其支撑的挡水盖板组成。盖板形成挡水面，将水压力由盖板传给支撑，再由支墩传给地基。支墩坝根据盖板型式可分为平板坝、连拱坝和大头坝三种形式，如图 10-17 所示。

（1）平板坝。盖板为平板形的坝称为平板坝。如福建古田二级水电站，坝高 43.5m，是目前我国最高的平板坝。

（2）连拱坝。盖板为拱形的坝称为连拱坝。如安徽梅山水电站，坝高 83.24m，是目前我国最高的连拱坝。

（3）大头坝。没有单独盖板，其头部和支墩连成整体，即是说由支墩上游部位加大加厚成弧形或多角形头部，形成挡水面的坝称为大头坝。我国在支墩坝建造中，以大头坝为最多，如广东新丰江水电站，坝高 105m，是单支墩大头坝。

二、引水建筑物

引水建筑物包括进水建筑物和输水建筑物。

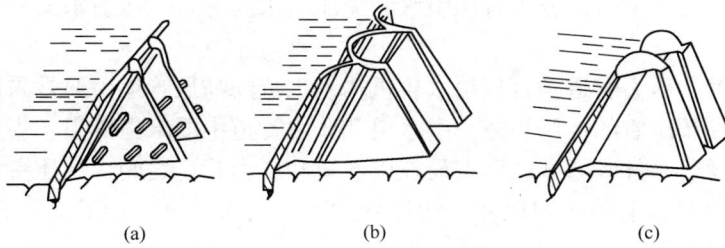

图 10-17 支墩坝

（a）平板坝；（b）连拱坝；（c）大头坝

1. 进水建筑物

进水建筑物的作用是保证引进符合发电要求的必需的水量。进水建筑物的主要部分是进水口，在进水口一般设置拦污设备、闸门和起重机械等设备。如图 10-18 所示。

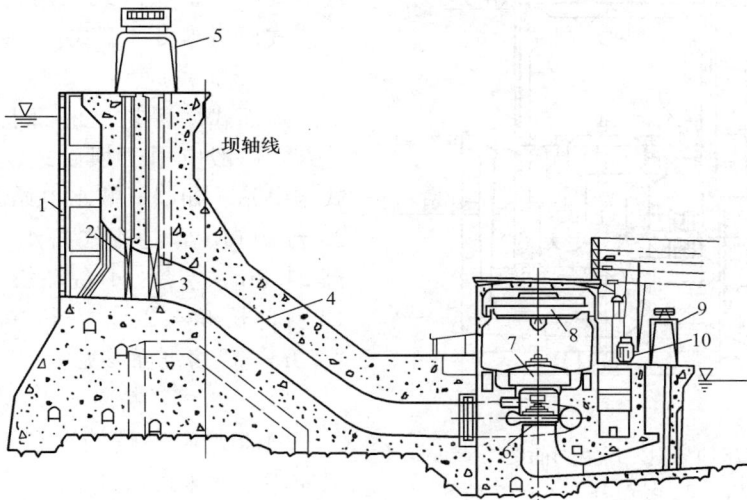

图 10-18 水电厂建筑物

1—拦污栅；2—检修闸门；3—工作闸门；4—压力钢管；5—坝顶式起重机；
6—水轮机；7—发电机；8—厂房桥式起重机；9—压水闸门式起重机；10—升压变压器

（1）进水口。进水方式分为坝前式和河岸式两种。河岸式进水口又分为竖井式、斜坡式和塔式三种。无论哪种方式都要求进水口有足够的进水能力和小的水头损失。

（2）拦污设备。拦污设备的作用是阻拦污物进入输水道，防止水轮机和阀门等设备损坏。拦污设备由拦污浮排和拦污栅组成。

（3）闸门。进水口所设置的闸门有三种用途，一种是用进口闸门来控制引水流量；另一种是在检修输水建筑物或水轮机时用来关闭进口截断水流，为进水口和引水道的检修创造条件；再一种是当机组发生事故时，紧急关闭闸门。

2. 输水建筑物

输水建筑物的功用是输送水电厂所需的水。输水建筑物主要由引水道、压力管道和调压室组成。

（1）引水道。引水道可以分为有压引水和无压引水两种，无压引水又分为隧洞引水和渠道引水两种。

（2）压力管道。压力管道是直接给水轮机输入水流的高压管道，通常采用钢管。

（3）调压室。调压室的作用是减小引水道和压力管道中的水击压力，当机组负荷变动时可以改善机组的运行条件。通常调压室设在引水道和压力管道之间。调压室设在地面上的叫做调压塔，埋在地面以下的叫调压井。调压室的型式有圆筒式、阻抗式、双室式和差动式四种。

三、厂房

水电厂的厂房是电能生产的中心，是各种发电专门建筑物、机械设备、电器设备的综合体。厂房建筑物是为机械及电气设备服务的，图10-19所示为主厂房剖面图。

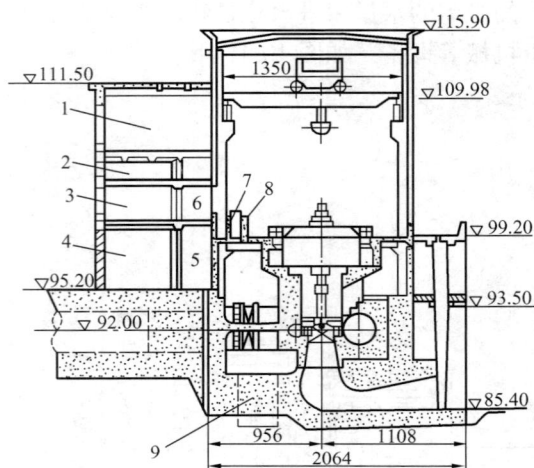

图10-19 主厂房横剖面图

1—中央控制室；2—电缆层；3—电气实验室；
4—油开关；5—母线廊道；6—行人走廊；
7—油压装置；8—调整器；9—集水井

厂房的分类方法较多，按水电厂厂房结构特征分为地面式厂房、河床式厂房、地下式厂房、坝内式厂房、露天式厂房和溢流式厂房等多种型式。

1. 地面式厂房

地面式厂房是在地面上有高大的上层建筑，一般应用于坝后式、引水式和混合式水电站。如，三峡水电站是坝后式厂房。26台700MW混流式机组，厂房宽68m，高94.3m，左岸14台，长643.7m，右岸12台，长584.2m，一机一缝，机组间距38.3m，厂房剖面参见图10-5。

2. 河床式厂房

河床式厂房是挡水建筑物的一部分，只应用于河床式水电站。

3. 地下式厂房

地下式厂房位于地面以下，在岩体中开挖而成。厂房全部建在地下洞室里，有长的引水隧洞和尾水隧洞。根据厂房在引水线上所处的位置不同，有首部式、尾部式和中部式三种，见图10-20。

坝式水电厂和引水式水电厂可以采用地下式厂房。我国湖南江垭水电站、湖北忠建河洞坪水电站和四川二滩水电站等采用地下式厂房。如二滩水电站安装6台550MW水轮发电机组，总装机容量3300MW，地下厂房埋深200~400m，开挖长度280.3m，宽度30.7m，高度65.7m。如图10-21所示。

4. 坝内式厂房

坝内式厂房是厂房布置在坝体的空腔内，图10-22所示为坝内式厂房布置示意图。

如湖南省酉水凤滩水电站，厂房高40m，宽20.5m，长255.9m，其厂房剖面图如图10-23所示。它是我国第一座混凝土空腹重力拱坝，坝高112.5m，4台100MW混流式机组，机组布置在溢流坝的空腹内。

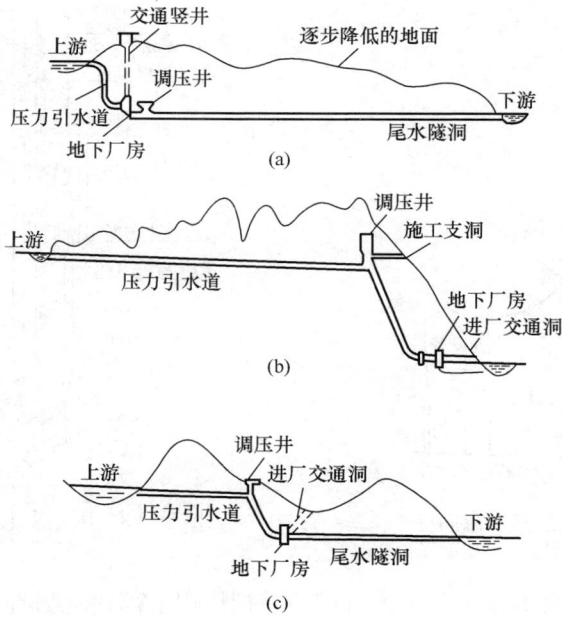

图 10-20　地下式厂房示意图

（a）首部式；（b）尾部式；（c）中部式

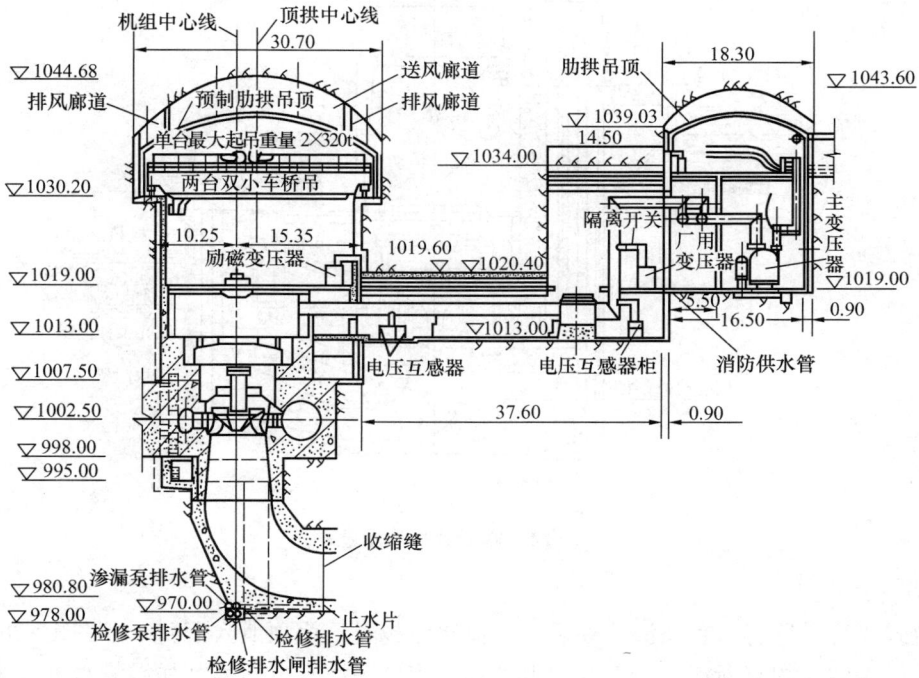

图 10-21　二滩水电站地下式厂房示意图

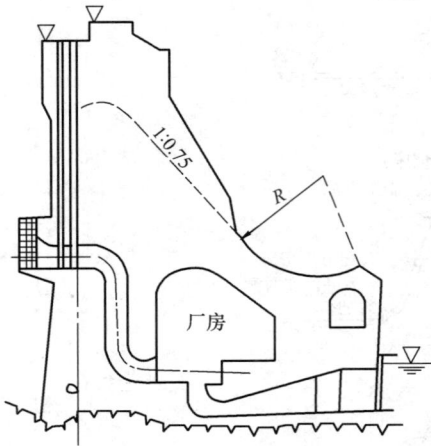

图 10-22 坝内式厂房示意图

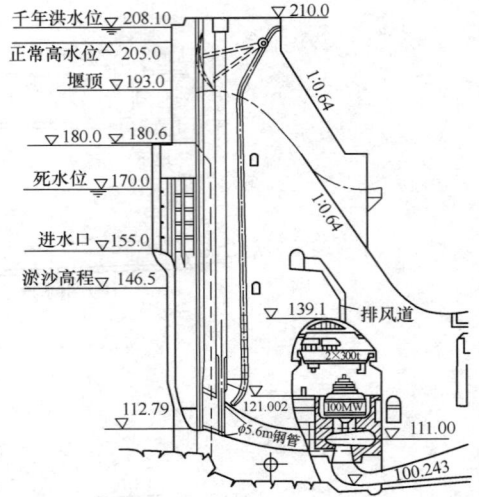

图 10-23 凤滩水电站坝内式厂房剖面图

5. 露天式厂房

露天式厂房是主厂房的水上部分没有围墙并把厂房上部建筑物省去，如图 10-24 所示。

我国青铜峡水电站安装 8 台轴流转桨式机组，总装机容量为 272MW，采用了半露天闸墩式厂房。

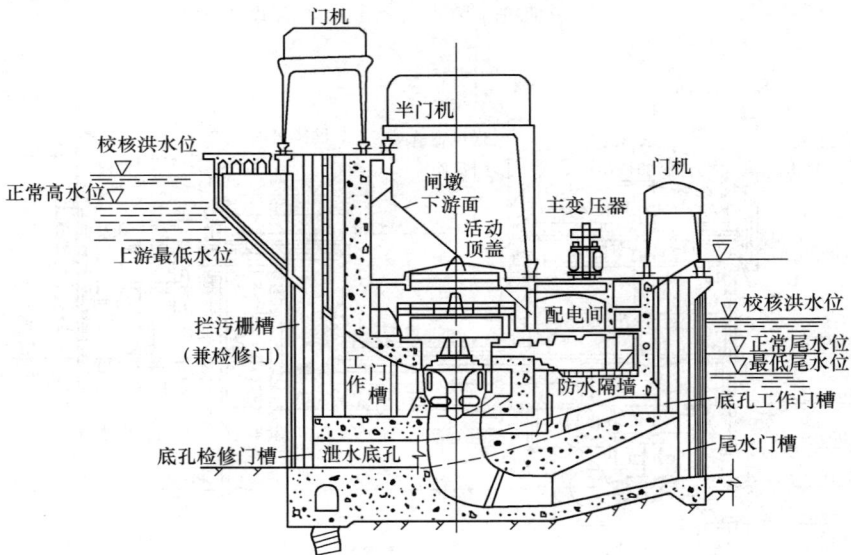

图 10-24 露天式厂房示意图

6. 溢流式厂房

溢流式厂房是厂房布置在溢流坝后，下泄水流越过厂房顶泄入下游，如图 10-25 所示。

采用厂房溢流的有浙江省新安江水电站和云南省漫湾水电站等。如漫湾水电站为坝后式全封闭厂前挑流式水电站，6 台 250MW 混流式机组，总装机容量 1500MW，厂房全长195m，大坝为混凝土重力坝，坝高 132m。

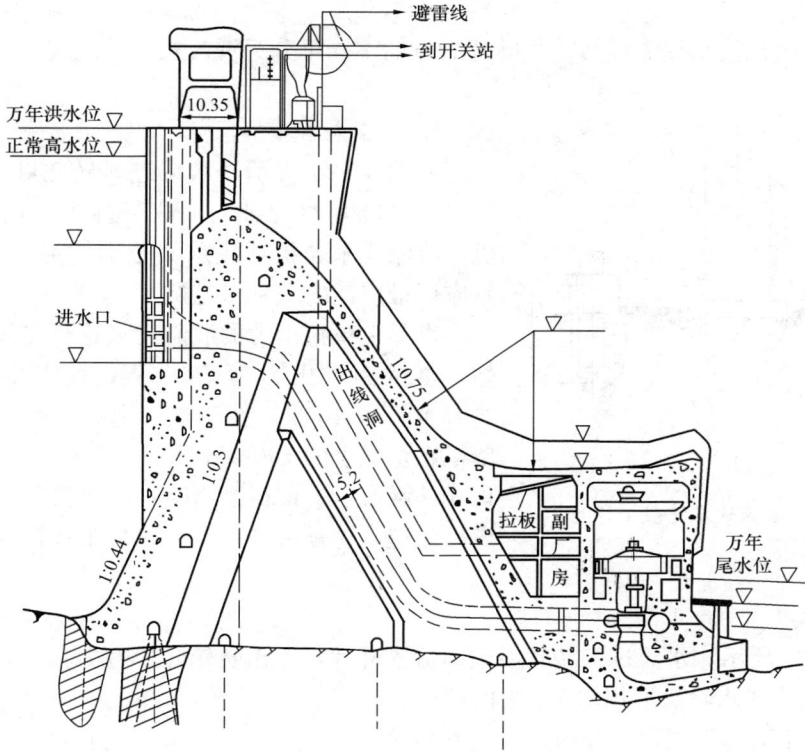

图 10-25 溢流式厂房示意图

第四节 水 轮 机

一、水轮机的类型

水轮机是将水能转换成旋转机械能的水力原动机，是水电厂的主要动力设备。根据水流作用于水轮机转轮时的能量转换特征，可以将水轮机分为反击型和冲击型两大类。反击型水轮机主要利用的是水流压力势能；冲击型水轮机主要利用的是水流动能。各类水轮机因其结构不同，又有多种不同的类型。其分类如下：

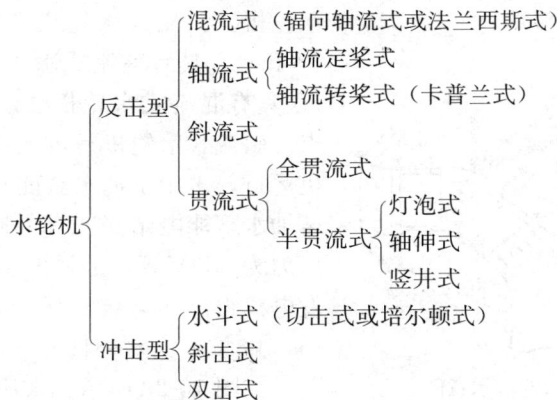

```
                              ┌ 混流式（辐向轴流式或法兰西斯式）
                              │            ┌ 轴流定桨式
                              │ 轴流式 ┤
                              │            └ 轴流转桨式（卡普兰式）
                    ┌ 反击型 ┤ 斜流式
                    │         │            ┌ 全贯流式
                    │         │ 贯流式 ┤            ┌ 灯泡式
                    │         │            └ 半贯流式┤ 轴伸式
          水轮机 ┤                                   └ 竖井式
                    │         ┌ 水斗式（切击式或培尔顿式）
                    └ 冲击型 ┤ 斜击式
                              └ 双击式
```

（一）反击型水轮机

反击型水轮机按水流流经转轮的叶片的方向不同可分为混流式、轴流式、斜流式和贯流式四种类型。

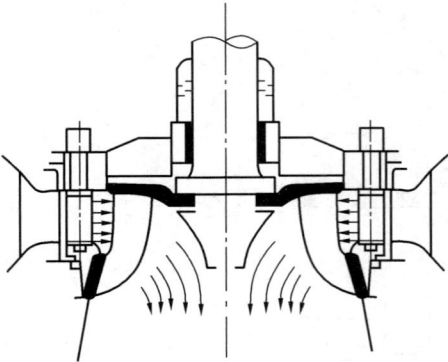

图 10-26 混流式水轮机示意图

1. 混流式水轮机

如图 10-26 所示，水流进入转轮叶片时为辐向，流出转轮叶片时为轴向，故又称为辐向轴流式水轮机。混流式水轮机适用水头范围约为 30～800m。它是应用最广泛的一种水轮机。

世界上单机出力的混流式水轮机在我国三峡水电站，单机额定出力为 700MW，最大出力 852MW。2007 年 7 月 10 日，在三峡水电站，首台国产世界上单机容量最大的 700MW 水轮发电机组——26 号机组正式并网发电。该机组由哈尔滨电机厂有限公司独立设计建造，这是中国首台拥有自主知识产权的全国产机组。

2. 轴流式水轮机

如图 10-27 所示，水流进入转轮沿轴向流入叶片，流出转轮叶片时为轴向，故称为轴流式水轮机。轴流式水轮机适用水头范围约为 3～88m。由于转轮结构不同，又分为定桨式和转桨式两种。轴流定桨式水轮机在运行中叶片是不能转动的。结构简单，易于制造，只应用在中小型水电厂。轴流转桨式水轮机在运行中叶片可以适应负荷变化而转动，平均效率比混流式水轮机高，可以应用大中型水电厂。

目前世界上单机出力最大的轴流转桨式水轮机在我国福建省水口水电站，单机额定出力为 200MW。

3. 斜流式水轮机

如图 10-28 所示，水流流入和流出叶片时均与主轴轴线倾斜成某一角度，故称为斜流式

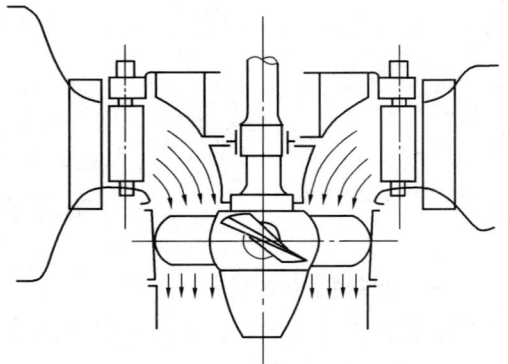

图 10-27 轴流式水轮机示意图

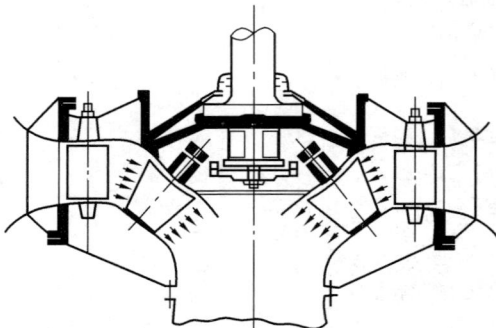

图 10-28 斜流式水轮机示意图

水轮机。斜流式水轮机适用水头范围约为 40～200m。它具有轴流式水轮机运行效率高的优点，还具有混流式水轮机强度好和汽蚀性能好的优点。斜流式水轮机是可逆机组，能作水泵—水轮机运行，多用于抽水蓄能水电厂。如美国巴斯康蒂抽水蓄能电站安装有可逆斜流式水轮机，单机出力为 380MW，是目前世界上最大的可逆水轮发电机组。

4. 贯流式水轮机

如图 10-29 所示，水流沿轴向直贯流入流出，

故称为贯流式水轮机。其转轮与轴流式水轮机的转轮没有区别。水轮机采用卧式或斜式轴向布置。贯流式水轮机适用水头范围约为 2～48m。根据贯流式水轮机与发电机装配方式不同，又分为全贯流式水轮机和半贯流式水轮机。根据水轮机与发电机的连接关系，半贯式水轮机又可分为灯泡式、轴伸式和竖井式。

图 10-29　贯流式水轮机示意图

目前世界上单机容量最大的灯泡贯流式水轮机在日本的只见水电站，单机额定出力为 65.8MW。我国的洪江水电站，安装灯泡贯流式水轮机，单机出力为 46.4MW。

（二）冲击型水轮机

冲击型水轮机根据射流冲击转轮的方式不同，又可分为切击（水斗）式、斜击式和双击式三种。

1. 切击式（水斗式）水轮机

如图 10-30 所示，射流中心线与转轮的节圆直径相切，故称为切击式水轮机。又因转轮上周向布置勺形水斗叶而得名于水斗式水轮机。切击式水轮机适用水头范围约为 100～2000m。切击式水轮机有卧轴、立轴、单喷嘴、多喷嘴之分。目前有向主轴、多喷嘴方向发展的趋势。我国云南以礼河三级水电站安装有我国目前单机出力最大的水斗式水轮机，其额定出力为 37.5MW。

2. 斜击式水轮机

如图 10-31 所示，喷嘴射流中心线与转轮旋转平面斜交成一锐角，射流从侧面射到转轮上，故称为斜击式水轮机。斜击式水轮机适用水头范围约为 20～400m。

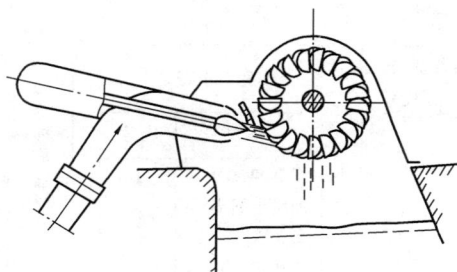

图 10-30　切击（水斗）式水轮机示意图

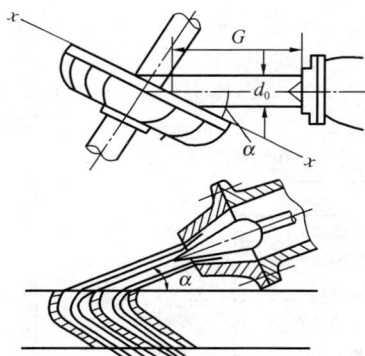

图 10-31　斜击式水轮机示意图

3. 双击式水轮机

如图 10-32 所示，水流由喷嘴口射到转轮的轮叶上，由轮叶外缘流向转轮中心，而水流穿过转轮内部空间再一次流到轮叶上，沿轮叶流向外缘，由于射流两次冲击转轮叶片，故称为双击式水轮机。双击式水轮机适用水头范围约为 5～150m。

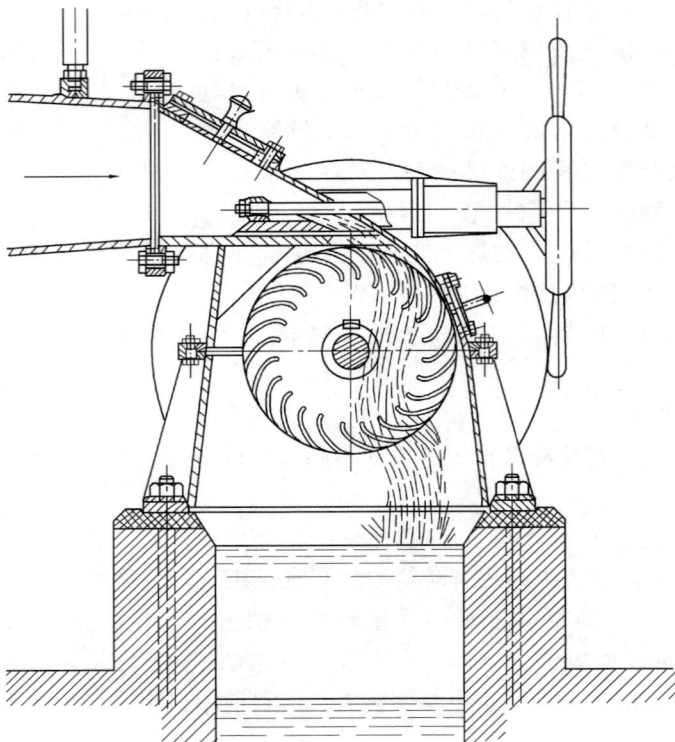

图 10-32 双击式水轮机示意图

二、水轮机的型号

（一）水轮机型号的组成

我国水轮机的型号由三部分组成，各部分之间用"-"符号分开。

1. 反击式水轮机型号

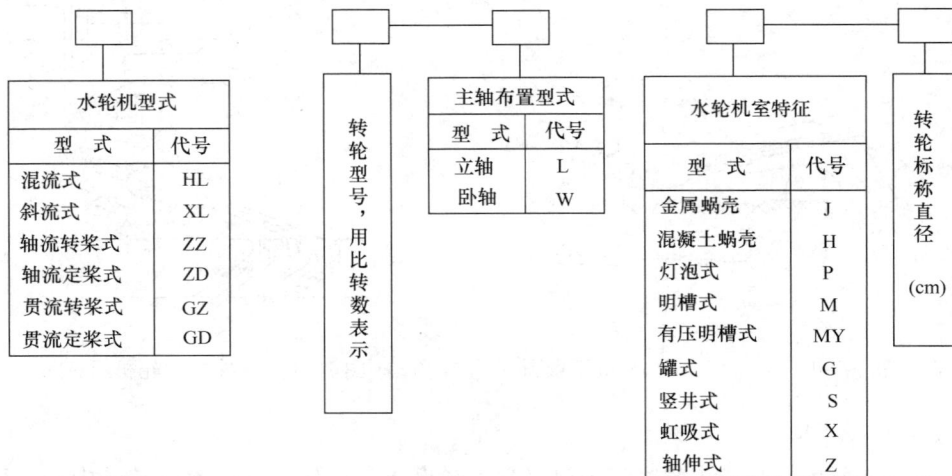

水轮机型式	
型 式	代号
混流式	HL
斜流式	XL
轴流转桨式	ZZ
轴流定桨式	ZD
贯流转桨式	GZ
贯流定桨式	GD

转轮型号，用比转数表示

主轴布置型式	
型 式	代号
立轴	L
卧轴	W

水轮机室特征	
型 式	代号
金属蜗壳	J
混凝土蜗壳	H
灯泡式	P
明槽式	M
有压明槽式	MY
罐式	G
竖井式	S
虹吸式	X
轴伸式	Z

转轮标称直径 (cm)

图 10-33 为反击式水轮机装置示意图。若为可逆式机组，则在第一部分水轮机型式代号后面加字母"N"。

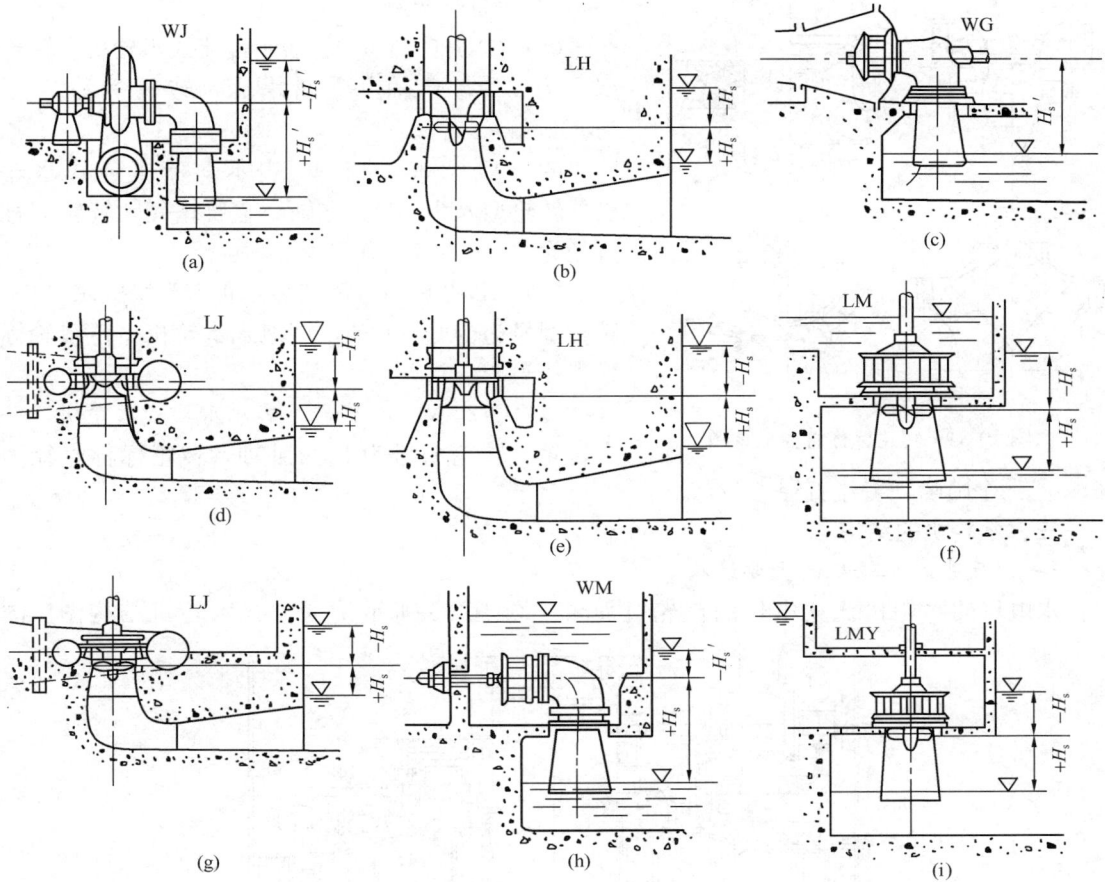

图 10-33　反击式水轮机装置示意图

2. 冲击式水轮机型号

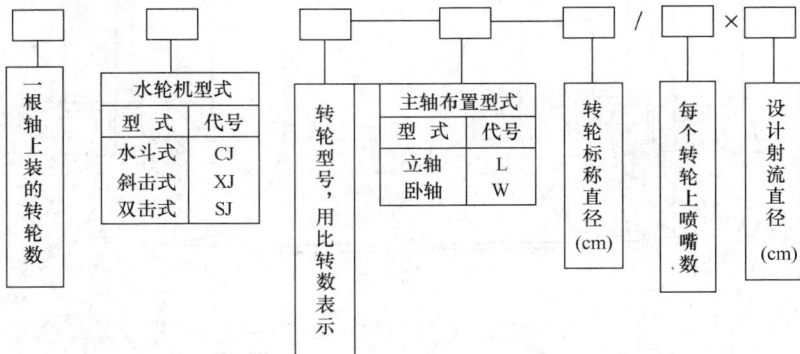

各种型式水轮机的标称直径规定见图 10-34。

（1）混流式水轮机是指转轮轮叶进水边最大直径。

（2）斜流式和轴流式水轮机是指与轮叶轴心线相交的转轮室内径。

（3）冲击式水轮机是指转轮与射流中心线相切的节圆直径。

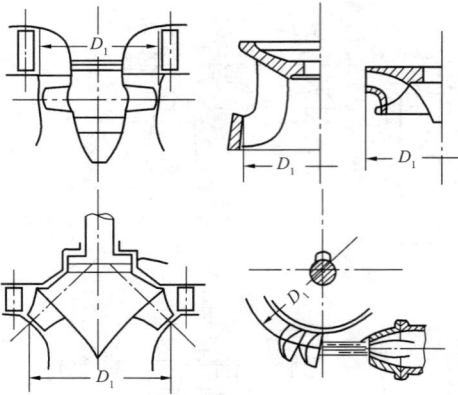

图 10-34　转轮标称直径示意图

70cm，一个喷嘴，射流直径为 7cm。

三、水轮机的结构

（一）反击式水轮机的主要结构

水电厂的水轮机比火电厂的汽轮机简单，图 10-35 所示是混流式水轮机结构图。图

（二）型号示例

（1）HL220-LJ-550。表示混流式水轮机，转轮型号为 220，立轴，金属蜗壳，转轮标称直径为 550cm。

（2）XLN200-LJ-300。表示斜流可逆式水轮机，转轮型号为 220，立轴，金属蜗壳，转轮标称直径为 300cm。

（3）GD600-WP-250。表示贯流定桨式水轮机，转轮型号为 600，卧轴，灯泡式水轮机室，转轮标称直径为 250cm。

（4）CJ22-W-70/1×7。表示水斗式水轮机，一个转轮，转轮型号为 22，卧轴，转轮标称直径为

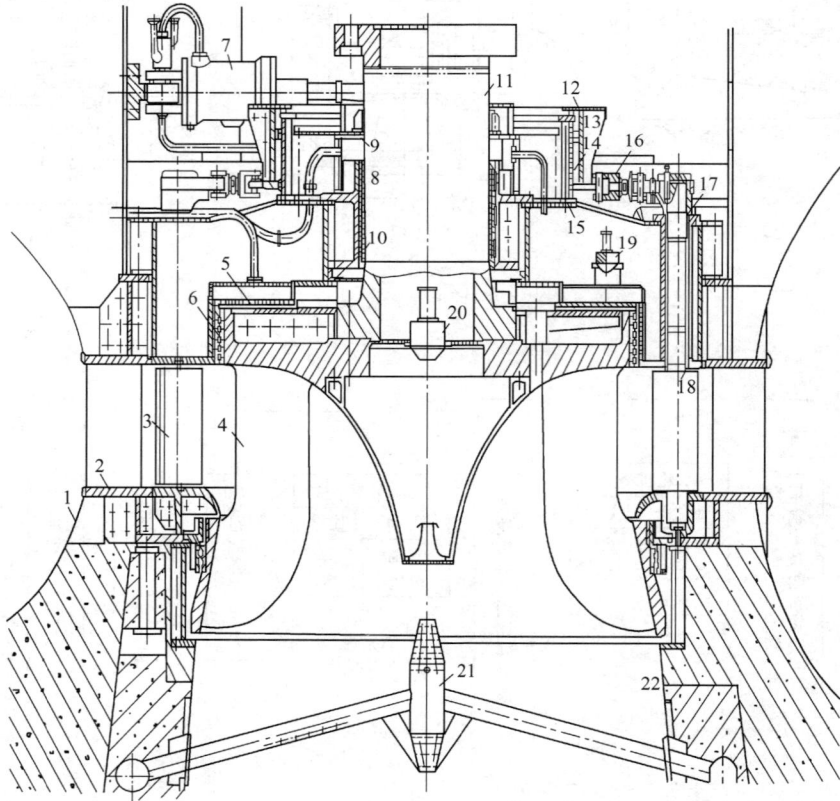

图 10-35　混流式水轮机结构示意图

1—蜗壳；2—座环；3—导叶；4—转轮；5—减压装置；6—止漏环；7—接力器；8—导轴承；9—平板密封；
10—抬机密封；11—主轴；12—控制环；13—抗磨板；14—支持环；15—顶盖；16—导叶传动机构；17—尼
龙轴套；18—导叶密封；19—真空破坏阀；20—吸力式空气阀；21—十字补气架；22—尾水管里衬

10-36所示是轴流转桨式水轮机结构图。它主要由引水机构、导水机构、转轮和泄水机构组成。

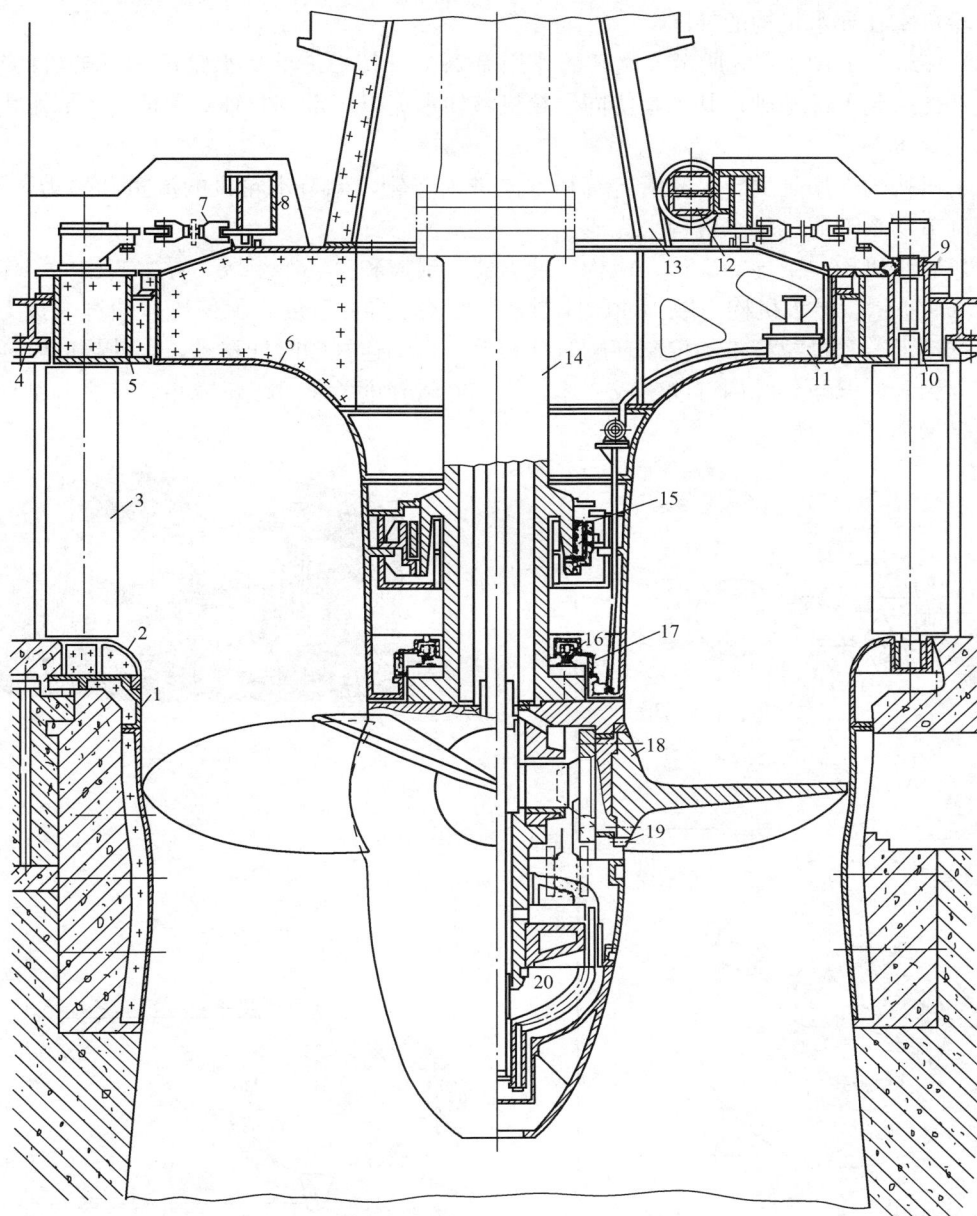

图 10-36 轴流转桨式水轮机结构示意图

1—基础环；2—底环；3—导叶；4—座环；5—顶盖；6—支持盖；7—导叶传动机构；
8—控制环；9—导叶轴套；10—套筒密封；11—真空破坏阀；12—接力器；13—推力
轴承支架；14—主轴；15—导轴承；16—主轴密封；17—检修密封；18—转轮；19—叶
片密封；20—转轮接力器兼操作架

1．引水机构

引水机构包括水轮机室和座环。

（1）水轮机室。如图 10-37 所示是具有金属蜗壳的混流式水轮机示意图。水轮机室的作用是将高压水管的水流以小的水力损失引向导水机构，使水流沿四周均匀地进入转轮。因此，水轮机室在导水机构的外围。

（2）座环。如图10-38所示，座环的作用有两个，其一是承受水轮机和发电机的重量、荷载，并传递到下部基础；其二是协同水轮机室使水流以一定方向轴对称地进入导水机构。

2. 导水机构

导水机构的作用是引导水流沿着有利方向进入转轮，调节水轮机的流量和出力，开机、停机和调节功率都通过导水机构来完成。

（1）导水机构。由导叶、传动机构、接力器、顶盖和底环等组成。导水机构的工作原理如图10-39所示。导水机构一般用油压控制，若要关小导叶开度，就使压力油进入接力器关闭腔，推动活塞和推拉杆带动控制环顺时针转动，带动连杆顺时针移动，再使导叶臂逆时针转动，因为导叶臂与导叶用键固定成一体，故导叶将开度关小，流量减小。反之，则导叶开大，流量增加。

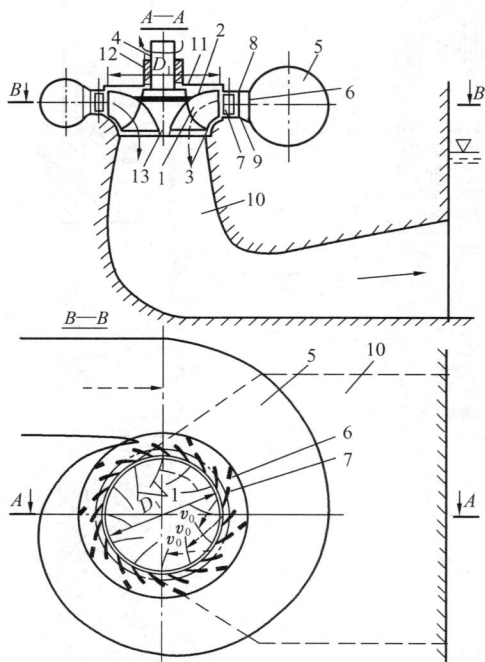

图 10-38　座环

图 10-37　具有金属蜗壳的混流式水轮机示意图

1—轮叶；2—转轮上冠；3—转轮下环；4—水轮机主轴；5—蜗壳；6—座环支柱；7—导叶；8—座环上环；9—座环下环；10—尾水管；11—水轮机顶盖；12—导轴承；13—泄水锥

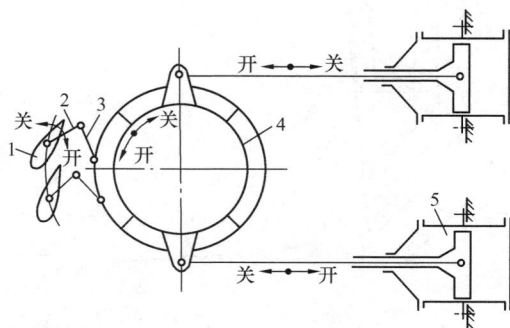

图 10-39　导水机构的工作原理示意图

1—导叶；2—转臂；3—连杆；4—控制环；5—接力器

混流式水轮机大多采用径向式导水机构，如图10-40所示。

（2）导叶。如图10-41所示，导叶的作用是调节流量和形成环形流量。导叶是导水机构的主要组成部分，由导叶体和导叶轴组成。

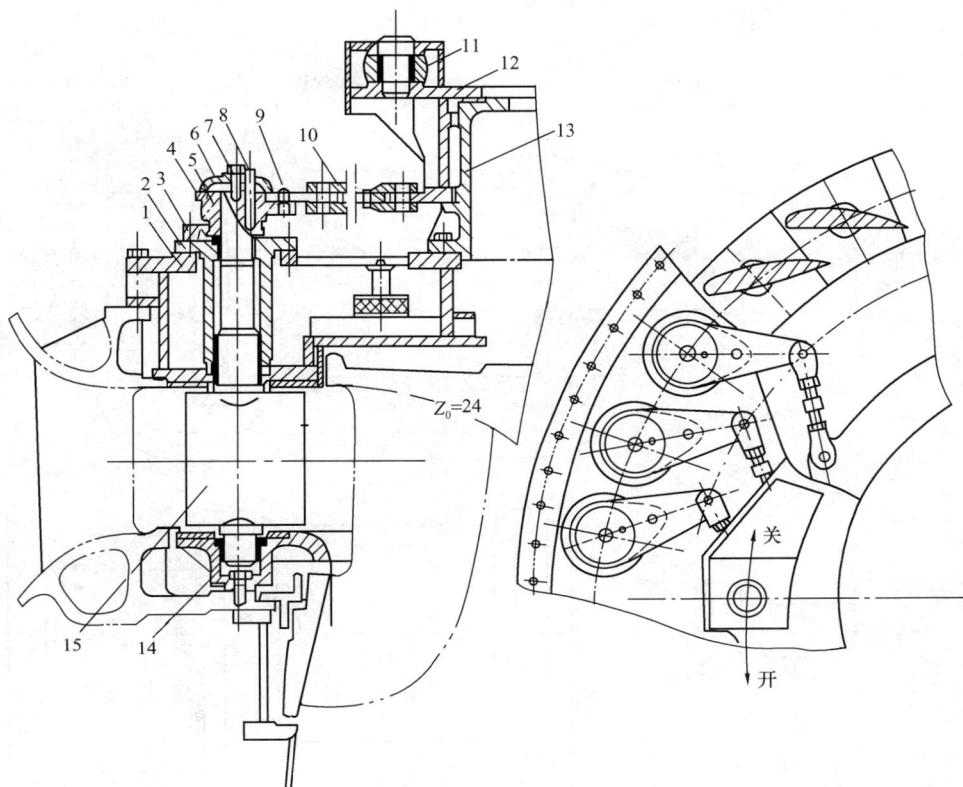

图 10-40　导水机构剖面图

1—顶盖；2—套筒；3—止推压板；4—连接板；5—导叶臂；6—端盖；7—调节螺钉；
8—分半键；9—剪断销；10—连杆；11—推拉杆；12—控制环；13—支座；14—底环；15—导叶

（3）导叶的控制机构。控制机构是实现导叶开启或关闭动作的一种传动机构。由导叶臂、连杆、剪断销和控制环等组成。

（4）接力器。接力器的作用是把调速器所发出的开关导叶的指令传给控制机构。大中型水轮机通常采用摇摆式接力器（见图 10-42）和环形接力器（见图 10-43）。

（5）顶盖和底环。顶盖和底环分别安装在导叶的上面和下面，构成一个过流通道，同时支承导叶轴。在顶盖上要安装导轴承和控制环等部件。

3. 转轮

转轮的作用是将水流的水能转变为旋转的机械能，是水轮机的核心部件，对水轮机的性能、构造和尺寸起着决定性的作用。所以水轮机的型式实质上是指转轮的型式。

（1）混流式水轮机的转轮如图 10-44 所示。它由上冠、下环、叶片、止漏环和泄水锥等组成。

上冠的上部由法兰与主轴连接，在上冠的下端固定着泄水锥，其作用是引导辐向水流平顺地形成轴向流动，防止了

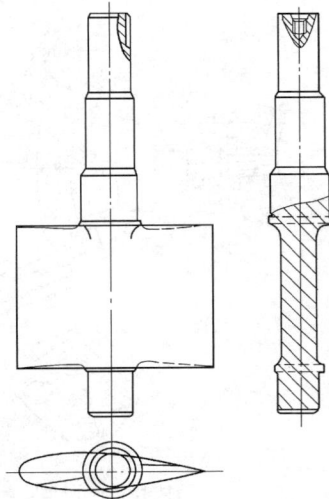

图 10-41　导叶

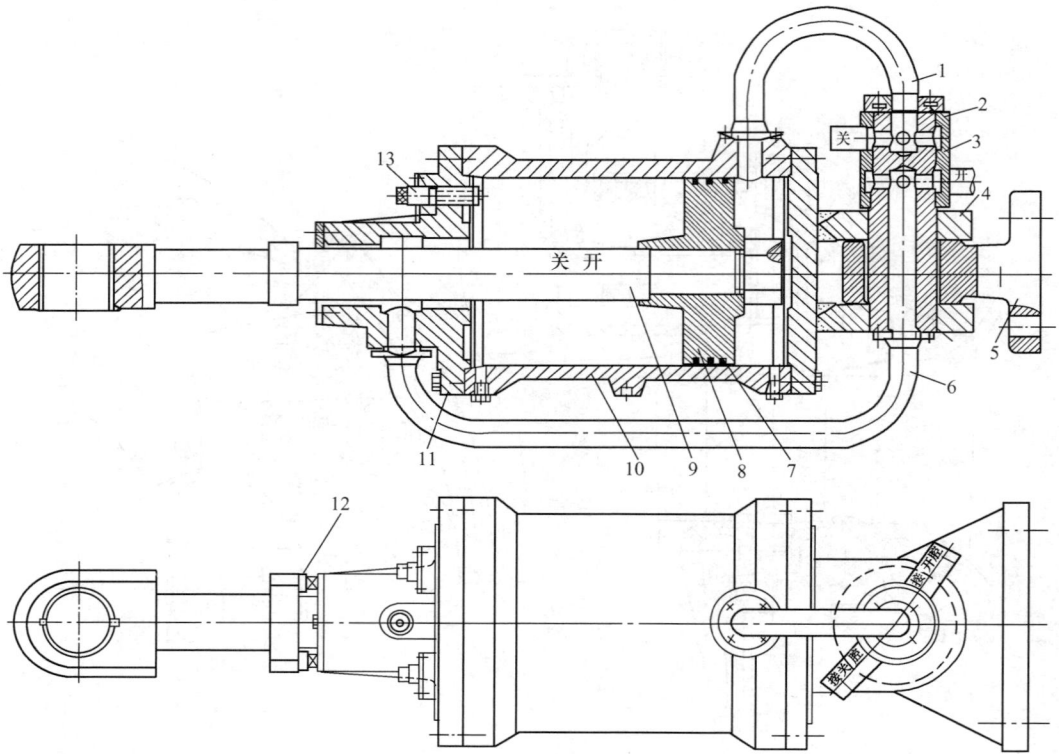

图 10-42 摇摆式接力器

1—U 形管；2—配油套；3—销轴；4—后缸盖；5—固定支座；6—Ⅱ形管；7—活塞环；
8—活塞；9—推拉杆；10—缸体；11—前端盖；12—特殊螺钉；13—限位螺钉

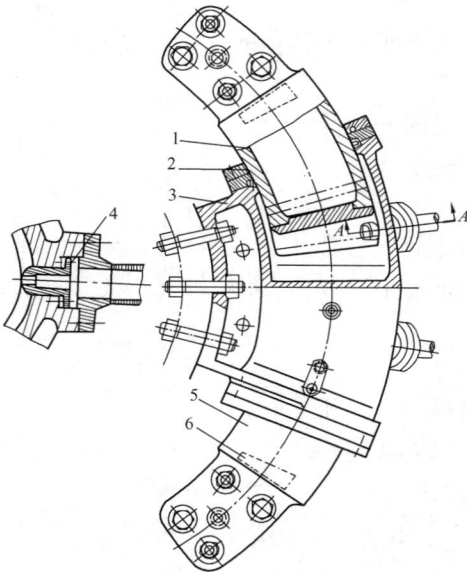

图 10-43 环形接力器

1、5—活塞；2—密封；3—缸体；4—截流阀；6—限位块

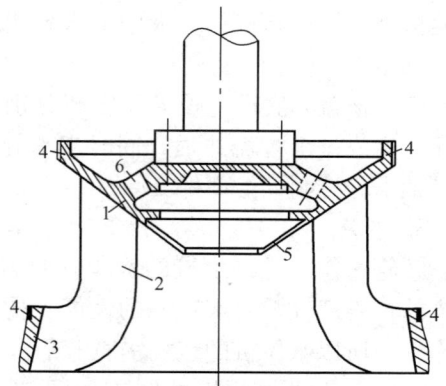

图 10-44 混流式转轮剖面示意图

1—上冠；2—叶片；3—下环；
4—止漏环；5—泄水锥；6—减压孔

水流从轮叶之间流出来互相撞击而带来更多的水力损失。

轮叶的上、下端分别与上冠、下环固定，三者连成一整体。

止漏环是止漏装置，有的叫迷宫环。其作用是减少在转轮上、下端与固定部分的间隙造成的漏水损失。因此，在间隙中镶上用钢或不锈钢制成的止漏环。

减压孔的作用是减小高压水流经止漏环进入到转轮顶部所产生的轴向水压力。因此在转轮上冠开有数个减压孔，以便排出渗入的水量。

（2）轴流转桨式水轮机的转轮，如图10-45所示。由转轮体叶片、泄水锥和叶片操作机构等组成。

轴流转桨式水轮机的转轮的轮叶是可以转动的，轮叶随水流条件的变化而转动。

叶片的操作机构示意图如图10-46所示。由转轮接力器、操作轴、操作架、连杆和转臂等组成。其动作是由调速器自动控制，用油压操作，当高压油进入活塞的上腔，便推动活塞下移，带动操作轴和操作架及连杆下移，使转臂带着与其固定在一起的叶片顺时针转动，使叶片转角开大。反之，叶片转角关小。

4. 泄水机构——尾水管

混流式水轮机的泄水机构是尾水管，又叫吸出管，其作用有三，其一是将由转轮内流出的水引向下游；其二是利用转轮出口至下游水位之间的水头；其三是利用转轮出口部分的水流动能。

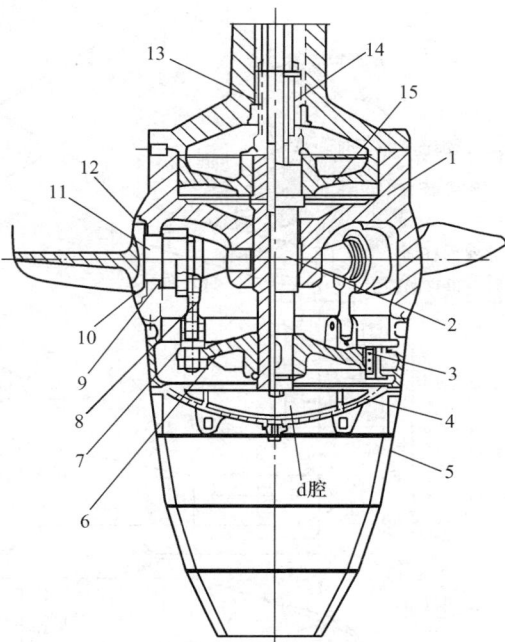

图 10-45　轴流转桨式转轮剖面示意图
1—转轮体；2—操作轴；3—导向块；4—端盖；
5—泄水锥；6—操作架；7—耳柄；8—斜连杆；
9—转臂；10—止推轴套；11—带枢轴叶片；
12—叶片密封；13—操作油管；14—主轴；
15—接力器活塞

尾水管可以分为直锥形和弯肘形两种，弯肘形尾水管应用于大中型水轮机。弯肘形尾水管由直锥段、肘管段和水平段组成，如图 10-47 所示。

（二）冲击式水轮机的主要结构

冲击式水轮机型式比较多，本书以切击（水斗）式水轮机为例说明冲击式水轮机的主要结构。

如图10-30所示，切击式水轮机由转轮、喷嘴、折向器和机壳等组成。

1. 转轮

切击式（水斗）水轮机转轮如图 10-48 所

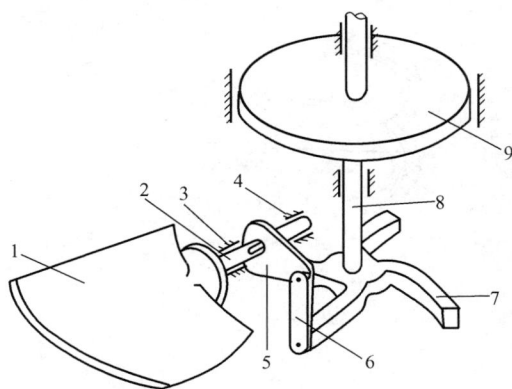

图 10-46　叶片操作机构示意图
1—叶片；2—枢轴；3、4—轴承；5—转臂；
6—连杆；7—操作架；8—活塞杆；9—活塞

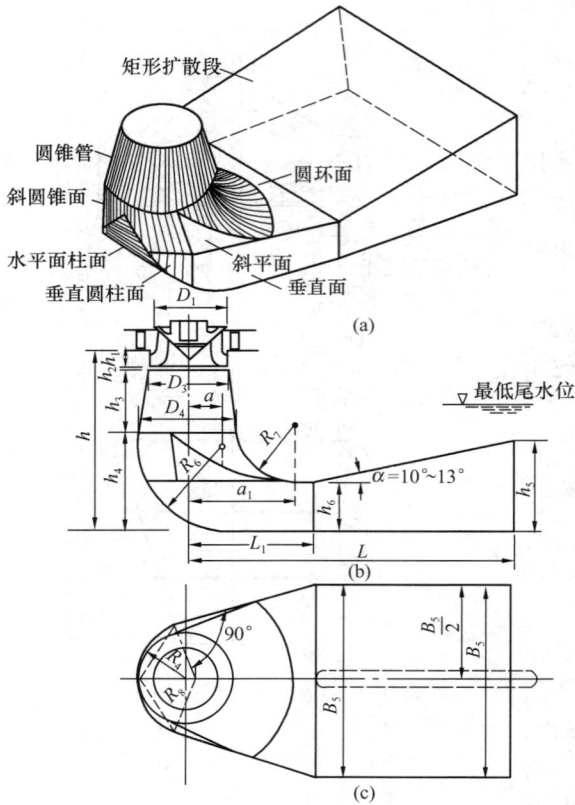

图 10-47　弯肘形尾水管示意图

（a）尾水管透视图；（b）纵剖面；（c）圆锥管以下水平面

示，它由轮盘和许多斗叶组成，斗叶固定在轮盘上。斗叶的中央有一分水锐缘。斗叶端部开有一个合适的缺口，其缺口大小由射流直径而定。

射流冲击到斗叶中央处的锐缘后，水流对称地向两边分开，并沿斗叶两边凹槽流动，以很小的速度从出水边离开斗叶流向下游。斗叶出水边与转轮旋转平面有一夹角，使水流从斗叶出水边流出后不会碰到另一斗叶的背面。

2. 喷管

如图 10-49 所示，喷管结构由喷嘴、喷管体、导水叶栅、针杆及其操作机构等组成。

喷嘴由喷嘴口、喷嘴头和喷针头组成。喷嘴和喷管体连接，喷管体内装有导水叶栅，其作用是消除水管中水流的旋转，还可以支承喷针杆。射流量的大小用调速器控制喷针头与喷嘴之间的过水面积来调节。

3. 折向器

如图 10-50 所示，折向器又称折流板和偏流器。装在喷嘴的出口处，当机组因

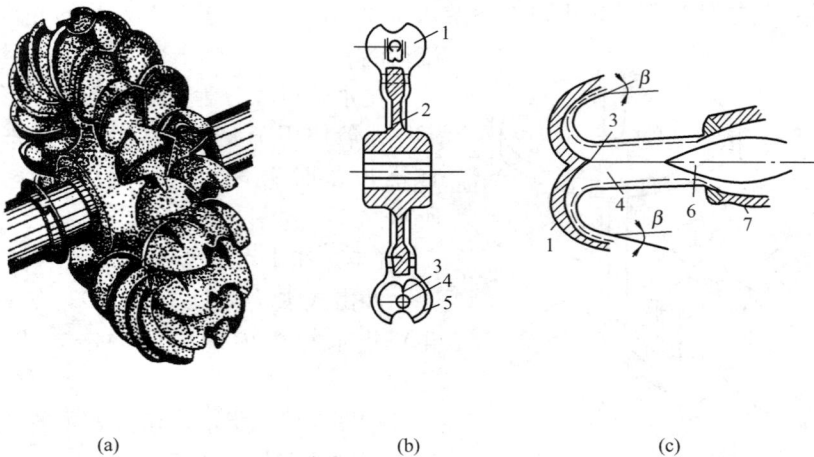

图 10-48　切击（水斗）式水轮机转轮

1—斗叶；2—转盘；3—锐缘；4—射流中心；5—缺口；6—针阀；7—喷嘴

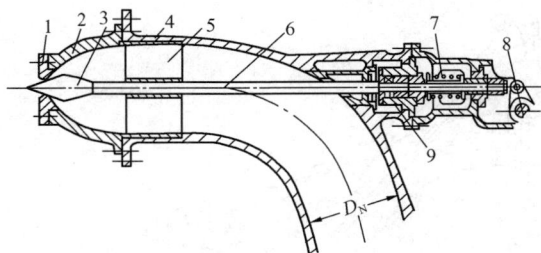

图 10-49　喷管结构示意图

1—喷嘴口；2—喷嘴头；3—喷针头；4—喷管体；5—导水叶栅；

6—喷针杆；7—平衡弹簧；8—操作机构；9—密封装置

故突然甩负荷时，转速急剧上升而引起机组飞逸，必须快速关闭喷嘴口，这又会使压力管道内产生过大的水击压力。这是不允许的，为了解决这个矛盾，装置一个可以转动的折向器。当机组突然失去负荷时，折向器在自动调节系统的驱动下快速切入射流，使射流偏离斗叶，与此同时喷针缓慢关闭，从而防止了机组飞逸，避免压力水管中产生过大的水击压力。

4. 机壳

如图 10-51 所示，机壳的作用是使离开转轮后的水流排水通畅，并支承轴承和喷管。机壳必须有大的空间，其形状利于将水流引向尾水槽，射流不会互相干扰。机壳上设补气孔，能保证空气自由进入，确保转轮内保持正常大气压力。在机壳内还装了引水板，其作用是保证水流不致飞溅到转轮上，减少了转轮的旋转阻力。

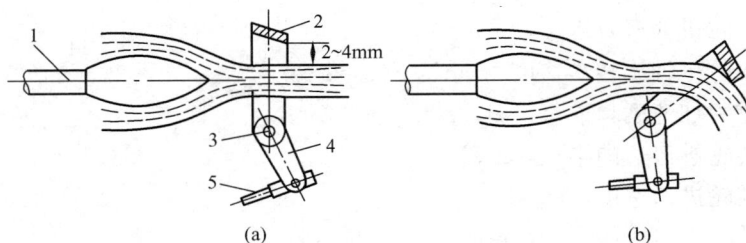

图 10-50　折向器工作原理示意图

（a）折向器在机组正常运行时的位置；（b）折向器在机组甩负荷时的位置

1—喷针；2—折向器；3—转轴；4—拐臂；5—折向器操作杠杆

四、水轮机的工作原理

（一）水流在转轮中的运动

水流从导叶流出时具有一定的速度，当水流进入转轮后，受到由叶片所构成的空间流道的限制，叶片强迫水流改变运动状态，而水流在被迫改变运动状态的同时，也给予叶片大小相等、方向相反的反作用力。当水流反作用力，沿圆周切向分力对水轮机轴产生旋转力矩时，水轮机便开始转动，将获得的水流机械能扣除损失后，能在轴上输出了有效的旋转机械能，即是说由于水流和转轮叶片相互作用的结果，将水流的机械能转换为旋转机械能。

（二）水轮机的基本方程式

水轮机的能量转换过程可以用水轮机基本方程式来表示。水轮机基本方程式是根据动量矩定律导出的，该书不进行推导，只介绍结论，水轮机的有效水头为

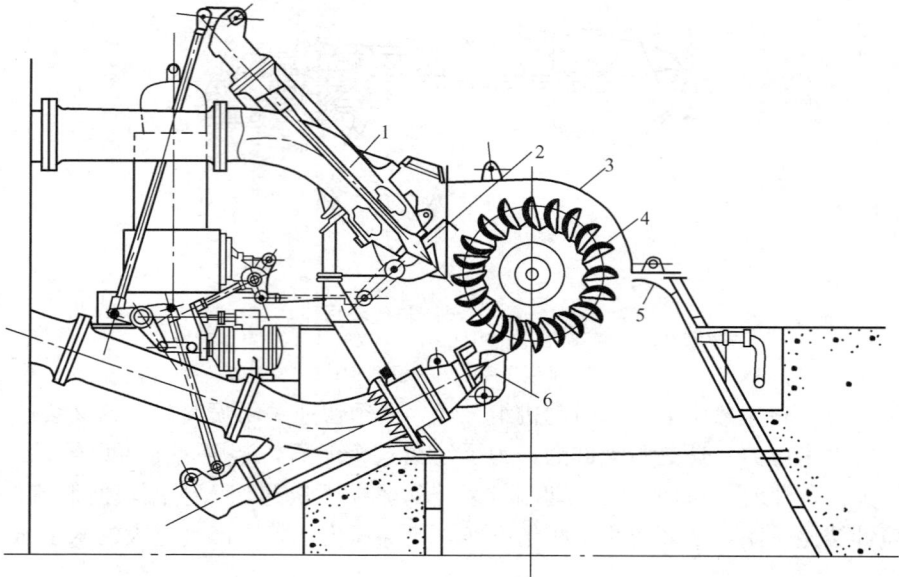

图 10-51　水斗式水轮机示意图
1—喷管；2—喷嘴；3—机壳；4—转轮；5—引水板；6—折流板

$$H_{\eta_h}=\frac{\omega}{g}\left(v_{u1}r_1-v_{u2}r_2\right)\qquad(10\text{-}9)$$

式中　H_{η_h}——水轮机的有效水头，m；

　　　　ω——水轮机轴旋转角速度，rad/s 或 s^{-1}；

　　　　g——重力加速度，$g=9.81\text{m/s}^2$；

　　　　r_1——转轮进口边的半径，m；

　　　　v_{u1}——转轮进口速度，m/s；

　　　　r_2——转轮出口边的半径，m；

　　　　v_{u2}——转轮出口速度，m/s。

　　从水轮机基本方程式可以得出结论：水轮机所获得的有效能量取决于水轮机进、出口的速度矩变化。此速度矩的差值表示水流进、出口的动量矩差值，或者说是水流进、出口的能量差值。简而言之，没有水流的能量变化，水轮机就不能获得能量。转轮进、出口能量差越大，水轮机所转换的能量越多。

五、水轮机的损失、效率和运行工况

（一）水轮机的损失和效率

　　水流输入给水轮机的功率为 P_i，水轮机轴输出的功率为 P，两者的差为水轮机的功率损失 ΔP，即

$$\Delta P=P_i-P\qquad(10\text{-}10)$$

水轮机轴输出的功率与输入功率之比值为水轮机的效率 η，即

$$\eta=\frac{P}{P_i}=1-\frac{\Delta P}{P_i}\qquad(10\text{-}11)$$

水轮机中的功率损失有三个部分：容积损失功率 ΔP_V、水力损失功率 ΔP_h、机械损失功率 ΔP_m，则

$$\Delta P = \Delta P_V + \Delta P_h + \Delta P_m \tag{10-12}$$

输入功率、输出功率损失和功率之间的关系可用功率平衡图表示，如图 10-52 所示。

1. 容积损失和容积效率

进入水轮机的流量 Q 中，没有通过转轮而漏损的流量 q 称为容积损失，如图 10-53 所示。

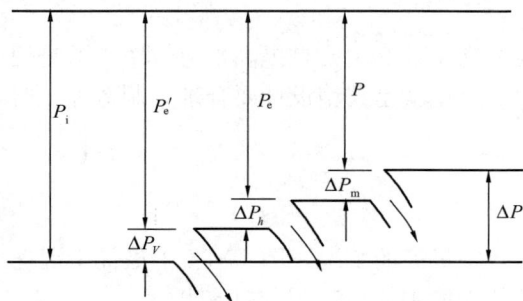

图 10-52 水轮机功率平衡图

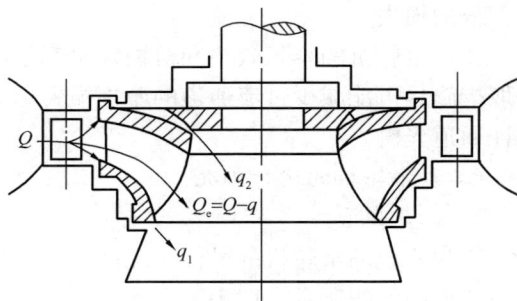

图 10-53 容积损失示意图

有效流量是水轮机中经过转轮过流通道的流量，即

$$Q_e = Q - q \tag{10-13}$$

通常用水轮机的容积效率 η_V 来表示容积损失的大小，即

$$\eta_V = \frac{Q - \Delta Q}{Q} = \frac{Q_e}{Q} = \frac{Q - q}{Q} = 1 - \frac{q}{Q} = \frac{P_e'}{P_i} \tag{10-14}$$

式中　ΔQ——漏损流量，m^3/s。

2. 水力损失和水力效率

水力损失是指水流经过转轮过流通道时，过流部件的沿程阻力损失和局部阻力损失所引起的水头损失。其数值大小取决于水轮机的出力，即水力损失随过流流速的增加而增加。工程上用水力效率 η_h 来表示水力损失的大小，即

$$\eta_h = \frac{H - \Delta H}{H} = \frac{H_e}{H} = \frac{P_e}{P_e'} \tag{10-15}$$

式中　H——水轮机的工作水头，m；

　　　ΔH——水流流经水轮机时的总水头损失，m；

　　　H_e——水轮机运行的有效水头。

3. 机械损失和机械效率

机械损失是指轴和轴承之间的机械摩擦所形成的功率损失 ΔP_m。水轮机机械损失的大小，用水轮机的机械效率来表示，即

$$\eta_m = \frac{P}{P_e} = 1 - \frac{\Delta P_m}{P_e} \tag{10-16}$$

式中　P——主轴输出功率，即 $P = P_e - \Delta P_m$；

　　　P_e——有效功率。

4. 水轮机总效率

水轮机的总效率为轴的输出功率与输入功率之比值。与容积效率、水力效率、机械效率之间的关系为

$$\eta = \frac{P}{P_i} = \frac{P_e'}{P_i} \cdot \frac{P_e}{P_e'} \cdot \frac{P}{P_e} = \eta_V \eta_h \eta_m \tag{10-17}$$

结论:

(1) 水轮机的总效率为容积效率、水力效率与机械效率之积;

(2) 提高水轮机效率的途径是要分别提高三个部分的效率,即是说采取措施尽量减少三个部分的损失;

(3) 水轮机的容积效率和机械效率都很高,要提高总效率主要是提高水力效率,即是说采取措施尽可能减少过流通道的摩擦损失和局部损失。也就是翼型设计要合理,制造加工时保证通道光滑。

(二) 水轮机的运行工况

1. 最优工况

通常所说的水轮机的最优工况就是损失最小、效率最高的工况。图 10-54 中最优工况速度三角形中实线所示,即表示最优工况水流进入转轮无撞击并沿法线方向流出。

水轮机速度三角形与汽轮机速度三角形类似,它由绝对速度 v、相对速度 w、牵连速度 u 组成,α 为绝对进(出)水角,β 为相对进(出)水角,下标 1 表示进口参数,下标 2 表示出口参数。

水流进入转轮时无撞击。从速度三角形可以看出,叶片进口的相对速度 w_1 的方向与叶片中骨线在进口处的切线方向一致,即水流相对进水角 β_{b1} 相等。

$$\beta_1 = \beta_{b1}$$

这时水流在转轮进口不产生撞击、脱流等水头损失,故在进口损失最小。

若水流沿法线方向出口,是指在叶片的出口水流的绝对速度 v_2 的方向是法向的,即垂直于圆周速度 u_2 的方向。这时,出口的绝对出水角 $\alpha_2 = 90°$,即 $v_{u2} = 0$,因此出口的水头损失最小。从水轮机基本方程式可以看出,当 $v_{u2} = 0$ 时,出口速度矩为零,水轮机所转换的有效能量最多。

2. 变工况

水轮机不在最优工况运行时,称为变工况。水轮机运行时流量变化或水头变化都能改变最优工况。

变工况的速度三角形如图 10-54 和图 10-55 中虚线所示。从速度三角形可以看出,变工况时的速度三角形(虚线)与最优工况速度三角形(实线)不一致。说明变工况破坏了水流进入转轮时无撞击并沿法线方向流出的状态,使得水流损失增加,效率降低。所以当水轮机运行时,应尽量在最优工况或接近最优工况运行。

六、水轮机的比转数

比转数是水轮机的一个十分重要的参数,其值可表征水轮机的型式和外形,用 n_s 表示。即

$$n_s = 1.166 n \sqrt{P} / H^{5/4} \tag{10-18}$$

式中 n——额定转速,r/min;

H——水头,m;

P——轴功率,kW。

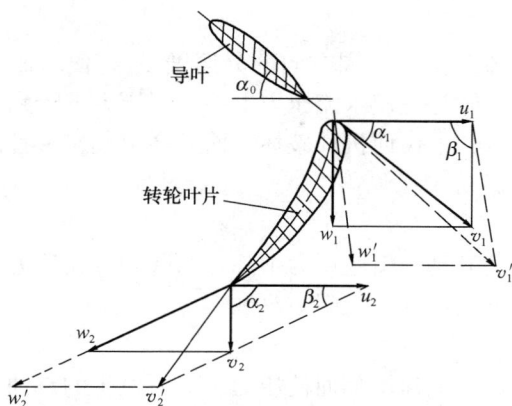

图 10-54   最优工况速度三角形

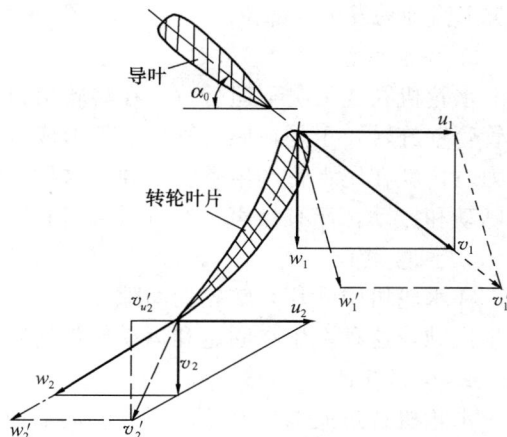

图 10-55   变工况运行的速度三角形

对一定型式的水轮机就可采用一定数值的比转数。不同类型的水轮机，比转速也不相同。当水头一定，若提高比转数，就意味着单位流量与单位转速增加，说明水轮机的能量特性好。但是提高比转速会带来机组设备结构上强度要求高，机组运行汽蚀性能变差等问题。从比转数的大小可以定性了解水轮机的应用水头高低及能量特性和汽蚀特性。世界各国都用比转数对水轮机进行分类。

七、水轮机的汽蚀现象和安装高程

（一）水轮机的汽蚀现象

汽蚀就是当水流在水轮机内运行时，因为流速增加，压力下降，当某处压力下降到该处水温下的汽化压力时，水便开始汽化，形成汽泡，当这些汽泡进入高压区后汽泡中的水蒸气迅速凝结，体积突然收缩，当汽泡破裂，周围的水流便以极大的速度向汽泡内冲击，从而引起压力突然升高，被强烈冲击而压缩又使压力急剧降低，水又汽化形成汽泡。于是，重复上述膨胀和压缩过程，以极高压力冲击金属表面引起材料的疲劳和破坏。这种汽泡发生、发展直至破裂的过程，以及汽泡产生和凝缩对材料表面引起的破坏，称为汽蚀。对水轮机的运行和检修影响很大，必须引起高度的重视。

（二）水轮机的汽蚀类型

水轮机中的汽蚀可以分为翼型汽蚀、空腔汽蚀、间隙汽蚀和局部汽蚀四种。

1. 翼形汽蚀

水轮机内水流绕流叶片时，在叶片背面的压力会下降。当水流压力下降到汽化压力时，会发生汽蚀。它是水轮机中最主要的一种汽蚀。这种发生在转轮叶片上的汽蚀，称为翼形汽蚀。图 10-56 所示

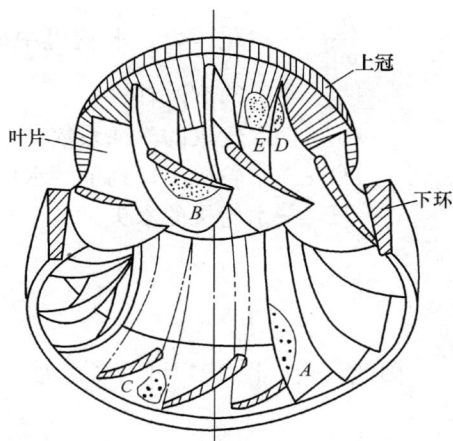

图 10-56   水轮机的汽蚀部位示意图

A 区—在转轮叶片背面靠出水边的下半部；B 区—在转轮叶片背面靠下环处；C 区—转轮下环的内侧立面处；D 区—转轮叶片背面与上冠靠近处；E 区—转轮上冠流道处

是翼形汽蚀易发生的部位。

2. 空腔汽蚀

水轮机在变工况下运行时，在转轮出口水流产生沿圆周方向的分速度 $v_分$，使水流绕尾水管管壁旋转，于是在尾水管中心便形成真空，即是说使水流压力下降，当压力下降到汽化压力时，就在尾水管产生空腔汽蚀。这种空腔汽蚀不仅使机件破坏，而且会引起尾水管内水压脉动和振动，伴有噪声，严重时会引起厂房振动。

3. 间隙汽蚀

在水轮机中叶片和转轮的间隙处，由于流速升高，引起压力下降，当降到汽化压力时就发生汽蚀，这种发生在固定和运动部件的间隙处的汽蚀称为间隙汽蚀。

4. 局部汽蚀

水轮机各过流部件有凸凹不平的局部地方，因流速增加而使压力下降所发生的汽蚀，称为局部汽蚀。

（三）水轮机的汽蚀系数

水轮机的汽蚀性能一般用汽蚀系数 σ 表示。汽蚀系数越大，水轮机抗汽蚀的性能越差。在运行中应尽量减小水轮机的汽蚀系数。

从理论上讲，要保证不产生翼型汽蚀，必须使水轮机转轮出口处的最低压力大于该水温下的汽化压力。

最低压力应满足下面的条件：

$$H_S \leqslant \frac{p_{amb}}{\rho g} - \frac{p_v}{\rho g} - \sigma H \tag{10-19}$$

式中　$\dfrac{p_{amb}}{\rho g}$——大气压力，根据经验公式 $\dfrac{p_{amb}}{\rho g} = 10.33 - \dfrac{\nabla}{900}$ 计算，其中 ∇ 为水轮机的海拔高度；

$\dfrac{p_v}{\rho g}$——汽化压力，水轮机中的水温一般在 $4 \sim 20℃$ 之间，故 $\dfrac{p_v}{\rho g}$ 一般等于 $0.09 \sim 0.24m$ 水柱；

σ——水轮机的汽蚀系数；

H_S——水轮机出口到下游水位的垂直距离，也叫做吸出高度；

H——水轮机的水头。

则

$$\frac{p_{amb}}{\rho g} - \frac{p_v}{\rho g} \approx 10 - \frac{\nabla}{900} \tag{10-20}$$

因此，式（10-19）可以简化为

$$H_S \leqslant 10.0 - \frac{\nabla}{900} - \sigma H \tag{10-21}$$

（四）防止汽蚀的措施

（1）设计水轮机的叶型成流线形，叶片背面的压力分布要均匀。

（2）制造加工时，选用抗汽蚀的金属材料，尽可能提高转轮表面的光洁度。

（3）在选择水轮机安装高程时要综合考虑，使转轮出口处的压力略高于水的汽化压力。

（4）水轮机在运转中若不能避免汽蚀现象，可以采取向尾水管处补入空气的措施以破坏汽蚀处真空。

（五）水轮机的吸出高度

水轮机的吸出高度是指转轮的最低压力点水位高度与水轮机下游尾水位高度之差。

水轮机内最低压力点很难确定。不同型式水轮机吸出高度的规定如图 10-57 所示。从图 10-57 可以看出：

（1）立轴混流式水轮机规定为从底环上平面高度至下游尾水位高度之差；

（2）立轴轴流式水轮机规定为从叶片中心线高度至下游尾水位高度之差；

（3）卧轴式水轮机规定为从叶片最高点高度至下游尾水位高度之差。

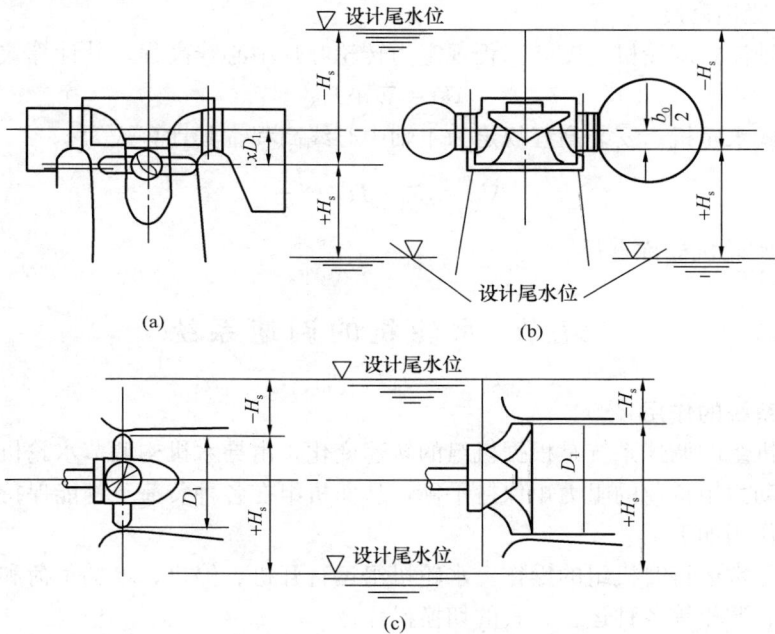

图 10-57 吸出高度和安装高度之规定的示意图

（a）立轴轴流式水轮机；（b）立轴混流式水轮机；（c）卧轴水轮机

吸出高度的计算公式可由式（10-21）导出，即

$$H_S = 10 - \frac{\nabla}{900} - K_\sigma \sigma H \qquad (10\text{-}22)$$

式中 H_S——吸出高度；

∇——水轮机的海拔高度；

σ——水轮机汽蚀系数；

H——水轮机工作水头；

K_σ——系数，一般取 $K_\sigma = 1.2 \sim 1.4$。

式（10-22）计算出的吸出高度为允许吸出高度。当水轮机安装高度确定后，实际运行时的吸出高度不应超过允许吸出高度。

水轮机运行时一旦产生汽蚀，要及时补气，及时检修。补气的方法有：①由尾水管补气；②向转轮区或叶片上补气。检修的方法有：①补焊，补焊一般用不锈钢焊条，焊后要磨光；②修型。

（六）水轮机的安装高程

不同型式水轮机的安装高程不一样，下面分别进行介绍。

（1）立轴混流式水轮机。安装高程规定为水轮机导水机构中心线高程。其计算式为

$$\nabla_{安} = \nabla_d + \frac{b_0}{2} + H_S \tag{10-23}$$

式中　　$\nabla_{安}$——水轮机的安装高程；

　　　　∇_d——水电厂尾水位高度，一般为最低水位；

　　　　b_0——导叶高度；

　　　　H_S——吸出高度。

（2）立轴轴流式水轮机。安装高程规定为转轮叶片中心线高程，其计算式为

$$\nabla_{安} = \nabla_d + H_S \tag{10-24}$$

（3）卧轴式水轮机。安装高程规定为主轴中心线高程，其计算式为

$$\nabla_{安} = \nabla_d + H_S - \frac{D_1}{2} \tag{10-25}$$

式中　　D_1——水轮机标称直径。

第五节　水轮机的调速系统

一、调速系统的作用

水轮发电机组的调速系统是根据机组的转速变化，由导水机构调节水轮机的流量，使水轮机所产生的动力矩负荷的阻力矩保持平衡，从而机组在各种负荷下都能保持额定转速。调速系统的主要作用如下。

（1）保障正常运行时机组的操作。水轮机组运行开机、停机、增加负荷和降低负荷的各项操作，发电、调相等各种运行方式的切换操作。

（2）切实保证机组安全运行。当水轮机组在各种事故情况下甩掉全部负荷后，能使机组在空载工况下稳定运行或者紧急停机。

（3）确保机组经济运行。根据水轮机的特性曲线，按要求调整好静特性，实现自动分配机组间的负荷，能使水轮机在高效率区运行。

二、调速器的分类

（1）按各部件的原理结构分，有机械液压型调速器、电气液压型调速器和微机液压型调速器三种。

（2）按调速器执行机构的数目分，有单调节调速器和双调节调速器。单调节调速器只有一个执行机构，如混流式水轮机和轴流定桨式水轮机的调速器。双调节调速器有两个有相联关系的执行机构，如轴流式转桨水轮机和贯流转桨式水轮机的调速器。

（3）按调节规律分，有比例规律调速器（P规律）、比例—积分规律调速器（PI规律）和比例—积分—微分规律调速器（PID规律）三种。

三、水轮机调速器的机构组成

水轮机调速器是根据机组转速偏差来调节导叶开度，即调节进入水轮机的水流量来改变机组的负荷，保持转速稳定。为了实现以微弱的转速偏差信号去操作笨重的导水机构，一定

要有测量、放大、执行和反馈等机构。

图 10-58 所示为水轮机调速器原理方框图,该图说明了各机构之间的联系。图 10-58 中各机构的作用分述如下。

(1) 测量机构的作用是及时测量机组输出电流的频率,与频率给定值比较,若测得的频率偏离给定值,立即发出调节信号。

(2) 放大机构的作用是将调节信号放大。

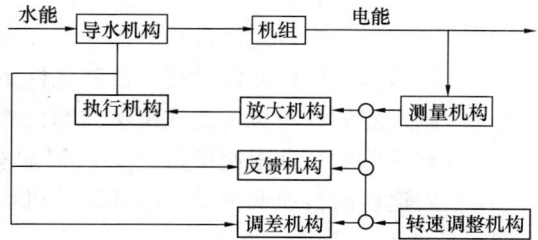

图 10-58 水轮机调速器原理方框图

(3) 执行机构的作用是改变导叶开度,迅速使频率回复到频率给定值。

(4) 反馈机构的作用是尽快使调节系统运行稳定。

(5) 调差机构的作用是进行有差调节和负荷调整。

(6) 转速调整机构的作用是使机组调节后仍保持额定转速。

四、机械液压型调速器

机械液压型调速器是用压力油作为外界能源,用机械机构进行控制和操作。图 10-59 所示是对水轮机导水机构进行调节的单调节机械液压型调速器的工作原理图。

1. 机械液压型调速器的主要机构组成

从图 10-59 中可知,机械液压调速器主要由七部分组成。

(1) 调速器的测量元件是离心飞摆。

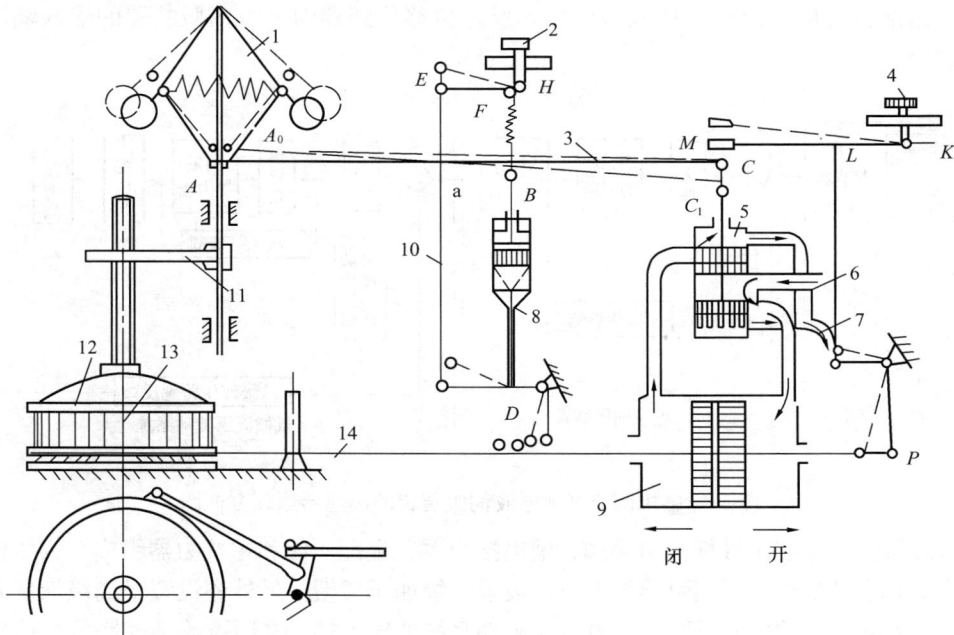

图 10-59 机械液压型调速器工作原理示意图

1—离心飞摆;2—转速调整机构;3—杠杆;4—开度限制机构;5—主配压阀;6—进油;
7—排油;8—缓冲器;9—接力器;10—残留不均衡机构;11—皮带;12—水轮机;13—导
水执行机构;14—推拉杆

（2）调速器的放大元件是主配压阀。

（3）调速器的执行元件是接力器。

（4）调速器的反馈元件是缓冲器和杠杆系统（ABC）。

（5）调速器的调差机构是残留不均衡机构。

（6）调速器的开度限制机构是 PKLM 杠杆系统。

（7）调速器的转速调整是由转速调整机构和控制杠杆 FHE 来完成。

2. 机械液压型调速器的工作过程

外界电负荷升高──→水轮发电机组转速 n 下降──→离心飞摆向内收缩──→飞摆连杆由 AO 点下降至 A 点──→杠杆 ABC 逆时针转──→主配压阀由 C_1 点上升至 C 点──→主配压阀活塞向上移动──→接力器活塞向右侧开启方向移动──→推拉杆驱动导水机构动作开大导水机构──→水轮机进水量增大──→主动力矩 M_d 增大──→水轮机转速上升。

当外界电负荷减少时，水轮发电机组转速升高，调速系统的工作过程和上述情况相反，各机构的动作方向相反。

五、微机液压型调速器

微机调速器的主要机构还是由自动调节部分、操作部分和油压装置三部分组成。微机调速器的系统结构类型比较多，在这里主要讲解微机调节器加电液伺服装置的系统结构。

如图 10-60 所示。微机调节器加电液伺服装置的微机调速器主要由微机调节器、电液伺服装置和机械液压随动系统组成。电液伺服装置由放大电路、电液伺服阀和中间接力器组成。中间接力器的作用：其一是将电液伺服阀输出的油压调节信号转换成机械位移调节信号；其二是从接力器输出的位移调节信号，经过位移传感器向电液伺服装置的输入端送回反馈电压信号。

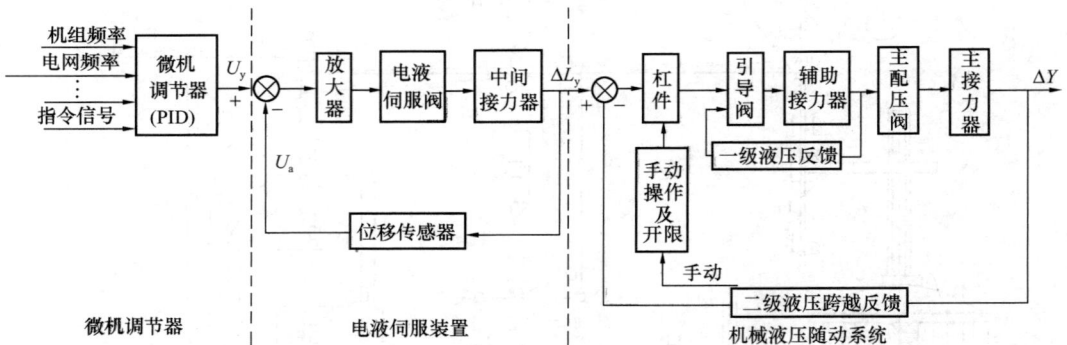

图 10-60 微机调节器加电液伺服装置的调速器原理方框图

机械液压随动系统由杠杆、引导阀、辅助接力器、主配压阀和主接力器组成。为了使辅助接力器输出的信号及时反馈到引导阀进口，设置一级油压反馈。另外还设置了二级液压跨越反馈，将主接力器输出的信号反馈到机械液压随动系统的输入端，及时准确地控制位移信号。

第六节 水电厂的主要辅助设备及系统

水电厂的主要辅助设备及系统有水轮机主阀、供水系统、排水系统、压缩空气系统和油系统等。

一、水轮机主阀

水轮机主阀的作用有三，其一是当水轮机停机时关闭主阀减少导叶漏水量；其二是关闭主阀，压力管道可以充满压力水，机组处于热备用状态，减少机组启动准备时间；其三机组发生飞逸时，在极短的时间内关闭主阀，避免事故扩大。

水电厂采用蝴蝶阀、球阀和闸阀三种类型的阀作为主阀。

一般来说水电厂中每一台水轮机都设有主阀，安装在压力钢管末端与蜗壳断面进口之间，进行水流隔断。主阀只能处于全开和全关两种位置，不能部分开启。

二、供水系统

水电厂的供水系统包括技术用水、生活用水和消防用水。

技术用水包括冷却用水和润滑用水，主要用于水轮发电机组、变压器的冷却器、空气压缩机的冷却器、机组各导轴承及推力轴承的油冷却器、水轮机导轴承的油冷却器或用水润滑的导轴承的润滑水箱等。因技术用水的水质要求清洁，必须有净化设备以保证水质。生活用水应由水电厂的职工的多少来确定数量，一般要设水塔并对水质有较高的要求。消防用水主要考虑水压，要保证水能喷射到建筑物的最高部位。考虑消防用水的可靠性，要求设置两个水源。

常采用的供水方式有自流供水、自流减压供水、水泵供水以及混合供水四种。

取水水源可以有坝前取水、蜗壳取水、下游尾水取水和地下取水。

图 10-61 为自流供水系统图。主水源引自钢管，备用水源引至坝前。

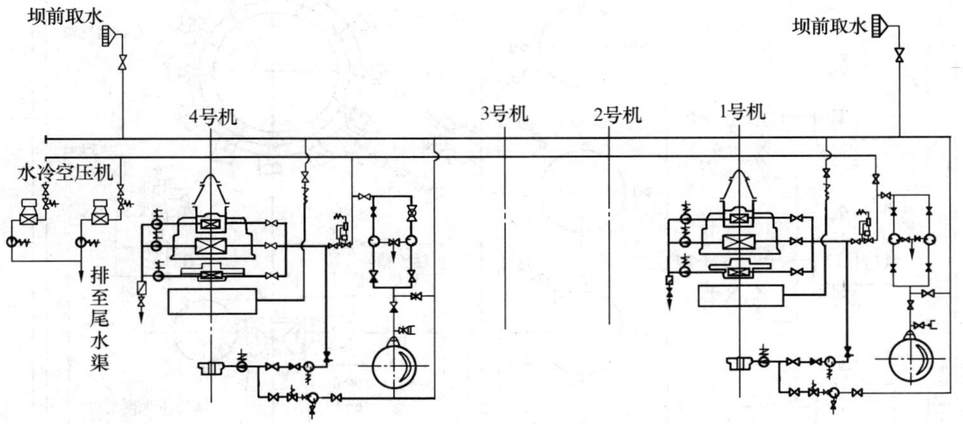

图 10-61 自流供水系统示意图

三、排水系统

水电厂的排水一般分为机组检修排水和渗漏排水两部分。排水系统由排水管、集水井和水泵组成。

机组检修时要排除的积水先流入到集水井，再用水泵将积水排至下游。这些废水量大一些，是间断的。

厂内水工建筑物的渗水、机组顶盖漏水、主轴密封的漏水以及各用水设备的漏水等的废水量小，但连续不断，一般利用排水沟集中到集水井，再用水泵排至下游。排水系统图如图10-62所示。

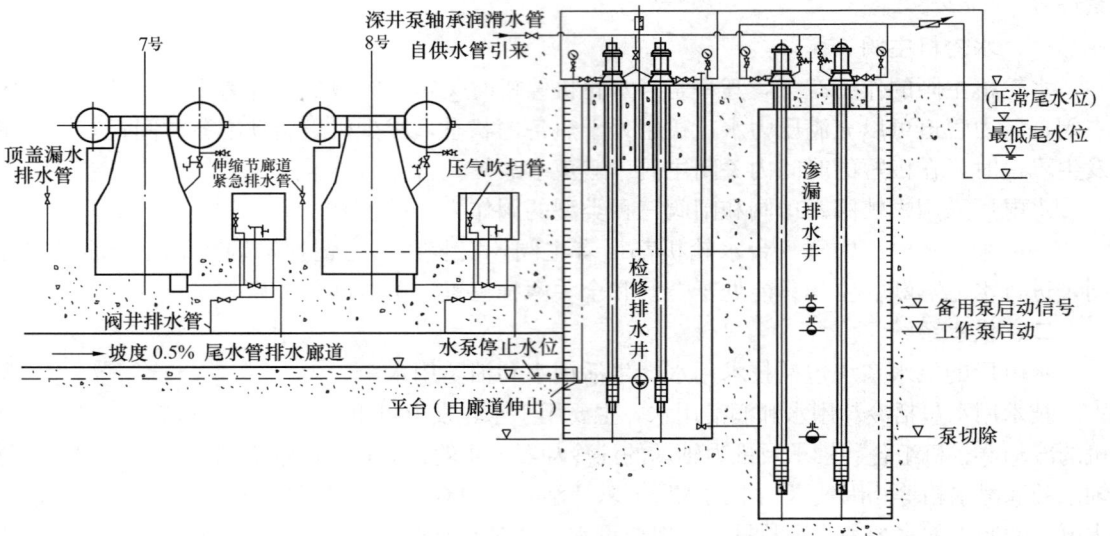

图 10-62　排水系统示意图

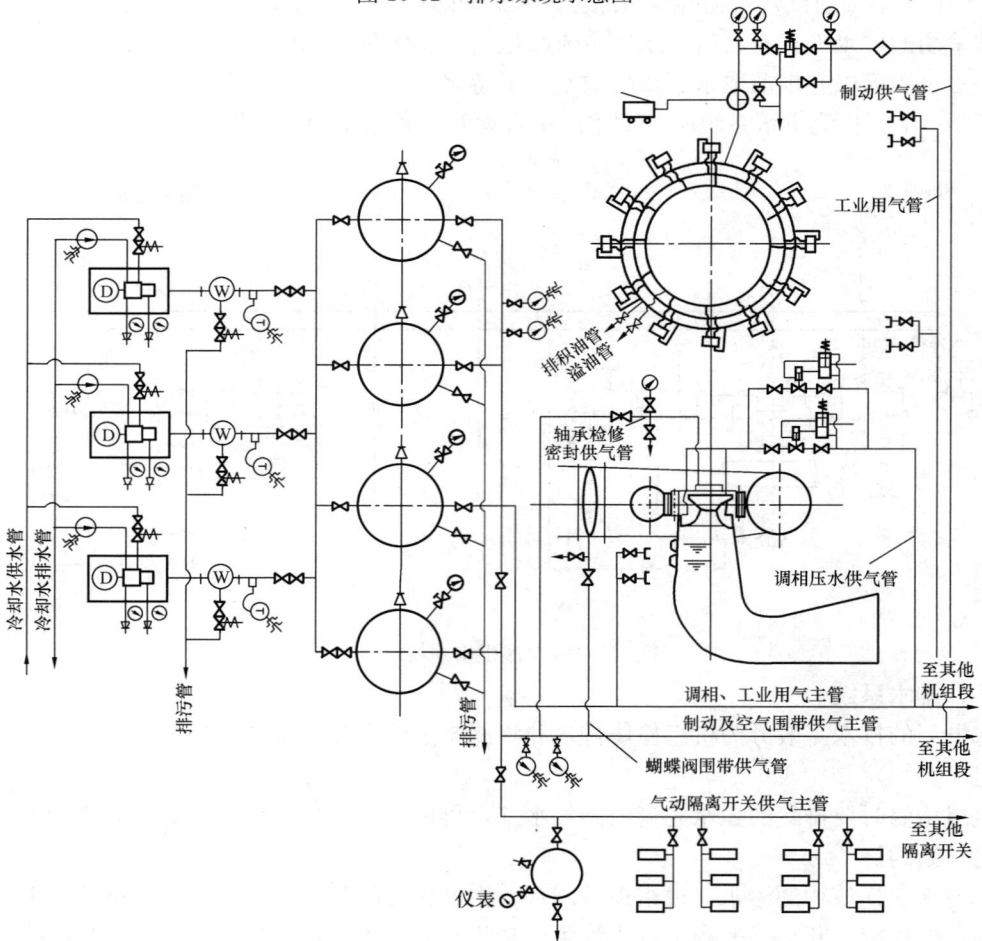

图 10-63　水电厂低压压缩空气系统示意图

四、压缩空气系统

水电厂有许多设备使用压缩空气，如机组的制动装置、调相压水装置、油压装置的压油槽充气、配电装置、风动工具和吹扫设备用气等。

压缩空气系统按工作压力分为低压压缩空气系统和高压压缩空气系统。如图 10-63 所示为低压压缩空气系统图，包括制动、调相、配电装置、风动工具等用气。

压缩空气系统中的主要设备有空压机、储气筒、供排气管网和测量控制元件等。

五、油系统

水电厂各种机电设备所用的油，根据作用不同，油的性质也不同，分为透平油系统和绝缘油系统两类。这两类油系统是独立的，不能混合使用。透平油用于机组轴承润滑、散热，空压机润滑，调速系统油压操作和蝶阀等。绝缘油用于电气设备，如变压器、油开关、电容器和电缆等的绝缘、散热和灭弧。水电厂机组油系统如图 10-64 所示。水电厂油系统的主要设备有油罐、油泵、离心分离机、压滤机和真空滤油机等。

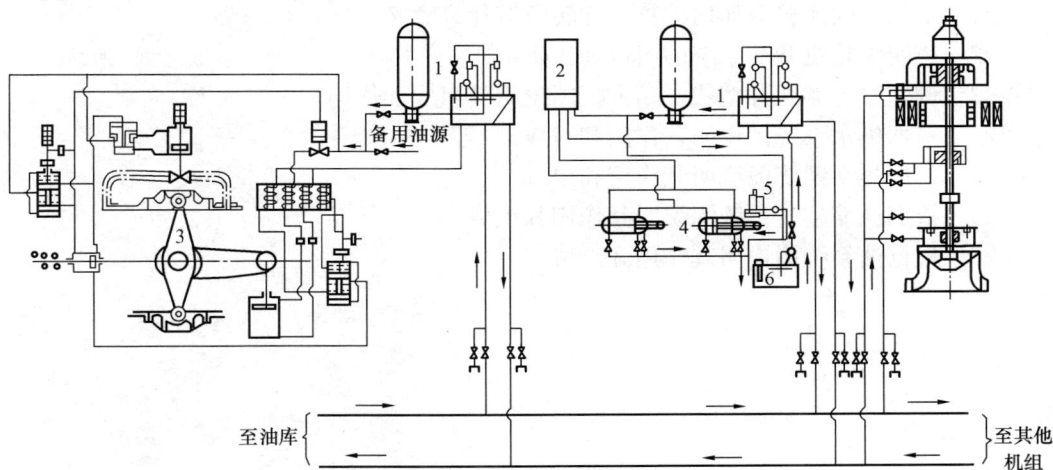

图 10-64　油系统示意图

1—油压装置；2—调速器；3—蝴蝶阀；4—导水叶接力器；5—锁定装置；6—漏油箱

思考题及习题

10-1　如何计算水流功率和水电厂功率？

10-2　什么叫落差、毛水头和工作水头？它们之间有什么关系？

10-3　水电厂有哪些形式？举例说明。

10-4　挡水建筑物有哪些类型？我国最高的坝为多少米？在什么地方？

10-5　引水建筑物有哪些设备？

10-6　水电厂厂房有哪些形式？试举例说明。

10-7　试述水轮机的类型和应用范围。

10-8　水轮机型号由哪几部分组成？举例说明。

10-9　反击式水轮机由哪些主要部分组成？

10-10　冲击式水轮机由哪些主要部分组成？

10-11　转轮由哪些部件组成？

10-12　试述导水机构的作用和组成部分。

10-13　简述尾水管的作用和型式。

10-14　水轮机中有哪些损失和效率？总效率与各部分效率之间有何关系？提高效率的途径有哪些？

10-15　什么叫水轮机基本方程式并说明它的意义。

10-16　什么叫最优工况？最优工况的条件是什么？

10-17　绘制最优工况和变工况的速度三角形。

10-18　什么叫水轮机的汽蚀？有哪些类型？有什么危害？防止汽蚀有哪些方法？

10-19　水轮机不产生汽蚀的条件是什么？

10-20　什么叫汽蚀系数？什么叫吸出高度？汽蚀系数和吸出高度如何计算？不同型式水轮机的吸出高度和安装高程是怎样规定的？

10-21　水轮机的比转数如何计算？比转数有什么意义？

10-22　说明水轮机调速系统的组成和作用。

10-23　调速器有哪几种型式？用方框图说明其组成和作用。

10-24　根据供水系统图说明其作用和组成。

10-25　根据排水系统图说明其作用和组成。

10-26　根据压缩空气系统图说明其作用和组成。

10-27　根据油系统图说明其作用和组成。

附　　录

附表 1　　　　　　　　　　压 力 单 位 换 算

单　位	Pa （帕）	bar （巴）	atm （标准大气压）	at(kgf/cm²) （工程大气压）	mmHg （毫米汞柱）	mmH₂O （毫米汞柱）
Pa	1	1×10^{-5}	9.86923×10^{-6}	1.01972×10^{-3}	7.50062×10^{-3}	1.01972×10^{-1}
bar	1×10^{5}	1	9.86923×10^{-1}	1.01972	7.50062×10^{2}	1.01972×10^{4}
atm	1.01325×10^{5}	1.01325	1	1.03323	760	1.03323×10^{4}
at(kgf/cm²)	9.80665×10^{4}	9.80665×10^{-1}	9.67841×10^{-1}	1	735.559	1×10^{4}
mmHg	133.322	133.322×10^{-5}	1.31579×10^{-3}	1.35951×10^{-3}	1	13.5951
mmH₂O	9.80665	9.80665×10^{-5}	9.67841×10^{-5}	1×10^{-4}	735.559×10^{-4}	1

附表 2　　　　　　　　　　常用能量单位的互换常数

单　位	kJ （千焦）	kW·h （千瓦·时）	kcal （千卡）	PS·h （马力·时）	kgf·m （公斤力·米）
kJ	1	2.77×10^{-4}	2.39×10^{-1}	3.77×10^{-4}	1.02×10^{2}
kW·h	3600	1	860	1.36	3.67×10^{5}
kcal	4.1868	1.163×10^{-3}	1	1.58×10^{-3}	427
PS·h	2.65×10^{3}	736×10^{-3}	632	1	2.7×10^{5}
kgf·m	9.80×10^{-3}	2.72×10^{-6}	2.34×10^{-3}	3.7×10^{-6}	1

注　本表仅供学习及工程计算用，需要精确数值时，另找专门手册。

附表 3　　　　　　　　　　饱和水与饱和蒸汽性质表（按温度排列）

t	p	v′	v″	ρ′	ρ″	h′	h″	r	s′	s″
℃	MPa	m³/kg	m³/kg	kg/m³	kg/m³	kJ/kg	kJ/kg	kJ/kg	kJ/(kg·K)	kJ/(kg·K)
0.01	0.0006108	0.0010002	206.3	999.80	0.004847	0.00	2501	2501	0.0000	9.1544
1	0.0006566	0.0010001	192.6	999.90	0.005192	4.22	2502	2498	0.0154	9.1281
5	0.0008719	0.0010001	147.2	999.90	0.006793	21.05	2510	2489	0.0762	9.0241
10	0.0012277	0.0010004	106.42	999.60	0.009398	42.04	2519	2477	0.1510	8.8994
15	0.0017041	0.0010010	77.97	999.00	0.01282	62.97	2528	2465	0.2244	8.7806
20	0.002337	0.0010018	57.84	998.20	0.01729	83.80	2537	2454	0.2964	8.6665
25	0.003166	0.0010030	43.40	997.01	0.02304	104.81	2547	2442	0.3672	8.5570
30	0.004241	0.0010044	32.92	995.62	0.03037	125.71	2556	2430	0.4366	8.4530
35	0.005622	0.0010061	25.24	993.94	0.03962	146.60	2565	2418	0.5049	8.3519
40	0.007375	0.0010079	19.55	992.16	0.05115	167.50	2574	2406	0.5723	8.2559
45	0.009584	0.0010099	15.28	990.20	0.06544	188.40	2582	2394	0.6384	8.1638
50	0.012335	0.0010121	12.04	988.04	0.08306	209.3	2592	2383	0.7038	8.0753
60	0.019917	0.0010171	7.678	983.19	0.1302	251.1	2609	2358	0.8311	7.9084
70	0.03117	0.0010228	5.045	977.71	0.1982	293.0	2626	2333	0.9549	7.7544
80	0.04736	0.0010290	3.408	971.82	0.2934	334.9	2643	2308	1.0753	7.6116

续表

t	p	v′	v″	ρ′	ρ″	h′	h″	r	s′	s″
℃	MPa	m³/kg	m³/kg	kg/m³	kg/m³	kJ/kg	kJ/kg	kJ/kg	kJ/(kg·K)	kJ/(kg·K)
90	0.07011	0.0010359	2.361	965.34	0.4235	377.0	2659	2282	1.1925	7.4787
100	0.10131	0.0010435	1.673	958.31	0.5977	419.1	2676	2257	1.3071	7.3547
110	0.14326	0.0010515	1.210	951.02	0.8264	461.3	2691	2230	1.4184	7.2387
120	0.19854	0.0010603	0.8917	943.13	1.121	503.7	2706	2202	1.5277	7.1298
130	0.27011	0.0010697	0.6683	934.84	1.496	546.3	2721	2174	1.6345	7.0272
140	0.3614	0.0010798	0.5087	926.10	1.966	589.0	2734	2145	1.7392	6.9304
150	0.4760	0.0010906	0.3926	916.93	2.547	632.2	2746	2114	1.8414	6.8383
160	0.6180	0.0011021	0.3068	907.36	3.258	675.6	2758	2082	1.9427	6.7508
170	0.7920	0.0011144	0.2426	897.34	4.122	719.2	2769	2050	2.0417	6.6666
180	1.0027	0.0011275	0.1939	886.92	5.157	763.1	2778	2015	2.1395	6.5858
190	1.2553	0.0011415	0.1564	876.04	6.394	807.5	2786	1979	2.2357	6.5074
200	1.5551	0.0011565	0.1272	864.68	7.862	852.4	2793	1941	2.3308	6.4318
210	1.9080	0.0011726	0.1043	852.81	9.588	897.7	2798	1900	2.4246	6.3577
220	2.3201	0.0011900	0.08606	840.34	11.62	943.7	2802	1858	2.5179	6.2849
230	2.7979	0.0012087	0.07147	827.34	13.99	990.4	2803	1813	2.6101	6.2133
240	3.3480	0.0012291	0.05967	813.60	16.76	1037.5	2803	1766	2.7021	6.1425
250	3.9776	0.0012512	0.05006	799.23	19.98	1085.7	2801	1715	2.7934	6.0721
260	4.694	0.0012755	0.04215	784.01	23.72	1135.1	2796	1661	2.8851	6.0013
270	5.505	0.0013023	0.03560	767.87	28.09	1185.3	2790	1605	2.9764	5.9297
280	6.419	0.0013321	0.03013	750.69	33.19	1236.9	2780	1542.9	3.0681	5.8573
290	7.445	0.0013655	0.02554	732.33	39.15	1290.0	2766	1476.3	3.1611	5.7827
300	8.592	0.0014036	0.02164	712.45	46.21	1344.9	2749	1404.2	3.2548	5.7049
310	9.870	0.001447	0.01832	691.09	54.58	1402.1	2727	1325.2	3.3508	5.6233
320	11.290	0.001499	0.01545	667.11	64.72	1462.1	2700	1237.8	3.4495	5.5353
330	12.865	0.001562	0.01297	640.20	77.10	1526.1	2666	1139.6	3.5522	5.4412
340	14.608	0.001639	0.01078	610.13	92.76	1594.7	2622	1027.0	3.6605	5.3361
350	16.537	0.001741	0.008803	574.38	113.6	1671	2565	898.5	3.7786	5.2117
360	18.674	0.001894	0.006943	527.98	144.0	1762	2481	719.3	3.9162	5.0530
370	21.053	0.00222	0.00493	450.45	203	1893	2331	438.4	4.1137	4.7951
374	22.087	0.00280	0.00347	357.14	288	2032	2147	114.7	4.3258	4.5029
374.15	22.1297	0.00326	0.00326	306.75	306.75	2100	2100	0.0	4.4296	4.4296

附表 4　　　　　饱和水与饱和蒸汽性质表（按压力排列）

压　力	温度	比　体　积		比　焓		汽化潜热	比　熵	
		液　体	蒸　汽	液　体	蒸　汽		液　体	蒸　汽
p	t	v′	v″	h′	h″	r	s′	s″
MPa	℃	m³/kg	m³/kg	kJ/kg	kJ/kg	kJ/kg	kJ/(kg·K)	kJ/(kg·K)
0.001	6.982	0.0010001	129.208	29.33	2513.8	2484.5	0.1060	8.9756
0.002	17.511	0.0010012	67.006	73.45	2533.2	2459.8	0.2606	8.7236
0.003	24.098	0.0010027	45.668	101.00	2545.2	2444.2	0.3543	8.5776
0.004	28.981	0.0010040	34.803	121.41	2554.1	2432.7	0.4224	8.4747
0.005	32.90	0.0010052	28.196	137.77	2561.2	2423.4	0.4762	8.3952

续表

压　力	温度	比　体　积		比　焓		汽化潜热	比　熵	
		液　体	蒸　汽	液　体	蒸　汽		液　体	蒸　汽
p	t	v'	v''	h'	h''	r	s'	s''
MPa	℃	m³/kg	m³/kg	kJ/kg	kJ/kg	kJ/kg	kJ/(kg·K)	kJ/(kg·K)
0.006	36.18	0.0010064	23.742	151.50	2567.1	2415.6	0.5209	8.3305
0.007	39.02	0.0010074	20.532	163.38	2572.2	2408.8	0.5591	8.2760
0.008	41.53	0.0010084	18.106	173.87	2576.7	2402.8	0.5926	8.2289
0.009	43.79	0.0010094	16.206	183.28	2580.8	2397.5	0.6224	8.1875
0.01	45.83	0.0010102	14.676	191.84	2584.4	2392.6	0.6493	8.1505
0.015	54.00	0.0010140	10.025	225.98	2598.9	2372.9	0.7549	8.0089
0.02	60.09	0.0010172	7.6515	251.46	2609.6	2358.1	0.8321	7.9092
0.025	64.99	0.0010199	6.2060	271.99	2618.1	2346.1	0.8932	7.8321
0.03	69.12	0.0010223	5.2308	289.31	2625.3	2336.0	0.9441	7.7695
0.04	75.89	0.0010265	3.9949	317.65	2636.8	2319.2	1.0261	7.6711
0.05	81.35	0.0010301	3.2415	340.57	2646.0	2305.4	1.0912	7.5951
0.06	85.95	0.0010333	2.7329	359.93	2653.6	2293.7	1.1454	7.5332
0.07	89.96	0.0010361	2.3658	376.77	2660.2	2283.4	1.1921	7.4811
0.08	93.51	0.0010387	2.0879	391.72	2666.0	2274.3	1.2330	7.4360
0.09	96.71	0.0010412	1.8701	405.21	2671.1	2265.9	1.2696	7.3963
0.1	99.63	0.0010434	1.6946	417.51	2675.7	2258.2	1.3027	7.3608
0.12	104.81	0.0010476	1.4289	439.36	2683.8	2244.4	1.3609	7.2996
0.14	109.32	0.0010513	1.2370	458.42	2690.8	2232.4	1.4109	7.2480
0.16	113.32	0.0010547	1.0917	475.38	2696.8	2221.4	1.4550	7.2032
0.18	116.93	0.0010579	0.97775	490.70	2702.1	2211.4	1.4944	7.1638
0.2	120.23	0.0010608	0.88592	504.7	2706.9	2202.2	1.5301	7.1286
0.25	127.43	0.0010675	0.71881	535.4	2717.2	2181.8	1.6072	7.0540
0.3	133.54	0.0010735	0.60586	561.4	2725.5	2164.1	1.6717	6.9930
0.35	138.88	0.0010789	0.52425	584.3	2732.5	2148.2	1.7273	6.9414
0.4	143.62	0.0010839	0.46242	604.7	2738.5	2133.8	1.7764	6.8966
0.45	147.92	0.0010885	0.41392	623.2	2743.8	2120.6	1.8204	6.8570
0.5	151.85	0.0010928	0.37481	640.1	2748.5	2108.4	1.8604	6.8215
0.6	158.84	0.0011009	0.31556	670.4	2756.4	2086.0	1.9308	6.7598
0.7	164.96	0.0011082	0.27274	697.1	2762.9	2065.8	1.9918	6.7074
0.8	170.42	0.0011150	0.24030	720.9	2768.4	2047.5	2.0457	6.6618
0.9	175.36	0.0011213	0.21484	742.6	2773.0	2030.4	2.0941	6.6212
1	179.88	0.0011274	0.19430	762.6	2777.0	2014.4	2.1382	6.5847
1.1	184.06	0.0011331	0.17739	781.1	2780.4	1999.3	2.1786	6.5515
1.2	187.96	0.0011386	0.16320	798.4	2783.4	1985.0	2.2160	6.5210
1.3	191.60	0.0011438	0.15112	814.7	2786.0	1971.3	2.2509	6.4927
1.4	195.04	0.0011489	0.14072	830.1	2788.4	1958.3	2.2836	6.4665

256

续表

压 力	温度	比 体 积		比 焓		汽化潜热	比 熵	
		液体	蒸汽	液体	蒸汽		液 体	蒸 汽
p	t	v'	v''	h'	h''	r	s'	s''
MPa	℃	m³/kg	m³/kg	kJ/kg	kJ/kg	kJ/kg	kJ/(kg·K)	kJ/(kg·K)
1.5	198.28	0.0011538	0.13165	844.7	2790.4	1945.7	2.3144	6.4418
1.6	201.37	0.0011586	0.12368	858.6	2792.2	1933.6	2.3436	6.4187
1.7	204.30	0.0011633	0.11661	871.8	2793.8	1922.0	2.3712	6.3967
1.8	207.10	0.0011678	0.11031	884.6	2795.1	1910.5	2.3976	6.3759
1.9	209.79	0.0011722	0.10464	896.8	2796.4	1899.6	2.4227	6.3561
2	212.37	0.0011766	0.09953	908.6	2797.4	1888.8	2.4468	6.3373
2.2	217.24	0.0011850	0.09064	930.9	2799.1	1868.2	2.4922	6.3018
2.4	221.78	0.0011932	0.08319	951.9	2800.4	1848.5	2.5343	6.2691
2.6	226.03	0.0012011	0.07685	971.7	2801.2	1829.5	2.5736	6.2386
2.8	230.04	0.0012088	0.07138	990.5	2801.7	1811.2	2.6106	6.2101
3	233.84	0.0012166	0.06662	1008.4	2801.9	1793.5	2.6455	6.1832
3.5	242.54	0.0012345	0.05702	1049.8	2801.3	1751.5	2.7253	6.1218
4	250.33	0.0012521	0.04974	1087.5	2799.4	1711.9	2.7967	6.0670
5	263.92	0.0012858	0.03941	1154.6	2792.8	1638.2	2.9209	5.9712
6	275.56	0.0013187	0.03241	1213.9	2783.3	1569.4	3.0277	5.8878
7	285.80	0.0013514	0.02734	1267.7	2771.4	1503.7	3.1225	5.8126
8	294.98	0.0013843	0.02349	1317.5	2757.5	1440.0	3.2083	5.7430
9	303.31	0.0014179	0.02046	1364.2	2741.8	1377.6	3.2875	5.6773
10	310.96	0.0014526	0.01800	1408.6	2724.4	1315.8	3.3616	5.6143
11	318.04	0.0014887	0.01597	1451.2	2705.4	1254.2	3.4316	5.5531
12	324.64	0.0015267	0.01425	1492.6	2684.8	1192.2	3.4986	5.4930
13	330.81	0.0015670	0.01277	1533.0	2662.4	1129.4	3.5633	5.4333
14	336.63	0.0016104	0.01149	1572.8	2638.3	1065.5	3.6262	5.3737
15	342.12	0.0016580	0.01035	1612.2	2611.6	999.4	3.6877	5.3122
16	347.32	0.0017101	0.009330	1651.5	2582.7	931.2	3.7486	5.2496
17	352.26	0.0017690	0.008401	1691.6	2550.8	859.2	3.8103	5.1841
18	356.96	0.0018380	0.007534	1733.4	2514.4	781.0	3.8739	5.1135
19	361.44	0.0019231	0.006700	1778.2	2470.1	691.9	3.9417	5.0321
20	365.71	0.002038	0.005873	1828.8	2413.8	585.0	4.0181	4.9338
21	369.79	0.002218	0.005006	1892.2	2340.2	448.0	4.1137	4.8106
22	373.68	0.002675	0.003757	2007.7	2192.5	184.8	4.2891	4.5748
22.1297	374.15	0.00326	0.00326	2100	2100	0.0	4.4296	4.4296

附表 5　　　　　　　　　　　　　　未饱和水与过热蒸汽性质表

p(MPa)		0.001			0.005	
	$t_s=6.982$			$t_s=32.90$		
	$v'=0.0010001$		$v''=129.208$	$v'=0.0010052$		$v''=28.196$
	$h'=29.33$		$h''=2513.8$	$h'=137.77$		$h''=2561.2$
	$s'=0.1060$		$s''=8.9756$	$s'=0.4762$		$s''=8.3952$
t	v	h	s	v	h	s
℃	m³/kg	kJ/kg	kJ/(kg·K)	m³/kg	kJ/kg	kJ/(kg·K)
0	0.0010002	0.0	−0.0001	0.0010002	0.0	−0.0001
10	130.60	2519.5	8.9956	0.0010002	42.0	0.1510
20	135.23	2538.1	9.0604	0.0010017	83.9	0.2963
40	144.47	2575.5	9.1837	28.86	2574.6	8.4385
60	153.71	2613.0	9.2997	30.71	2612.3	8.5552
80	162.95	2650.6	9.4093	32.57	2650.0	8.6652
100	172.19	2688.3	9.5132	34.42	2687.9	8.7695
120	181.42	2726.2	9.6122	36.27	2725.9	8.8687
140	190.66	2764.3	9.7066	38.12	2764.0	8.9633
160	199.89	2802.6	9.7971	39.97	2802.3	9.0539
180	209.12	2841.0	9.8839	41.81	2840.8	9.1408
200	218.35	2879.7	9.9674	43.66	2879.5	9.2244
220	227.58	2918.6	10.0480	45.51	2918.5	9.3049
240	236.82	2957.7	10.1257	47.36	2957.6	9.3828
260	246.05	2997.1	10.2010	49.20	2997.0	9.4580
280	255.28	3036.7	10.2739	51.05	3036.6	9.5310
300	264.51	3076.5	10.3446	52.90	3076.4	9.6017
350	287.58	3177.2	10.5130	57.51	3177.1	9.7702
400	310.66	3279.5	10.6709	62.13	3279.4	9.9280
450	333.74	3383.4	10.820	66.74	3383.3	10.077
500	356.81	3489.0	10.961	71.36	3489.0	10.218
550	379.89	3596.3	11.095	75.98	3596.2	10.352
600	402.96	3705.3	11.224	80.59	3705.3	10.481

注　粗水平线之上为未饱和水，粗水平线之下为过热蒸汽。

续表

p(MPa)	0.01			0.05		
	t_s=45.83 v'=0.0010102　　v''=14.676 h'=191.84　　h''=2584.4 s'=0.6493　　s''=8.1505			t_s=81.35 v'=0.0010301　　v''=3.2415 h'=340.57　　h''=2646.0 s'=1.0912　　s''=7.5951		
t	v	h	s	v	h	s
℃	m³/kg	kJ/kg	kJ/(kg·K)	m³/kg	kJ/kg	kJ/(kg·K)
0	0.0010002	0.0	−0.0001	0.0010002	0.0	−0.0001
10	0.0010002	42.0	0.1510	0.0010002	42.0	0.1510
20	0.0010017	83.9	0.2963	0.0010017	83.9	0.2963
40	0.0010078	167.4	0.5721	0.0010078	167.5	0.5721
60	15.34	2611.3	8.2331	0.0010171	251.1	0.8310
80	16.27	2649.3	8.3437	0.0010292	334.9	1.0752
100	17.20	2687.3	8.4484	3.419	2682.6	7.6958
120	18.12	2725.4	8.5479	3.608	2721.7	7.7977
140	19.05	2763.6	8.6427	3.796	2760.6	7.8942
160	19.98	2802.0	8.7334	3.983	2799.5	7.9862
180	20.90	2840.6	8.8204	4.170	2838.4	8.0741
200	21.82	2879.3	8.9041	4.356	2877.5	8.1584
220	22.75	2918.3	8.9848	4.542	2916.7	8.2396
240	23.67	2957.4	9.0626	4.728	2956.1	8.3178
260	24.60	2996.8	9.1379	4.913	2995.6	8.3934
280	25.52	3036.5	9.2109	5.099	3035.4	8.4667
300	26.44	3076.3	9.2817	5.284	3075.3	8.5376
350	28.75	3177.0	9.4502	5.747	3176.3	8.7065
400	31.06	3279.4	9.6081	6.209	3278.7	8.8646
450	33.37	3383.3	9.7570	6.671	3382.8	9.0137
500	35.68	3488.9	9.8982	7.134	3488.5	9.1550
550	37.99	3596.2	10.033	7.595	3595.8	9.2896
600	40.29	3705.2	10.161	8.057	3704.9	9.4182

p(MPa)	0.1			0.2		
	$t_s=99.63$ $v'=0.0010434$ $v''=1.6946$ $h'=417.51$ $h''=2675.7$ $s'=1.3027$ $s''=7.3608$			$t_s=120.23$ $v'=0.0010608$ $v''=0.88592$ $h'=504.7$ $h''=2706.9$ $s'=1.5301$ $s''=7.1286$		
t	v	h	s	v	h	s
℃	m³/kg	kJ/kg	kJ/(kg·K)	m³/kg	kJ/kg	kJ/(kg·K)
0	0.0010002	0.1	−0.0001	0.0010001	0.2	−0.0001
10	0.0010002	42.1	0.1510	0.0010002	42.2	0.1510
20	0.0010017	84.0	0.2963	0.0010016	84.0	0.2963
40	0.0010078	167.5	0.5721	0.0010077	167.6	0.5720
60	0.0010171	251.2	0.8309	0.0010171	251.2	0.8309
80	0.0010292	335.0	1.0752	0.0010291	335.0	1.0752
100	1.696	2676.5	7.3628	0.0010437	419.1	1.3068
120	1.793	2716.8	7.4681	0.0010606	503.7	1.5276
140	1.889	2756.6	7.5669	0.9353	2748.4	7.2314
160	1.984	2796.2	7.6605	0.9842	2789.5	7.3286
180	2.078	2835.7	7.7496	1.0326	2830.1	7.4203
200	2.172	2875.2	7.8348	1.080	2870.5	7.5073
220	2.266	2914.7	7.9166	1.128	2910.6	7.5905
240	2.359	2954.3	7.9954	1.175	2950.8	7.6704
260	2.453	2994.1	8.0714	1.222	2991.0	7.7472
280	2.546	3034.0	8.1449	1.269	3031.3	7.8214
300	2.639	3074.1	8.2162	1.316	3071.7	7.8931
350	2.871	3175.3	8.3854	1.433	3173.4	8.0633
400	3.103	3278.0	8.5439	1.549	3276.5	8.2223
450	3.334	3382.2	8.6932	1.665	3380.9	8.3720
500	3.565	3487.9	8.8346	1.781	3486.9	8.5137
550	3.797	3595.4	8.9693	1.897	3594.5	8.6485
600	4.028	3704.5	9.0979	2.013	3703.7	8.7774

续表

p(MPa)	0.5			1		
	t_s＝151.85 v'＝0.0010928　　v''＝0.37481 h'＝640.1　　h''＝2748.5 s'＝1.8604　　s''＝6.8215			t_s＝179.88 v'＝0.0011274　　v''＝0.19430 h'＝762.6　　h''＝2777.0 s'＝2.1382　　s''＝6.5847		
t	v	h	s	v	h	s
℃	m³/kg	kJ/kg	kJ/(kg・K)	m³/kg	kJ/kg	kJ/(kg・K)
0	0.0010000	0.5	−0.0001	0.0009997	1.0	−0.0001
10	0.0010000	42.5	0.1509	0.0009998	43.0	0.1509
20	0.0010015	84.3	0.2962	0.0010013	84.8	0.2961
40	0.0010076	167.9	0.5719	0.0010074	168.3	0.5717
60	0.0010169	251.5	0.8307	0.0010167	251.9	0.8305
80	0.0010290	335.3	1.0750	0.0010287	335.7	1.0746
100	0.0010435	419.4	1.3066	0.0010432	419.7	1.3062
120	0.0010605	503.9	1.5273	0.0010602	504.3	1.5269
140	0.0010800	589.2	1.7388	0.0010796	589.5	1.7383
160	0.3836	2767.3	6.8654	0.0011019	675.7	1.9420
180	0.4046	2812.1	6.9665	0.1944	2777.3	6.5854
200	0.4250	2855.5	7.0602	0.2059	2827.5	6.6940
220	0.4450	2898.0	7.1481	0.2169	2874.9	6.7921
240	0.4646	2939.9	7.2315	0.2275	2920.5	6.8826
260	0.4841	2981.5	7.3110	0.2378	2964.8	6.9674
280	0.5034	3022.9	7.3872	0.2480	3008.3	7.0475
300	0.5226	3064.2	7.4606	0.2580	3051.3	7.1239
350	0.5701	3167.6	7.6335	0.2825	3157.7	7.3018
400	0.6172	3271.8	7.7944	0.3066	3264.0	7.4606
420	0.6360	3313.8	7.8558	0.3161	3306.6	7.5283
440	0.6548	3355.9	7.9158	0.3256	3349.3	7.5890
450	0.6641	3377.1	7.9452	0.3304	3370.7	7.6188
460	0.6735	3398.3	7.9743	0.3351	3392.1	7.6482
480	0.6922	3440.9	8.0316	0.3446	3435.1	7.7061
500	0.7109	3483.7	8.0877	0.3540	3478.3	7.7627
550	0.7575	3591.7	8.2232	0.3776	3587.2	7.8991
600	0.8040	3701.4	8.3525	0.4010	3697.4	8.0292

续表

p(MPa)		2			3	
	$t_s=212.37$			$t_s=233.84$		
	$v'=0.0011766$		$v''=0.09953$	$v'=0.0012163$		$v''=0.06662$
	$h'=908.6$		$h''=2797.4$	$h'=1008.4$		$h''=2801.9$
	$s'=2.4468$		$s''=6.3373$	$s'=2.6455$		$s''=6.1832$
t	v	h	s	v	h	s
℃	m³/kg	kJ/kg	kJ/(kg·K)	m³/kg	kJ/kg	kJ/(kg·K)
0	0.0009992	2.0	0.0000	0.0009987	3.0	0.0001
10	0.0009993	43.9	0.1508	0.0009988	44.9	0.1507
20	0.0010008	85.7	0.2959	0.0010004	86.7	0.2957
40	0.0010069	169.2	0.5713	0.0010065	170.1	0.5709
60	0.0010162	252.7	0.8299	0.0010158	253.6	0.8294
80	0.0010282	336.5	1.0740	0.0010278	337.3	1.0733
100	0.0010427	420.5	1.3054	0.0010422	421.2	1.3046
120	0.0010596	505.0	1.5260	0.0010590	505.7	1.5250
140	0.0010790	590.2	1.7373	0.0010783	590.8	1.7362
160	0.0011012	676.3	1.9408	0.0011005	676.9	1.9396
180	0.0011266	763.6	2.1379	0.0011258	764.1	2.1366
200	0.0011560	852.6	2.3300	0.0011550	853.0	2.3284
220	0.10211	2820.4	6.3842	0.0011891	943.9	2.5166
240	0.1084	2876.3	6.4953	0.06818	2823.0	6.2245
260	0.1144	2927.9	6.5941	0.07286	2885.5	6.3440
280	0.1200	2976.9	6.6842	0.07714	2941.8	6.4477
300	0.1255	3024.0	6.7679	0.08116	2994.2	6.5408
350	0.1386	3137.2	6.9574	0.09053	3115.7	6.7443
400	0.1512	3248.1	7.1285	0.09933	3231.6	6.9231
420	0.1561	3291.9	7.1927	0.10276	3276.9	6.9894
440	0.1610	3335.7	7.2550	0.1061	3321.9	7.0535
450	0.1635	3357.7	7.2855	0.1078	3344.4	7.0847
460	0.1659	3379.6	7.3156	0.1095	3366.8	7.1155
480	0.1708	3423.5	7.3747	0.1128	3411.6	7.1758
500	0.1756	3467.4	7.4323	0.1161	3456.4	7.2345
550	0.1876	3578.0	7.5708	0.1243	3568.6	7.3752
600	0.1995	3689.5	7.7024	0.1324	3681.5	7.5084

p(MPa)	4			5		
	$t_s=250.33$			$t_s=263.92$		
	$v'=0.0012521$ $v''=0.04974$			$v'=0.0012858$ $v''=0.03941$		
	$h'=1087.5$ $h''=2799.4$			$h'=1154.6$ $h''=2792.8$		
	$s'=2.7967$ $s''=6.0670$			$s'=2.9209$ $s''=5.9712$		
t	v	h	s	v	h	s
℃	m³/kg	kJ/kg	kJ/(kg·K)	m³/kg	kJ/kg	kJ/(kg·K)
0	0.0009982	4.0	0.0002	0.0009977	5.1	0.0002
10	0.0009984	45.9	0.1506	0.0009979	46.9	0.1505
20	0.0009999	87.6	0.2955	0.0009995	88.6	0.2952
40	0.0010060	171.0	0.5706	0.0010056	171.9	0.5702
60	0.0010153	254.4	0.8288	0.0010149	255.3	0.8283
80	0.0010273	338.1	1.0726	0.0010268	338.8	1.0720
100	0.0010417	422.0	1.3038	0.0010412	422.7	1.3030
120	0.0010584	506.4	1.5242	0.0010579	507.1	1.5232
140	0.0010777	591.5	1.7352	0.0010771	592.1	1.7342
160	0.0010997	677.5	1.9385	0.0010990	678.0	1.9373
180	0.0011249	764.6	2.1352	0.0011241	765.2	2.1339
200	0.0011540	853.4	2.3268	0.0011530	853.8	2.3253
220	0.0011878	944.2	2.5147	0.0011866	944.4	2.5129
240	0.0012280	1037.7	2.7007	0.0012264	1037.8	2.6985
260	0.05174	2835.6	6.1355	0.0012750	1135.0	2.8842
280	0.05547	2902.2	6.2581	0.04224	2857.0	6.0889
300	0.05885	2961.5	6.3634	0.04532	2925.4	6.2104
350	0.06645	3093.1	6.5838	0.05194	3069.2	6.4513
400	0.07339	3214.5	6.7713	0.05780	3196.9	6.6486
420	0.07606	3261.4	6.8399	0.06002	3245.4	6.7196
440	0.07869	3307.7	6.9058	0.06220	3293.2	6.7875
450	0.07999	3330.7	6.9379	0.06327	3316.8	6.8204
460	0.08128	3353.7	6.9694	0.06434	3340.4	6.8528
480	0.08384	3399.5	7.0310	0.06644	3387.2	6.9158
500	0.08638	3445.2	7.0909	0.06853	3433.8	6.9768
550	0.09264	3559.2	7.2338	0.07383	3549.6	7.1221
600	0.09879	3673.4	7.3686	0.07864	3665.4	7.2586

p(MPa)	6			7		
	t_s=275.56 v'=0.0013187　　v''=0.03241 h'=1213.9　　h''=2783.3 s'=3.0277　　s''=5.8878			t_s=285.80 v'=0.0013514　　v''=0.02734 h'=1267.7　　h''=2771.4 s'=3.1225　　s''=5.8126		
t	v	h	s	v	h	s
℃	m³/kg	kJ/kg	kJ/(kg·K)	m³/kg	kJ/kg	kJ/(kg·K)
0	0.0009972	6.1	0.0003	0.0009967	7.1	0.0004
10	0.0009974	47.8	0.1505	0.0009970	48.8	0.1504
20	0.0009990	89.5	0.2951	0.0009986	90.4	0.2948
40	0.0010051	172.7	0.5698	0.0010047	173.6	0.5694
60	0.0010144	256.1	0.8278	0.0010140	256.9	0.8273
80	0.0010263	339.6	1.0713	0.0010259	340.4	1.0707
100	0.0010406	423.5	1.3023	0.0010401	424.2	1.3015
120	0.0010573	507.8	1.5224	0.0010567	508.5	1.5215
140	0.0010764	592.8	1.7332	0.0010758	593.4	1.7321
160	0.0010983	678.6	1.9361	0.0010976	679.2	1.9350
180	0.0011232	765.7	2.1325	0.0011224	766.2	2.1312
200	0.0011519	854.2	2.3237	0.0011510	854.6	2.3222
220	0.0011853	944.7	2.5111	0.0011841	945.0	2.5093
240	0.0012249	1037.9	2.6963	0.0012233	1038.0	2.6941
260	0.0012729	1134.8	2.8815	0.0012708	1134.7	2.8789
280	0.03317	2804.0	5.9253	0.0013307	1236.7	3.0667
300	0.03616	2885.0	6.0693	0.02946	2839.2	5.9322
350	0.04223	3043.9	6.3356	0.03524	3017.0	6.2306
400	0.04738	3178.6	6.5438	0.03992	3159.7	6.4511
450	0.05212	3302.6	6.7214	0.04414	3288.0	6.6350
500	0.05662	3422.2	6.8814	0.04810	3410.5	6.7988
520	0.05837	3469.5	6.9417	0.04964	3458.6	6.8602
540	0.06010	3516.5	7.0003	0.05116	3506.4	6.9198
550	0.06096	3540.0	7.0291	0.05191	3530.2	6.9490
560	0.06182	3563.5	7.0575	0.05266	3554.1	6.9778
580	0.06352	3610.4	7.1131	0.05414	3601.6	7.0342
600	0.06521	3657.2	7.1673	0.05561	3649.0	7.0890

续表

p(MPa)	8			9		
	$t_s=294.98$ $v'=0.0013843$　$v''=0.02349$ $h'=1317.5$　$h''=2757.5$ $s'=3.2083$　$s''=5.7430$			$t_s=303.31$ $v'=0.0014179$　$v''=0.02046$ $h'=1364.2$　$h''=2741.8$ $s'=3.2875$　$s''=5.6773$		
t	v	h	s	v	h	s
℃	m³/kg	kJ/kg	kJ/(kg·K)	m³/kg	kJ/kg	kJ/(kg·K)
0	0.0009962	8.1	0.0004	0.0009958	9.1	0.0005
10	0.0009965	49.8	0.1503	0.0009960	50.7	0.1502
20	0.0009981	91.4	0.2946	0.0009977	92.3	0.2944
40	0.0010043	174.5	0.5690	0.0010038	175.4	0.5686
60	0.0010135	257.8	0.8267	0.0010131	258.6	0.8262
80	0.0010254	341.2	1.0700	0.0010249	342.0	1.0694
100	0.0010396	425.0	1.3007	0.0010391	425.8	1.3000
120	0.0010562	509.2	1.5206	0.0010556	509.9	1.5197
140	0.0010752	594.1	1.7311	0.0010745	594.7	1.7301
160	0.0010968	679.8	1.9338	0.0010961	680.4	1.9326
180	0.0011216	766.7	2.1299	0.0011207	767.2	2.1286
200	0.0011500	855.1	2.3207	0.0011490	855.5	2.3191
220	0.0011829	945.3	2.5075	0.0011817	945.6	2.5057
240	0.0012218	1038.2	2.6920	0.0012202	1038.3	2.6899
260	0.0012687	1134.6	2.8762	0.0012667	1134.4	2.8737
280	0.0013277	1236.2	3.0633	0.0013249	1235.6	3.0600
300	0.02425	2785.4	5.7918	0.0014022	1344.9	3.2539
350	0.02995	2988.3	6.1324	0.02579	2957.5	6.0383
400	0.03431	3140.1	6.3670	0.02993	3119.7	6.2891
450	0.03815	3273.1	6.5577	0.03348	3257.9	6.4872
500	0.04172	3398.5	6.7254	0.03675	3386.4	6.6592
520	0.04309	3447.6	6.7881	0.03800	3436.4	6.7230
540	0.04445	3496.2	6.8486	0.03923	3485.9	6.7846
550	0.04512	3520.4	6.8783	0.03984	3510.5	6.8147
560	0.04578	3544.6	6.9075	0.04044	3535.0	6.8444
580	0.04710	3592.8	6.9646	0.04163	3583.9	6.9023
600	0.04841	3640.7	7.0201	0.04281	3632.4	6.9585

p(MPa)	10			12		
	$t_s=310.96$			$t_s=324.64$		
	$v'=0.0014526$	$v''=0.01800$		$v'=0.0015267$	$v''=0.01425$	
	$h'=1408.6$	$h''=2724.4$		$h'=1492.6$	$h''=2684.8$	
	$s'=3.3616$	$s''=5.6143$		$s'=3.4986$	$s''=5.4930$	
t	v	h	s	v	h	s
℃	m³/kg	kJ/kg	kJ/(kg·K)	m³/kg	kJ/kg	kJ/(kg·K)
0	0.0009953	10.1	0.0005	0.0009943	12.1	0.0006
10	0.0009956	51.7	0.1500	0.0009947	53.6	0.1498
20	0.0009972	93.2	0.2942	0.0009964	95.1	0.2937
40	0.0010034	176.3	0.5682	0.0010026	178.1	0.5674
60	0.0010126	259.4	0.8257	0.0010118	261.1	0.8246
80	0.0010244	342.8	1.0687	0.0010235	344.4	1.0674
100	0.0010386	426.5	1.2992	0.0010376	428.0	1.2977
120	0.0010551	510.6	1.5188	0.0010540	512.0	1.5170
140	0.0010739	595.4	1.7291	0.0010727	596.7	1.7271
160	0.0010954	681.0	1.9315	0.0010940	682.2	1.9292
180	0.0011199	767.8	2.1272	0.0011183	768.8	2.1246
200	0.0011480	855.9	2.3176	0.0011461	856.8	2.3146
220	0.0011805	946.0	2.5040	0.0011782	946.6	2.5005
240	0.0012188	1038.4	2.6878	0.0012158	1038.8	2.6837
260	0.0012648	1134.3	2.8711	0.0012609	1134.2	2.8661
280	0.0013221	1235.2	3.0567	0.0013167	1234.3	3.0503
300	0.0013978	1343.7	3.2494	0.0013895	1341.5	3.2407
350	0.02242	2924.2	5.9464	0.01721	2848.4	5.7615
400	0.02641	3098.5	6.2158	0.02108	3053.3	6.0787
450	0.02974	3242.2	6.4220	0.02411	3209.9	6.3032
500	0.03277	3374.1	6.5984	0.02679	3349.0	6.4893
520	0.03392	3425.1	6.6635	0.02780	3402.1	6.5571
540	0.03505	3475.4	6.7262	0.02878	3454.2	6.6220
550	0.03561	3500.4	6.7568	0.02926	3480.0	6.6536
560	0.03616	3525.4	6.7869	0.02974	3505.7	6.6847
580	0.03726	3574.9	6.8456	0.03068	3556.7	6.7451
600	0.03833	3624.0	6.9025	0.03161	3607.0	6.8034

p(MPa)	14			16		
	t_s＝336.63 v'＝0.0016104　v''＝0.01149 h'＝1572.8　h''＝2638.3 s'＝3.6262　s''＝5.3737			t_s＝347.32 v'＝0.0017101　v''＝0.009330 h'＝1651.5　h''＝2582.7 s'＝3.7486　s''＝5.2496		
t	v	h	s	v	h	s
℃	m³/kg	kJ/kg	kJ/(kg·K)	m³/kg	kJ/kg	kJ/(kg·K)
0	0.0009933	14.1	0.0007	0.0009924	16.1	0.0008
10	0.0009938	55.6	0.1496	0.0009928	57.5	0.1494
20	0.0009955	97.0	0.2933	0.0009946	98.8	0.2928
40	0.0010017	179.8	0.5666	0.0010008	181.6	0.5659
60	0.0010109	262.8	0.8236	0.0010100	264.5	0.8225
80	0.0010226	346.0	1.0661	0.0010217	347.6	1.0648
100	0.0010366	429.5	1.2961	0.0010356	431.0	1.2946
120	0.0010529	513.5	1.5153	0.0010518	514.9	1.5136
140	0.0010715	598.0	1.7251	0.0010703	599.4	1.7231
160	0.0010926	683.4	1.9269	0.0010912	684.6	1.9247
180	0.0011167	769.9	2.1220	0.0011151	771.0	2.1195
200	0.0011442	857.7	2.3117	0.0011423	858.6	2.3087
220	0.0011759	947.2	2.4970	0.0011736	947.9	2.4936
240	0.0012129	1039.1	2.6796	0.0012101	1039.5	2.6756
260	0.0012572	1134.1	2.8612	0.0012535	1134.0	2.8563
280	0.0013115	1233.5	3.0441	0.0013065	1232.8	3.0381
300	0.0013816	1339.5	3.2324	0.0013742	1337.7	3.2245
350	0.01323	2753.5	5.5606	0.009782	2618.5	5.3071
400	0.01722	3004.0	5.9488	0.01427	2949.7	5.8215
450	0.02007	3175.8	6.1953	0.01702	3140.0	6.0947
500	0.02251	3323.0	6.3922	0.01929	3296.3	6.3038
520	0.02342	3378.4	6.4630	0.02013	3354.2	6.3777
540	0.02430	3432.5	6.5304	0.02093	3410.4	6.4477
550	0.02473	3459.2	6.5631	0.02132	3438.0	6.4816
560	0.02515	3485.8	6.5951	0.02171	3465.4	6.5146
580	0.02599	3538.2	6.6573	0.02247	3519.4	6.5787
600	0.02681	3589.8	6.7172	0.02321	3572.4	6.6401

p(MPa)	18			20		
	$t_s=356.96$ $v'=0.0018380$　　$v''=0.007534$ $h'=1733.4$　　$h''=2514.4$ $s'=3.8739$　　$s''=5.1135$			$t_s=365.71$ $v'=0.002038$　　$v''=0.005873$ $h'=1828.8$　　$h''=2413.8$ $s'=4.0181$　　$s''=4.9338$		
t	v	h	s	v	h	s
℃	m³/kg	kJ/kg	kJ/(kg·K)	m³/kg	kJ/kg	kJ/(kg·K)
0	0.0009914	18.1	0.0008	0.0009904	20.1	0.0008
10	0.0009919	59.4	0.1491	0.0009910	61.3	0.1489
20	0.0009937	100.7	0.2924	0.0009929	102.5	0.2919
40	0.0010000	183.3	0.5651	0.0009992	185.1	0.5643
60	0.0010092	266.1	0.8215	0.0010083	267.8	0.8204
80	0.0010208	349.2	1.0636	0.0010199	350.8	1.0623
100	0.0010346	432.5	1.2931	0.0010337	434.0	1.2916
120	0.0010507	516.3	1.5118	0.0010496	517.7	1.5101
140	0.0010691	600.7	1.7212	0.0010679	602.0	1.7192
160	0.0010899	685.9	1.9225	0.0010886	687.1	1.9203
180	0.0011136	772.0	2.1170	0.0011120	773.1	2.1145
200	0.0011405	859.5	2.3058	0.0011387	860.4	2.3030
220	0.0011714	948.6	2.4903	0.0011693	949.3	2.4870
240	0.0012074	1039.9	2.6717	0.0012047	1040.3	2.6678
260	0.0012500	1134.0	2.8516	0.0012466	1134.1	2.8470
280	0.0013017	1232.1	3.0323	0.0012971	1231.6	3.0266
300	0.0013672	1336.1	3.2168	0.0013606	1334.6	3.2095
350	0.0017042	1660.9	3.7582	0.001666	1648.4	3.7327
400	0.01191	2889.0	5.6926	0.009952	2820.1	5.5578
450	0.01463	3102.3	5.9989	0.01270	3062.4	5.9061
500	0.01678	3268.7	6.2215	0.01477	3240.2	6.1440
520	0.01756	3329.3	6.2989	0.01551	3303.7	6.2251
540	0.01831	3387.7	6.3717	0.01621	3364.6	6.3009
550	0.01867	3416.4	6.4068	0.01655	3394.3	6.3373
560	0.01903	3444.7	6.4410	0.01688	3423.6	6.3726
580	0.01973	3500.3	6.5070	0.01753	3480.9	6.4406
600	0.02041	3554.8	6.5701	0.01816	3536.9	6.5055

p(MPa)	25			30		
t	v	h	s	v	h	s
℃	m³/kg	kJ/kg	kJ/(kg·K)	m³/kg	kJ/kg	kJ/(kg·K)
0	0.0009881	25.1	0.0009	0.0009857	30.0	0.0008
10	0.0009888	66.1	0.1482	0.0009866	70.8	0.1475
20	0.0009907	107.1	0.2907	0.0009886	111.7	0.2895
40	0.0009971	189.4	0.5623	0.0009950	193.8	0.5604
60	0.0010062	272.0	0.8178	0.0010041	276.1	0.8153
80	0.0010177	354.8	1.0591	0.0010155	358.7	1.0560
100	0.0010313	437.8	1.2879	0.0010289	441.6	1.2843
120	0.0010470	521.3	1.5059	0.0010445	524.9	1.5017
140	0.0010650	605.4	1.7144	0.0010621	608.1	1.7097
160	0.0010853	690.2	1.9148	0.0010821	693.3	1.9095
180	0.0011082	775.9	2.1083	0.0011046	778.7	2.1022
200	0.0011343	862.8	2.2960	0.0011300	865.2	2.2891
220	0.0011640	951.2	2.4789	0.0011590	953.1	2.4711
240	0.0011983	1041.5	2.6584	0.0011922	1042.8	2.6493
260	0.0012384	1134.3	2.8359	0.0012307	1134.8	2.8252
280	0.0012863	1230.5	3.0130	0.0012762	1229.9	3.0002
300	0.0013453	1331.5	3.1922	0.0013315	1329.0	3.1763
350	0.001600	1626.4	3.6844	0.001554	1611.3	3.6475
400	0.006009	2583.2	5.1472	0.002806	2159.1	4.4854
450	0.009168	2952.1	5.6787	0.006730	2823.1	5.4458
500	0.01113	3165.0	5.9639	0.008679	3083.9	5.7954
520	0.01180	3237.0	6.0558	0.009309	3166.1	5.9004
540	0.01242	3304.7	6.1401	0.009889	3241.7	5.9945
550	0.01272	3337.3	6.1800	0.010165	3277.7	6.0385
560	0.01301	3369.2	6.2185	0.01043	3312.6	6.0806
580	0.01358	3431.2	6.2921	0.01095	3379.8	6.1604
600	0.01413	3491.2	6.3616	0.01144	3444.2	6.2351

参 考 文 献

［1］ 景朝晖. 热工理论及应用. 北京：中国电力出版社，2004.

［2］ 周云龙等. 工程流体力学. 2 版. 北京：中国电力出版社，2004.

［3］ 张良瑜等. 泵与风机. 北京：中国电力出版社，2005.

［4］ 郭立君. 泵与风机. 北京：水利电力出版社，1986.

［5］ 毛正孝. 泵与风机. 北京：中国电力出版社，2002.

［6］ 周菊华. 电厂锅炉. 北京：中国电力出版社，2005.

［7］ 樊泉桂. 锅炉原理. 北京：中国电力出版社，2004.

［8］ 韩中合. 火电厂汽轮机设备及运行. 北京：中国电力出版社，2002.

［9］ 叶涛. 热力发电厂. 北京：中国电力出版社，2004.

［10］ 赵素芬. 汽轮机设备. 北京：中国电力出版社，2002.

［11］ 沙锡林. 贯流式水电站. 北京：中国水利水电出版社，1999.

［12］ 肖增弘、徐丰. 汽轮机数字式电液调节系统. 北京：中国电力出版社，2003.